Enke

kleintier.konkret | praxisbuch

# Verhaltensmedizin beim Hund

## Leitsymptome, Diagnostik, Therapie und Prävention

Sabine Schroll, Joël Dehasse

Unter Mitarbeit von
Kerstin Röhrs

2., überarbeitete und erweiterte Auflage

81 Abbildungen

Enke Verlag · Stuttgart

**Bibliografische Information der Deutschen Nationalbibliothek**
Die Deutsche Nationalbibliothek verzeichnet diese Publikation in der Deutschen Nationalbibliografie; detaillierte bibliografische Daten sind im Internet über http://dnb.d-nb.de abrufbar.

Ihre Meinung ist uns wichtig!
Bitte schreiben Sie uns unter:
www.thieme.de/service/feedback.html


Rüdigerstr. 14
70469 Stuttgart
Deutschland

www.enke.de

Printed in Germany
1. Auflage 2007

Umschlaggestaltung: Thieme Verlagsgruppe
Umschlagfoto: Wir bedanken uns sehr herzlich bei Frau Christina Frotscher für die Bereitstellung ihres Bildes.
Satz: SOMMER media GmbH & Co. KG, Feuchtwangen
gesetzt in Arbortext APP-Desktop 9.1 Unicode M180
Druck: AZ Druck und Datentechnik GmbH, Kempten

DOI 10.1055/b-004-129975

ISBN 978-3-13-204931-4 1 2 3 4 5 6

Auch erhältlich als E-Book:
eISBN (PDF) 978-3-13-204941-3
eISBN (epub) 978-3-13-204951-2

**Wichtiger Hinweis:** Wie jede Wissenschaft ist die Veterinärmedizin ständigen Entwicklungen unterworfen. Forschung und klinische Erfahrung erweitern unsere Erkenntnisse, insbesondere was Behandlung und medikamentöse Therapie anbelangt. Soweit in diesem Werk eine Dosierung oder eine Applikation erwähnt wird, darf der Leser zwar darauf vertrauen, dass Autoren, Herausgeber und Verlag große Sorgfalt darauf verwandt haben, dass diese Angabe **dem Wissensstand bei Fertigstellung des Werkes** entspricht.
Für Angaben über Dosierungsanweisungen und Applikationsformen kann vom Verlag jedoch keine Gewähr übernommen werden. **Jeder Benutzer ist angehalten**, durch sorgfältige Prüfung der Beipackzettel der verwendeten Präparate und gegebenenfalls nach Konsultation eines Spezialisten festzustellen, ob die dort gegebene Empfehlung für Dosierungen oder die Beachtung von Kontraindikationen gegenüber der Angabe in diesem Buch abweicht. Eine solche Prüfung ist besonders wichtig bei selten verwendeten Präparaten oder solchen, die neu auf den Markt gebracht worden sind. **Jede Dosierung oder Applikation erfolgt auf eigene Gefahr des Benutzers.** Autoren und Verlag appellieren an jeden Benutzer, ihm etwa auffallende Ungenauigkeiten dem Verlag mitzuteilen. Vor der Anwendung bei Tieren, die der Lebensmittelgewinnung dienen, ist auf die in den einzelnen deutschsprachigen Ländern unterschiedlichen Zulassungen und Anwendungsbeschränkungen zu achten.

# Vorwort zur 2. Auflage

Nach beinahe zehn Jahren gibt es nun eine zweite Auflage der Verhaltensmedizin beim Hund. Wie in der gesamten Veterinärmedizin ergeben sich auch in diesem nunmehr fest etablierten Fachgebiet immer wieder neue Entwicklungen. Ebenso wie sich die Mensch-Hund-Beziehung im Laufe der Generationen verändert – und dies leider nicht immer zum Vorteil des Hundes – wandeln sich auch die Einsichten in der Veterinär-Verhaltensmedizin.

Dazu gehört vor allem ein zunehmendes Interesse an einem anderen Umgang mit Patienten in der Praxis im Sinne der *Low-Stress-Handling-* oder *Fear-Free-Practice*-Konzepte. Bisher sind leider auch wir Tierärzte bis zu einem gewissen Grad nicht immer ganz unbeteiligt an vielen Angststörungen von Hunden …

Neben diesem an Wohlbefinden, Kooperation mit dem Patienten und freundlicher Hund-Tierarzt-Kommunikation orientierten Zugang zur tierärztlichen Arbeit fällt die Verhaltensmedizin zunehmend in den Tätigkeitsbereich der Allgemeinmedizin. Denn bei zahlreichen, bislang als obsessiv-kompulsiv angesehenen Störungen handelt sich in vielen Fällen gar nicht um eine primär psychische, sondern oftmals um eine ursächlich organische Problematik. Der wechselseitige Zusammenhang von chronischen oder chronisch rezidivierenden Erkrankungen mit Angststörungen und Stress wird immer offensichtlicher – und somit sollten unbedingt sowohl die diagnostischen wie auch die therapeutischen Konzepte der Verhaltensmedizin weiteren Eingang auch in die Alltagspraxis finden. Die Verhaltensmedizin ist mit ihren engen Verbindungen von körperlicher Gesundheit und psychischem Wohlsein ein immanenter Bestandteil der Veterinärmedizin!

In diesem von uns immer noch konsequent verfolgten medizinischen Modell der Verhaltensmedizin ist auch die tierärztliche Aufgabe recht eindeutig definiert: Nicht die Erziehung des Hundes, der Gehorsam bei Prüfungen oder das sportliche Training sind Ziel der tierärztlichen Arbeit, sondern die Therapie des Hundes. Und natürlich die Prophylaxe! Hier kann sich der Kreis schließen, denn sowohl Erziehung als auch Training sind für die psychische Gesundheit des Hundes von großer Bedeutung. Die angewendeten Techniken sollen dem individuellen Hund gerecht werden, ihm keinesfalls schaden und die Beziehung zum Menschen und seine Orientierung in der Umwelt unterstützend beeinflussen – eine Beratung von Hundebesitzern, wie hundefreundliche und wissenschaftlich adäquate Techniken aussehen, ist zumindest im Sinne der Prävention mindestens genauso wichtig wie die Aufklärung über die aktuell erforderliche Impfpraxis.

Daneben sind in diese Auflage einige neue Medikamente aufgenommen worden, die zum Teil aus der Allgemeinpraxis bereits bekannt sind, aber nun auch in der Verhaltensmedizin vermehrt Anwendung finden.

Ein herzliches Dankeschön an meine Kollegin Kerstin Röhrs, die aus ihrem großen praktischen Erfahrungsschatz ein sehr übersichtliches Kapitel zum Thema Wesenstest verfasst hat.

Krems, Januar 2016
**Sabine Schroll**

# Vorwort zur 1. Auflage

Nun ist nach der *Verhaltensmedizin bei der Katze* auch das entsprechende Buch für den Hund endlich fertig. Die Arbeit daran war sehr viel komplexer, weil die Schnittstelle zwischen Mensch und Hund nach tausenden Jahren der Ko-Evolution um einiges breiter und ausgeprägter zu sein scheint als bei der Katze.

Der Hund kann als ausgesprochen soziales Lebewesen nicht unabhängig von seinem familiären System und seinen sozialen Beziehungen zum Menschen betrachtet werden. Das macht die verhaltensmedizinische Arbeit mit dem Hund und seinem Besitzer sehr viel flexibler, umfassender und vielschichtiger, weil wir immer wieder ganz individuellen Mensch-Hund-Beziehungen begegnen. Diese enge soziale Beziehung zwischen Mensch und Hund führt zu einer intensiven wechselseitigen Beeinflussung, auf die in der Diagnostik und Therapie natürlich Rücksicht genommen werden muss.

Wir sind auch hier wieder dem **medizinischen Modell** treu geblieben – die Therapie psychischer Störungen beim Hund ist eine grundlegende **tierärztliche Domäne,** denn physische und psychische Gesundheit sind untrennbar miteinander verbunden.

Wir wollen dem allgemeinmedizinisch tätigen Praktiker wie auch dem Spezialisten ein **pragmatisches und lösungsorientiertes Modell** an die Hand geben, mit dem er physiologisches aber problematisches und pathologisches Verhalten erkennen und behandeln kann. Dazu liefern wir Pläne, Bausteine und Werkzeuge, mit denen er sich in der Praxis schnell zurechtfinden und individuelle therapeutische Konzepte anbieten kann. Neben diesem strukturierten Modell wollen wir aber auf die zwei wesentlichsten Elemente in der verhaltensmedizinischen Arbeit ganz besonders hinweisen: Empathie und Kreativität!

Für denjenigen, der das Modell und die Techniken erlernt hat, kann sich die Dimension der Kunst in der Konsultation und Therapie eröffnen.

Herzlich bedanken wollen wir uns

- bei allen unseren Klienten mit ihren Hunden, die uns ohne Ende Einsichten in uns selbst liefern und Bilder aus dem Alltag mit ihren Hunden zur Verfügung gestellt haben.
- bei allen Kolleginnen und Kollegen für die endlosen Fragen, die Ungeduld und den Zuspruch.
- bei Frau Dr. Heike Degenhardt für die beständige Aufmunterung zum genau richtigen Zeitpunkt und die Unterstützung bei der Arbeit.
- bei Frau Dr. Ulrike Arnold für die Motivation und den offenen und liebevollen Raum, den sie für diese Arbeit zur Verfügung stellt.

Krems und Brüssel, Mai 2007
**Sabine Schroll und Dr. Joël Dehasse**

# Abkürzungsverzeichnis

| | |
|---|---|
| **$A_g$** | *Gesamtaktivität* |
| **$A_m$** | *motorische Aktivität* |
| **$A_k$** | *Kautätigkeit* |
| **$A_v$** | *Vokalisation* |
| **$A_i$** | *intellektuelle Aktivität* |
| **BZD** | *Benzodiazepin* |
| **DAP** | *Dog Appeasing Pheromone* |
| **DSM** | *Diagnostisches und Statistisches Manual Psychischer Störungen* |
| **F** | *Frequenz* |
| **m** | *männlich* |
| **MAOI** | *Monoaminooxidase-B-Hemmer* |
| **mk** | *männlich kastriert* |
| **NRM** | *Non-Reward-Marker* |
| **OCSD** | *obsessive complusive spectrum disorder* |
| **P+/P–** | *positive oder negative Strafe (punishment)* |
| **R+/R–** | *positive oder negative Verstärkung (reward)* |
| **SIBO** | *small intestinal bacterial overgrowth* |
| **SSRI** | *selektiver Serotonin-Wiederaufnahme-Hemmer* |
| **TCA** | *trizyklische Antidepressiva* |
| **TCM** | *Traditionelle Chinesische Medizin* |
| **w** | *weiblich* |
| **wk** | *weiblich kastriert* |
| **ZNS** | *Zentralnervensystem* |
| **0** | *kein/e/r* |
| = | *gleich bleibend* |
| ↑ | *vermehrt* |
| ↓ | *vermindert* |

*Kursiv gesetzte Stellen beziehen sich auf die mündliche Rede im Interview mit dem Besitzer.*

# Inhaltsverzeichnis

# Anschriften

Dipl. Tzt. Sabine **Schroll**
Hohensteinstraße 24/3
3500 Krems an der Donau
Österreich

Dr. Joël **Dehasse**
Avenue du Cosmonaute 3
1150 Brüssel
Belgien

Dr. med. vet. Kerstin **Röhrs**
Fischbeker Str. 22
23869 Elmenhorst

# 1 Verhaltensmedizinische Konsultation

Sabine Schroll, Joël Dehasse

## 1.1 Allgemeines

Die Konsultation ist der Rahmen, in dem der verhaltensmedizinisch tätige Tierarzt arbeitet. Gleichzeitig ist sie auch eines der wichtigsten Instrumente dieses Fachgebiets. Während der Konsultation erhält der Tierarzt seine für die Diagnose(n) und die therapeutischen Maßnahmen erforderlichen Informationen und vermittelt dem Klienten andererseits das notwendige Wissen für eine Lösung des Problems.

Die verhaltensmedizinische Konsultation kann den praktischen Tierarzt anfänglich vor einige Probleme stellen:

- Es gibt kaum praktische und manuelle Tätigkeiten, die der Tierbesitzer aus der allgemeinmedizinischen Praxis kennt und als tierärztliche Handlung ansieht.
- Verhaltenskonsultationen sind zeitaufwendig.
- Die Abgrenzung einer verhaltensmedizinischen Beratung während oder am Ende einer Routinevisite ist nicht immer ganz einfach: *Und könnten Sie mir vielleicht noch schnell einen Tipp geben wie ich meinem Hund das Alleinbleiben beibringe?*
- Tierärzte lernen während ihrer Ausbildung nichts über Kommunikation und die Techniken, mit denen eine Konsultation (und das gilt für alle Konsultationen in der Praxis) zur professionellen tiermedizinischen Leistung wird. Dieser Mangel in der Ausbildung führt häufig zu Schwierigkeiten in der Bewertung und Verrechnung der eigenen Leistung, wenn diese überwiegend aus Kommunikation besteht.

Wie wird nun aus einem scheinbar einfachen Gespräch – *wir haben ja eigentlich nur geredet* – eine strukturierte und gut honorierte medizinische Leistung?

Es ist im Allgemeinen günstiger, verhaltensmedizinische Konsultationen außerhalb der üblichen allgemeinmedizinischen Sprechstunden abzuhalten. Die Terminvereinbarung für spezielle Untersuchungen und Behandlungen ist dem Tierbesitzer schon vertraut und die Verhaltenskonsultation kann daher ähnlich wie ein OP-Termin speziell vereinbart werden.

Eine verhaltensmedizinische Konsultation läuft nach bestimmten Regeln ab. Mit definierten **Rahmenbedingungen** und einem strukturierten verhaltensmedizinischen **Untersuchungsgang** sind die oben erwähnten Schwierigkeiten leichter zu überwinden.

## 1.2 Rahmenbedingungen

Zeit und Energie des Tierarztes wie auch die Auffassungsgabe des Tierbesitzers sind begrenzte Ressourcen. In einer Erstkonsultation müssen auch nicht alle das Tier und seine Umwelt betreffenden, sondern nur die für eine Behandlung **wesentlichen** Informationen erfasst werden. Es ist daher viel sinnvoller und effektiver, Konsultationen kurz und konzentriert zu gestalten.

**Praxis**
**Einige Rahmenbedingungen der Konsultation:**
- Ort
- Zeit
- Dauer
- Honorar
- Abstände und Frequenz von Folgekonsultationen
- Ende der Behandlung

**Ort**, **Zeitpunkt** und vor allem **Dauer** sowie der **finanzielle Rahmen** sollten dem Besitzer bereits bei der Terminvereinbarung und vor dem Beginn der eigentlichen Konsultation bekannt sein.

Weitere Rahmenbedingungen sind die voraussichtliche **Dauer der Behandlung**, Möglichkeiten und Zeiten für die **Kontaktaufnahme** mit dem Tierarzt, die Anzahl beziehungsweise Frequenz von **Folgekonsultationen** und ein Übereinkommen, wann und wie die Behandlung endet.

Diese Rahmenbedingungen gibt der Tierarzt nach seinen persönlichen Erfahrungen, Vorlieben und Möglichkeiten vor.

In unseren jeweiligen Praxen haben sich verhaltensmedizinische Erstkonsultationen von maximal einer Stunde gut bewährt. Folgekonsultationen im Abstand von 4–6 Wochen dauern eine halbe bis eine Stunde. Das Honorar wird nach Zeitaufwand berechnet und beträgt derzeit 150 Euro pro Stunde.

**Merke**
**Zeit- und energieraubende, frustrierende und desorganisierte Konsultationen werden mit klaren Rahmenbedingungen verhindert.**

### 1.2.1 Praxis oder Hausbesuch

Die Konsultation kann in der eigenen Praxis oder bei überwiesenen Fällen auch in der Praxis des Kollegen; beim Tierbesitzer zu Hause, zum Teil auf der Straße oder im Hundesportclub stattfinden.

Visiten beim Hundebesitzer zu Hause werden oft als unerlässlich für die verhaltensmedizinische Arbeit angesehen.

**Was spricht für und gegen einen Hausbesuch:**
- Beim Hausbesuch erlebt man das Lebensumfeld des Hundes und seiner Besitzer aus eigener Anschauung, wirkt aber gleichzeitig als Eindringling und Störfaktor in dieser Umgebung.
- Mit einem ein- oder selbst mehrstündigen Hausbesuch ergibt sich immer noch kein wirklicher Überblick über die Symptome und problematischen Verhaltensweisen, sondern nur ein sehr kleiner Ausschnitt. Es ist nicht gewährleistet, dass der Hund das betreffende Symptom oder Verhalten tatsächlich während des Hausbesuchs zeigt.

▶ **Abb. 1.1** Einfacher Konsultationsraum.



- Man befindet sich außerhalb seiner wohlvertrauten Arbeitsumgebung, wodurch das eigene Auftreten, die Selbstsicherheit und das Wohlbefinden bei der Arbeit beeinträchtigt sein können.
- Eine strategische Pause in einer schwierigen Konsultation oder das kurzfristige Verlassen des Raumes, um in einem Fachbuch nachzuschlagen sind nicht möglich.
- Das Verletzungsrisiko durch einen Angriff beim Eindringen in das Territorium sollte vor allem bei aggressiven Hunden nicht unterschätzt werden!
- Beim Hausbesuch passiert es viel leichter, dass der Tierbesitzer die Gesprächsführung übernimmt und die Konsultation zu einem gemütlichen Plausch beim Kaffee umgestaltet.
- Der Konsultationsraum (▶ **Abb. 1.1**) ist für den Tierarzt eine standardisierte Umgebung, in der er die Reaktionen unterschiedlicher Hunde auf die gleiche Situation beobachten kann.
- Die grundlegenden Interaktionen und die Kommunikation zwischen Hund und Familie bleiben gleich, ob zu Hause oder auswärts.
- Der zeitliche Aufwand für den Tierarzt und damit der finanzielle Aufwand für den Besitzer sind beim Hausbesuch deutlich größer als wenn dieser mit dem Hund in die Praxis kommt.

Somit stellt sich letztendlich die Frage, ob der erwartete Informationsgewinn beim Hausbesuch die Unannehmlichkeiten und diesen erhöhten Aufwand wert ist.

Wir empfehlen jedem, seine eigenen Erfahrungen zu machen und dann zu beurteilen, ob der Hausbesuch gegenüber der Konsultation in der eigenen Praxis zu effizienterer Arbeit und besseren Therapieergebnissen – um die es ja schließlich geht – führt.

**Merke**

**Das Wohlbefinden des Tierarztes/Therapeuten hat für eine gute Konsultation und therapeutische Arbeit oberste Priorität.**

Die Konsultation in den eigenen Praxisräumen kann natürlich ohne Weiteres auch phasenweise auf die Straße oder andere Orte verlegt werden, um bestimmte Verhaltensweisen und Reaktionen gegenüber Menschen, anderen Hunden oder der Umwelt zu beobachten.

Es gibt einige Methoden und viele **Hilfsmittel**, mit denen weitere Informationen zum Verhalten und dem Lebensumfeld des Hundes gesammelt werden können:

- Besitzer können Videos, auf denen bestimmte Verhaltensweisen des Hundes zu beobachten sind, schon in die Konsultation mitbringen oder nach der Konsultation machen und schicken. Der unleugbare Vorteil liegt in der grenzenlosen Wiederholbarkeit, der Möglichkeit in Zeitlupe und mit Standbild abzuspielen, bis auch das letzte Detail beobachtet ist.
- Fotos aus der Wohnung, die das Ausmaß der destruktiven Aktivitäten des Hundes etc. zeigen, sind in Zeiten der digitalen Fotoapparate und Handys mit Kamera kein Problem mehr.
- Tonbandaufnahmen mit den Äußerungen des Hundes während der Abwesenheit des Besitzers.
- Zeichnungen und Skizzen der Wohnung oder des Lebensraums des Hundes. Anhand dieser Zeichnungen können z. B. während der Konsultation Verhaltenssequenzen, Standorte und Blickrichtungen des Hundes und aller Beteiligten minutiös besprochen und eingezeichnet werden. Lösungsmöglichkeiten können mit einem Wohnungsplan viel anschaulicher und übersichtlicher diskutiert werden. (▶ **Abb. 1.2**).
- Vor allem bei der Bestimmung von Entfernungen, die manche Menschen sehr schlecht einschätzen können, kann man reale Bezugspunkte – *von hier bis zum blauen Haus?* oder *eine Gehsteig- oder Straßen- oder Autobahnbreite* – heranziehen.
- Auch das Nachstellen einer Situation in der Konsultation hilft Besitzer und Tierarzt ein wirklichkeitsähnliches Bild der Ereignisse zu schaffen.
- Skizzen und Kurven zur zeitlichen Entwicklung der Symptomatik, zur grafischen Darstellung verschiedener Aspekte der Persönlichkeit des Hundes, zur Familienstruktur etc.

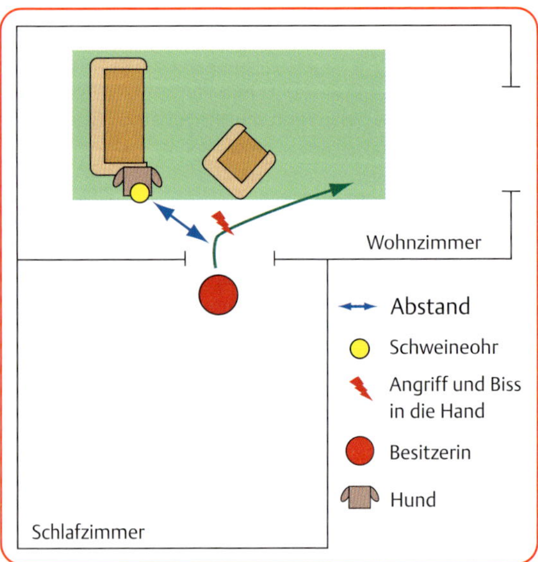


▶ **Abb. 1.2** Skizze zur Analyse eines Beißvorfalls.

### 1.2.2 Wer aus der Familie sollte in der Konsultation anwesend sein?

Ebenso wie der Hausbesuch wird oft auch die Anwesenheit aller Familienmitglieder als unabdingbare Voraussetzung für eine Verhaltenskonsultation angesehen.

Natürlich sollten – wenn immer möglich – alle Familienmitglieder zur Verhaltenskonsultation eingeladen werden. Der Tierarzt erhält auf diese Weise wertvolle und vielseitigere Informationen:

- Mehr Details und Beschreibungen zum Verhalten des Hundes aus verschiedenen Blickrichtungen.
- Wie verhalten sich die Kinder gegenüber ihren Eltern und dem Hund?
- Wie agieren die Familienmitglieder oder Partner im Gespräch miteinander und mit dem Hund?
- Die – manchmal widersprüchlichen – Meinungen, Ansichten und Glaubenssätze der einzelnen Familienmitglieder.
- Wer ist im Widerstand und wer scheint ein verlässlicher Partner bei der Durchführung der Therapie zu sein?
- etc.

Gleichzeitig werden auch die Erklärungen und Behandlungsanweisungen weniger selektiert und gefiltert, wenn alle Familienmitglieder in der Konsultation anwesend sind und das Gleiche vom Tierarzt hören anstatt der editierten Version desjenigen, der anwesend war.

Im Sinne des Hundes ist es erforderlich, flexibel und realistisch zu bleiben, wenn sich ein Partner oder ein anderes Familienmitglied weigert, *diesen Hunde-Psycho-Quatsch mitzumachen* oder aus beruflichen Gründen keine Zeit hat.

Abwesende Familienmitglieder können eine Verbesserung blockieren und man sollte sich dieser Widerstände zumindest bewusst sein, wenn man sie im Moment auch nicht verändern kann.

Wenn einzelne Familienmitglieder verhindert sind, aber trotzdem gerne an der Behandlung des Hundes mitwirken wollen, spricht nichts dagegen, einen telefonischen Termin oder vielleicht sogar einen Chat zu vereinbaren, um die erforderlichen Informationen auszutauschen.

**Merke**

**In die Konsultation sind alle unmittelbar betroffenen Familienmitglieder und/oder Sozialpartner des Hundes eingeladen, es ist jedoch niemand gezwungen mitzukommen.**

## 1.3 Struktur einer Konsultation

In der verhaltensmedizinischen Konsultation werden in möglichst systematischer Weise erhoben:

**Methode**

**Erster Teil der Konsultation:**

- Etablieren einer therapeutischen Beziehung
- Problem(e) des Hundes
- Motiv für die Konsultation
- Auftrag und Erwartungen des/der Besitzer(s)
- Ressourcen und Möglichkeiten für eine therapeutische Intervention
- weitere Symptome des Hundes

Auf der Basis dieser Informationen beginnt der zweite Teil der Konsultation:

**Methode**

**Zweiter Teil der Konsultation:**

- Diagnose(n)
- Prognose
- therapeutische Optionen
- Therapieplan
- Vermittlung der Maßnahmen
- Einverständnis – therapeutischer Vertrag
- Vereinbarung über Kontaktaufnahme und Folgekonsultation

Die klinische Untersuchung kann zu jedem Zeitpunkt in der Konsultation durchgeführt werden. Sinnvoll ist es, zuerst die Probleme und weiteren Symptome (Aggression!) zu erfassen und den Hund erst danach zu untersuchen.

### 1.3.1 Etablieren einer therapeutischen Beziehung und die Problemliste

Die therapeutische Beziehung oder Bindung ist ein Band des Vertrauens, das sich zwischen dem behandelnden Tierarzt, der Familie und dem Hund entwickelt. Ohne diese therapeutische Bindung ist eine erfolgreiche Behandlung nur schwer oder gar nicht möglich. Die therapeutische Beziehung oder Bindung beginnt tatsächlich bereits bei der ersten Kontaktaufnahme am Telefon. Bei der persönlichen Begegnung entscheiden schon die ersten Momente über Sympathie und Antipathie. Die Kunst des erfolgreichen Therapeuten ist das gezielte Fördern und Ausbauen einer guten, motivierenden therapeutischen Beziehung durch das Ambiente seines Konsultationsraumes, Empathie, die Qualität des Zuhörens und sein Fachwissen. Jede therapeutische Bindung ist individuell und einzigartig für den Tierarzt, die Familie und ihren Hund.

**Einige Techniken und Möglichkeiten, die therapeutische Beziehung zu verbessern:**

- entspannende, angenehme Atmosphäre im Konsultationsraum
- dem Besitzer ausreichend Gesprächszeit für sein Anliegen zur Verfügung stellen
- aktives Zuhören ohne Verurteilung oder Bewertung – auch nicht in Gedanken
- Eingehen auf die Erwartungen
- Ermutigung und Wertschätzung
- eigentlich keine Technik, sondern eine Lebenshaltung: Liebe

Die ersten Minuten stehen also dem Klienten zum Aufbauen einer Beziehung zum Therapeuten und zum freien Ausdruck seiner Probleme mit dem Hund zur Verfügung. Nach Möglichkeit sollte er dabei nicht unterbrochen werden. Erst mit der ersten Gesprächspause nimmt man den Faden auf und leitet zu einem eher geführten (semi-direktiven) Interview über und erfragt alle weiteren Probleme des Hundes: *Ist das alles? Gibt es noch mehr Probleme?*

Wenn die Problemliste vollständig ist, beginnt man sie nach ihrer Wichtigkeit und Dringlichkeit zu **hierarchisieren** (S. 23).

Während der Konsultation und auch bei allen Folgeterminen ist es sinnvoll und notwendig, die therapeutische Beziehung anhand der nonverbalen und paraverbalen Signale immer wieder aufs Neue zu überprüfen und zu überarbeiten.

### 1.3.2 Motiv, Auslöser, Auftrag und Erwartung

Das **Motiv** ist der Grund, warum der Tierbesitzer um Rat fragt und sich zu einer verhaltensmedizinischen Konsultation entschließt. Es sind die Probleme, die er mit seinem Hund oder dessen Symptomen hat. Das Motiv kommt in der Problemliste zum Ausdruck.

Der **Auslöser** für die Frage nach Beratung liefert eher Informationen darüber wie dringlich das Problem ist. Der Anlass oder Auslöser für die Suche nach Hilfe hat möglicherweise wenig oder muss auch gar nichts mit dem unter Umständen seit Jahren bestehenden Problem zu tun haben. Zur Klärung ist die direkte Frage *Warum jetzt?* hilfreich. Typische Auslöser sind familiäre oder persönliche Krisen oder Veränderungen wie Erkrankungen, Scheidungen, neue Partner, Wohnungswechsel, Jobwechsel, Familienzuwachs, etc.; Beschwerden von Nachbarn, Entdecken der Information einer Therapiemöglichkeit etc.

Der **Auftrag** ist das, was der Tierbesitzer vom Tierarzt möchte – eine Diagnose oder eine Erklärung, eine Behandlung, ein Gutachten.

Üblicherweise geht man als praktizierender Tierarzt immer davon aus, dass ein Tierbesitzer, der mit seinem Tier in die Praxis kommt, eine Behandlung haben möchte. Das muss bei Verhaltenssymptomen nicht unbedingt der Fall sein und die Ansichten, was vorrangig behandelt werden soll, können für den Tierarzt und den Hundebesitzer ziemlich unterschiedlich sein.

**! Merke**
**Die direkte Frage nach dem Auftrag ist ein ganz wichtiger Teil der Konsultation!**

Ohne einen eindeutigen Auftrag kann es passieren, dass Tierarzt und Hundebesitzer eine Stunde lang aneinander vorbeireden oder sich in unauflösbarer Konfliktsituation befinden. Der Besitzer wird sich unverstanden fühlen und im Widerstand bleiben, weil seinen Erwartungen und Bedürfnissen nicht entsprochen wird. Der Tierarzt überhäuft den Klienten ungefragt mit Informationen und riskiert dabei eigene Frustration, weil er damit nur Verständnislosigkeit oder eine reservierte Haltung beim Klienten auslöst.

Andererseits sind es Tierbesitzer nicht gewohnt nach ihrem Auftrag gefragt zu werden und äußern sich zunächst nur vage oder unklar: *Ich möchte gern verstehen, warum er das macht;* obwohl sie eigentlich auch das Verhalten des Hundes verändert haben wollen.

**Merke**

**Ein Auftrag soll unbedingt in positiven Begriffen formuliert werden.**

Der Wunsch des Besitzers *Mein Hund soll nicht an der Leine ziehen und keine anderen Hunde attackieren* wird mit etwas Unterstützung im Gespräch z. B. zu *Mein Hund soll an durchhängender Leine gehen und mich ansehen, wenn andere Hunde da sind.*

Die positive Formulierung eröffnet unzählige therapeutische Möglichkeiten, und der Besitzer kommt in seiner Haltung einen Schritt weiter, indem er sich auf die positiven, erwünschten Verhaltensweisen einstellt und nicht auf das, was er *nicht* möchte.

Alleine die Aufmerksamkeit auf die erwünschten Verhaltensweisen des Hundes zu lenken, das was er tun soll anstelle der unerwünschten Verhaltensweisen, das was er nicht tun soll, hat schon einen therapeutischen Effekt.

Bei der Formulierung gilt die einfache „Tote-Hund-Regel“: Alles was auch ein toter Hund tun kann, ist kein therapeutisches Ziel. *Nicht tun* ist etwas, was auch ein toter Hund „tun“ kann, also kann es kein Auftrag sein. Nur ein lebender Hund kann sitzen, liegen, schauen, knurren, schlafen etc., also kann das in einem positiv formulierten Auftrag verwendet werden.

**Merke**

**Das Motiv für die Konsultation und der Auftrag müssen nicht übereinstimmen!**

Weiterhin gibt es sogenannte **verdeckte** oder **geheime Aufträge**, die bei Nichterkennen zwangsläufig zum Misserfolg führen werden. Typische verdeckte Aufträge sind z. B. das Abschieben der Verantwortung und die Entscheidung für eine Euthanasie auf den Tierarzt. Der Besitzer möchte in diesen Fällen keine Behandlung, sondern vielmehr vom Tierarzt die Auskunft, dass *man in diesem Fall sowieso nichts mehr machen kann* und sich damit das gute Gewissen erhalten *alles getan zu haben*. Behandlungsvorschläge werden in diesen Fällen zu Widerstand führen oder einfach nicht umgesetzt. Ein anderer nicht seltener verdeckter Auftrag ist das Gewinnen des Tierarztes als Partner in einer Allianz gegen einen Lebensgefährten, Elternteil oder ein Kind.

Ethisch unannehmbare, paradoxe oder **unmögliche Aufträge** wie *Mein Hund soll keine Angst mehr haben; Mein Jagdhund hat zwar schon eine Katze getötet, aber jetzt soll meine Lebensgefährtin mit ihrer Katze bei mir einziehen ...; Mein Hund soll nicht mehr bellen; Mein Hund soll nicht mehr jagen;* oder emotionale Erpressungen wie *Wenn er noch einmal schnappt, lasse ich ihn einschläfern,* sollten als solche erkannt werden. Sie können je nach persönlicher ethischer Einstellung entweder abgelehnt oder in realistischere Aufträge umformuliert werden.

An einem anderen verdeckten und paradoxen Auftrag – *Verändern Sie meinen Hund, aber ändern Sie nichts an der Situation, an mir oder meinem Leben* – wird auch der beste und engagierteste Therapeut scheitern.

Je diffuser, allgemeiner und ungenauer der angenommene Auftrag, z. B. *Mein Hund soll nicht so traurig sein*, desto größer ist das Risiko für den Tierarzt: eine Verlaufskontrolle, die Bestimmung von Erfolg oder Misserfolg einer Behandlung sind unmöglich, wenn keine klar definierten Ziele für einen bestimmten Zeitpunkt festgelegt sind.

Daher sind zunächst die genaue Auftragsklärung und – bei mehreren Problemen – das Hierarchisieren derselben: *Welches Problem ist das Wichtigste für Sie und soll als Erstes behandelt werden?* ein essenzieller Bestandteil der Konsultation.

Die **Erwartung** ist die Vorstellung des Tierbesitzers vom Ergebnis der Therapie. Es gibt unrealistische Erwartungen bezüglich des Ergebnisses, der Geschwindigkeit mit dem dieses erreicht werden kann und dem Aufwand und Dauer der Therapie. Die häufige Ansicht, dass es bei Verhaltenssymptomen einen Zustand von „Alles oder nichts" gibt, sollte z. B. mit Hilfe von Prozentangaben: *Wären Sie mit 30 % Besserung des Symptoms X in 8 Wochen zufrieden?* oder Skalen *Wenn Sie das Problem Y jetzt mit 7 auf einer Skala von 1–11 einschätzen, welches Ziel wollen Sie in 4 Wochen erreichen?* ganz eindeutig relativiert werden; siehe Kapitel Frequenz, Dauer und Intensität (S. 41).

### 1.3.3 Ressourcen, Lösungsansätze und Motivation

**Ressourcen** sind vorhandene materielle und immaterielle Werte und Fähigkeiten, die einer Person oder einem System ermöglichen zu handeln. Es gibt interne, soziale und externe oder Umweltressourcen. Von einem systemischen Standpunkt aus gesehen, enthält jedes System bereits die Lösung für die meisten seiner Probleme.

**Definition**

**Faktoren, die als Ressourcen betrachtet werden können:**

- Beziehungen von jedem Familienmitglied zum Hund
- Beziehung zum Tierarzt, der die Verhaltensstörung behandelt
- Beziehung zu anderen Tieren in der Familie oder Nachbarschaft oder zur sozialen Umwelt
- Ausnahmen vom Problemverhalten
- Aktivitäten, die dem Hund und dem Besitzer großen Spaß machen
- Motivation des Besitzers

In der Praxis kann z. B. eine Nachbarin, die den Hund gerne hat, als vorübergehender oder dauernder Hundesitter einspringen. Die gute Beziehung eines Hundes zu anderen Hunden, zu einer Katze oder große Spielfreude eröffnet in der Therapie viele kreative Möglichkeiten. Eine andere, im Grunde simple, aber erstaunlich oft übersehene Ressource wäre das **Verändern eines Liegeplatzes**.

Einer der wichtigsten Gründe für eine ressourcenorientierte Konsultation ist die Dimension der Dringlichkeit. In dringenden Fällen müssen rasche (Teil-)Erfolge erreicht werden, um den Patienten nicht zu verlieren. Erst wenn die Mensch-Tier-Beziehung wieder stabilisiert und der Besitzer zufrieden ist, erhöht sich seine Motivation für weitere Behandlungsmaßnahmen.

Mit der hypothetischen Frage *Was würden Sie tun, wenn weder ich noch andere spezialisierte Kollegen, die ich kenne, eine Lösung für Ihr Problem hätten?* können die vorhandenen Ressourcen des Systems und die Einstellung des Besitzers zu seinem Hund sehr rasch ausgelotet werden. Die Antworten werden das ganze Spektrum von *Euthanasie* bis zu *Akzeptieren, dass es so ist* umfassen und den Spielraum für die Behandlung vorgeben.

**Lösungsansätze** und Vorschläge, die spontan und aus dem betroffenen System selbst kommen, haben die größte Chance auf tatsächliche Realisierung und bleibenden Erfolg. Nahezu jeder Hundebesitzer hat sich schon eigene Gedanken gemacht und Ideen zur Verbesserung der Lage überlegt. Mit diesen vorhandenen Ideen zu spielen und sie gemeinsam mit dem Besitzer auszubauen ist eine der erfolgreichsten, kreativsten und zugleich einfachsten Techniken in der Verhaltenskonsultation.

Nach bereits erfolgten Therapieversuchen und deren Ergebnissen sollte auf jeden Fall direkt gefragt werden. Sie können zum einen Hinweise auf die Diagnose geben, zum anderen können sie in einer neuen therapeutischen Empfehlung entweder korrigiert und optimiert (bisher falsche Technik, Anwendung, Dosierung etc.) oder aber – für die therapeutische Beziehung ganz wichtig – nicht neuerlich als Therapie vorgeschlagen werden.

Um die therapeutische Bindung zu erhalten, sollte der Besitzer für unsinnige Aktionen wie nicht zeitgerechte Strafen oder Zwangsmaßnahmen nicht kritisiert werden. Nur selten sind diese Lösungsansätze mit böser Absicht verbunden, stammen sogar von mehr oder weniger versierten Fachleuten oder Kollegen und sie entstehen in der Regel aus Hilflosigkeit, Unwissenheit und Verzweiflung. Schuldzuweisungen und Verurteilung – selbst wenn sie nur in Gedanken stattfinden – sind für die weitere therapeutische Beziehung und die Therapie kontraproduktiv. Man sollte sich immer vor Augen halten, dass der Besitzer zumindest eine sehr gute und richtige Entscheidung getroffen hat: Er ist jetzt hier in einer verhaltensmedizinischen Konsultation, um fachkundige Hilfe zu erbitten – und keine Anschuldigung oder Kritik.

**Merke**
**Die Veränderung beim Hund und in seiner Familie hat mehr mit der Empathie des Verhaltensmediziners als mit seinem technischen Fachwissen zu tun!**

**Motivation** ist der innere Zustand, der Handlungen bewirkt, sich in Bewegung zu setzen, ein Verhalten zu zeigen. Das gilt für den Hund wie auch für seinen Besitzer.

Motivation ist auch die Wahrscheinlichkeit, mit der eine Person eine spezifische Strategie der Veränderung beginnt, fortsetzt und beibehält. Die Motivation oder Motivierung des Besitzers spielt für den Therapieerfolg eine große, wenn nicht überhaupt die größte Rolle.

Motivation kann nach Miller und Rollnick in drei Elemente oder Zustände unterteilt werden:

- **Der Wunsch etwas zu verändern (willing):** Der Wunsch etwas verändern zu wollen hängt von der Intensität des Unwohlseins oder Leidens im System ab. Es ist der Unterschied zwischen dem aktuellen unangenehmen Zustand mit den Symptomen des Hundes und der Vorstellung, die der Besitzer von einem angenehmen Zustand hat. In der Konsultation versucht der Therapeut diesen Unterschied klarer und deutlicher zu machen, um die Motivation des Besitzers zu erhöhen.

- **Fähig sein etwas zu verändern (able):** Selbst wenn der Besitzer etwas verändern will, muss er dazu auch in der Lage sein oder vielmehr eine konkrete Vorstellung davon haben, dass eine Veränderung nicht nur wünschenswert, sondern tatsächlich – auch für ihn – machbar ist. Hier liegt das Hauptgewicht in der Arbeit des Verhaltensmediziners. In der Konsultation arbeitet man mit dem Hundebesitzer **gemeinsam** einfache Methoden aus. Das Ziel dieser Ko-Konstruktion ist ein Besitzer, der überzeugt ist, diese Arbeit schaffen zu können.
- **Bereit sein etwas zu ändern (ready):** Der große Wunsch oder die Notwendigkeit etwas zu verändern und zu wissen, wie es geht, sind noch immer nicht ausreichend. Die Veränderung muss auf der Prioritätenliste des Besitzers auch noch ganz oben stehen. Die erschöpfte Besitzerin eines hyperaktiven Hundes wird eine Therapie noch nicht umsetzen, obwohl sie es will und nach der Konsultation nun auch wüsste, dass es möglich ist und wie es geht – wenn ihr Ehemann gerade an Krebs erkrankt ist.

Die Kenntnis dieser unterschiedlichen Zustände erleichtert es dem Tierarzt empathisch zu bleiben und Verständnis zu haben angesichts der vordergründig oft unverständlichen und irrationalen Widerstandshaltung eines Klienten.

Die praktische Umsetzung dieser Elemente in der Konsultation ist das Erstellen einer **Kosten-Nutzen-Rechnung** für den aktuellen Zustand und eine weitere für den angestrebten Zustand. Als Kosten empfindet der Klient nicht nur die tatsächliche finanzielle Belastung, sondern auch den Einsatz von Zeit, Arbeit, Energie, Achtsamkeit … Die Kosten-Nutzen-Rechnung ist nicht dazu gedacht, den Hundebesitzer in eine bestimmte Richtung zu manipulieren, vielmehr ist er eingeladen, sich mit seiner Ambivalenz zu befassen und eine bewusste Entscheidung zu treffen.

**Motivierende Elemente** in der Beratung selbst sind von Miller und Rollnick unter dem Akronym FRAMES zusammengefasst worden:

### Definition

- **F** – Feedback geben (feedback)
- **R** – Verantwortung geben (responsibility)
- **A** – Informieren (advice)
- **M** – Wahlmöglichkeiten anbieten (menu)
- **E** – Empathie (empathy)
- **S** – Hoffnung und Überzeugung (self-efficacy)

In der Konsultation werden diese unterschiedlichen Elemente der individuellen Situation und dem Motivationszustand des Besitzers angepasst. Ein an seinen Fähigkeiten zweifelnder und sich schuldig fühlender Besitzer wird mit „empathy" und „self-efficacy" aufgemuntert, bevor man ihn überhaupt mit „menu" und „responsibility" fordern kann. Ein Klient, der noch gar nicht entschlossen ist, etwas zu ändern, erhält in einer Erstkonsultation besser „advice" und „feedback", eventuell auch schon ein „menu" mit dem er sich befassen kann, bevor er eine Entscheidung trifft.

Die Konsultationsphasen **weitere Symptome des Hundes** (S. 113), **Diagnose** (S. 269) und **therapeutische Optionen** (S. 210) werden jeweils in eigenen Kapiteln behandelt.

### 1.3.4 Therapeutische Strategie

Für die Behandlung von Verhaltensstörungen sollte gemeinsam mit der Familie ein Therapieplan mit einer spezifischen Strategie erstellt werden.

Eine bestimmte Maßnahme ist auf ein konkretes und überprüfbares Ziel – z. B. die „Verbesserung des Symptoms Passanten auf der Straße attackieren um 50 % in einem Zeitrahmen von 3 Monaten" – ausgerichtet. Für den Fall, dass ein therapeutisches Ergebnis innerhalb dieses festgelegten Zeitrahmens nicht erreicht wird, sollten entsprechende Konsequenzen oder alternative Strategien bereits angekündigt sein. Auf diese Art bleiben die therapeutische Bindung, Compliance und Glaubwürdigkeit auch dann erhalten, wenn Dosierungen oder Medikamente oder andere Behandlungsmaßnahmen verändert werden müssen.

In der Praxis hat es sich als sehr effektiv erwiesen, eine Behandlungsanweisung für den Besitzer auf **maximal fünf Einzelschritte oder Maßnahmen** zu limitieren.

Diese einfachen Anweisungen kann sich der **Besitzer** merken oder er sollte sie nach Möglichkeit sogar **selbst aufschreiben**. Damit erhöht sich die Wahrscheinlichkeit, dass sie im Bewusstsein bleiben und auch umgesetzt werden. Schriftliche Anweisungen über einige Seiten für eine systematische Desensibilisierung werden erfahrungsgemäß nicht oder nur selten gelesen. Alleine die Länge und Menge der Anweisungen kann beim Besitzer Zweifel oder ein Gefühl der Frustration aufkommen lassen, ob das alles zu schaffen sein wird. Kleine Schritte führen auch zum Ziel und das Ausmaß der Arbeit wirkt nicht gleich demotivierend.

Die Durchführung einfacher definierter Maßnahmen kann beim nächsten Termin viel leichter überprüft werden: *Wurde Y durchgeführt ja/nein, wie oft und mit welchem Ergebnis? Wenn ‚nein' – wo waren die Schwierigkeiten?*

Unklare Anweisungen führen letztlich zu wenig objektivierbaren und unbrauchbaren Aussagen wie ... *hat auch nicht geholfen.*

**Praxis**

**Optimale therapeutische Maßnahmen sind:**

- wenige (max. 5)
- einfach durchführbar
- leicht verständlich
- objektivierbar
- nicht zu zeitaufwendig

### 1.3.5 Therapeutischer Vertrag, Einverständnis und Abschluss der Konsultation

Nach der Vermittlung der therapeutischen Maßnahmen empfiehlt es sich, das **Einverständnis** des Klienten oder der Familie nochmals ganz direkt zu erfragen: *Sind Sie mit diesem Plan/damit einverstanden?* oder besser noch *Womit sind Sie einverstanden?*

Dieses Einverständnis ist die Grundlage eines mehr oder weniger deutlich ausgesprochenen **therapeutischen Vertrages**, bei dem auch der Klient seinen Arbeitsteil abliefern muss: *Nun, dann dürfen jetzt Sie frisch an die Arbeit!* oder auch *So, jetzt dürfen Sie ans Üben!* Damit wird verdeutlicht, dass für einen Therapieerfolg auch der Tierbesitzer seinen Anteil leisten muss. Selbstverständlich hat jeder Tierbesitzer das Recht, seinen Teil des therapeutischen Vertrages nicht zu erfüllen – er kann jedoch nicht mehr den Tierarzt für seine eigene Nachlässigkeit verantwortlich machen.

Am **Ende der Konsultation** wird noch die nächste Kontaktaufnahme – entweder telefonisch, per E-Mail oder persönlich – besprochen oder gleich direkt vereinbart.

# 1.4 Spezielle Konsultationen

## 1.4.1 Erstkonsultation beim Welpen

Die ersten Konsultationen mit einem neuen Welpen sind sowohl für die Kundenbindung als auch für die Prävention oder frühzeitige Behandlung von Verhaltensstörungen essenziell. Die Möglichkeiten, sich jetzt die Basis für einen langfristigen und angenehmen Umgang mit einem kooperativen und vertrauensvollen Patienten zu schaffen, sind erstaunlich. Obwohl schon unendlich viele Fragen zur medizinischen Versorgung wie Impfungen und Parasitenbekämpfung oder zur Fütterung zu besprechen sind, sollte das Verhalten des Welpen oder Junghundes nicht zu kurz kommen. Dafür reicht ein durchschnittlicher Untersuchungstermin von 15 Minuten nicht aus und es ist unbedingt zu empfehlen, für die Erstkonsultationen für Welpen 30 oder 45 Minuten einzuplanen.

Je nach Erstvorstellungsalter ist der Junghund noch in einer mehr oder weniger intensiven Sozialisationsphase und jedes **positive** Erlebnis mit der Praxis, mit neuen Menschen und Situationen ist eine optimale Investition in die Zukunft des Hundes; siehe Entwicklung (S. 44).

### Allgemeine und häufige Fragen

Die wichtigsten und häufigsten Verhaltensfragen sollten **proaktiv** angesprochen und in kurzer prägnanter Form beantwortet werden können. Mit einem Übermaß an Information in der Erstkonsultation sind viele Besitzer überfordert.

Allzu viele Fragen können auch kanalisiert werden, indem man ein gutes und leichtverständliches Buch empfiehlt, z. B. Lassie, Rex & Co [10].

- **Sauberkeitserziehung**: Ein gesunder Welpe **ist** „sauber“, wenn er zu seinen Besitzern kommt. Er hält seinen Schlafplatz, seinen Futterplatz und seine unmittelbare Umgebung sauber. In der Umgebung beim Züchter hat der Welpe einen für Ausscheidungen geeigneten Untergrund erlernt: Beton, Fliesen, Zeitungspapier, Erde, Wiese etc.
  - Ein Welpe kann nur durch positive Bestätigung und nicht durch Verbot lernen! Bei letzterer Erziehungstechnik sind seine Fehlermöglichkeiten unendlich!
  - Den Lebensraum des Welpen so klein begrenzen („Hunde-Kinderzimmer“ = Box), dass er diesen Bereich auf jeden Fall natürlicherweise sauber hält.
  - Alle 1–2 Stunden, auf jeden Fall nach dem Schlafen, nach dem Fressen und gegen Ende einer Spielphase an immer denselben Ausscheidungsplatz gehen. Der Welpe ist dabei angeleint, er wird möglichst wenig abgelenkt.
  - Mit einem beliebigen Wort (*Lacki, beeil dich, Japan* etc.), das gleichzeitig mit dem Harn- oder Kotabsatz gesagt wird, kann ein Hund sehr schnell klassisch konditio-

niert werden. Der Hund kann später praktisch jederzeit mit diesem Signal zum Eliminieren veranlasst werden.
  - Wenn der Hund Harn und/oder Kot abgesetzt hat, darf und soll gespielt und spazieren gegangen werden; macht er nichts kommt er wieder ins Hunde-Kinderzimmer oder unter strengste Aufsicht.
  - Unfälle sind auf die eigene Unachtsamkeit zurückzuführen und der Welpe wird nicht bestraft!
- **Hochspringen:** Eine der einfachsten Übungen überhaupt: Man dreht sich **sofort** und **wortlos** um, wenn der Hund hochspringt; siehe Extinktion (S. 251). Es wird sofortiger Kontakt mit dem Hund aufgenommen, sobald vier Pfoten am Boden sind. In der Praxis demonstrieren!
- **Grobes Spielen und Beißen**: Die Beißkontrolle sollte bis zur 16. Woche funktionieren!
  - Beißkontrolle wird nicht *von alleine, wenn er älter wird*, erlernt!
  - Menschliche Haut ist für Hundezähne – ausgenommen nach ausdrücklicher Einladung – tabu!
  - Spiel, das eskaliert, sofort und wortlos abbrechen; wenn sich der Welpe beruhigt hat weiterspielen.
  - Den Welpen mit einem deutlichen *au* vorwarnen wenn er grob wird und – falls erforderlich – **sofort** irgendwo im Kopf- oder Halsbereich (Lefzen, Ohren, Halsfalte etc.) dem Typ des Welpen entsprechend **einmal kurz und fest** zwicken, **nicht** schütteln.
  - Den Welpen hin und wieder mitten im Spiel **freundlich** festhalten und in Seiten- oder Rückenlage bringen. Solange fixieren bis er sich entspannt – unter Umständen sind das Minuten! Protest und Quietschen ignorieren, die eigene Emotion bleibt auf jeden Fall neutral bis bestimmt freundlich! Sobald das erste Anzeichen von Entspannung da ist, loslassen und weiterspielen.
    Kann sich ein Welpe nicht stillhalten, kann dies ein Hinweis auf eine Pathologie wie eine Hyperaktivitätsstörung oder eine Angststörung sein.

## Wichtige Punkte für die ersten Konsultationen mit Junghunden

- Verhalten des Welpen oder Junghundes im Wartezimmer, in der Praxis; das Explorationsverhalten des Hundes in den Praxisräumlichkeiten.
- Verhalten, Mimik und die Körperhaltungen des Welpen oder Junghundes gegenüber anderen Menschen und Hunden.
- Folgt der Hund seinem Besitzer nach, wie reagiert dieser auf die Verhaltensweisen seines Hundes.
- Bei der klinischen Untersuchung wird neben der körperlichen Gesundheit auch gleichzeitig die Fähigkeit des Hundes zur psychomotorischen Selbstkontrolle und seine Reaktion auf sanften Zwang beziehungsweise kurzfristige Fixierung beobachtet.
- Die Hände und Unterarme des Besitzers können dahingehend aufschlussreich sein, ob der Hund eine Beißkontrolle erlernt hat und seine Zähne im Spiel kontrollieren kann.
- Wie reagiert der Besitzer, wenn sein Hund an ihm oder anderen Menschen hochspringt?

- Kennt der Hund schon einfache Signale wie „Sitz" oder „Komm" und befolgt er sie? Mit welchen Methoden hat der Besitzer gearbeitet, um dieses Ergebnis zu erreichen?
- Wie nimmt der Hund Futter aus der Hand, ist er kontrolliert oder ungeduldig?
- Wie schnell lernt der Hund eine kleine Aufgabe – z. B. auf die Waage gehen und still sitzen?

Zu den Verhaltensweisen, die in der Praxis nicht beobachtet werden können, unbedingt **direkte Fragen** stellen:
- Woher stammt der Welpe? Waren seine Mutter oder andere erwachsene Hunde während der Entwicklung anwesend? Wie viele Geschwister hat er?
- Wie lange ist der Hund schon in der Familie und wie verhält er sich zu Hause? Gibt es spezielle Probleme – nachts, Sauberkeit, Grobheit, Hyperaktivität, Angst etc.?
- Wie verhält sich der Hund, wenn er draußen ist; wovor hat er Angst und wie reagiert er dann?
- Wie verhält er sich gegenüber anderen Hunden? Geht er in eine Welpenspielgruppe?
- Wie verhält er sich gegenüber anderen Menschen? Spielt er mit Menschen und wie kontrolliert ist er dabei?
- Wie sieht die Kommunikation des Hundes mit anderen jungen und erwachsenen Hunden oder Menschen aus, beherrscht er die Beschwichtigungs- und Unterwerfungsrituale, hat er schon andere Konfliktlösungsstrategien gelernt?

Tauchen bei einem oder mehr Punkten tatsächlich größere Probleme und Fragen auf, sollte ein eigener Termin für eine Verhaltenskonsultation vereinbart oder eine Überweisung vorgeschlagen werden. Eine abwartende Haltung *Das wird sich schon noch legen, wenn er älter wird* bringt außer dem Zeitverlust für eine rechtzeitige Intervention nur wenig.

## Hausaufgaben für Welpenbesitzer

Das Aufgeben von Hausaufgaben für den Welpenbesitzer hat sich in der Praxis sehr bewährt. Es handelt sich dabei in erster Linie um Übungen, die für die Behandlung und das Handling in der Praxis wichtig sind oder die in der Welpenschule häufig nicht geübt werden.

Alle diese Übungen sollten unbedingt in der Praxis kurz demonstriert werden.

- Tabletten eingeben: Trockenfutter oder Leckerbissen als „Tablette" nehmen und eingeben üben.
- Alle Körperpartien untersuchen – insbesondere Zähne, Pfoten, Ohren, Bauch. Ganz leicht an den Haaren zupfen.
- Socken anziehen und Spiel initiieren. Mit einem Socken abwechselnd an einer Pfote beginnen, später alle vier Pfoten.
- T-Shirt anziehen und Spiel initiieren.
- In einem Gang oder Zimmer, später im Garten und auf Spaziergängen sitzen zwei Personen gegenüber und rufen den Welpen abwechselnd heran (jede Übung 5–10-mal wiederholen):
  a) Der Welpe bekommt ein Futter, wenn er kommt.
  b) Der Welpe muss sitzen und bekommt dann ein Futter.

c) Der Welpe muss sitzen und sich am Halsband festhalten lassen während er das Futter bekommt, rechte und linke Hand abwechseln.
d) Der Welpe muss sich stillhaltend vollständig anleinen lassen und bekommt danach erst das Futter.

- Nach dem Verlassen der Praxis ca. 5 Minuten spazieren und nochmals ins Wartezimmer kommen, wo der Hund eine Belohnung erhält.

Alle diese Übungen können in der folgenden Konsultation überprüft und die Entwicklung des Welpen kontrolliert werden. Der Erfolg ist meistens unmittelbar sichtbar und sollte natürlich lobend erwähnt werden.

## 1.4.2 Pubertätskonsultation

Der pubertierende Junghund und sein Besitzer werden in dieser kritischen Lebensphase nur selten aktiv tierärztlich betreut. In dieser entscheidenden Phase des Erwachsenwerdens und der körperlichen und psychischen Entwicklung seines Hundes ist der Besitzer somit auf sich alleine gestellt oder sucht vor allem Hilfe bei Hundetrainern. Mit einer routinemäßigen Pubertätskonsultation in der Allgemeinpraxis können, neben körperlichen Störungen, auch entwicklungsbedingte Verhaltensstörungen und durch ungeeignete Erziehungstechniken verursachte Probleme frühzeitig und mit guter Prognose behandelt oder durch präventive Maßnahmen sogar vermieden werden.

### Pubertät

Die Pubertät ist ähnlich wie die primäre Sozialisationsphase von der 3.–12. Woche eine weitere sensible Phase, in der viele Einflüsse und Erlebnisse einen tiefen Eindruck in der Psyche des Hundes hinterlassen.

Der Junghund macht in dieser Zeit einen intensiven Wandel mit körperlichen und psychischen Veränderungen durch. Einige genetisch beeinflusste Verhaltensweisen wie Jagdverhalten, territoriale Aggression oder Distanzierungsaggression werden vielfach erst jetzt während der Pubertät oder beim jungerwachsenen Hund deutlich sichtbar.

Der Zeitpunkt der Pubertät ist von der Größe und vom Rassetyp abhängig: Bei kleinwüchsigen und Zwergrassen kann diese Entwicklungsphase bereits mit 3,5–4 Monaten beginnen, bei spätreifen und großwüchsigen Hundetypen kann die Pubertät auch erst mit 9 bis 10 Monaten oder sogar noch später eintreten. Als praktikablen Durchschnittswert könnte man 7 Monate ansehen.

#### Körperliche Veränderungen

- Ein äußerliches Kennzeichen der Pubertät ist das Einsetzen der sexuellen Reife – beim Rüden das Harnmarkieren mit gehobenem Bein und bei der Hündin die erste Läufigkeit.
- Das körperliche Wachstum verlangsamt sich nach der intensiven vorhergehenden Phase.
- Der Zahnwechsel ist mit rund 7 Monaten abgeschlossen.
- Unter dem Einfluss der Sexualhormone beginnt die Produktion von Pheromonen, an der auch andere Hunde die sexuelle Reife des Junghundes sofort erkennen können.

- Ebenfalls vor allem durch Testosteron verändert sich der Stoffwechsel, die Muskelmasse nimmt zu.
- Im Gehirn wird durch den hormonellen Einfluss die Empfindlichkeit der präsynaptischen Dopaminrezeptoren geringer und die dadurch intensivierte Dopamintransmission hat fördernden Einfluss auf die Antizipation, den Bewegungsantrieb, die Aggressivität und verändert die Wahrnehmung (das Weltbild) des Hundes.

### Psychische Veränderungen

- In der natürlichen Gruppe würden pubertierende Junghunde als Herausforderer (Rüden früher als Hündinnen) angesehen und an den Rand der Gruppe verdrängt.
- Diese Distanzierung führt zur Lösung der exklusiven Bindung an die Mutter und es entwickelt sich eine Bindung an die ganze Gruppe und die Umwelt, der Junghund wird autonomer.
- Parallel dazu kommt es zur Desozialisation – auch der gut sozialisierte pubertierende Junghund unterscheidet nun plötzlich sehr genau, wer zu seinem vertrauten Kreis gehört und wer fremd ist.
- Mit der Ablehnung von Fremden geht die Entwicklung von territorialen Verhaltensweisen einher.
- In der sozialen Gruppe muss der Junghund nun die Regeln und Kommunikationsrituale der Erwachsenen einhalten und respektieren, er erhält seine Position in einer sozialen Ordnung.

## Pubertätskonsultation

Eine Pubertätskonsultation ist noch keine spezielle Verhaltenskonsultation, sondern eine Routinevisite, bei der die vielfältigen entwicklungsbedingten Symptome des pubertierenden Hundes im Sinne einer frühzeitigen Vorbeuge untersucht und besprochen werden. Im Rahmen einer Pubertätskonsultation werden daher sowohl physische als auch psychische Fragestellungen besprochen. Die Schwerpunkte werden natürlich von den Fragen des Besitzers wie auch vom Typ des Hundes beeinflusst.

### Wichtige Punkte in Bezug auf die Verhaltensentwicklung

- Verhalten des Junghundes im Wartezimmer, in der Praxis; das Explorationsverhalten des Hundes in den Praxisräumlichkeiten.
- Verhalten, Mimik und die Körperhaltungen des Junghundes gegenüber anderen Menschen und Hunden.
- Reaktionen des Besitzers auf die Verhaltensweisen seines Hundes und wie (mit welchen Erziehungstechniken) er seinen Hund kontrolliert.
- Bei der klinischen Untersuchung wird neben der körperlichen Gesundheit auch gleichzeitig die Fähigkeit des Hundes zur psychomotorischen Selbstkontrolle und seine Reaktion auf sanften Zwang beziehungsweise kurzfristige Fixierung beobachtet.
- Die Hände und Unterarme des Besitzers können dahingehend aufschlussreich sein, ob der Hund eine Beißkontrolle erlernt hat und seine Zähne im Spiel kontrollieren kann.
- Kennt der Hund einfache Signale wie „Sitz“ oder „Platz“ und befolgt er sie? Ist der Hund leinenführig, kommt er, wenn er gerufen wird? Mit welchen Methoden hat der Besitzer gearbeitet, um dieses Ergebnis zu erreichen?

Zu den Verhaltensweisen, die in der Praxis nicht beobachtet werden können, **direkte Fragen** stellen:

- Wie benimmt sich der Hund, wenn er alleine bleiben muss?
- Wie verhält er sich gegenüber anderen Hunden?
- Wie verhält er sich gegenüber anderen Menschen?
- Wie sieht die Kommunikation des Hundes mit anderen Hunden oder Menschen aus, beherrscht er Beschwichtigungs- und Unterwerfungsrituale oder andere Konfliktlösungsstrategien?

Tauchen bei einem oder mehr Punkten tatsächlich Probleme und Fragen auf, sollte ein eigener Termin für eine Verhaltenskonsultation vereinbart oder eine Überweisung vorgeschlagen werden.

**Verhaltensprobleme, die in der Pubertät auffällig werden können**

- Symptome entwicklungsbedingter Störungen wie Deprivationssyndrom (S. 271), Hyperaktivitätsstörung (S. 269), dyssoziale Persönlichkeitsstörung (S. 286)
- trennungsbedingte Symptome (S. 122)
- soziale Phobie und Distanzierungsaggression (S. 61)
- Aggression gegenüber gleichgeschlechtlichen Hunden (S. 140)
- destruktive Verhaltensweisen (S. 152)
- Phobien (S. 273)
- Jagdverhalten (S. 53)
- anhaltend emotional bedingte Elimination (S. 65)

### 1.4.3 Geriatrische Konsultation

Wie der pubertierende Hund wird auch der geriatrische Hund mit seinen psychischen Problemen in der tierärztlichen Praxis nur selten proaktiv betreut. Das Hauptaugenmerk bei der Betreuung des alternden Hundes liegt auf den zahlreichen möglichen körperlichen Erkrankungen. Beeinträchtigungen von Organfunktionen, abnehmende Sinnesleistungen oder Erkrankungen des Bewegungsapparats stehen im Vordergrund der Aufmerksamkeit.

Erste diskrete Anzeichen für altersbedingte Störungen werden vom Besitzer nicht erkannt, nicht ernst genommen und daher bei einer Routineuntersuchung gar nicht spontan erwähnt.

Die affektive Bindung an den alten Hund ist oft ausgesprochen intensiv. Das frühzeitige Erkennen von altersbedingten psychischen Störungen kann dazu beitragen, diese Bindung und die Lebensqualität des Hundes und seiner Familie möglichst lange zu erhalten. Der zwar körperlich gesunde, aber psychisch beeinträchtigte senile Hund läuft Gefahr für seine Familie zur unhaltbaren Belastung zu werden und sein Leben deswegen zu verlieren.

## Alterungsprozess

Das Altern ist ein unvermeidlicher Prozess im Lauf des Lebens. Das Auftreten der ersten altersbedingten Symptome hängt sehr stark von der Größe und vom Rassetyp des Hundes ab. Bei kleinwüchsigen Hunden und Zwergrassen kann man ab 8–10 Jahren vom alten Hund sprechen, bei großwüchsigen Rassen zum Teil schon ab 5–6 Jahren altersbedingte Symptome beobachten. Optimierte Fütterung und Haltungsbedingungen haben in den letzten Jahrzehnten die Lebenserwartung des Hundes erhöht. Die Wahrscheinlichkeit für altersbedingte psychische Störungen nimmt mit der steigenden Lebenserwartung zu. Grunderkrankungen wie Epilepsie (und die Medikation mit Phenobarbital) oder endokrine Störungen können den Alterungsprozess beschleunigen.

### Körperliche Veränderungen

- Die Sinneswahrnehmung, vor allem Sehen, Hören und sogar Riechen, wird schlechter.
- Der Hund schläft sehr viel tiefer und braucht länger, um völlig wach zu sein.
- Die Wahrscheinlichkeit für endokrine Störungen wie eine Hypothyreose oder einen Cushing steigt.
- Die Dichte seniler Plaques von β-Amyloid im Gehirn nimmt zu. Die Menge dieser Plaques korreliert mit dem kognitiven Abbau.
- Freie Radikale greifen die Lipide, Proteine, Enzyme und auch die DNA an. Die kompensatorischen Reparaturmechanismen erschöpfen sich und die Zelle kann ihre einwandfreie Funktion nicht mehr aufrechterhalten.
- Die Fluidität der Membranen und damit die flexible Anpassung der Rezeptoren für Neurotransmitter in ihr geht verloren.
- Das dopaminerge System baut mit weitreichenden Folgen ab: verringerte Sensibilität für Kontraste und Farben; verringerte Wachheit, Aufmerksamkeit und Gedächtnis; reduzierte emotionale und motorische Regulation einschließlich der Sphinkteren.

### Psychische Veränderungen

- Die kognitiven Fähigkeiten nehmen ab, der Hund vergisst erlernte Signale oder reagiert verzögert.
- Der Hund wird insgesamt reizbarer und reagiert schneller mit irritativer Aggression: Unbehagen, Schmerz, Frustration, unerwünschter Kontakt oder Annäherung.
- Schlafstörungen wie nächtliches Erwachen, Schlaflosigkeit, Unruhe vor dem Schlafengehen sind häufig.
- Schon immer bestehende Angstsymptome verschlimmern sich, die emotionalen Reaktionen erscheinen oft übertrieben und unkontrolliert.
- Verlust des Sättigungssignals.
- Zielloses und orientierungsloses Umherwandern.
- Motivation für Spiel, Aktivität und soziale Kontakte ist oft reduziert.

## Geriatrische Konsultation

Bei der geriatrischen Konsultation in der Allgemeinpraxis stehen klarerweise die körperlichen Erkrankungen im Vordergrund. Beim multimorbiden Patienten kann die aktuelle Diagnostik und Therapie schon so ausgedehnt sein, dass die Betreuung der psychischen Verfassung des Hundes dabei untergeht. Umso wichtiger ist daher die rechtzeitige Information zu den Symptomen eines physiologischen oder pathologischen Alterungsprozesses beim Hund. Schon das gezielte Nachfragen nach Symptomen bei Routine-Untersuchungen hilft dem Besitzer die diskreten ersten Anzeichen zu erkennen und seine Aufmerksamkeit darauf zu richten.

### Wichtige Punkte in Bezug auf altersbedingte Symptome

- Verhalten des Hundes im Wartezimmer, in der Praxis; das Explorationsverhalten des Hundes in den Praxisräumlichkeiten und Veränderungen gegenüber früher.
- Verhalten, emotionale Reaktionen und die Körperhaltungen des Hundes gegenüber anderen Menschen und Hunden und Veränderungen gegenüber früher.
- Reaktionen des Besitzers auf die Verhaltensweisen seines Hundes und wie er mit seinem Hund kommuniziert.
- Bei der klinischen Untersuchung werden neben der körperlichen Gesundheit auch gleichzeitig die Fähigkeit des Hundes zur psychomotorischen Selbstkontrolle und seine emotionale Reaktion beobachtet.
- Kennt der Hund noch einfache Signale wie *sitz* oder *platz* und wie schnell befolgt er sie?

Da die meisten Verhaltensweisen in der Praxis nicht direkt beobachtbar sind, **direkte Fragen** stellen:

- Zeigt der Hund zeitweilig Anzeichen von Verwirrtheit wie Stehen an falschen Türen oder an der falschen Seite der Tür, Verlust der zeitlichen Organisation etc.?
- Gibt es neuerdings seltsame oder unerklärliche Verhaltensweisen?
- Wie schläft der Hund, gibt es Abweichungen?
- Wie benimmt sich der Hund, wenn er alleine bleiben muss?
- Zeigt der Hund vermehrt Angst gegenüber früher, z. B. bei Geräuschen, unbekannten Objekten etc.?
- Wie verhält er sich gegenüber anderen Hunden?
- Wie verhält er sich gegenüber Menschen?
- Zeigt der Hund aggressives Verhalten, ist er reizbarer als früher?
- Wie sieht die Kommunikation des Hundes mit anderen Hunden oder Menschen aus, beherrscht er noch Beschwichtigungs- und Unterwerfungsrituale oder andere Konfliktlösungsstrategien?

Gibt es tatsächlich erste Hinweise auf altersbedingte Störungen des Verhaltens, kann ein eigener Termin für eine Verhaltenskonsultation vereinbart werden. Frühzeitige Intervention, Medikation und Förderung der noch vorhandenen kognitiven Fähigkeiten kann den psychischen Alterungsprozess zumindest verlangsamen.

### Einige Verhaltensprobleme, die im Alter auffällig werden können

- kognitive Dysfunktion (S. 282)
- trennungsbedingte Probleme (S. 122)
- Phobien und Angststörungen (S. 273)
- depressive Störung (S. 279)

# 2 Verhaltensmedizinische Propädeutik

Sabine Schroll, Joël Dehasse

## 2.1 Allgemeines

Wie alle anderen klinischen Untersuchungen sollte auch die verhaltensmedizinische Diagnostik einem Untersuchungsgang folgen.

Neben dem vom Besitzer präsentierten Problem (Leitsymptom) sollten auch alle anderen Symptome des Hundes erfasst werden, um letztlich zu einer ganzheitlichen Diagnose und vor allem zu einer erfolgreichen therapeutischen Strategie zu kommen. In der Verhaltensmedizin werden pathologische Zustände und Störungen sowohl durch körperliche Symptome als auch durch Verhaltenssymptome erkenn- und interpretierbar.

Da Umweltbedingungen, Kommunikation und das soziale Umfeld für den Hund als sozial und territorial organisiertes Tier, das in einem anspruchsvollen speziesübergreifenden Kontext lebt, große Bedeutung als Ressourcen für die Therapie haben, ist die Analyse der sozialen Beziehungen und des ökosozialen Systems ein weiterer wichtiger Bestandteil der Diagnostik.

## 2.2 Wann ist ein Verhalten pathologisch?

Verhalten als motorischer Akt dient dazu, ein Ungleichgewicht im Organismus wieder in Richtung Gleichgewicht zu regulieren.

**Physiologisches Verhalten** ist innerhalb der tierartlichen Grenzen flexibel, adaptiv und passt sich leicht an veränderte Umweltbedingungen an. Es ermöglicht das Überleben des Individuums oder der Art, soziale Beziehungen und das Lernen neuer adaptiver Kompetenzen. Physiologisches (normales) Verhalten führt zu körperlichem und affektivem Wohlbefinden.

**Pathologisches Verhalten** bewirkt keine Rückkehr zur Homöostase, das Tier bleibt trotz seiner Verhaltensaktivität in seinem Zustand von Ungleichgewicht. Pathologisches Verhalten ist starr, unflexibel und beeinträchtigt die normalen Aktivitäten und Beziehungen zur sozialen und unbelebten Umwelt. Pathologisches Verhalten führt nicht zu körperlichem und psychischem Wohlbefinden.

Je nach Standpunkt kann ein Verhalten als physiologisch beziehungsweise pathologisch für ein einzelnes Individuum oder die Art betrachtet werden. Da ein guter Teil unserer Hundepatienten kastriert oder zumindest aus dem Prozess der Arterhaltung ausgeschlossen ist und als Individuum vorgestellt wird, empfiehlt sich in der Verhaltensmedizin eine vom Einzeltier ausgehende Sichtweise der Physiologie oder Pathologie eines Verhaltens.

Das **Ethogramm** gibt Auskunft über die Gesamtheit der bei einer Tierart vorkommenden Verhaltensweisen. Die Informationen zum Ethogramm des Hundes kommen sehr oft immer noch von Beobachtungen des Wolfes, zum Teil von gefangen gehaltenen Wölfen, die nur wenig oder nicht vom Menschen beeinflusst werden oder gar mit ihm eng zusammenleben. Diese Daten sind sehr wertvoll, sie entsprechen aber nicht der tatsächlichen Lebensweise von Haus- und Familienhunden, die mit Menschen, Hunden, Katzen und anderen Haustieren in mehr oder weniger engem Kontakt leben müssen. Hunde sind keine Wölfe mehr. Hunde entwickelten sich nach einer durchaus plausiblen Hypothese von Coppinger in und durch eine neue ökologische Nische, die der sesshaft gewordene Mensch geschaffen hat. Der Selektionsvorteil für einige Wölfe war das Ertragen der Nähe des Menschen und Anpassungsfähigkeit an die von ihm gestalteten Bedingungen und Ressourcen. Erst diese vorselektierte Population von Wölfen brachte auch genetisch die Voraussetzungen und die Formbarkeit mit, die eine Domestikation erst möglich machte. Wölfe sind selbst bei reiner Handaufzucht und intensivster Sozialisation auf den Menschen nicht domestiziert und werden niemals Hunde – sie bleiben mehr oder weniger gut gezähmte Wildtiere. Im Vergleich dazu ist die schon genetisch bedingte Anpassungsfähigkeit von Hunden an das Zusammenleben mit Menschen, an die unterschiedlichsten sozialen Systeme und Bedingungen, an die menschliche Kommunikation unübertroffen und unvergleichlich.

Wir äußern die Hypothese, dass es bisher noch kein vollständiges Ethogramm des Familienhundes in seiner neuen und extrem variablen ökologischen Nische gibt.

Verhalten, das vom Besitzer als **problematisch**, **störend** oder **abnormal** angesehen wird, kann physiologisch oder pathologisch sein. Physiologisches, aber störendes Verhalten (z. B. irritative oder territoriale Aggression, Jagdverhalten oder Harnmarkieren) kann die Beziehung des Besitzers zum Hund dennoch schwer belasten und damit das Wohlbefinden des ganzen familiären Systems infrage stellen. Welche Verhaltensweisen als problematisch empfunden werden, ist auch vom soziokulturellen Hintergrund, in dem Hunde und Menschen leben, beeinflusst.

Ob man einen an sich psychisch gesunden und physiologisch reagierenden Hund behandelt, ist keine medizinische, sondern vielmehr eine ethische Frage für den Tierarzt: Eine durch – wenn auch physiologisches – Problemverhalten belastete oder gefährdete Mensch-Hund-Beziehung wird sich mit größter Wahrscheinlichkeit negativ auf das Wohlbefinden des Hundes auswirken und die weitere gute Betreuung durch den unzufriedenen Besitzer ist fraglich, die Abgabe ins Tierheim oder gar die Euthanasie wahrscheinlich.

**! Merke**
**Ein zufriedener Besitzer ist die beste Lebensversicherung des Hundes.**

## 2.3 Psychobiologische Elemente

Das Individuum und seine Verhaltensweisen sind eine komplexe Einheit. Eine der Möglichkeiten, Verhalten besser zu verstehen, ist die Anwendung eines vereinfachten Modells. Ein Modell entspricht einer Landkarte – es ist nicht die Realität selbst, aber sehr brauchbar, um sich in der Realität zurechtzufinden. Das Individuum und sein Verhalten kann als ein Ensemble einfacher Elemente, die durch Regeln und eine Struktur organisiert sind, angesehen werden. Diese Modellbildung basiert auf der von Moles vorgeschlagenen Strukturhypothese.

Die Grundeinheiten können als Verhaltensatome, als die kleinsten beobachtbaren und analysierbaren Elemente in der Verhaltensmedizin betrachtet werden. Analog zu den in der digitalen Bilderwelt üblichen Pixel (picture elements) werden diese psychobiologischen Elemente als **Psychels** (psychobiological elements) bezeichnet.

**Definiton**

**Die 7 wichtigsten Psychels sind:**

- Organismus mit seinen Untereinheiten Genetik, Hormonhaushalt, Immunsystem, neurologische Mechanismen etc.
- Stimmungslage
- Emotionen
- Kognition
- Wahrnehmung
- neurovegetative Reaktionen
- motorische Akte (Verhalten)

Manche Psychels haben einen größeren Einfluss als andere, sie sind hierarchisch organisiert.

Der Gesundheitszustand des Organismus oder die Stimmung modifizieren alle anderen Elemente; Emotionen, Kognition und Wahrnehmung beeinflussen sich untereinander und wirken auf die motorischen Akte und die neurovegetativen Reaktionen mehr, als diese auf Emotionen, Kognition und Wahrnehmung zurückwirken.

**Praxis**

**Hierarchie der psychobiologischen Elemente:**

Organismus
Stimmung
Emotionen – Kognition – Wahrnehmung
neurovegetative Reaktionen – motorische Akte (Verhalten)

## 2.4 Bewertung von Symptomen

Ein Verhalten wird dann zum Symptom, wenn es seine adaptive Funktion verliert.

**Merke**

**Ein Symptom hat nur dann einen diagnostischen Wert, wenn es vollständig beschrieben wird.**

Die Aussage *Mein Hund ist aggressiv* enthält überhaupt keine wirklich brauchbaren Informationen. Es ist noch nicht einmal klar, wem gegenüber er sich aggressiv verhält und was der Besitzer mit *aggressiv* meint: knurren, bellen oder attackieren, mit oder ohne Zubeißen ...

**Methode**

**Zur vollständigen Beschreibung eines Symptoms gehören:**

- Verhaltenssequenz
- Körperhaltung und Mimik
- Kontext und Umstände
- Konsequenzen für das Tier und die Umwelt
- Frequenz, Dauer und Intensität des Verhaltens
- Evolution und Dynamik des Symptoms

Wenn man dieser detaillierten Beschreibung folgt und alle Daten ordnet, wird im Verlauf der Konsultation und einer gezielten Befragung daraus:

*Mein Hund ist aggressiv gegenüber Menschen, die er nicht kennt. Als er noch jünger war, bis zu 6 oder 7 Monaten, hat er nur versucht, manchen Passanten auszuweichen, die ihn süß fanden und angesprochen haben. Kurz darauf hat er einmal einen Mann mit Hut angebellt, der sich richtig vor ihm gefürchtet hat. Seither sind immer wieder solche Scheinattacken passiert. Bei jedem Spaziergang passiert das jetzt mindestens einmal. Nun ist er eineinhalb Jahre alt und letzte Woche hat er das erste Mal eine Frau, die ihn streicheln wollte, in die Hand gezwickt. Am Anfang hat er sich klein gemacht und ein bisschen geknurrt, jetzt fürchten sich schon viele Leute vor ihm, weil er sich so aufbaut, bellt, die Haare aufstellt und auf die Menschen zu in die Leine springt. Am schlimmsten ist es am Abend, wenn es eng wird am Gehsteig, wenn sich die Leute, vor allem Männer, irgendwie seltsam bewegen oder ungewöhnlich angezogen sind. Inzwischen glaube ich aber, dass er keinen großen Unterschied mehr macht, wenn er angreifen will, es ist unvorhersehbar geworden. Am Anfang habe ich ihn bestraft, wie es mir in der Hundeschule und vom Trainer gezeigt wurde, mit einem scharfen Ruck an der Leine und Zusammenschimpfen, aber es hat sich nichts verändert und jetzt vermeide ich soweit wie möglich irgendwelche Menschen am Spaziergang zu treffen ...*

Ein in dieser Weise beschriebenes Symptom bekommt einen diagnostischen Wert und hilft bei der Entwicklung einer therapeutischen Strategie. Besitzer von sich aus erzählen natürlich nicht in dieser detaillierten Art und die Kunst der Konsultation ist es, so lange die richtigen Fragen zu stellen, um diese notwendigen Daten zu erhalten, und so ein vollständiges innerliches Bild oder Video des Geschehens zu haben.

Noch viel weniger Aussagekraft hat die gängige Aussage *Mein Hund ist dominant.* Hier muss gezielt und soweit möglich im Vokabular des Besitzers bleibend, ohne seine Aussage zu bewerten oder infrage zu stellen, ein Katalog von objektiven Informationen erstellt werden, bevor eine Entscheidung möglich ist.

## 2.5 Verhaltenssequenz

Jedes Verhalten wird von einem Stimulus, entweder einer Information aus der äußeren Umwelt oder einer Veränderung des inneren Milieus, ausgelöst. Dieser Stimulus wird als **Auslöser** bezeichnet. Er wird wahrgenommen und löst eine Emotion aus. Die Emotion existiert vor jeder Aktion und ist wie ein Ungleichgewicht. Das Individuum stellt sein Gleichgewicht wieder her, indem es zur Aktion, zum motorischen Akt übergeht.

Der Ablauf eines Verhaltens wird in unterschiedliche Phasen unterteilt:

- **Appetenzphase:** Es ist die Anfangsphase eines Verhaltens, der Beginn eines Ungleichgewichts und das Suchen, Orientieren. Das Individuum wird für die auslösenden Reize empfänglich.
- **Aktivitätsphase** oder operante Phase: Es ist die eigentliche Handlung, der motorische Akt Verhalten, der das Ungleichgewicht wieder zur Homöostase korrigieren soll.
- **Endphase** oder Sättigung: Das ist das Ende eines Verhaltens, der off-Schalter, der einen motorischen Akt beendet, wenn ein Gleichgewicht beziehungsweise eine Sättigung erreicht wurde.
- **Refraktäre Phase:** Das ist die Phase, während der das Verhalten nicht gezeigt wird, der Organismus wird unempfänglich für den auslösenden Reiz.

Die Integrität der Verhaltenssequenz verändert sich durch den Prozess der instrumentellen Konditionierung (S. 235). Die positiven oder negativen Konsequenzen eines Verhaltens erhöhen oder verringern die Wahrscheinlichkeit für ein neuerliches Auftreten. Dieser Effekt wird als **Instrumentalisierung** bezeichnet.

Durch die Instrumentalisierung verändert sich die Organisation der Verhaltenssequenz (▸ **Abb. 2.1** und ▸ **Abb. 2.2**):

- Die Appetenzphase wird reduziert.
- Die Aktivitätsphase wird gesteigert (bei positiven Konsequenzen) oder verringert (bei negativen Konsequenzen).
- Die Endphase ist verspätet (positive Konsequenz) oder verfrüht (negative Konsequenz).
- Das instrumentalisierte Verhalten wird automatisiert und die kognitiven Entscheidungsprozesse verringert.

Die Instrumentalisierung eines Verhaltens mit den oben beschriebenen Effekten ist die Grundlage jeglichen Trainings beim Hund. Ein *Sitz* oder *Look* wird völlig automatisiert und der Entscheidungsprozess entfällt – die Basis jeder instrumentellen Konditionierung (S. 235).

In der Pathogenese von psychischen Störungen führt die **pathologische Instrumentalisierung** zum häufigen, intensiven und gewohnheitsmäßigen Auftreten eines Verhaltens, wodurch seine adaptive Funktion verloren geht.

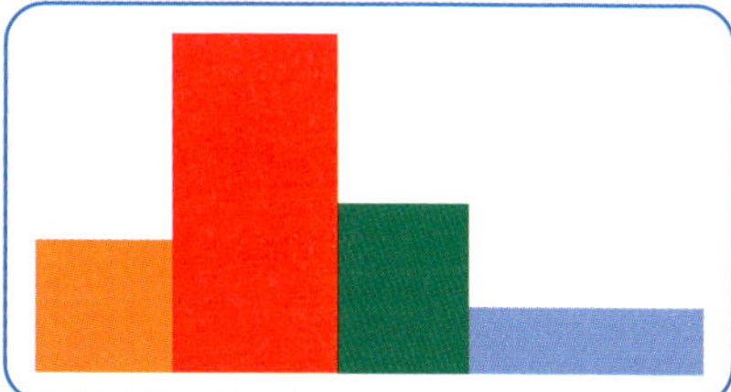

▸ **Abb. 2.1** Normale Verhaltenssequenz. Appetenzphase (orange), Aktivitätsphase (rot), Endphase (grün), refraktäre Phase (blau).

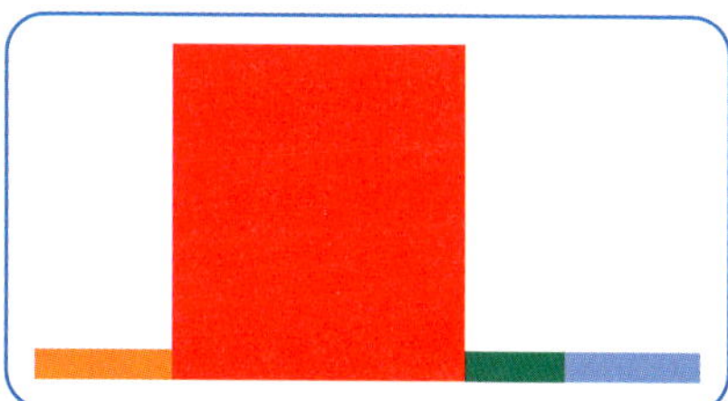

▸ **Abb. 2.2** Instrumentalisierte Verhaltenssequenz. Die Appetenz- (orange), End- (grün) und Refraktärphase (blau) sind verringert, die Aktivitätsphase (rot) ist gesteigert.

Zwei Beispiele für häufig pathologisch instrumentalisiertes Verhalten sind:
- Hyperaggression
- Vokalisieren

### 2.5.1 Körperhaltung und Mimik

Körperhaltung und Mimik geben Auskunft über die Stimmungslage und die Emotionen des Hundes.

Die einzelnen Elemente und die Interpretation der verschiedenen Körperhaltungen und der Mimik werden im Kapitel über die Kommunikation (S. 69) genauer beschrieben.

### 2.5.2 Kontext und Umstände, Konsequenzen

Die Analyse von Auslösern für Verhaltensweisen, die Kontexte und Umstände beim Auftreten eines Verhaltens, liefern – ebenso wie die Konsequenzen – ganz wichtige, ja sogar unentbehrliche, Informationen für die Diagnose, vor allem wenn die Behandlung in einer Verhaltenstherapie bestehen soll. Bei den Verhaltenstherapien werden die Auslöser und/oder Konsequenzen eines Verhaltens beeinflusst oder manipuliert, um das Verhalten des Hundes zu modifizieren.

**Kontext** und **Umstände** geben außerdem Hinweise zur Interpretation der emotionalen Verfassung des Hundes. Hier einige Beispiele:
- Der Umstand „Abwesenheit des Besitzers" kann bei Hunden mit Hyperattachment zu Angst oder Panik führen.
- Dunkelheit oder schlechte Lichtverhältnisse können die Unsicherheit und Angst eines Hundes erhöhen.
- Unmittelbar vor der Fütterung oder nach einem anstrengenden Tag mit Familienbesuch kann durch den Hunger oder die Überlastung Reizbarkeit und irritative Aggression viel leichter auftreten.
- Schmerzen steigern die Reizbarkeit und erhöhen die Wahrscheinlichkeit für irritative Aggression.
- Veränderungen im sozialen System – z. B. die Rückkehr von männlichen Familienmitgliedern nach vorübergehender Abwesenheit – kann bei Rüden Harnmarkieren und kompetitive Aggression fördern.

Kontext und Umstände lassen sich besonders gut mit Bildern, Videos, Zeichnungen, Skizzen oder dem Nachstellen einer Situation erfassen oder darstellen. Beschreibungen müssen im günstigsten Fall so minutiös und detailliert sein, dass sie sich in der Vorstellung des Tierarztes zu einem Video dieser Situation zusammenfügen. Viele Besitzer fühlen sich mit Entfernungsschätzungen überfordert – hier hilft es, reale Bezugspunkte im Raum oder auf der Straße anzubieten.

Hier eine kleine Auswahl von Beispielfragen zum Kontext und zu den Umständen:
- **Was?** Was genau passiert, Beschreibung der vollständigen Verhaltenssequenz (S. 38), welche Aktivitäten stehen tatsächlich oder scheinbar im Zusammenhang, was tun die Beteiligten ...

- **Wo?** In welchen Räumen tritt das Verhalten auf und in welchen nicht, im Haus, im Freien, welche Bewegungen hat wer wohin gemacht, Plan zeichnen, ...
- **Wer?** Welche Tiere oder Menschen sind beteiligt oder anwesend, direkt betroffen oder als Zuschauer, in Interaktion mit dem Hund oder nicht, ...
- **Wann?** Wann ereignet sich das Verhalten und wann nicht, in welchem zeitlichen Bezug zu anderen Aktivitäten vorher und nachher, Tageszeit, Lichtverhältnisse, ...
- **Wie?** Wie ist die Stimmung, Emotion, wie wird das Verhalten interpretiert, ...

Die aus der **Sicht des Hundes positiven Konsequenzen** (S. 235) eines Verhaltens tragen zu seiner Aufrechterhaltung bei. Strafmaßnahmen des Besitzers können zwar grundsätzlich negative Konsequenzen für den Hund sein, sie führen aber oft aufgrund falschen Timings, falscher oder unmöglicher Assoziationen und fehlenden alternativen Verhaltensoptionen des Hundes zur Verschlimmerung, Ausweitung des Problems, zumindest jedoch nicht zur Verbesserung.

Wenn die bisherigen Maßnahmen des Besitzers irgendwelche positiven Effekte auf das Verhalten oder das Befinden des Hundes hatten, sollten sie, wenn nötig angepasst, auf jeden Fall in die therapeutische Strategie integriert werden.

### 2.5.3 Frequenz, Dauer und Intensität

Jedes Verhalten kann sich in Abhängigkeit von seinen Konsequenzen nicht nur in seiner Sequenz, sondern auch in seiner Frequenz, in der Dauer und in der Intensität verändern. Positive Folgen für den Hund führen zu einer erhöhten Frequenz, Dauer und/oder Intensität; negative Folgen aus der Sicht des Hundes haben den gegenteiligen Effekt und reduzieren Frequenz, Dauer und/oder Intensität des Verhaltens.

**Merke**

**Jedes Symptom sollte nach Möglichkeit in irgendeiner Form quantifiziert und damit objektiviert werden.**

*Wie oft pro Spaziergang attackiert der Hund andere Hunde/Menschen?*

*Wie lange läuft der Hund im Kreis oder seinem Schwanz nach?*

*Ab wann beginnt er und wie lange, wie oft bellt der Hund, wenn er alleine bleiben muss?*

*Ab welchem Abstand reagiert der Hund verunsichert oder ängstlich, wenn sich ein anderer Hund annähert?*

Mit diesen Fragen erhält man als Tierarzt brauchbare und analysierbare Daten, die in einer Therapie verwendbar sind und in den Folgekonsultationen, im Gegensatz zu den von Besitzern gerne verwendeten Angaben *dauernd, viel* oder *immer*, auch mit den Behandlungsergebnissen verglichen werden können.

Besitzer erwarten sich als Ergebnis der Therapie oft ein sofortiges und völliges Verschwinden der Symptomatik, wenn eine Behandlung begonnen wurde. Wenn es keine objektivierbaren Angaben gibt, wird der Tierarzt Schwierigkeiten haben, die subjektive Unzufriedenheit oder enttäuschte Erwartungshaltung des Besitzers dem objektiv positiven Behandlungsergebnis gegenüberzustellen.

Da in der Verhaltensmedizin noch kaum Laboruntersuchungen und nur wenige statistisch abgesicherte Evaluationsskalen wie für die Humanpsychiatrie zur Verfügung stehen, können wir vielfach nur auf subjektive Skalen ausweichen. Um die Intensität oder den Schweregrad eines Symptoms, das nicht direkt gemessen werden kann, zu beziffern, bietet man dem Klienten eine individuelle Skala von 1–7 oder nach Belieben 10, 11, 17 oder 21 (ungerade oder Primzahlen aktivieren das rechte Hirn!) an. Alternativ können auch Angaben in Prozent erfragt werden. Wenn mehrere Familienmitglieder anwesend sind, darf jeder seine eigene Einschätzung mitteilen. Auf dieser Skala soll der Besitzer dem Symptom/Problem/Befinden seines Tieres oder auch seinem eigenen Befinden angesichts des Problems eine Zahl zuordnen: 1 wäre der optimalste und 7 (bzw. 10, 11, 17, 21) der schlechteste denkbare Wert. Ausgehend von diesem Wert können sogar Therapieziele besprochen werden – *Welchen Wert möchten Sie gerne in welchem Zeitraum erreichen?* – und vom Tierarzt als realistisch und realisierbar, oder auch nicht, erklärt werden.

Deutliche Differenzen in der Einschätzung – z. B. liegt die Frau mit ihrer Einschätzung bei ernsten 7 von 10 und ihr Mann findet das Problem nicht schlimmer als 1–2 – sind für den Tierarzt ein Hinweis, dass hier möglicherweise nur ein Familienmitglied ausreichend für eine Therapie motiviert ist.

Da diese Zahlen keinen objektiven Wert besitzen, können sie immer nur für die **ipsative Beurteilung**, das heißt der Bezugsrahmen ist immer nur dasselbe Tier oder dasselbe System und keine allgemeine Norm, herangezogen werden.

Eine weitere Möglichkeit, mehrere Symptome eines Tieres gleichzeitig zu charakterisieren, ist die grafische Darstellung auf einer Achse mit den Extremwerten am oberen und unteren Ende und einem individuellen physiologischen Schwankungsbereich in der Mitte. Für jedes Symptom wird, wie in ▶ **Abb. 2.3** dargestellt, eine skalierte Achse gezeichnet und die aktuelle Position des Hundes angekreuzt. Auf diese Weise wird die in ihrer Gesamtheit nur schwer überschaubare und beurteilbare Persönlichkeit des Hundes zerlegt und einer besseren Einschätzung zugänglich.

### 2.5.4 Evolution und Dynamik des Symptoms

Die Evolution und Dynamik eines Symptoms im Lauf der Zeit hat sowohl für manche Diagnosen als auch für die Beurteilung eines Behandlungserfolgs große Bedeutung.

Am einfachsten lassen sich auch diese Informationen mit dem Besitzer gemeinsam in Form einer Grafik erarbeiten (▶ **Abb. 2.4**).

Probleme können schon seit das Jungtier übernommen wurde bestanden haben (z. B. entwicklungsbedingte Störungen) oder plötzlich begonnen haben (z. B. Phobien durch ein traumatisches Erlebnis).

Für die Beurteilung eines Therapieerfolgs besonders wichtig:

- Wenn ein aktuell progressiver Verlauf (z. B. aggressive Symptomatik) durch die Therapie verlangsamt oder stabilisiert werden kann (▶ **Abb. 2.5**), sieht das Ergebnis für den Besitzer wie ein Misserfolg aus, da das Symptom noch immer besteht, aber es wurde zumindest nicht mehr schlechter wie aus dem progressiven Verlauf zu erwarten wäre!
- Bei einem zyklischen Verlauf (z. B. Aggression im Zusammenhang mit der Scheinträchtigkeit oder einer unipolaren Störung) kann eine spontane Verbesserung fälschlich als Therapieerfolg angesehen werden.

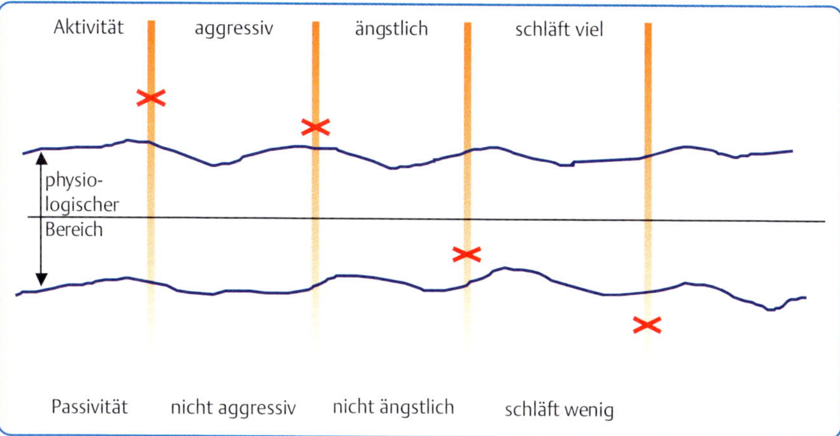


▶ **Abb. 2.3** Achsen des Verhaltens. Dieser Hund wäre hyperaktiv und aggressiv, durchschnittlich ängstlich und schläft eher weniger. Dieser Symptomkomplex wäre z. B. mit einer Hyperaktivitätsstörung kompatibel.

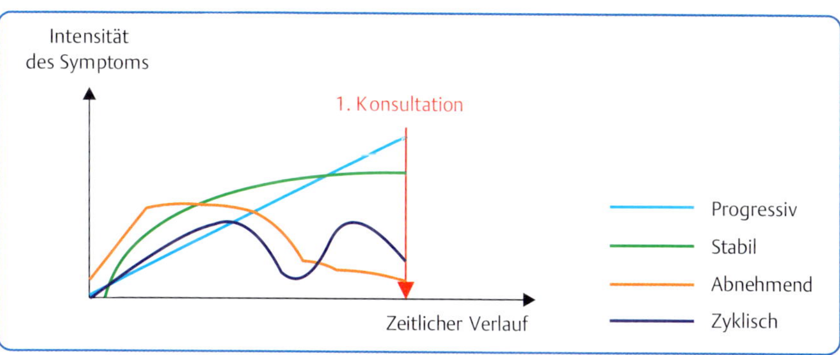


▶ **Abb. 2.4** Evolution und Dynamik eines Symptoms.

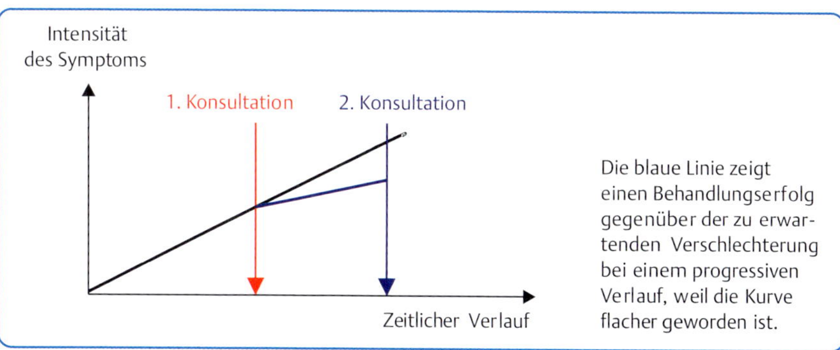


▶ **Abb. 2.5** Behandlungserfolg durch Abflachen eines progressiven Verlaufs.

# 3 Spezielle Propädeutik

Sabine Schroll, Joël Dehasse

## 3.1 Allgemeines

In der speziellen Propädeutik für die Verhaltensmedizin des Hundes werden die „Untersuchungstechniken“, die Normalbefunde und davon abweichende Befunde behandelt. Die Grundlagen dafür kommen aus der Ethologie, es gibt aber selbstverständlich zahlreiche Überschneidungen mit allen anderen klinischen Bereichen. Bei vielen Verhaltensweisen muss man auf die individuelle Erfahrung und vor allem die ipsative Beurteilung des Hundes zurückgreifen.

## 3.2 Entwicklung

Bereits während der Trächtigkeit sind Welpen Einflüssen ausgesetzt, die sich auf ihre psychische Entwicklung auswirken können. Andauernder Stress und Mangelernährung der trächtigen Hündin haben nachteilige Wirkungen auf die Gehirnentwicklung und die spätere emotionale Entwicklung der Welpen. Berührungen durch die Bauchdecke werden bereits in der Endphase der Trächtigkeit wahrgenommen und erhöhen die spätere Toleranz gegenüber taktilen Reizen.

Hunde werden blind und taub geboren. Die Neugeborenenphase dauert bis zum Öffnen der Augen mit rund 14 Tagen; daran schließt die Transitionsphase an bis zum Öffnen der Ohren nach 21 Tagen.

Zum Zeitpunkt der Geburt sind nur der N. trigeminus, N. facialis, N. olfactorius und der vestibulare Anteil des 8. Gehirnnervs myelinisiert. Die Myelinisierung der anderen Nerven ist nach rund 4 Wochen abgeschlossen. Auch das Gehirn entwickelt sich noch intensiv nach der Geburt: die höchste Zahl an Neuronen und Synapsen im Gehirn wird erst mit 4–6 Wochen erreicht. Die zu diesem Zeitpunkt im Überfluss und Chaos vorhandenen Synapsen unterliegen einem Reifungsprozess, der vor allem durch Umweltreize aktiviert wird. Synapsen, die nicht bis zu einem bestimmten Zeitpunkt aktiviert wurden, fallen einem genetisch programmierten Prozess der Autodestruktion zum Opfer.

 **Merke**

**Die optimale Gehirnentwicklung des Hundes hängt ganz wesentlich von aktivierenden Umweltreizen in den ersten Lebenswochen ab.**

Mangelnde Stimulation hat ein echtes strukturelles Defizit im Gehirn des Hundes zur Folge. Das hat einen Einfluss auf die Prognose entwicklungsbedingter Störungen, da dieses Defizit (möglicherweise in Abhängigkeit von genetischen Faktoren) nur mehr teilweise kompensiert werden kann.

Der soeben beschriebenen neurologischen Entwicklung entspricht die **sensible Phase des Hundes von der 3. bis zur 12. Lebenswoche**. In dieser Zeit entwickelt sich das **sensorische Referenzsystem**, mit dem sich der Hund in seinem späteren Lebensumfeld orientieren und wohlfühlen kann.

Bis zur 2.–3. Woche eliminiert der Welpe nur reflexartig, wenn er im Bereich des Perineums stimuliert wird. Dabei dreht die Hundemutter ihre Welpen systematisch auf die Seite oder den Rücken, um sie zu belecken und die Ausscheidungen aufzunehmen. Dies ist zugleich die erste Lernphase für die spätere Unterwerfungshaltung.

Ab der 3. Woche verlassen die Welpen das Lager und beginnen außerhalb Kot und Harn abzusetzen. Bis ungefähr zur 8. Woche findet eine ziemlich stabile Konditionierung auf den vom Welpen als adäquat angesehenen Untergrund für die Elimination statt.

Die emotionale und motorische **Selbstkontrolle** wird im Spiel mit den Geschwistern und durch die aktive Erziehung der Hundemutter (oder eines anderen erwachsenen Hundes) ungefähr bis zur **12.–16. Woche** erworben (► **Abb. 3.1**). In der zweiten Phase der Erziehung zur Unterwerfungshaltung, ungefähr ab der 5. Lebenswoche, sucht sich die Hundemutter im Spiel immer wieder einen Welpen zum Erziehen heraus. Sie packt ihn, wirft oder drückt ihn zu Boden und hindert ihn so lange am Aufstehen und Weiterspielen, bis er völlig bewegungslos und entspannt liegen bleibt (► **Abb. 3.2**). Danach lässt sie ihn wieder frei und er darf weiterspielen. Im Kontakt mit anderen erwachsenen Hunden zeigen Welpen diese erlernte Unterwerfungshaltung spontan (► **Abb. 3.3**), vor allem wenn ihre Mutter auch anwesend ist.

► **Abb. 3.1**

a Beißkontrolle wird im Spiel mit den Geschwistern gelernt.

b Erlernen der distanzierenden Drohsignale im Umgang mit der Mutter.

▶ **Abb. 3.2**
a Erziehung durch die Hundemutter.
b Der Welpe wird solange fixiert, bis er stillhält und darf dann weiterspielen.

▶ **Abb. 3.3** Die junge Hündin wendet die erlernte Unterwerfungshaltung spontan gegenüber einem fremden erwachsenen Rüden an.

Spätestens ab der 16. Woche sollten Junghunde im Spiel und im sozialen Umgang mit Menschen eine Kontrolle über ihr Zubeißen und ihre Bewegungen haben.

Der Zeitpunkt der **Pubertät** ist variabel und von der Größe des Hundes abhängig. Kleine Rassen und Zwerghunde können schon ab 3–4 Monaten in die Pubertät kommen und mit Harnmarkieren beginnen; große Hundetypen erreichen die Pubertät mit 7–12 Monaten oder manchmal noch später.

Physische und psychische Veränderungen während der Pubertät (S. 31).

In der Pubertät und im jungerwachsenen Alter entwickeln sich die Persönlichkeit des Hundes und sein Weltbild auf der Basis seiner Genetik und der bisherigen Erfahrungen. Die soziale Reife und das Erwachsenenalter erreichen Hunde auch wiederum in Abhängigkeit von ihrer Größe mit 2–4 Jahren.

### 3.2.1 Diagnostische Hinweise

- Fehlende Sozialisation gegenüber anderen Arten (vor allem Menschen, andere Tiere): Kein oder nur begrenzter Kontakt mit verschiedenen Menschentypen (Mann, Frau, Kinder verschiedener Altersgruppen), anderen Haustieren. Nach der 8.–12. Woche übernommene Welpen ohne ausreichenden Kontakt mit möglichst vielen verschiedenen Menschen sind nicht oder mangelhaft auf Menschen sozialisiert. Sie betrachten einige bestimmte oder alle Menschen als Bedrohung und Feinde oder im schlimmsten Fall als Beute. Mit wenigen Ausnahmen sind diese Hunde nicht mehr auf Menschen insgesamt, sondern nur mit viel Aufwand auf einige bestimmte Personen sozialisierbar.
- Sensorische Deprivation: Mangelnde Stimulation der Sinnesorgane mit verschiedenen Umweltreizen, um ein anpassungsfähiges weites sensorisches Referenzsystem zu entwickeln. Auf dem Land, in den Bergen, im Keller oder ähnlicher Isolation aufgewachsene Welpen haben ein unterentwickeltes Referenzsystem und sind für eine vielgestaltige Reizumwelt in der Stadt sensorisch zu wenig angepasst und prädestiniert für Angststörungen.
- Isolierte Handaufzucht und/oder fehlender Kontakt mit erwachsenen Hunden (fehlende Sozialisation auf die eigene Art): Welpen, die unter 6 Wochen von ihrer Mutter getrennt wurden oder ganz ohne Mutter (und andere erwachsene Hunde) handaufgezogen wurden, haben Defizite in der Erziehung (durch die Mutter oder andere Hunde) zur emotionalen und motorischen Selbstkontrolle sowie im Sozialverhalten.
- Einzelwelpen und/oder fehlender Kontakt zu anderen Hunden (fehlende Sozialisation auf die eigene Art): Einzeln aufgewachsenen Welpen fehlt vielfach die Fähigkeit zur sozialen Kommunikation mit den Beschwichtigungs- und Unterwerfungsritualen, die sie im Spiel mit Geschwistern und anderen Hunden lernen.
- Kontakt nur zur eigenen Rasse: Die Sozialisation auf die eigene Art ist unvollständig und die Kommunikation zu anderen Hunderassen und -typen kann beeinträchtigt sein.
- Große Hunderassen und -typen ohne Kontakt zu kleinen Hunden: Fehlender oder mangelnder Kontakt von Welpen großer Rassen zu kleinen Hunden und Zwergrassen, z. B. in Welpenspielgruppen, kann Ursache für Jagdverhalten gegenüber kleinen Hunden sein.
- Entwicklung unter natürlichen Freilaufbedingungen (z. B. Importhunde aus Süd- und Osteuropa, Asien): Hunde, die unter diesen Bedingungen aufwachsen, haben ein natürliches Verhaltensrepertoire, das nicht immer mit den Ansprüchen an die mitteleuropäische Hundehaltung kompatibel ist; mangelnde oder fehlende Sozialisation auf den Menschen, in der Regel gute Sozialisation auf Hunde, ausgeprägtes Jagdver-

halten, Streunen und selbstständige unabhängige Futtersuche, wenig Bindung an den Menschen.
- Zu frühe und traumatische Trennung von der Mutter (Tod, Trennung durch den Züchter, verfrühte Abgabe etc.): Welpen können depressive Symptome eines akuten posttraumatischen Stress-Syndroms entwickeln, die Anfälligkeit für Infektionen steigt, spätere Probleme mit Bindung, Ablösung und Alleinsein sind möglich.

Diese Entwicklungsbedingungen in der frühen Kindheit sind an der Pathogenese einiger Verhaltensstörungen ursächlich beteiligt und sind daher als diagnostische Kriterien zu werten.

An folgende Störungen ist bei Hinweisen auf die beschriebenen Entwicklungsbedingungen zu denken:
- Deprivationssyndrom (S. 271)
- Hyperaktivitätsstörung (S. 269)
- Phobie (S. 274)
- generalisierte Angststörung (S. 275)
- depressive Störung (S. 279)
- Akutes posttraumatisches Stress-Syndrom (S. 278)
- dyssoziale Persönlichkeitsstörung (S. 286)

## 3.3 Futteraufnahme

Die Analyse der Verhaltensweisen und Kontexte rund um die Futteraufnahme hat sowohl für die Diagnose als auch die Therapie von psychischen Störungen und dysfunktionellen Hund-Mensch-Beziehungen wesentliche Bedeutung.

Einerseits erhält man Informationen über den emotionalen Einsatz des Besitzers, Ressourcen für therapeutische Maßnahmen, und andererseits können Veränderungen im Futteraufnahmeverhalten Hinweise auf psychische Störungen des Hundes geben.

Im Laufe der Evolution hat sich der Hund auf ein sehr breites Nahrungsspektrum eingestellt. Die erste Annäherung an den nomadisierenden oder gerade sesshaft werdenden Menschen wurde sehr wahrscheinlich durch die in der Nähe des Lagers vorhandenen Abfälle initiiert. Der Hund war Müllschlucker und verbesserte mit Koprophagie vermutlich auch noch den Hygienestatus. Millionen von Hunden in Süd-, Südosteuropa, Asien, Afrika und Südamerika ernähren sich immer noch von Abfällen am Rande ihrer Familie oder menschlicher Gesellschaften.

In der modernen westlichen Zivilisation hat die hochwertige Ernährung des Hundes einen großen Stellenwert. Nahrung und Füttern hat für manche Besitzer außerdem eine enorme affektive Bedeutung – Beziehungen zu Menschen, aber auch zum Hund werden oft sehr stark über das Zubereiten, Anbieten und Teilen von Essen definiert. Die mehr oder weniger bewusst erwartete adäquate Antwort oder Reaktion des Hundes wäre eine verbesserte, intensivierte Beziehung und so etwas wie Dankbarkeit.

Auch für den Hund hat Futter neben der Ernährung noch eine gewisse soziale Bedeutung, allerdings deckt sich diese nicht immer mit der Erwartungshaltung des Besitzers. Der Zugang zu Futter ist für den Hund eine lebenswichtige Ressource, im Falle des

Mangels wird daraus sogar ein Privileg, das bestimmten Individuen einen bevorzugten Zugang gestattet. In Zeiten des Überflusses stellen Futter oder Leckerbissen nicht für jeden Hund eine gleich wichtige oder verteidigenswerte Ressource dar – die Motivation kann hier individuell und situationsabhängig sehr verschieden sein.

Hunde können in sehr kurzer Zeit große Futtermengen aufnehmen, die danach wieder regurgitiert und nochmals langsam gefressen werden.

Übriggebliebenes Futter kann vergraben werden, um es bei Bedarf wieder auszugraben und zu fressen.

**Merke**

**Bevor man in der Konsultation mit Futter arbeitet, immer vorher fragen, wie der Hund in Anwesenheit oder bei Angebot von Futter reagiert!**

### 3.3.1 Diagnostische Hinweise

**Zusammensetzung des Futters:**

- Trockenfutter macht die Fütterung sehr viel praktischer, um sie im Rahmen von Beschäftigungsprogrammen oder im Training einzusetzen.
- Feuchtfutter hat im Allgemeinen eine bessere Akzeptanz, ist aber etwas schwieriger als Futterbelohnung einzusetzen.
- Selbstgekochte Rationen und liebevoll abwechslungsreich gestaltete Menüs können ein Hinweis auf einen besonderen affektiven Zugang zum Hund über den materiellen Weg des Futters geben. Ausnahme sind natürlich Hunde mit Futtermittelunverträglichkeiten oder -allergien.
- Die Art des Futters, insbesondere der Rohfasergehalt und die Verdaulichkeit, haben einen Einfluss auf die Passagezeit, die Kotabsatzfrequenz und die Kotmenge. Plötzlich auftretende Unsauberkeit nach einem Futterwechsel kann sehr oft auf die Veränderung dieser Parameter zurückgeführt werden.
- Bevorzugte Futtermittel und Leckerbissen sind ein wesentliches Element zur Motivation von Hunden. Die Motivation für gewöhnliches Futter steigt, wenn der Hund Hunger hat; exquisite Leckerbissen großzügig im Alltag eingesetzt reduzieren die Futtermotivation erheblich.
- Maldigestion oder Malabsorption können zu Auto- oder Heterokoprophagie führen.

**Fütterungsmanagement:**

- Ad libitum ist eine der möglichen Fütterungstechniken beim Hund – viele Hunde fressen ihre Ration jedoch ohnehin sofort. Wenn der Hund ständig freien Zugang zu Futter hat, verliert es seine Bedeutung als Belohnung so gut wie vollständig, weil der Hund nicht ausreichend motiviert ist.
- Ad-libitum-Fütterung oder unregelmäßige frequente Fütterung kann die Sauberkeitserziehung beim Junghund erschweren oder unmöglich machen. Beim erwachsenen Hund steigt das Risiko für Unsauberkeit, weil sich kein stabiler Rhythmus in der Verdauung einstellt.
- Fixe Fütterungszeiten sind eine Form von sozialen Regeln und geben dem Hund Struktur in seinem Alltag. Der Zeitraum, in dem der Hund fressen kann, hängt von seiner Fressgeschwindigkeit ab. Restliches Futter immer stehen zu lassen, entspricht weitestgehend einer Ad-libitum-Fütterung.

- Die Fütterungsfrequenz reicht von einmal täglich bis zu mehreren über den Tag verteilten Mahlzeiten, entweder gemeinsam mit der Familie oder immer wenn der Hund es fordert.
- Die zeitliche Beziehung zu den Mahlzeiten der Besitzer oder anderer Hunde in der Familie kann ein Element der Unklarheit in der sozialen Ordnung sein. Untergeordnete Mitglieder fressen in der Regel im Anschluss an die Mahlzeiten der höherrangigen Mitglieder. Das ist nicht für alle Hunde gleich wichtig und je größer der zeitliche Abstand zwischen den beiden Ereignissen ist, desto weniger Bedeutung hat dieses Kriterium.
- Fütterung aus der Hand (ohne Teil eines spezifischen Trainings zu sein) ist eine Ko-Produktion von Hund und Besitzer. Der Hund frisst schlecht und gewinnt immer mehr Aufmerksamkeit seines besorgten Besitzers, je länger er sich ziert einen neuen Bissen zu nehmen. Der Zeit- und sogar der Personalaufwand für diese Technik der Fütterung kann enorm sein. Die Fütterung wird zur zentralen sozialen Interaktion zwischen Hund und Familie.
- Die Steigerung der Fütterung von Hand ist das Nachtragen und Servieren von Futter an den Platz, wo der (gesunde!) Hund liegt.

**Futterplatz:**
- Der Futterplatz kann für den Hund strategische Bedeutung haben, wenn ihm die ganze Familie oder bestimmte Personen beim Essen zusehen und ihn ermuntern, nur weiter oder noch mehr zu fressen.
- Der Futterplatz kann so gewählt sein, dass der Hund beunruhigt oder gestört wird und sein Futter zu verteidigen beginnt.

**Appetit:**
- Hyporexie oder Anorexie kann nach Ausschluss körperlicher Erkrankungen ein Anzeichen für ein akutes posttraumatisches Stress-Syndrom oder eine chronische depressive Störung sein.
- Phasenweise Hyporexie oder Anorexie bei pubertierenden oder erwachsenen Rüden kann durch gesteigerte sexuelle Motivation bedingt sein.
- Hyperphagie kann als substitutive Aktivität bei chronischen Angststörungen; bei Hyperaktivitätsstörung, bei chronischer Depression oder auch aufgrund eines fehlenden Sättigungssignals auftreten.
- Rituale können dazu führen, dass die Futteraufnahme zur wichtigsten sozialen Interaktion mit dem Besitzer wird.
- Fressen nur in der Nacht oder wenn niemand anwesend ist kann ein Hinweis auf Angststörungen sein.
- Anwesenheit einer Bezugsperson: Hunde mit einer abhängigen Persönlichkeitsstörung oder sekundärem Hyperattachment fressen manchmal nur in Anwesenheit oder in Körperkontakt mit ihrer Bezugsperson.
- Test für eine durch Beziehungsrituale veränderte Futteraufnahme: Der Hund frisst in Anwesenheit anderer befreundeter Hunde ganz normal oder schnell.

**Geschwindigkeit der Futteraufnahme:**

- Extrem schnelles Fressen oder Schlingen kann ein Symptom sein: großer Hunger, Hyperaktivitätsstörung, sehr submissiver Hund.
- Extrem langsames Fressen, zwischendurch weggehen, ein richtiges Schauspiel für die anwesenden Zuschauer veranstalten, kann für manche Hunde ein dominantes Privileg sein.
- Schnelles Fressen mit anschließendem Regurgitieren ist normales Verhalten bei erwachsenen Hunden im Kontakt mit um Futter bettelnden Junghunden. Sehr submissive oder ängstliche Hunde schlingen manchmal ihr Futter hinunter, gehen an einen sicheren Platz, würgen es hervor und fressen nun ihre Portion in Ruhe noch einmal.
- Die Art wie Hunde Futter aus der Hand nehmen ist ein Hinweis auf ihre Selbstkontrolle und den Respekt vor dem Menschen.

**Aggression im Zusammenhang mit Futter:**

- Das Verteidigen von Futter ist für Hunde ein physiologisches Verhalten. Sowohl dominante als auch submissive Hunde verteidigen ihr Futter – der Unterschied liegt in der hohen oder niedrigen Körperhaltung. Die Neigung Futter zu verteidigen hängt von vielen verschiedenen Faktoren ab (Genetik, Sättigung, Rangposition, Hunger, Erfahrung etc.).
- Ranghöhere Mitglieder respektieren Futter von Rangniedrigeren, außer in Notsituationen, wo sie ihr Vorrecht darauf in Anspruch nehmen könnten.
- Possessive Aggression im Zusammenhang mit Futter:
  - Futter kann vom Hund verteidigt werden, wenn er wirklichen Hunger hat (seit X Stunden/Tagen nichts zu fressen); bei organischen Erkrankungen, die den Hunger intensivieren (Diabetes, Cushing, Hyperthyreose etc.); orexigene Medikation (Benzodiazepine, Glucocorticoide, Mianserin).
  - Futter kann vom Hund verteidigt werden, wenn er keinen Hunger hat, weil er sich in Szene setzen will; Hunger oder Not antizipiert; ihm die Verteidigung von Futter andere Vorteile bringt; bei einer unipolaren Störung.
- Nicht alle Futtermittel werden gleich intensiv verteidigt – es gibt Hunde, die in Anwesenheit von jedem Futter aggressiv sind, andere verteidigen nur besondere Leckerbissen wie Schweineohren, echte Knochen, Beutetiere etc.
- Junghunde können Aggression zur Verteidigung ihres Futters sehr rasch lernen, wenn sie der Besitzer beim Fressen regelmäßig stört oder das Futter wegnimmt, um ihnen genau diese Aggression vermeintlich abzugewöhnen.

**Pica und Koprophagie:**

- Koprophagie ist für Hunde grundsätzlich normal. Vor allem Kot von Pflanzenfressern wie Pferd, Schaf, Ziege oder Kaninchen wird gerne und regelmäßig gefressen. Aber auch die Fäzes von anderen Hunden, Katzen oder Menschen sind für viele Hunde ausgesprochen attraktiv.
- Autokoprophagie kann ein Hinweis auf Maldigestion oder Malabsorption sein.
- Koprophagie wird leicht aufgrund von Langeweile oder durch Nachahmung erlernt, in der Gruppe im Zwinger gehaltene Hunde lernen es voneinander. Hunde, die für Unsauberkeit bestraft wurden, fressen eventuell ihren eigenen Kot, ebenso wie sehr submissive Hunde, die versuchen Zeichen ihrer Anwesenheit zu beseitigen.

- Fressen von Steinen, Holz, Plastikteilen, Textilien oder anderen unverdaulichen Objekten kann einerseits durch eine organische Erkrankung wie Tonsillitis, Gastritis, Tollwut oder andere ZNS-Infektionen bedingt sein. Andererseits kann es auch Symptom infantilen Verhaltens, einer Hyperaktivitätsstörung, einer repetitiven Störung wie einer OCSD, einer Stereotypie oder kognitiven Dysfunktion sein.

## 3.4 Trinkverhalten

Das Trinkverhalten kann bei organischen Erkrankungen oder bei psychischen Störungen verändert sein.

Zur Objektivierung von subjektiv empfundenen Veränderungen sind ein genaues Abmessen der in 24 Stunden konsumierten Wassermenge und das spezifische Gewicht des Harns hilfreich. Bei Schwankungen im Tagesverlauf lässt man vom Besitzer zusätzlich ein annäherndes Tagesprofil erstellen. Es gibt Hunde, die ihren normalen Tagesbedarf in sehr kurzem Zeitraum trinken, was nach einer Polydipsie aussehen kann. Das Trink-Tagesprofil kann auch bei der Analyse von Unsauberkeit notwendig werden.

### 3.4.1 Diagnostische Hinweise

- Zu geringe Wasseraufnahme kommt eher selten vor. Akute depressive Störungen oder andere inhibierte Zustände aufgrund chronischer Angststörungen sind mögliche Ursachen. Sehr abhängige Hunde oder Zwergrassen neigen dazu, zu wenig zu trinken.
- Hunde mit trennungsbedingten Störungen und defizitärer Symptomatik trinken tagsüber, wenn sie alleine sind oft gar nicht und konsumieren ihren Tagesbedarf auf einmal am Abend.
- Gesteigerte Wasseraufnahme kann Symptom einer körperlichen Erkrankung wie auch psychischer Störungen sein. Bei Polydipsie – entweder Trinken großer Wassermengen auf einmal oder häufige Wasseraufnahme in kleinen Mengen – sollte man nach Ausschluss organischer Erkrankungen an eine substitutive Aktivität, wie sie bei Angststörungen auftritt, denken. Psychisch bedingte Polydipsie kann ein Auswaschen des Konzentrationsgradienten in der Niere zur Folge haben.
- Das Trinkverhalten kann auch durch Rituale mit dem Besitzer beeinflusst oder verändert sein: Suchen nach Kontakt durch Herumtragen der Wasserschüssel, Forderung von fließendem Wasser etc.
- Mundtrockenheit durch die anticholinergen Nebenwirkungen einiger Psychopharmaka kann zu vermehrter Wasseraufnahme führen oder Wasserspiele auslösen, wie Zunge oder Fang in die Wasserschüssel eintauchen.
- Der Zugang zum Wasser ist für Hunde in der Regel ständig frei, der zeitlich enger limitierte Zugang zu Wasser kann ein Lösungsansatz für manche Fälle von Unsauberkeit sein.

## 3.5 Jagdverhalten

Hunde sind Raubtiere mit einem sehr weiten Beutespektrum, je nachdem ob sie alleine oder im Team jagen. Jagdverhalten und im Speziellen einzelne Phasen der Jagdsequenz wurden beim Hund züchterisch intensiv bearbeitet und selektiert.

Je nach Größe der Beute gibt es zwei charakteristische **Verhaltenssequenzen**:

- Kleine Beutetiere wie Ratten, Mäuse, Kaninchen etc. werden mit den Augen und Ohren geortet, durch den typischen Mäuselsprung mit geschlossenen Vorderpfoten angegriffen. Sobald sie fixiert ist wird die Beute mit dem Fang erfasst und heftig totgeschüttelt.
- Größere Beutetiere werden mit dem Blick fixiert, beobachtet, angepirscht, verfolgt und in die Beine, die Hüften oder Flanken gebissen, bis sie zu Fall kommen. Danach werden sie in den Hals- und Kopfbereich gebissen. Große Beutetiere werden bevorzugt im Team gejagt. Zwei oder mehr Hunde können sich bei passender Gelegenheit, auch aus einem Spiel heraus, in Sekundenschnelle zu einem jagdlichen Kooperationsteam formieren und zur tödlichen Gefahr werden.

Auslöser für Jagdverhalten sind Individuen oder Objekte, die sich schnell vom Hund wegbewegen; unkoordinierte, unregelmäßige und ruckartige Bewegungen sowie hohe quietschende und pfeifende Töne intensivieren das Interesse des Hundes und können sehr starke Trigger für Jagdverhalten sein. Bewegt sich die Beute nicht, wird sie vom Hund durch Belecken, Anstupsen oder Zwicken dazu veranlasst.

**Merke**

**Wenn Hunde nicht auf Kinder verschiedener Altersstufen sozialisiert sind, entsprechen diese nahezu perfekt dem Beuteschema des Hundes!**

Die Kontexte und Auslöser für das Jagdverhalten sind variabel und nicht immer genau vorhersehbar.

Die Körperhaltung ist variabel, entweder niedrig und geduckt oder aufrecht (▸ **Abb. 3.4**). Der Gesichtsausdruck ist hoch angespannt, aufmerksam, fokussiert. Der

▸ **Abb. 3.4** Aufmerksames und angespanntes Fixieren der Beute.

Blick ist eigentümlich starr und die Ohren sind nach vorne auf das Opfer gerichtet. Die meisten Hunde zeigen eine deutlich sichtbare vibrierende Spannung im ganzen Körper.

Das vom jeweiligen Hund gezeigte jagdliche Verhalten hängt sehr stark von seinem Rassetyp oder seiner ursprünglichen Verwendung, seiner individuellen Erfahrung und der Gelegenheit ab.

Bei jagdlich genutzten Rassen und Hütehunden sind bestimmte Phasen der Jagdsequenz hypertrophiert, während andere beinahe gänzlich verloren gingen.

Hütehunde zeigen Jagdverhalten, von dem bestimmte Phasen (Beute fixieren, belauern, anpirschen, verfolgen) züchterisch selektiert wurden, die sich bei der Hütearbeit als praktisch und sehr hilfreich erwiesen.

### 3.5.1 Diagnostische Hinweise

- Grundsätzlich können *alle* Hunde Jagdverhalten zeigen, es ist physiologisches Hundeverhalten. Die Motivation und die Verhaltenssequenz hängen von den genetischen Grundlagen und der individuellen Erfahrung ab. Bei der jagdlichen Motivation gibt es erhebliche Unterschiede zwischen Rassetypen und einzelnen Persönlichkeiten.
- Bestimmte Rassetypen wurden speziell für diese Verhaltensweisen selektiert, bestimmte Sequenzen des Jagdverhaltens sind oder waren ausgesprochen erwünscht.
- Alle Individuen und Objekte, die sich schnell vom Hund wegbewegen, können Auslöser für Jagdverhalten sein: Spielende Kinder, Jogger, Radfahrer, Inlineskater, Hunde, Katzen, andere Tiere, Autos, Mopeds, Traktoren etc.
- Die erste Phase der Verhaltenssequenz ist das aufmerksame Fixieren einer potenziellen Beute und wird vom Besitzer sehr oft übersehen.
- Unterbeschäftigte Hunde suchen sich einen Job und sie machen das, was sie sinnvoll finden und wozu sich die Gelegenheit bietet.
- Jagdverhalten kann als genetisch fixiertes und überlebenswichtiges Verhalten (außer mit intensivsten aversiven Reizen) nicht verhindert oder beseitigt, sondern nur auf andere akzeptable Objekte oder alternative Aktivitäten umgelenkt werden.
- Das Interesse und die Fähigkeit von Hunden, Beute mit dem Geruchssinn auszumachen und zu verfolgen, ist eine der wesentlichen Ressourcen für ein adäquates mentales Beschäftigungsprogramm.

## 3.6 Aggression

**Agonistisches Verhalten** umfasst alle Verhaltensweisen, die zur Lösung eines Konflikts beitragen. Dazu gehören Aggression, Flucht, Beschwichtigung, Unterwerfung, Inhibition, Spielaufforderung etc.

**Aggressionen** sind alle Verhaltensweisen, die zu einer Beeinträchtigung der physischen und/oder psychischen Integrität oder der Freiheit eines anderen führen.

Nach dieser Definition ist schon eine Drohung oder ein Wegverstellen und nicht erst der Angriff oder Biss, aber auch Jagdverhalten und manchmal ansatzweise sogar Spiel aggressives Verhalten.

Aggression als klinisches Zeichen kann somit viele zugrunde liegende Motivationen haben, die aber sehr stark von der Interpretation des Beobachters abhängen.

Aggression kann nach unterschiedlichen Kriterien eingeteilt werden:

- nach dem Kontext (Konkurrenz, Jagd, Verteidigung von Jungtieren)
- nach der vermuteten Motivation oder Emotion (Irritation, Angst, Ärger, Frustration)
- nach der Kognition (Antizipation)
- nach dem Opfer (Mensch, Hund, Haustiere)
- etc.

Das Mischen dieser Klassifikationskriterien führt zu Verwirrung und Inkongruenzen. Ein didaktischer und praktikabler Weg für die Arbeit in der *verhaltensmedizinischen Praxis* ist eine deskriptiv-kontextbezogene Klassifikation der Aggression.

**Merke**

**Aggression wird beschrieben durch die Verhaltenssequenz, Körperhaltungen, Mimik und den Kontext, in dem sie auftritt.**

Die Modalität der Aggression kann in Abhängigkeit von der Persönlichkeit, der unmittelbaren Stimmungslage, der Erfahrung und der Situation **offensiv-proaktiv** oder **defensiv-reaktiv** sein.

Aggressive Signale können manchmal sehr kurzzeitig, subtil oder kontrolliert sein, wie ein Erfassen der Hand mit dem Fang, den Körper kurz anspannen oder den Weg verstellen, sodass der Hundebesitzer sie gar nicht als Aggression wahrnimmt.

### 3.6.1 Spielaggression

Spielaggression ist aggressives Verhalten während des Spiels von Junghunden und/oder erwachsenen Hunden mit anderen Hunden oder/und Menschen (anderen Tieren), wodurch die Kontrolle über die motorische Aktivität und die Intensität beim Zubeißen erlernt wird.

Im Spiel gibt es keine negativen Emotionen, sobald diese bei einem oder beiden Partnern auftauchen ist es kein Spiel mehr.

Wenn dem Hund die emotionale oder motorische Selbstkontrolle fehlt oder er zu grobem Spiel (Rangeleien, rücksichtslose Bodychecks, Beißen etc.) animiert wurde, kann das Spiel Schäden verursachen und ist nicht mehr physiologisch.

Der Übergang von Spiel zu Ernst ist bei manchen Hunden fließend. Das Spiel kann auch eine Möglichkeit sein, die Kräfte und Fähigkeiten für den Ernstfall zu messen und seine eigenen Chancen für diesen Fall besser einzuschätzen. Imponieren und Grenzüberschreitungen wie Aufreiten, Kopf oder Pfote auflegen wie sie im Spiel möglich sind, würden in einem anderen Kontext unter Umständen zu sofortiger Maßregelung führen.

Die Differenzialdiagnose von Spielaggression und umgerichtetem Jagdverhalten ist nicht immer leicht und eindeutig, da viele Verhaltenselemente der Jagd im Spiel vorkommen und die Übergänge fließend sind. Jagdverhalten hat, im Gegensatz zu Spiel, eine organisierte klare Sequenz, im Spiel wechseln die Verhaltenselemente und die Rollen der Partner wahllos ab.

### Diagnostische Hinweise

- Grobes und rücksichtsloses, Schmerz und Verletzungen verursachendes Spiel kann ein Hinweis für eine Hyperaktivitätsstörung (S. 269), dyssoziale Persönlichkeitsstörung (S. 286), hierarchiebezogene Störungen oder fehlenden Respekt des Besitzers für die Erziehung zur Selbstkontrolle, Animation zu unkontrolliertem Spiel sein.
- Zerkratzte, zerbissene oder mit blauen Flecken übersäte Unterarme der Besitzer sind pathognomon für hyperaktives oder unkontrolliertes Spiel.

## 3.6.2 Kompetitiv-soziale Aggression

Eine im Allgemeinen kontrollierte Aggression gegenüber bekannten oder befreundeten Artgenossen, Menschen oder auch anderen Tieren in Wettbewerbssituationen um Ressourcen wie Futter, Leckerbissen, Beute, Spielzeug, Ruhe- oder Rückzugsplätze (▶ **Abb. 3.5**), Wasserstelle, Passagen, soziale Kontakte, Begrüßung etc.

Diese Form der Aggression dient der Kommunikation, Maßregelung bei Respektlosigkeit und der Durchsetzung von sozialen Regeln; sie zielt nicht darauf ab, den Partner zu verletzen.

Kompetitiv-soziale Aggression ist in mehr oder weniger ausgeprägter Form alltäglich im Haushalt mit mehreren Hunden. Auch gegenüber dem Menschen wird kompetitiv-soziale Aggression gezeigt.

Oftmals beschränkt sich die aggressive Sequenz auf die Drohphase. Das Ende der Verhaltenssequenz mit dem Beschnuppern und Belecken der gebissenen Stelle dient der Bestätigung der Zusammengehörigkeit, der gegenseitigen Bindung und ist keine „Entschuldigung“ für den Angriff.

Elemente aus der Verhaltenssequenz der physiologischen kompetitiv-sozialen Aggression:

- Anstarren
- Körper steif machen
- Weg oder Durchgang verstellen
- Haare am Hals oder Rücken aufstellen
- Knurren

▶ **Abb. 3.5** Kompetitiv-soziale Aggression zwischen Hunden um einen Platz.

- Lefzen hochziehen
- Kopf und/oder Pfote auf den Hals oder Widerrist legen
- Anrempeln
- in die Luft schnappen (Intentionsbewegung)
- Zwicken
- tatsächliches kontrolliertes Zubeißen vorwiegend im vorderen Körperdrittel
- den Partner zu Fall bringen und am Boden in inhibierter Position fixieren
- die gebissene Stelle des Opfers lecken

Die Körperhaltung kann je nach Status und Selbstsicherheit des Hundes hoch, niedrig oder ambivalent sein; ein rascher Wechsel des Ausdrucksverhaltens je nach Verlauf des Konflikts und Reaktion des Partners ist möglich.

### Diagnostische Hinweise

- Gehäufte oder intensive kompetitiv-soziale Aggression kann ein Hinweis auf sehr unklare Kommunikation, eine hierarchiebezogene Störung und/oder Angststörungen sein.
- Unangepasste aggressive Reaktionen oder Strafen des Besitzers, der die Aggression als Provokation empfindet, können zur weiteren symmetrischen Eskalation und Angstaggression führen.
- Schlichtendes Eingreifen des Besitzers, der für Gerechtigkeit sorgen will, intensiviert die kompetitiv-soziale Aggression im Haushalt mit mehreren Hunden und destabilisiert die Lage bis zur sekundären Hyperaggression.
- Ernsthafte Verletzungen sind bei kompetitiven Konflikten innerhalb der sozialen Hund-Mensch- oder Hund-Hund-Gruppe nicht mehr physiologisch. Entweder einer oder beide Hunde können an einer Störung leiden: Hyperaktivitätsstörung (S. 269), dyssoziale Persönlichkeitsstörung (S. 286), Angststörungen (S. 273), unipolare Störung (S. 279).

**Hinweis:** Die kompetitiv-soziale Aggression entspricht nicht dem, was allgemein als Dominanzaggression bezeichnet wird. Diese Diagnose wird als unklarer Sammelbegriff für alle möglichen Formen der Aggression zum Teil immer noch verwendet, hat ihr Ablaufdatum aber schon lange überschritten. Sowohl aus fachlichen als auch beratungstechnischen Gründen sollte diese Bezeichnung vermieden werden, weil sie Quelle weiterer Missverständnisse zwischen Besitzer und Hund sein kann.

## 3.6.3 Defensive Aggressionen

Aggressionen zur Selbstverteidigung sind die häufigsten aggressiven Verhaltensweisen beim Hund sowohl innerhalb als auch außerhalb seiner sozialen Gruppe.

Es gibt ein Kontinuum von milder kontrollierter Aggression bis zur heftigen und ungehemmten Verteidigung aus Existenzangst. Die Wahrnehmung tatsächlicher oder eingebildeter Bedrohung hängt mit der Art und Nähe des Reizes zusammen. Die genetische Grundlage seiner Persönlichkeit und das während der Sozialisationsphase bis zur Pubertät entwickelte Weltbild des Hundes beeinflussen sein subjektives Empfinden von Bedrohung grundlegend.

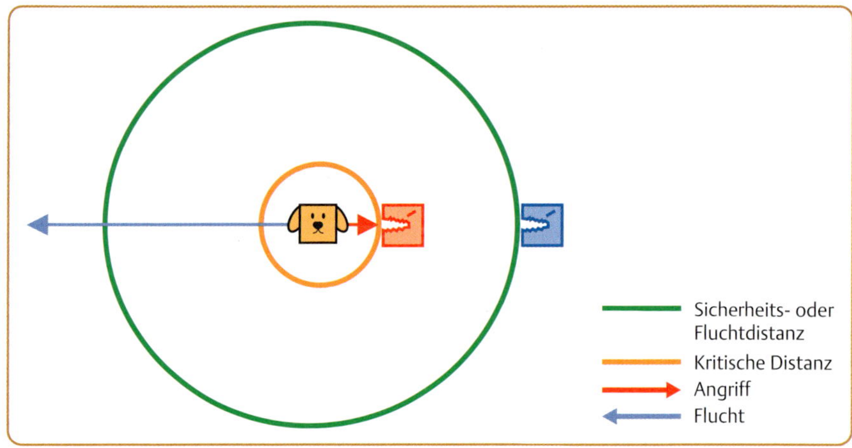


▸ **Abb. 3.6** Fluchtdistanz und kritische Distanz.

Bis zur **Flucht- oder Sicherheitsdistanz** reagiert der Hund mit Flucht oder Drohungen und Scheinangriffen zur Distanzierung der Gefahr. Hunde lernen sehr schnell, dass an der Leine die Option Flucht nicht mehr existiert und instrumentalisieren die verbleibende Option Aggression.

Die **kritische Distanz** ist der noch geringere Abstand, wo der Hund mit Angstaggression reagiert, weil kein Entkommen mehr möglich ist (▸ Abb. 3.6).

Die beiden Distanzen variieren von Hund zu Hund in Abhängigkeit von der persönlichen Erfahrung, der Art und Intensität der Bedrohung, seiner aktuellen Stimmungslage und emotionalen Verfassung. Die Kombination von emotionalen und kognitiven Faktoren führt dazu, dass eine Bedrohung antizipiert wird und die defensiven Aggressionen sehr leicht klassisch und instrumentell konditioniert und dadurch zur sekundären Hyperaggression werden. Bei Hunden, die Distanzierungsaggression instrumentalisiert haben, kann die Sicherheitsdistanz auf einige hundert Meter anwachsen, die Angriffe erfolgen ohne vorhergehende Drohung direkt und unvermittelt

Defensive Aggressionen können physiologisch oder ein unspezifisches Symptom für körperliche und psychische Störungen sein.

## Irritative Aggression

Eine kontrollierte defensive Aggression als Reaktion auf eine tatsächliche oder antizipierte Interaktion mit einem anderen Individuum (Mensch, Hund, anderes Tier) auf das der Hund korrekt oder zumindest teilweise sozialisiert ist. In der Drohphase spannt sich der Hund kurz an, knurrt, zieht die Lefzen hoch und zeigt die Zähne, die Pupillen werden weiter. Der Angriff besteht in einem schnellen Intentionsschnappen, dem Erfassen und Festhalten der Hand, Zwicken oder einem kontrollierten Biss (▸ Abb. 3.7). In Abhängigkeit von seinem Status und Selbstbewusstsein zieht sich der Hund nach dem Angriff zurück oder beginnt mit einer neuerlichen Drohphase. Die Körperhaltung bei der irritativen Aggression kann je nach Status des Hundes in der jeweiligen Begegnung hoch, niedrig oder ambivalent sein.

▶ **Abb. 3.7** Kontrollierter Angriff.
a Die Mimik des Hundes zeigt sein zunehmendes Unbehagen.
b Die Drohphase besteht nur in einem Anspannen des Körpers, der Angriff ist schnell und kontrolliert.

Irritative Aggression kann mit oder ohne Anzeichen von Furcht oder milder Angst gezeigt werden. Diese Form der Aggression wird sehr rasch instrumentalisiert – die Drohphase geht verloren und die Angriffe werden im Lauf der Zeit heftiger und unkontrollierter.

Typische Kontexte für irritative Aggression sind:

- Streicheln oder andere unerwünschte Formen des Körperkontakts
- Fellpflege und andere Manipulationen wie Pfoten waschen, Krallen schneiden, Untersuchung der Ohren, Zähne etc.
- Fixierung
- Annäherung an den Liege- oder Rückzugsplatz des Hundes

**Merke**

**Die irritative Aggression ist einer der häufigsten Aggressionstypen des Hundes.**

Die oft nur kurze Drohphase mit Anspannen der Muskulatur und leisem Knurren wird vom Besitzer entweder nicht bemerkt, sogar ignoriert oder bestraft. Der Angriff erscheint dadurch unvorhersehbar.

Gesteigerte irritative Aggression kann ein Symptom bei chronischen körperlichen Erkrankungen sein, die die Stimmung des Hundes beeinträchtigen. Als unspezifisches Symptom tritt irritative Aggression bei Angststörungen (S. 273), dyssozialer Persönlichkeitsstörung (S. 286), Hyperaktivitätsstörung (S. 269), unipolarer Hyperstörung (S. 279), kognitiver Dysfunktion (S. 282), hierarchiebezogener Störung (S. 284), impulsiver Persönlichkeitsstörung (S. 286) und depressiven Störungen (S. 279) auf.

## Diagnostische Hinweise

- Gehäufte oder intensive irritative Aggression kann ein Hinweis auf unklare Kommunikation und/oder Angststörungen sein.
- Unangepasste aggressive Reaktionen oder Strafen des Besitzers, der die Aggression als Provokation empfindet, können zur weiteren Eskalation und Angstaggression führen.
- In der Evolution gibt es Hinweise, dass der Hund für die Drohphase gestraft wurde, wodurch sich diese reduzieren oder gänzlich verschwinden kann.

- Ernsthafte Verletzungen sind bei irritativer Aggression innerhalb der sozialen Hund-Mensch-Gruppe nicht mehr physiologisch. Der Hund kann an einer oder mehreren der folgenden Störungen leiden: Hyperaktivitätsstörung (S. 269), dyssoziale Persönlichkeitsstörung (S. 286), impulsive Persönlichkeitsstörung (S. 286), Angststörungen (S. 273), unipolare Störung (S. 279), depressive Störung (S. 279).

## Schmerzbedingte Aggression

Aggression aufgrund eines antizipierten oder tatsächlichen Schmerzes, einer schmerzhaften Manipulation oder Erkrankung gegenüber der Person, dem Tier oder unbelebten Objekt, das mit dem Schmerz assoziiert wird (ihn verursacht oder anwesend ist/war, während er gefühlt wird). Schmerz, auch chronischer, ist ein sehr wichtiger Auslöser für Aggression!

Diese Aggression unterliegt sehr schnell einer klassischen und instrumentellen Konditionierung.

Ein typisches Beispiel: Der Hund hatte eine schmerzhafte Otitis. Alle Kontextbedingungen können in Zukunft Auslöser für Aggression sein: Annäherung an den Hund, Berühren der Ohren, Fixieren am Halsband, Fläschchen mit dem Ohrreiniger oder Ohrentropfen in die Hand nehmen, Gerüche, Orte, Geräusche etc. Die Aggression weitet sich noch mehr aus, wenn diese Situationen generalisiert werden. Der Hund lässt sich schließlich nicht mehr im Kopf- oder Halsbereich berühren, ohne direkt zu beißen.

### Diagnostische Hinweise

Schmerz als auslösende oder intensivierende Ursache für Aggression sollte vor allem bei plötzlich auftretender Aggression **immer** bedacht und – allenfalls – durch eine diagnostische Therapie ausgeschlossen werden. Es gibt Arten von chronischem Schmerz, die nicht oder nur schwer objektiviert werden können: Kopfschmerz, Schmerzen durch unerkannte Tumorerkrankungen, erhöhter Augendruck, Zahnschmerzen, diffuse Gelenks- und Muskelschmerzen etc.

## Angstaggression

Die Angstaggression ist eine heftige und unkontrollierte Reaktion, wenn die kritische Distanz des Hundes unterschritten wird und physisch (Leine, Box, Zwinger etc.) oder mental (Sozialisation, Inhibition, bisherige Erfahrungen) keine Fluchtmöglichkeit besteht. Die Situation kann für den Hund real gefährlich sein oder von ihm nur subjektiv als sehr gefährlich wahrgenommen werden. Angstaggression wird gegenüber Individuen (Mensch, Hund, andere Tiere) gezeigt, auf die der Hund nicht korrekt sozialisiert wurde und/oder die er als gefährlich oder lebensbedrohend ansieht. Neurovegetative Symptome und defensive Körperhaltungen begleiten die Angstaggression.

Typische Kontexte für Angstaggression:

- Hunde, die sich an einen sicheren Ort, Käfig in der Klinik, Zwinger etc. zurückgezogen haben und dort in die Ecke gedrängt sind und keine Fluchtmöglichkeit haben (▶ **Abb. 3.8**)
- nicht auf den Menschen sozialisierte Hunde, die eingefangen wurden
- hochgradiger Schmerz oder Schock, z. B. nach Unfällen
- Hunde nach traumatischen Erlebnissen mit Menschen oder Hunden

▸ **Abb. 3.8** Dieser Hund kann sich aus seinem beengten Rückzugsort bei weiterer Annäherung oder Bedrohung mit Angstaggression verteidigen.



### Diagnostische Hinweise

- In der entsprechenden heftigen Notlage kann **jeder** Hund auf Angstaggression zurückgreifen, um sein Leben zu verteidigen.
- Der Hund kann aus einem extrem inhibierten Zustand der Angst explosionsartig angreifen, wenn die Distanz noch weiter unterschritten wird oder die Bedrohung zu lange anhält.
- Deprivationssyndrom (S. 271), Phobien (S. 273), Angststörungen (S. 273) erhöhen das Risiko für ein Auftreten von Angstaggression.

## 3.6.4 Distanzierungsaggression

Proaktive Aggression, um insbesondere unbekannte oder wenig vertraute Individuen (Menschen, Hunde, andere Tiere) auf Distanz zu halten oder deren Distanz wieder bis zur Sicherheitsdistanz zu vergrößern. Die Körperhaltung kann ganz am Anfang niedrig sein, wird aber mit jedem erfolgreichen Angriff aufrechter. Der Hund beginnt mit Scheinattacken, die er kurz vor dem Opfer stoppt, knurrt, bellt, Haare aufgestellt. In der weiteren Evolution können sich aus den Scheinattacken sehr schnell richtige Angriffe mit Anrempeln, mit geschlossenem Fang stoßen oder Beißen entwickeln. Die verständliche – zurückweichende – Reaktion des Opfers ist eine vom Hund erwünschte Reaktion und damit sehr effektive Verstärkung des Verhaltens, das sich auf diese Weise instrumentalisiert. Die Distanz, auf die der Hund angreift, kann sich bis auf einige hundert Meter steigern und auf jegliche Begegnung mit Mensch und/oder Hund ausdehnen. Wenn die Bedrohung auf Distanz bleibt oder sich entfernt, endet die Aggression.

Distanzierungsaggression tritt unabhängig davon auf, ob der Hund sich in seinem Territorium befindet oder nicht; er nimmt seinen Sicherheitsraum überallhin mit. Der Eindringling kann eine objektive Gefahr darstellen oder vom Hund nur subjektiv als solche wahrgenommen werden.

Typische Kontexte für Distanzierungsaggression:

- Hund an der Leine, freilaufend oder in anderen Situationen, wo sich Passanten oder andere Hunde annähern können.

- Spaziergänge in Gebieten, wo der Hund nur gelegentlich und manchmal unerwartet auf Menschen trifft.
- Hund und Besitzer gestalten einen Spaziergang nicht als gemeinsame kooperative Aktivität, sondern nur als Parallelveranstaltung, bei der jeder seinen eigenen Interessen nachgeht.

### Diagnostische Hinweise

- Distanzierungsaggression beginnt (manchmal trotz guter Sozialisation) sehr oft mit der Pubertät oder im frühen Erwachsenenalter.
- Es gibt eine wichtige genetische Komponente – abklären, ob Eltern, Geschwister oder andere nahe Verwandte des Hundes dieses Verhalten zeigen.
- Die üblichen Lösungsansätze und Maßnahmen wie Leinenruck, Zusammenschimpfen, Situationen vermeiden etc. ändern nichts an der Aggression oder verschlimmern sie sogar, weil sie durch die unwillkürlichen zurückweichenden Reaktionen des Opfers zur höchst erfolgreichen Strategie des Hundes wird.

## 3.6.5 Territoriale Aggression

Territoriale Aggression wird gegenüber fremden, seltener auch gegenüber bekannten Mitgliedern der eigenen sozialen Gruppe gezeigt, wenn diese in das unmittelbare Territorium des Hundes tatsächlich eindringen oder eindringen wollen oder es verlassen wollen. Als Territorium ist der Bereich anzusehen, in dem der Hund bevorzugten Zugang zu begrenzten Ressourcen, z. B. Futter- und Schlafplätze, genießt. Je nach Persönlichkeit und Rassetyp, dem ursprünglichen Verwendungszweck des Hundes ist die Aggression eher defensiv oder proaktiv, auf eine mehr oder weniger lautstarke Drohung beschränkt. Die Angriffe können beim weiteren Eindringen in das Territorium des Hundes direkt und heftig sein. Sie zielen in der Regel darauf ab, den Eindringling an der weiteren Fortbewegung zu hindern und reichen von Wegverstellen, Anrempeln, Anspringen bis zu Bissen in die Beine oder Arme. Die Aggression endet, wenn sich der Eindringling zurückzieht oder der Hund nach einer Kontrolle den Zugang erlaubt.

Die territoriale Aggression richtet sich meistens gegen Menschen wie Briefträger, Lieferanten, Besucher, neue Partner, Rückkehr von Familienmitgliedern nach Abwesenheit, aber natürlich auch gegen Hunde, die unerlaubt ins Territorium eindringen.

Es gibt Hunde, die nur innerhalb oder an den Grenzen ihres Reviers territoriale Aggression zeigen und abseits davon neutral reagieren oder solche, die auswärts auch Distanzierungsaggression zeigen. Der Übergang zwischen den beiden Aggressionstypen ist kontinuierlich.

### Diagnostische Hinweise

- Territoriale Aggression ist eine physiologische und durch die Zucht vielfach noch geförderte Verhaltensweise des Hundes.
- Bestimmte Rassetypen wurden speziell für diese Art der Aggression selektiert, das Melden und die Verteidigung des Territoriums waren erwünscht.
- Die Ansprüche von Besitzern an die Differenzierungsfähigkeiten ihres Hundes zwischen erwünschten, neutralen und unerwünschten Besuchern sind oft völlig unrealistisch.

- Unterbeschäftigte Hunde suchen sich einen Job und sie machen das, wozu sie in ihrem Umfeld Möglichkeiten bekommen – alleine im Garten sein und die Umgebung überwachen, im Vorhaus liegen und als Erster an die Tür gehen, jeden Besucher als Erster begrüßen etc.

### 3.6.6 Frustrationsbedingte Aggression

Kontrollierte Aggression in einem Kontext von Mangel, Unzugänglichkeit oder Verzögerung eines positiven erwarteten Ereignisses:
- verspätete oder fehlende Mahlzeit
- ausbleibende Belohnung
- verweigerter sozialer Kontakt

Konditionierung eines Non-Reward-Markers (S. 250).

Der Hund attackiert mehr oder weniger heftig mit einer sehr kurzen Drohphase bis er sein Ziel erreicht.

Frustrationsbedingte Aggression ist ein typisches Symptom, wenn die psychomotorische Selbstkontrolle (S. 45) fehlt, bei Hyperaktivitätsstörung (S. 269), dyssozialer Persönlichkeitsstörung (S. 286) und impulsiver Persönlichkeitsstörung (S. 286).

### 3.6.7 Maternale Aggression

Die maternale Aggression ist eine mäßige bis heftige defensive Aggression. Die Hundemutter distanziert alles und jeden, der ihre Welpen tatsächlich oder vermeintlich in Gefahr bringen kann. Die maternale Aggression wird durch die Laktation (die hormonellen Veränderungen, die damit verbunden sind), die Anwesenheit von Welpen oder Ersatzobjekten und das Wurflager ausgelöst. In der Drohphase bleibt die Hündin bei den Welpen, knurrt oder bellt und starrt den Eindringling an. Der Angriff ist kurz und heftig, bis sich der Feind entfernt, danach kehrt die Hündin zu ihren Welpen zurück und leckt sie.

#### Diagnostische Hinweise

- Die maternale Aggression ist eine physiologische Form der Aggression. Sie ist zeitlich auf die Laktation und Welpenaufzucht oder die Phase der Scheinträchtigkeit mit Welpen-Ersatzobjekten begrenzt.
- Der Zuchteinsatz von Hündinnen mit ausgeprägter maternaler Aggression sollte überdacht werden. Die Sozialisation der Welpen auf verschiedene Menschen und Tiere kann durch dieses Verhalten wesentlich behindert oder unmöglich werden, die Welpen lernen vom aggressiven Vorbild ihrer Mutter.
- Kastration von Hündinnen mit Stimmungsschwankungen und maternaler Aggression während der Scheinträchtigkeit ausschließlich im Diöstrus oder nach erfolgreicher Behandlung der Scheinträchtigkeit!

### 3.6.8 Umgerichtete Aggression

Die umgerichtete Aggression hat keine spezifische Sequenz oder Auslöser. Sie ist nur durch den Umstand gekennzeichnet, dass sich die Aggression nicht gegen das Individuum oder den Reiz richtet, der oder das sie auslöst, sondern auf das nächstbeste und oft neutrale Individuum in unmittelbarer und erreichbarer Nähe des Hundes (Menschen, andere Hunde, Katzen, bewegte Objekte) umgerichtet wird.

**Jede** der beschriebenen Aggressionen kann somit zur umgerichteten Aggression werden.

Kontexte, in denen umgerichtete Aggression häufiger auftreten kann:

- Der Hund ist an der Leine, will einen anderen Hund oder Menschen angreifen und richtet seine Aggression auf den neben ihm stehenden Besitzer um. Das Risiko, dass der Hund seine Aggression umrichtet steigt noch, wenn der Besitzer den Hund maßregelt und sich eindeutig als Ursache für die Frustration erweist.
- Hunde, die bei Angst oder Phobie vom Besitzer an der Flucht gehindert oder fixiert werden, können ihre Aggression auf ihn umlenken.
- Zwei Hunde eines Haushalts zeigen territoriale Aggression an einem Zaun und können den Auslöser nicht erreichen. Einer der Hunde kann seine Aggression auf den anderen umrichten und diesen angreifen. Dies kann eine Quelle für Missverständnisse und Konflikte im Mehrhunde-Haushalt sein.

### 3.6.9 Jagdverhalten

Jagdverhalten ist nach der hier angewendeten Definition eine Aggression, auch wenn ihr andere neurophysiologische Mechanismen und Motivationen zugrunde liegen. Da die Opfer des Jagdverhaltens eines Hundes auch Menschen, andere Hunde oder Haustiere sind, ist die Einstufung in der praktischen klinischen Arbeit als Aggression wie auch aus der Sicht des Opfers durchaus gerechtfertigt.

Beschreibung der Sequenz siehe Jagdverhalten (S. 53).

Das Beutespektrum des Hundes reicht von der Maus bis zu Tieren, die um ein Vielfaches größer als Hunde sind und theoretisch auch bis zum Menschen. Besonders gefährdet sind Säuglinge, Kleinkinder und Kinder, aber auch ältere, kranke oder behinderte Menschen.

Fehlende oder unzureichende Sozialisierung auf alle mit dem Hund und in seiner Umwelt lebenden Sozialpartner und Haustiere sind die wichtigste Ursache für unerwünschtes Jagdverhalten.

**Vorsicht**

**Große Hunde, die gegenüber Kindern oder erwachsenen Menschen Jagdverhalten zeigen, sind lebensgefährlich!**

### 3.6.10 Hyperaggression

Hyperaggression ist eine pathologische Form der Aggression.

**Sekundäre Hyperaggression** ist das Ergebnis einer instrumentellen Konditionierung von Aggression (S. 39). Eine erkennbare Drohphase fehlt, die Angriffe werden zunehmend reflexartig, die Aggression wird immer heftiger und ungehemmter. Die auslösenden Kontexte werden generalisiert und die Aggression verliert jegliche kommunikative oder adaptive Funktion. Grundsätzlich kann sich jede Aggression in eine sekundäre Hyperaggression entwickeln.

**Primäre Hyperaggression** tritt plötzlich auf und hat sich nicht durch instrumentelle Konditionierung langsam entwickelt. Sie ist ein Hinweis auf eine neurologische Störung, andere zugrunde liegende organische Erkrankungen (Tumor, Infektion, Tollwut, Schmerz etc.) oder idiopathisch.

Bei der Hyperaggression gibt es keine strukturierte Sequenz, keine erkennbaren Auslöser oder Kontexte. Die Drohphase kann nach einem Angriff kommen oder gänzlich fehlen, die Angriffe können multipel sein, es gibt keine Endphase.

### 3.6.11 Aggression auf Befehl

Im Hundesport und bei der Ausbildung von Diensthunden trainierte Aggression, die auf Kommando gezeigt wird. Obwohl im Hundesport angeblich nur auf ein Beuteobjekt (Schutzärmel) konditioniert wird, bleibt dieses Objekt dennoch in sehr enger Verbindung mit einem Menschen, der sich auch noch schnell vom Hund wegbewegt. Das Training zielt auf einen festen und gehaltenen Biss und nicht auf eine im Zusammenleben und Umgang mit dem Menschen erwünschte maximale Kontrolle des Zubeißens. Die Sequenz ist die einer Hyperaggression und die Aggression ist keine biologische Notwendigkeit für den Hund.

#### Diagnostische Hinweise

- Der Hund kann durch das Training seine psychomotorische Selbstkontrolle verlieren, in einen Hyperzustand geraten und auch in anderen Kontexten übererregt werden und zubeißen.
- Der Hund kann auf andere – ähnliche – Auslöser und Kontexte generalisieren, z. B. mit Daunenjacken herumlaufende Kinder in einer Schneeballschlacht etc.
- Der Hund kann durch altersbedingte Prozesse seine emotionale Ausgeglichenheit und kognitive Fähigkeiten verlieren und seine erlernte Aggression unkontrolliert oder nach eigenem Ermessen im Alltag einsetzen.

## 3.7 Elimination

Das Eliminationsverhalten des Hundes verursacht wesentlich seltener Probleme als das der Katze.

Bis ungefähr zur dritten Lebenswoche werden die Welpen von der Mutterhündin gesäubert, indem sie den Anogenitalbereich beleckt und die Ausscheidungen aufnimmt. Mit zunehmender Bewegungsfreiheit verlassen die Welpen das Nest und lernen sich außerhalb zu versäubern. Ungefähr ab der achten Lebenswoche sind Welpen schließlich auf denjenigen Bodenuntergrund geprägt, der ihnen bisher für den Kot- und Harnabsatz zur Verfügung stand: Naturböden im Freien wie Wiese, Erde; Asphalt, Beton oder bei mangelhaften Bedingungen beim Züchter sind es Zeitungspapier, alte Fetzen,

Fliesen, Linoleum etc. Prinzipiell sind Welpen daher in diesem Alter „sauber" – es kann jedoch Diskrepanzen zwischen den Ansprüchen von Mensch und Hund geben.

Stabile und wirklich verlässliche Kontrolle über die Elimination kann erst mit rund sechs Monaten, in Einzelfällen auch noch später, erwartet werden – vereinzelte Unfälle können bis zu diesem Zeitpunkt vor allem bei ungewohnten Ereignissen noch vorkommen. Zwerghunde stellen erfahrungsgemäß etwas höhere Anforderungen an die Sauberkeitserziehung. Ihr verfügbarer Lebensraum in der Wohnung oder im Haus ist relativ gesehen sehr viel größer als der eines großwüchsigen Junghundes, wodurch sie sich leichter eine abgelegene Eliminationszone finden.

Hunde sind Gewohnheitstiere und sie sind sehr schnell auf einen bestimmten Eliminationsrhythmus, einen bestimmten Ort, Untergrund und die dazugehörigen Rituale oder Worte klassisch konditioniert.

Die Frequenz von Harn- und Kotabsatz ist abhängig von Fütterung, Wasserangebot und Trinkverhalten, den jeweiligen Lebensbedingungen und individuell sehr unterschiedlich. Für die Analyse eines Unsauberkeitsproblems ist unbedingt ein Zeitplan der tatsächlich beobachteten und kontrollierten (!) Ausscheidungsaktivität des Hundes zu erstellen.

Angst und Aufregung führen zu gesteigerter Elimination sowohl von Kot als auch Harn. Dieser Kot ist in der Regel ungeformt, weich, eventuell schleimig; Harn ist an horizontalen Stellen verteilt.

In emotional sehr belastenden Situationen (Angst, Phobie) können Hunde unwillkürlich Harn oder Kot absetzen.

Harnmarkieren (S. 80).

### 3.7.1 Diagnostische Hinweise

Die Sauberkeitserziehung dauert sehr lange, obwohl die korrekte Erziehungstechnik eingesetzt wird – es ist an Hyperaktivitätsstörung (S. 269) oder Deprivationssyndrom (S. 271) oder eine organische Grunderkrankung, Missbildung zu denken.

- Abgelegene, für den Hund normalerweise tabuisierte Zonen, wenig oder ungenutzte Wohnbereiche (Keller, Gästezimmer, Stiegenhaus etc.), Orte nahe an Ausgängen werden sehr gerne als Ausscheidungsplätze genommen.
- Schlechtes, kaltes Wetter und fehlende Kontrolle des tatsächlichen Ausscheidungsverhaltens durch den Besitzer kann den Hund zu bequemerer Elimination etwas später im Haus verführen.
- Emotional bedingter Harnabsatz in aufregenden Situationen wie Begrüßung, Spiel etc. ist für Junghunde bis sechs Monate physiologisch.
- Veränderungen im Tagesablauf, in der Fütterung oder Erkrankungen (Durchfall, Kolitis, Zystitis, Niereninsuffizienz, Diabetes, Operationen etc.) können den Ausscheidungsrhythmus beeinflussen und der Hund entwickelt neue Eliminationsgewohnheiten, die zu Unsauberkeit im Haus führen.
- Kognitive Dysfunktion kann zu einem teilweisen oder vollständigen Verlust der Sauberkeit im Haus führen.

## 3.8 Schlaf- und Ruheverhalten

Der Schlaf ist nicht nur die Abwesenheit von Verhalten, sondern eine komplexe physiologische Aktivität.

Das Ruhe- und Schlafverhalten des Hundes passt sich in der Regel an den Tagesablauf und den Lebensstil der Familie an.

Schlafverhalten kann nach der **Quantität** und nach der **Qualität** beurteilt werden. Die Schlafdauer des Hundes variiert je nach Alter, Jahreszeit, Tagesablauf, Aktivitäten und Lebensbedingungen in der Familie. Junge Hunde und alte Hunde, Hunde ohne spezielle Beschäftigung und Anregung schlafen deutlich mehr.

Die durchschnittliche **Schlafdauer** ist 12 Stunden. Die meisten Hunde haben auch tagsüber längere Ruhe- und Schlafphasen.

Der **Schlafzyklus** des Hundes dauert ungefähr eine Stunde. Nach dem Einschlafen kommt der Hund in eine Tiefschlafphase, an deren Ende gibt es eine kurze Phase des REM-Schlafs. Diese Traumphasen können vom Besitzer oft beobachtet werden: Der Muskeltonus verschwindet fast komplett, es gibt rasche ruckartige Bewegungen der Augenlider, der mimischen Muskulatur, der Pfoten, Sträuben der Haare und eventuell Lautäußerungen. Im Anschluss an eine Traumphase kann der Hund kurz erwachen, seine Position verändern, den Kopf schütteln und wieder weiterschlafen.

Die Wahl des Schlafplatzes und der Schlafhaltung hängt von den Lebensbedingungen und individuellen Vorlieben von Hund und Besitzer ab. Der Ruhe- und Schlafplatz kann für den Hund – aber muss nicht – hierarchische Bedeutung haben. Es hängt von der Persönlichkeit des Hundes ab, ob er diesen Platz als Privileg ansieht oder nicht und dieses auch entsprechend verteidigt oder verteidigen würde.

**Merke**

**Die Tatsache, dass der Hund im Bett schläft ist per se noch kein dominantes Privileg für den Hund!**

Hunde wurden und werden immer noch als Wärmflaschen im menschlichen Lager hoch geschätzt und diese Wertschätzung beruht in der Regel auf Gegenseitigkeit. Solange der Hund keine Probleme macht, diesen Platz nicht aggressiv zu verteidigen beginnt und z. B. einem Partner den Zugang zum Bett verwehrt, der Besitzer die Anwesenheit seines Hundes im Bett gerne mag, muss an diesen Gewohnheiten nicht unbedingt etwas geändert werden.

Als **Ruhe- und Schlafplatz** bevorzugen viele Hunde Orte mit höhlenartigem Charakter wie unter Bänken, in einer Box, unter Stiegenaufgängen, im Auto etc. Andere wiederum bevorzugen völlig unabhängig von der Witterung Schlafplätze im Freien und verweigern Innenräume als Schlafplatz bis hin zu Panikattacken. Die Ruhe- und Schlafplätze können im Tagesverlauf und mit den Aktivitäten des Besitzers wechseln.

### 3.8.1 Diagnostische Hinweise

Deutlich verringerte Schlafdauer unter 12 Stunden kann Hinweis auf eine Hyperaktivitätsstörung (S. 269), eine unipolare Störung (S. 279), eine depressive Störung (S. 279) oder eine Angststörung (S. 273) sein.

Erhöhte Schlafdauer ist bei depressiven Störungen (S. 279) zu beobachten.

Bei Hypervigilanz (S. 320) ist die Schlafdauer oft tagsüber (manchmal auch nachts) reduziert, weil sich der Hund nicht entspannen kann und beim kleinsten Geräusch aufschreckt.

- Intensive Bewegungen während des paradoxen Schlafes mit Heben des Kopfes und Kontraktionen großer Muskelpartien oder sogar Aggression können frühe Anzeichen einer neurologischen Störung oder REM-Schlafstörung sein.
- Störungen des Schlaf-Wach-Zyklus aufgrund von altersbedingter Degeneration im Gehirn sind bei alten Hunden häufig zu beobachten.

Unruhe und Angst vor dem Einschlafen kann Hinweis auf eine chronische depressive Störung (S. 279) sein.

- Schreckhaftes Erwachen nach der Traumphase kann Hinweis auf eine angstbedingte Schlaflosigkeit sein.

Für eine hierarchiebedingte Störung (S. 284) ist abzuklären, wo die Ruhe- und Schlafplätze sind, ob sie vom Besitzer zugewiesen und respektiert oder frei selbst gewählt werden, wie viel Übersicht und Kontrolle sie dem Hund gewähren, ob und wie sie vom Hund verteidigt werden.

## 3.9 Komfortverhalten

Zum Komfortverhalten gehören auf sich selbst und den Körper bezogene Verhaltensweisen wie kratzen, Fell belecken und benagen, Nägel beißen, aber auch gähnen, sich schütteln und sich strecken, auf den Rücken rollen, wälzen etc. Die untrennbare Verbindung von körperlichen Erkrankungen wie Allergien und psychischen Störungen wie Angststörungen wird bei der Fellpflege und Beschäftigung mit dem eigenen Körper besonders offensichtlich. Es ist nach wie vor nicht möglich, genau festzustellen, ob Angst zur intensiveren Wahrnehmung von Juckreiz führt oder ob der chronische Juckreiz einen Angstzustand verschlimmert.

Die Beschäftigung, vor allem die orale Beschäftigung, mit dem eigenen Körper hat einen beruhigenden Effekt auf den Hund.

Übermäßiges Lecken kann als substitutive Aktivität oftmals das einzige Symptom einer chronischen Angststörung sein. Auch Onychophagie (S. 321) wird bei Angststörungen beobachtet. Eine genetische Bereitschaft zu kompulsivem Verhalten ist auch beim Hund ähnlich wie beim Menschen bei der Entwicklung von Störungen im Körperpflegeverhalten nicht auszuschließen.

Durch ständiges Belecken veränderte Hautstellen oder Leckdermatitiden treten bevorzugt an der linken Körperseite auf, die Vorderseite des Karpalgelenks wird typischerweise beleckt, daneben auch die in der eingerollten Ruhelage gut erreichbare Lateralseite des Tarsalgelenks, seltener die Leistengegend, die Kniefalten oder Flanken (Dobermann).

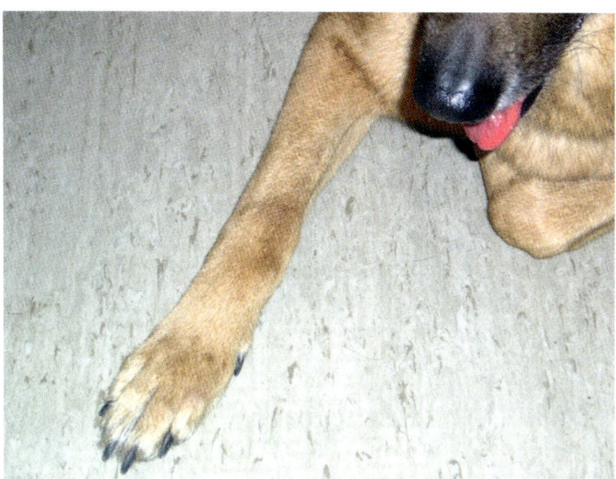

▶ **Abb. 3.9** Farbveränderungen durch Lecken im rechten Karpalbereich.

### 3.9.1 Diagnostische Hinweise

- Schmerz und Missempfindungen können das Belecken von Karpalgelenk und Zehengelenken intensivieren.
- Rötlich verfärbte Haare, Alopezie, Hyperpigmentierung oder Leckdermatitis an der Dorsalseite des Karpalgelenks (▶ **Abb. 3.9**), meistens einseitig, können das einzige Symptom einer chronischen Angststörung sein.
- Eine genetische Bereitschaft für kompulsives Verhalten erhöht die Wahrscheinlichkeit, dass sich aus kleinen Verletzungen, lokalem Juckreiz, Unregelmäßigkeiten im Fell oder auf der Haut stereotypes Leckverhalten entwickelt.
- Bestimmte Rassen haben eine erwiesene genetische Prädisposition, eine Leckdermatitis zu entwickeln: Retriever, Deutscher Schäfer, Dobermann, Pudel.
- Flanken lecken oder saugen ist eine genetisch prädisponierte repetitive Störung beim Dobermann.
- Haare ausreißen und/oder fressen kommt vor und fällt in das Spektrum der obsessiv-kompulsiven Störungen (OCSD).

## 3.10 Kommunikation

Der Hund kann über verschiedene Mittel und Wege mit anderen kommunizieren. Die beiden wesentlichen Kommunikationsziele sind:

- Vermeidung von Kontakt und Distanz vergrößern
- Anbahnung von Kontakt und Distanz verringern

Einige der Signale erfordern die unmittelbare Anwesenheit des Partners, andere Botschaften sind dauerhafter und können Zeit und Raum überbrücken. Die meisten Signale sind Kombinationen.

- **Optisch:** Optische Signale sind Mimik und Körperhaltungen, Bewegungen, aber auch Kratzspuren am Boden, gegrabene Löcher oder erhöht deponierter Kot. Sichtbare

Signale können in Anwesenheit und in Abwesenheit von Sozialpartnern wirksam sein.

- **Akustisch:** Hunde kommunizieren untereinander und auch mit dem Menschen sehr viel mehr über Lautäußerungen als Wölfe. Im Umgang mit dem Menschen können sich ganz individuelle Signale entwickeln, die nur für das betreffende System verständlich sind und für die eingeweihten Sozialpartner Bedeutung haben.
- **Olfaktorisch:** Die chemische Kommunikation über Gerüche und Pheromone ist für den Hund ein wichtiger Weg der Kommunikation, vor allem im sexuellen und im sozialen Bereich, aber auch für den Nahrungserwerb. Geruchliche Botschaften wirken in An- und Abwesenheit eines Partners; der Hauptvorteil ist, dass sie auch zeitliche Distanz zwischen den Kommunikationspartnern überbrücken können.
- **Taktil:** Taktile Signale beim Hund reichen vom Belecken, wie es die Hundemutter mit ihren Welpen und auch zusammenlebende befreundete Hunde tun, bis zu grobem Anrempeln, mit dem die Standfestigkeit eines Partners überprüft werden kann. Für die noch blinden und tauben Welpen ist die taktile und olfaktorische Kommunikation die wichtigste Form der Verständigung.

Mensch und Hund haben im Lauf der jahrtausendelangen gemeinsamen Evolution eine genetische Bereitschaft und Fähigkeit entwickelt, die „Sprache" des jeweils anderen zu erlernen. Die Signale des Hundes haben sich im Lauf der Zeit vereinfacht, sie sind weniger komplex und vielschichtig als die des Wolfes, die akustische Kommunikation hat einen wichtigen Anteil gewonnen. Ganz allgemein haben Menschen eine Fähigkeit, die Signale des Hundes intuitiv zu erfassen, und es entwickelt sich in den meisten Mensch-Hund-Beziehungen ein auf individuellem Lernen basierendes, manchmal unglaubliches, gegenseitiges Verständnis.

**Praxis**

In der Praxis sehen wir vermutlich eher die Menschen, denen dieser selbstverständliche, klare und intuitive Umgang mit dem Hund fehlt – sei es durch fehlende Sozialisation (des Menschen) oder durch umständliche Konzepte und Theorien. Ziel der Behandlung ist es, auch diesen Besitzern einen einfachen Zugang und Verständnis zur Kommunikation mit dem Hund zu vermitteln.

Inkongruente und unverständliche Kommunikation kann auf schlechte oder unvollständige Beschreibungen, falsche Interpretationen des Besitzers (oder Tierarztes) aber auch auf tatsächliche Unfähigkeit des Hundes korrekt zu kommunizieren zurückzuführen sein. Gründe dafür können psychische entwicklungsbedingte Störungen, anatomische Beeinträchtigung oder Erkrankungen sein.

### 3.10.1 Körpersprache

Für die Beurteilung von Stimmung, Emotionen und Verhalten ist die Beobachtung der Körpersprache von entscheidender Bedeutung. Zumindest die wesentlichsten Signale wie Körper- oder Schwanzhaltung können bei gezielter Befragung (*Schließen Sie die Augen und lassen Sie die Situation noch einmal vor Ihrem inneren Auge ablaufen ...*) vom Besitzer praktisch immer beschrieben werden. Wenn sich der Untersucher damit kein klares oder kongruentes Bild machen kann, ist eine der therapeutischen Anweisungen der Auftrag, den Hund genauer zu beobachten oder Videoaufnahmen (S. 214) zu machen.

Bei der Körpersprache können Mimik, Körperhaltungen und Bewegungen unterschieden werden. Viele Signale hängen von den anatomischen Möglichkeiten des Hundes ab – es geht daher vor allem um den individuellen Hund und seine persönlichen Ausdrucksmöglichkeiten und nicht um einen standardisierten Katalog. Der Hund passt seine Signale sehr schnell an die Reaktionen seines Kommunikationspartners an – es gibt daher immer ein gewisses Risiko, nur eine Momentaufnahme zu beurteilen. Viel wichtiger als subtile, schnell wechselnde, häufig auch ambivalente Einzelsignale entschlüsseln zu wollen, ist der Grundtenor, das allgemeine Gesprächsklima. Und hierbei kann wieder die intuitive Wahrnehmung helfen.

**Ohrenhaltung:** Die Ohrenhaltung wird sehr stark vom Typ oder von der Rasse des Hundes beeinflusst. Die Ohrenhaltung kann sehr schnell wechseln und ambivalente innere Haltungen ausdrücken.

- Aufmerksam oder neutral: aufgerichtete oder nach vorn gerichtete Ohren, in der persönlichen Haltung oder „so, wie sie angewachsen sind" (▸ **Abb. 3.10**).
- Aufmerksam gespannt, konzentriert, Fixieren von Beute: sehr weit nach vorne gedreht, angespannt, sogar leicht vibrierend (▸ **Abb. 3.11**).
- Aufmerksam, unsicher: Ohren sind aufrecht oder in verschiedene Richtungen, häufig auch nach hinten gedreht, sehr beweglich.
- Unsicher oder submissiv: Ohren sind nach hinten geklappt und liegen am Kopf mehr oder weniger an.
- Defensiv aggressiv: seitlich nach hinten gezogen oder geklappt, Stellung kann sehr schnell je nach Situation wechseln.
- Offensiv aggressiv: Ohren sind steif nach vorne gerichtet.

**Pupillengröße:** Beim Hund ist die Pupillengröße bei dunkler Iris nicht immer leicht zu erkennen. Den meisten Besitzern fällt jedoch das Leuchten des Tapetum lucidum auf, wenn der Hunde weite Pupillen hat: *Er schaut so komisch, die Augen leuchten ganz schrecklich, er bekommt einen ganz irren Blick ...*

▸ **Abb. 3.10** Aufmerksame Haltung mit beweglichen Ohren, leicht gerunzelte Stirn.

▶ **Abb. 3.11** Aufmerksamer gespannter Ausdruck mit aufgerichteten Ohren.

▶ **Abb. 3.12** Ängstlicher Gesichtsausdruck: aufgerissene Augen, weite Pupillen, Ohren nach hinten gelegt.

- Die Pupillengröße hängt wesentlich vom Lichteinfall ab.
- Angst: maximale Mydriasis (▶ **Abb. 3.12**).
- Hyperzustände, irritative Aggression: kurz vor dem Angriff Mydriasis.

**Blick:** Die Blickrichtung hat für den Hund eine große Aussagekraft. Um ein scharfes Bild zu erhalten, muss das Licht die zentrale Partie der Retina treffen und der Blick wird direkt auf den Reiz oder den Partner gerichtet. Für die Bewegungswahrnehmung ist die Peripherie der Retina sensibler und der Blick wird etwas seitlich gehalten.

- erwartungsvoller, aufmerksamer Blickkontakt: direkter, aber weicher Blick in die Augen
- Drohung: direkter fixierter oder starrer Blick in die Augen
- dominanter Blick: seitlich am Kopf vorbei über den Rücken oder auf die Kruppe

▶ **Abb. 3.13** Unterwerfungshaltung: lange Mundwinkel, abgewendeter Blick und Kopf, Seiten- oder Rückenlage.

- beschwichtigend, submissiv oder ängstlich: seitlich abgewendeter Blick bei abgewendetem Kopf (▶ Abb. 3.13), Augen halbgeschlossen, blinzelnd

**Gesichtsmimik:** Auch hier hängen die individuellen Ausdrucksmöglichkeiten sehr stark von der Anatomie des Hundes ab. Zum Gesamteindruck tragen noch sehr viele weitere Einzelsignale bei wie die Spannung und Stellung der Augenlider, der Augenbrauen, die Stellung des Augapfels, die Spannung der Gesichtshaut etc. Leicht erkennbare und oftmals ausreichend verständliche Signale sind:

- Unsicherheit, Ängstlichkeit: Lefzen weit nach hinten gezogen mit Spannungsfalten bis zu den Ohren, oft mit Hecheln kombiniert
- Drohung: Zittern und/oder Hochziehen der Lefzen, leichtes Naserunzeln, Zähne zeigen
- defensive Drohung: Hochziehen der Lefzen, viele Zähne sichtbar, Mundwinkel spitz und sehr weit nach hinten gezogen
  - mit geöffnetem Fang: zubeißen imminent
- offensive Drohung: Hochziehen der Lefzen, mit deutlich gerunzelter Nase und kurzem stumpfem Mundwinkel (▶ Abb. 3.16b)
  - mit geöffnetem Fang: zubeißen imminent
- lächeln oder lachen: Hochziehen der Lefzen vor allem im Bereich der Incisivi bei ansonsten entspanntem oder freudigem Ausdruck

**Kopfhaltung:**

- Angst, Unsicherheit, defensiv: eingezogen, weggedreht, tiefe Haltung
- offensiv aggressiv: nach vorne gestreckt oder aufrechter Hals
- Beschwichtigung: seitlich weggedreht, tiefe oder schräg nach oben gerichtete Haltung

**Körperhaltung (▶ Abb. 3.14):**

- Ängstlich, unsicher, defensiv: Hund verkleinert seine Silhouette und kauert sich zusammen (▶ Abb. 3.15).

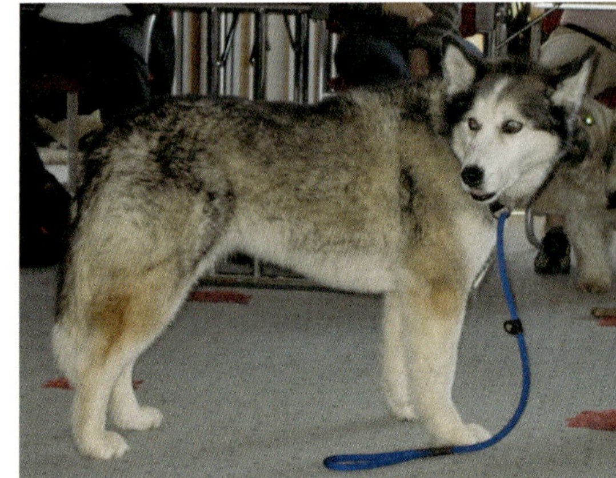

▶ **Abb. 3.14** Neutrale Haltung.

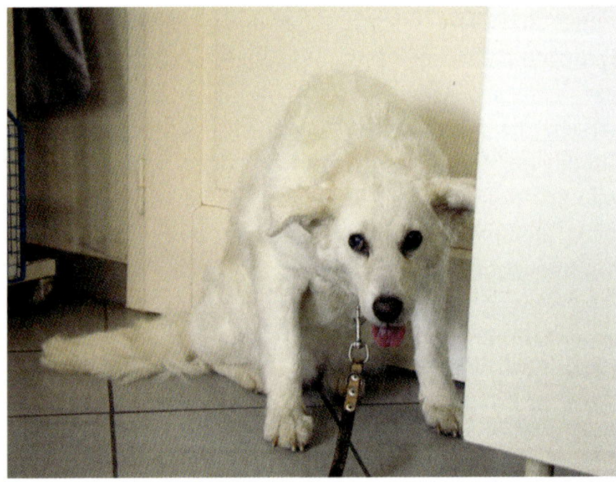

▶ **Abb. 3.15** Unsichere, ängstliche Körperhaltung: geduckt, weite Augen, Ohren seitlich oder nach hinten gelegt.

▶ **Abb. 3.16**

a Selbstbewusste hohe Körperhaltungen bei beiden Hunden in einer Begegnung.

b Kommunikation durch komplementäre Körperhaltungen.

- Selbstbewusst, offensiv-aggressiv: Hund vergrößert seinen Umriss durch Strecken der Beine, vor allem der Hinterbeine, und sehr aufrechte Haltung, Gewichtsverlagerung eher nach vorne (▸ **Abb. 3.16a**).
- Defensive Abwehr: Die Haltung kann vorne hoch und hinten tief sein oder ganz tief sein, dadurch Gewichtsverlagerung eher nach hinten.
- Statische Exploration: niedrige Haltung bei sehr weit nach vorne gestrecktem Kopf und eingeknickten Hinterbeinen, jederzeit bereit zum Rückzug (▸ **Abb. 3.22**).
- Spielaufforderung: Vorderkörper nach unten durchgedrückt, Vorderpfoten nach vorne und Hinterteil hoch (▸ **Abb. 3.17**).
- Beschwichtigung aktiv: niedrige Haltung, kriechend, etwas seitlich gedreht.
- Submission oder Beschwichtigung passiv: seitlich oder am Rücken liegend, Bauch frei präsentiert, bewegungslos.

**Schwanzhaltung:** Die individuellen Ausdrucksmöglichkeiten hängen von der Anatomie des Hundes ab. Neben der Höhe der Schwanzhaltung ist es vor allem auch die Art der Bewegung, die aufschlussreich ist. Grundsätzlich bedeutet Wedeln nur, dass der Hund erregt ist – sei es positiv oder negativ.

- neutral, wenig selbstbewusst, defensiv, auf der Jagd: niedrig, in der persönlichen Haltung, „einfach hängend beziehungsweise wie angewachsen“ (▸ **Abb. 3.14**)
- selbstbewusst, imponierend, aggressiv: sehr hoch, bis über die Rückenlinie (▸ **Abb. 3.16a**)
- angespannte Erregung, imponierend, Aggression: langsames, stakkatoartiges, fast steifes Wedeln mit hohem Schwanz
- Freude, Spiel, aber auch angespannte Erregung, Aggression in Abhängigkeit von den restlichen Signalen und vom Kontext: schnelles Wedeln mit neutralem bis hohem Schwanz
- ängstlich, beschwichtigend, submissiv: eingezogen zwischen den Beinen oder am Bauch (▸ **Abb. 3.16a**)
- Beschwichtigung, submissive Begrüßung: Wedeln mit niedrigem oder eingezogenem Schwanz

▸ **Abb. 3.17** Spielaufforderung: vorne tief, hinten hoch.

**Bewegungen:** Im Grunde bestehen alle Kommunikationssignale aus Bewegungen, Ausdrucksverhalten ist nie statisch, sondern dynamisch; abhängig von den jeweiligen Reaktionen der Kommunikationspartner. Einzelne Bewegungen sind von Interesse, eine Interpretation ist jedoch immer nur im Kontext und mit Reaktionen des anderen möglich.

- Aufreiten: Aufreiten auf andere Hunde oder Menschen, seltener Katzen.
  - sexuell motiviert und dann mit einer Erektion, Beckenbewegungen kombiniert.
  - sozial motiviert im Spiel, um einen Herausforderer und seine Reaktion anzutesten
  - ein Ritual, um die eigene soziale Position zu bestätigen
- Pfote und/oder Kopf auflegen: Hunde können eine Vorderpfote und/oder den Kopf entweder einem anderen Hund auf den Rücken oder beim Besitzer je nach seiner Haltung auf die Oberschenkel, die Schultern, den Rücken legen („drüberstehen").
  - im Spiel, um einen Herausforderer und seine Position anzutesten
  - beim Flirt, um die Bereitschaft einer Hündin zu prüfen
  - als individuelles Ritual zwischen Mensch und Hund zur Kontaktaufnahme, Forderung etc.
  - ein Ritual, um die eigene soziale Position zu bestätigen
- Anrempeln: absichtlicher mehr oder weniger heftiger Körperkontakt, um die Standfestigkeit des Partners zu testen (Body Check). Die Unterscheidung zwischen versehentlich und absichtlich ist wichtig.
  - im Spiel
  - bei alltäglichen Begegnungen
  - im Kampf
- mit der Schnauze ans Gesicht stoßen: Der Hund versucht, mit seinem Fang die Mundwinkel eines Sozialpartner anzustoßen.
  - Futterbetteln von Welpen bei erwachsenen Hunden
  - Begrüßungsritual bei erwachsenen Hunden
  - aktive Beschwichtigung, in Kombination mit entsprechender Körperhaltung
- Intentionsbewegungen: sind absichtlich nur angedeutete Bewegungen, die nicht bis zum Ende ihrer Funktion gehen, sondern die Handlung nur andeuten. Intentionsbewegungen haben kommunikativen Charakter, indem sie dem Partner die Bereitschaft zu einer bestimmten Handlung mitteilen.
  - in die Luft schnappen
  - Zähneklacken
  - Scheinattacke
  - Foppen im Spiel

**Calming Signals:** Sogenannte „calming signals" sind ein Sammeltopf für eine Vielzahl an Haltungen und Bewegungen, die in einer sozialen Begegnung zwischen Hunden beschwichtigend oder beruhigend wirken sollen.

Es handelt sich dabei um neurovegetative Reaktionen und motorische Akte des Zögerns, des Zweifels, der Ungewissheit oder Angst, die primär keine kommunikative Bedeutung haben. Diese Reaktionen oder motorischen Akte kann ein Hund in jeder Umgebung, die Ungewissheit oder Unsicherheit verursacht, auch außerhalb sozialer Kommunikation zeigen.

Zum kommunikativen „calming signal" wird es erst durch den Empfänger, der es als solches empfindet. Daraus kann sich ein Kommunikationsritual entwickeln, dann wird ein „calming signal" zum bewussten Verhalten in der Kommunikation.

Ein Beispiel: Eine Frau mit großen Brüsten, die sich beim Gehen bewegen, sendet kein „exciting signal" aus – außer vor ihr befindet sich ein Mann mit Interesse an großen Brüsten und sexueller Motivation. Für eine andere Frau mit zu kleinen Brüsten, die sich aber große wünscht, wird dasselbe Ereignis zum „frustration signal". In beiden Fällen ist es der Empfänger, der über die Bedeutung des Signals entscheidet, die Frau zeigt kein Verhalten im Sinne einer Kommunikation.

Beispiele für sogenannte „calming signals" beim Hund:

- Gähnen
- Kratzen
- Nase ablecken oder Zunge kurz zeigen (▸ **Abb. 3.18**)
- Blinzeln
- Kopf abwenden
- Körper abwenden
- Schnüffeln, oft mit Blickkontakt
- in einer Begegnung oder bei Annäherung:
  - Hinsetzen
  - Hinlegen
  - in einem Bogen aufeinander zugehen
  - langsam aufeinander zugehen
- jede andere Handlung, die Hunde individuell entwickeln

In einer italienischen Studie wurden die calming signals Kopf abwenden, woanders hinschauen, Freezing und Nase belecken im Rahmen überwiegend neutraler Begegnungen zwischen Hunden sehr häufig bei nahem Kontakt gezeigt. In rund drei Viertel der Begegnungen, bei denen auch Aggression gezeigt wurde, führte das calming signal zur Reduktion der Aggression.

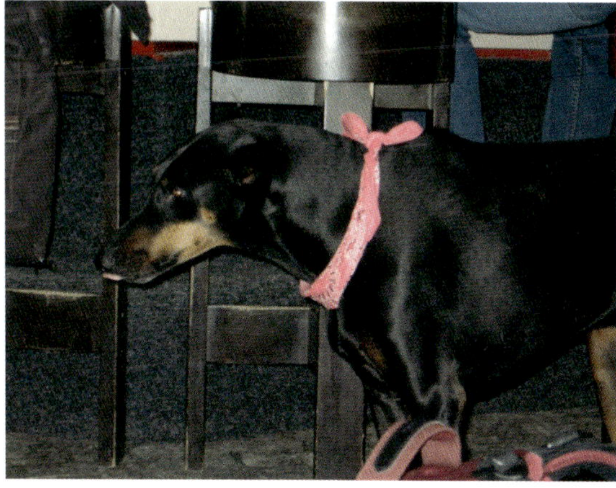

▸ **Abb. 3.18** Beschwichtigende Haltung, züngeln gegenüber einem drohenden Hund, ohne jedoch den Angriff verhindern zu können.

### 3.10.2 Vokalisieren

Die stimmlichen Äußerungen des Hundes haben eine sehr große Bandbreite und Variabilität. Die Häufigkeit und Art des Vokalisierens hängt auch von der Rasse beziehungsweise vom Typ des Hundes ab. Aus vielen der akustischen Signale können Kombinationen gebildet werden, z. B. knurren mit bellen oder jaulen, das in schreien übergeht etc.

**Bellen:** Das Bellen ist eine der vielseitigsten und häufigsten Lautäußerungen des Hundes. Es wird in vielen verschiedenen Kontexten eingesetzt und es ist nicht klar, ob es überhaupt immer kommunikative Bedeutung hat. Bellen kann bei manchen Hunden zum Selbstzweck und stereotyp werden. Für eine genaue Unterscheidung sind technische Untersuchungen erforderlich. Für den Zuhörer ist in den allermeisten Fällen aus dem Kontext und der Modulation des Bellens ein zumindest teilweises Zuordnen möglich. Bellen kann zu einer enormen Belastung für die Familie selbst und ihre Nachbarschaft werden. Kontexte, in denen gebellt wird:

- Spielaufforderung
- Aufforderung im Allgemeinen
- Bellen im Spiel, mit einem Partner oder alleine
- Drohung oder Warnung als Meldung an Sozialpartner oder zur Distanzierung
- beim Angriff oder im Kampf
- Kontaktaufnahme, wenn der Hund alleine ist
- jagdliche Aktivitäten – Spurlaut, Sichtlaut etc.
- Erregung, Freude, Begrüßung
- als „Lüge" um Hundepartner von einer Ressource wegzulocken
- als individuell entwickeltes Ritual zwischen Besitzer und Hund
- ohne bestimmten Kontext oder bei Langeweile als Stereotypie
- etc.

**Knurren:** Das Knurren dient der Drohung und Warnung, zur Distanzvergrößerung. Geknurrt wird sowohl von offensiven als auch von defensiven Hunden. Das Knurren im Spiel klingt gleich wie aggressives Knurren, es ergibt sich nur aus dem ansonsten entspannten Kontext, dass die Intention spielerisch ist. Es entwickeln sich vielfach spielerische Rituale, die nur für den Hund und seinen Besitzer als Insider verständlich sind. Das Knurren wird von manchen Hunden mit einem schnarchenden Fauchen kombiniert.

**Grunzen oder Brummen:** Dieses akustische Signal ist etwas dem Knurren ähnlich, aber ein eindeutiger Wohlfühllaut. Hunde grunzen zur

- Begrüßung
- beim Streicheln, Bürsten, Kraulen, Massieren
- wenn sie sich hinlegen oder umdrehen

**Heulen:** Während das Heulen beim Wolf zu einer der wichtigsten Lautäußerungen gehört, zeigen es nicht mehr alle Hundetypen oder Individuen. Nordische Rassen heulen besonders gerne, andere Hunde heulen nie – möglicherweise auch weil es keinen besonderen Anlass oder Gelegenheiten dafür gibt. Kontexte, in denen Hunde heulen können:

- Kontaktsuche, wenn der Hund alleine ist
- Begrüßung
- Mitsingen mit Sirenen, singendem Besitzer, Violine etc.
- nachts bei klarem Himmel und Vollmond
- wenn andere Hunde heulen

**Jaulen:** Das Jaulen liegt rein subjektiv irgendwo zwischen dem Bellen und Heulen. Hunde jaulen in folgenden Kontexten:

- Kontaktsuche, wenn sie alleine sind
- akuter Schmerz oder Schreck
- Begrüßung
- individuelle Rituale zwischen Hund und Besitzer

**Winseln:** Das Winseln ist eine Lautäußerung, die auch Welpen schon sehr früh in der Kommunikation mit ihrer Mutter zeigen. Es ist eine Form des Vokalisierens, die sich auch beim erwachsenen Hund in folgenden Situationen zeigt:

- Kontaktsuche, wenn der Hund alleine ist
- Unsicherheit und allgemeines Unwohlsein, Schmerz
- Begrüßung oder Beschwichtigung

**Fiepen:** Das Fiepen stammt aus der Welpenzeit und wird das ganze weitere Leben individuell unterschiedlich mehr oder weniger häufig benutzt. Das Fiepen ist ein Signal, das sehr häufig zum Ritual für die Suche nach Aufmerksamkeit wird. Das hohe pfeifende Fiepen ist für den Besitzer unangenehm, sodass er früher oder später auf jeden Fall reagiert und seine Aufmerksamkeit dem Hund widmet. Durch die variable Bestärkung wird dieses Verhalten so gut wie lebenslänglich abgesichert. Hunde fiepen in folgenden Kontexten:

- Unsicherheit, Stress oder allgemeines Unbehagen
- Ungeduld
- Aufregung
- vielfach Rüden bei Erregung
- individuelle Rituale zwischen Besitzer und Hund

**Schreien:** Das Schreien ist eine Lautäußerung, die Hunde in für sie bedrohlichen Situationen zeigen. Schreien wird von Hunden mit traumatischen Erfahrungen bereits bei der Antizipation von ähnlichen Situationen ausgiebig und dauerhaft eingesetzt und auch generalisiert.

- Schmerz, Schreck
- hochgradige Angst
- bei Überfällen durch andere Hunde
- Tierarztbesuch

**Gähnen:** Es gibt Hunde, die gähnen und am Ende einen deutlichen Laut von sich geben. Diese geräuschvolle Version des Gähnens kann zum kommunikativen Signal werden, wenn der Besitzer darauf reagiert.

- individuelles Ritual zwischen Besitzer und Hund

- Unsicherheit, Unentschlossenheit
- Verlegenheit
- Ungeduld, Langeweile

### 3.10.3 Chemische Kommunikation

Beim Markierverhalten werden Gerüche und Pheromone an Objekten, seltener an Sozialpartnern verteilt. Diese Botschaften sind langsamer und wirken nachhaltiger und länger als eine Körperhaltung oder eine Lautäußerung.

Pheromone werden mit dem Vomeronasalorgan wahrgenommen. Der Hund zeigt dabei nicht das bei anderen Tierarten typische Flehmen mit hochgezogener Oberlippe. Bei der Wahrnehmung von Pheromonen beginnt der Hund mit leicht klappernden Bewegungen der Kiefer und flatternden Bewegungen mit der Zungenspitze. Zur besseren Aufnahme der Moleküle wird vor allem bei Sexualpheromonen der Boden mit den Pfoten etwas angekratzt und abgeschleckt. Danach nimmt der Hund für einige Sekunden den Kopf hoch und beginnt die Sequenz unter Umständen aufs Neue.

Die wichtigsten Markierungen beim Hund sind:

- Harnmarkieren
- Kratzen am Boden
- Analbeutelsekret
- Markieren mit Kot
- Allomarkieren

#### Harnmarkieren

Mit Harn markieren Rüden wie auch Hündinnen. Letztere markieren gerne, aber nicht ausschließlich, während der Läufigkeit.

Mit dem Harnmarkieren beginnen Hunde während der Pubertät, Rüden von Zwergrassen zum Teil auch schon ab der zwölften Woche.

Das Ritual des Harnmarkierens dient unter anderem der diplomatischen Lösung von Konflikten und es kann sich geradezu ein Pinkelballett daraus entwickeln bis zwei Rüden ihre jeweilige Position ausreichend klargestellt haben. Dazu präsentiert sich der markierende Rüde seinem Gegner von hinten mit exponierten Geschlechtsorganen. Diese Harnmarkierung wird anschließend vom anderen wieder überdeckt. Je höher der Rüde sein Bein hebt – einige Zwerghunde liefern hier schon akrobatische Akte – desto selbstbewusster ist er.

Rüden müssen *nicht*, wie viele Besitzer meinen, ihr Bein heben, um zu eliminieren. Auch der erwachsene Rüde kann seine Blase in stehender oder hockender Stellung, zumindest auf einmal entleeren. Harnmarkieren ist nicht gleich Blase entleeren, obwohl es natürlich einen engen Zusammenhang gibt.

**Diagnostische Hinweise**

Bei Harnmarkieren innerhalb der Wohnung oder im Haus muss an Hypersexualität (direkter oder indirekter Kontakt mit läufigen Hündinnen), an eine hierarchiebezogene Störung (S. 284) zwischen zwei Hunden im Haushalt oder einem in der Regel männlichen Familienmitglied gedacht werden.

- Bei manchen Rüden ist ein Zusammenhang in der Frequenz des Harnmarkierens mit dem Zyklus der Besitzerin erkennbar.
- Rüden von Zwerg- und Kleinrassen sind besonders prädisponiert im eigenen Wohnbereich oder anderen Innenräumen mit Harn zu markieren.
- Die Häufigkeit des Harnmarkierens auf einem Spaziergang – z. B. alle 2 Meter – kann ein Hinweis auf das Interesse des Hundes an sexueller Präsenz sein.
- Hündinnen markieren sehr selten im Haus, wenn dann meistens im Zusammenhang mit der Läufigkeit.

## Kratzen am Boden

Das Kratzen mit den Hinterbeinen ist ein höchst selbstbewusstes optisches Signal für den direkten Beobachter und hinterlässt sichtbare Marken am Boden. Die geruchliche Komponente kommt einerseits vom aufgerissenen Boden und andererseits von den Drüsen an den Pfotenballen und zwischen den Zehen.

## Analbeutelsekret

Das Analbeutelsekret wird gemeinsam mit dem Kot deponiert. Es hat eine ausgesprochen individuelle Note, die sich auch bei einem Hund im Lauf der Zeit verändern kann. In den Analbeuteln werden aus Vorstufen über bakteriellen Abbau Pheromone endgefertigt. Somit hängt dieser persönliche Geruch des Hundes von seiner Ernährung, seinem Hormonstatus, seinem allgemeinen Gesundheitszustand und seiner Bakterienflora ab.

In Schreck- oder Paniksituationen entleert der Hund seine Analbeutel unwillkürlich und setzt damit Alarmpheromone in großer Menge frei, die andere Hunde in einen alarmierten Zustand versetzen können.

### Diagnostische Hinweise

- Analbeutelentzündungen können die Geruchsidentität eines Hundes verfälschen, sodass er aggressive Reaktionen von anderen Hunden auf sich zieht.
- Entleeren von Analbeutelsekret ist ein neurovegetatives Symptom für Angst.

## Markieren mit Kot

Selbstbewusste Hunde setzen Kot gerne an erhöhten und exponierten Stellen ab. Im Haushalt können das Sofalehnen, Tische, Fensterbank etc. oder wichtige Durchgänge sein.

### Diagnostischer Hinweis

Normal geformter Kot an gut sichtbaren oder erhöhten Stellen, deponiert durch pubertierende oder erwachsene Hunde, in An- oder Abwesenheit des Besitzers, kann ein Hinweis auf eine hierarchiebezogene Störung sein.

▸ **Abb. 3.19** Taktile und chemische Kommunikation.

### Allomarkieren

Jeder Hund hat einen individuellen Körpergeruch, an dem er selbst, sein Status, seine Verfassung etc. erkannt wird. Die für den persönlichen Geruch wichtigsten Zonen sind am Kopf, im Bereich der Ohren und im Anal-, Perianal-, Genitalbereich. Diese beiden Körperenden werden bei Begegnungen beginnend am Kopf und dann übergehend zum Analbereich ausgiebig beschnuppert. Im Allgemeinen initiiert ein Hund die Kontaktaufnahme und der andere erduldet sie vollständig oder sehr kurz oder gar nicht. Jeder Hund versucht dabei soviel geruchliche Information wie möglich über den anderen zu bekommen, ohne sich selbst allzu sehr zu exponieren. Bei solchen Begegnungen kann sich sehr viel Spannung aufbauen, die der Besitzer ohne Weiteres auflösen kann, indem er seinem Hund ein Signal und damit eine Möglichkeit gibt, sich zurückzuziehen, ohne das Gesicht zu verlieren.

Im engen Kontakt mit Sozialpartnern und Freunden hat der Hund eine Tendenz seine Gerüche auszutauschen: über Lecken, Körperkontakt, Kopf reiben, parallel gehen mit übereinandergelegten Ruten (▸ **Abb. 3.19**).

## 3.11 Exploration

Das Explorationsverhalten des Hundes kann während der Konsultation, auf kleinen Spaziergängen oder anderen Orten, an die man die Konsultation verlegt, sehr gut beobachtet werden.

**Merke**

**Obwohl – oder gerade weil – sich der Hund in der Praxis in einer Ausnahmesituation befindet, ist das Explorationsverhalten im Konsultationsraum außerordentlich interessant und aufschlussreich.**

Die Beobachtung des Hundes und seines Besitzers beginnt unter Umständen bereits, wenn der Hund aus dem Auto aussteigt ... oder sich weigert auszusteigen. In welcher

Körperhaltung nähert sich der Hund der Praxis, wie reagiert er auf die neue Umgebung, auf die Begegnung mit anderen Personen, einschließlich des Tierarztes.

In dieser für den Hund – und die Familie – ungewohnten und stressigen Situation präsentiert er seine adaptiven Fähigkeiten, ein mehr oder weniger flexibles Zusammenspiel seiner psychobiologischen Elemente wie Kognition, Emotionen und Wahrnehmung, Verhalten und neurovegetative Symptome. In seiner gewohnten Umgebung – zu Hause oder auf einem vertrauten Spazierweg – exploriert der Hund anders als in fremder Umgebung.

### 3.11.1 Direkte Beobachtung

Der Hund wird – sofern er nicht wegen eines offensiven Aggressionsproblems vorgestellt wird! (Frage: *Wann oder unter welchen Umständen ist der Hund aggressiv?)* – im sicher geschlossenen Konsultationsraum freigelassen. Der Hund darf sich frei bewegen und den Raum explorieren.

Der Besitzer sollte mit dem Hund nach Möglichkeit keinen aktiven Kontakt aufnehmen oder ihn nicht durch laufende Kommandos von Aktivitäten abzuhalten oder einzuschränken versuchen. Natürlich darf er den Hund streicheln, wenn er zu ihm kommt. Wenn der Hund beginnt, Schäden anzurichten, indem er die Einrichtung benagt, überall hinaufspringt, mit Harn markiert oder Menschen bedroht, wird er wieder an die Leine genommen oder sicher verwahrt. Ständig bellende Hunde können nach einer ersten Beobachtungsphase auch wieder ins Auto gebracht werden, wenn die Konsultation ansonsten nicht zu Ende geführt werden kann.

Im Konsultationsraum stehen für den Hund Wasser, einige einladende Liegeplätze und allerhand Spielzeug bereit.

Aggressive und hier vor allem offensiv aggressive Hunde sollten sich aus Sicherheitsgründen nur mit Maulkorb und/oder nur kontrolliert an der Leine im Konsultationsraum bewegen dürfen!

Wird mehr als ein Hund in der Verhaltenskonsultation vorgestellt, hängt es von der Art des Problems ab, ob beide, nur ein Hund oder keiner freigelassen wird (▸ **Abb. 3.21**).

### 3.11.2 Was kann beobachtet werden?

Während der Konsultation werden der Hund, der Besitzer und die Interaktionen zwischen Menschen und Hund(en) beobachtet. Es ist zu empfehlen, als Therapeut mit dem Hund keinen unmittelbaren und gerichteten Kontakt aufzunehmen oder ihn anzusprechen, sondern zu warten, ob und wie er sich annähert. Vor allem das direkte Ansehen oder Ansprechen zerstört bei Hunden mit Angstproblemen, sozialer Phobie in der Regel jede Basis für eine Kontaktaufnahme. Besser ist es, sich (zumindest am Beginn) **gar nicht um den Hund zu kümmern** und ihn nur aus den Augenwinkeln oder wenn er selbst gerade wegsieht, zu beobachten. Selbst wenn ein ängstlicher Hund die Beine oder Hände beschnuppert, wird er nur seitlich angesehen und nicht angesprochen. Auf diese Art des nicht konfrontativen Kennenlernens kann bei der Besprechung einer Therapie, z. B. Reiz abschwächen bei einer systematischen Desensibilisierung (S. 241), gleich als Beispiel verwiesen werden, denn die meisten Besitzer sind erstaunt, dass ihr Hund sich überhaupt so nahe an eine fremde Person traut.

Aufdringliche, distanz- und respektlose Hunde werden, so gut es möglich ist, auch völlig ignoriert, bis sie ein höflicheres Verhalten an den Tag legen. Danach werden sie kurz und eher neutral begrüßt.

Interessant ist, dass fast alle Besitzer nach einiger Zeit beginnen, ihren Hund mit mehr oder weniger Anlass zurechtzuweisen, ihm Befehle zu geben, ihn heranzulocken etc. obwohl sie dazu aufgefordert wurden, es nicht zu tun.

Innerhalb einer Stunde wird für den aufmerksamen Beobachter (S. 214) der Grundtenor des gegenseitigen Umgangs offensichtlich, wer wen auf welche Art zu manipulieren versucht und welche Rituale sich völlig unbewusst etabliert haben.

- **Inhibition:** Der Hund bleibt während der ganzen Konsultation wie erstarrt, mit oder ohne Körperkontakt, neben seinem Besitzer oder in einem Winkel sitzen oder liegen und bewegt sich so gut wie nicht (▸ **Abb. 3.20**). Bei den geringsten Geräuschen oder Bewegungen reagiert er ängstlich, aufgeregt, hektisch, bellt etc. Diese erstarrte Hypervigilanz ist Symptom einer Angststörung.
- **Teilweise Inhibition:** Der Hund exploriert ansatzweise, in niedriger, ängstlicher Körperhaltung (▸ **Abb. 3.22**), läuft zwischen Tür und Besitzer hin und her, zieht sich zurück etc.

▸ **Abb. 3.20** Der Hund liegt während der Konsultation inhibiert in einer Ecke des Raumes (Deprivationssyndrom).

▸ **Abb. 3.21** Ressourcen nutzen: In Anwesenheit des zweiten Hundes aus der Familie ist der Hund aus ▸ **Abb. 3.20** in der Lage freier zu explorieren.

- **Sternförmige Exploration:** Der Hund exploriert in einem sternförmigen Muster, indem er ein Stück von seiner Bezugsperson weggeht sofort wieder zurückkehrt um dann neuerlich in eine andere Richtung zu explorieren. Bei dieser Art der Exploration ist an Hyperattachment zu denken.
- **Normale Exploration:** Der Hund geht interessiert im Konsultationsraum herum, meistens am Rand, und untersucht den Raum strukturiert und konzentriert mit allen Sinnen, vor allem mit dem Geruchssinn (▸ **Abb. 3.23**). Die Körperhaltung ist normal oder nur leicht angespannt, nach kurzen Schreckmomenten (ungewohnte Objekte, Geräusche etc.) kann der Hund den auslösenden Reiz untersuchen oder ignorieren. Die Reaktion auf Spielzeug und die anwesenden Menschen ist sehr stark vom Alter,

▸ **Abb. 3.22** Statische Exploration mit langem Hals und starker Rückwärtstendenz.

▸ **Abb. 3.23** Konzentrierte Exploration.

▶ **Abb. 3.24** Zerlegen von Spielzeug.

von der Persönlichkeit und den individuellen Interessen des Hundes abhängig. Menschenbezogene aufgeschlossene Hunde beziehen fremde Menschen wie den Tierarzt in ihre Exploration ein; distanziertere und weniger gesellige Hunde widmen sich vorwiegend dem Raum und ihren eigenen Interessen, streifen den Tierarzt nur oberflächlich.

- **Hyperaktivität:** Das Explorationsverhalten hyperaktiver Hunde erscheint oberflächlich, hektisch, unstrukturiert und wiederholt. Die Bewegungen sind hastig und unkontrolliert, der Hund stößt sich an Möbeln an, auch wiederholt an den selben Stellen, versucht auf Möbel oder Fensterbänke zu springen, zerlegt vorhandenes Spielzeug blitzartig (▶ **Abb. 3.24**), vokalisiert, spielt und fordert zum Spielen auf. Der Hund ruht während der ganzen Konsultation nicht oder nur für Sekunden, auch der Besitzer ist nicht in der Lage, den Hund mit einem Befehl zur Ruhe zu bringen.
- **Stereotypien:** Repetitive Verhaltensweisen wie Kreislaufen, Schwanz fangen, Lecken an Pfoten, in der Luft, Fliegen schnappen etc. können in der Konsultation oft gut beobachtet oder sogar ausgelöst werden (Lichtreflexe, Schatten, hohe fiepende Geräusche).
- **Interaktionen:** Die sozialen Interaktionen zwischen Hund und Familie können mit einiger Übung neben dem Gespräch beobachtet werden. Von Interesse sind vor allem die Art und Weise sowie die Frequenz mit der ein Hund Kontakt fordert (▶ **Abb. 3.25**), die Reaktionen des Besitzers. Wenn der Gehorsam des Hundes, die Erziehungstechnik nicht offensichtlich werden, kann man um eine kleine Demonstration bitten.
- **Erster Stopp:** Wenn der Hund den Raum erforscht hat, findet er einen Platz, der im angenehm ist oder ihm vom Besitzer zugewiesen wurde. Ein ausgeglichener Hund ist je nach Raum nach ungefähr 15–25 Minuten mit der Exploration fertig. Nach einigen Verhaltenskonsultationen wird ein Tierarzt die Erfahrung haben, wie unterschiedliche Hunde in seinem Konsultationsraum explorieren. Sehr auf den Besitzer bezogene Hunde halten Körperkontakt; selbstständige, selbstbewusste Hunde suchen einen Platz in der Mitte des Raumes oder vor der Tür, von wo sie alles im Blick behalten können; ängstliche verstecken sich oft hinter ihren Menschen. Von Interesse ist auch, was sich in der verbleibenden Zeit der Konsultation ereignet:

- Ein entspannter vertrauter Hund kann sich hinlegen und dösen, manche schlafen sogar richtig ein und beginnen während der Konsultation zu träumen (▸ Abb. 3.26).

▸ **Abb. 3.25** Ungestümes Spiel und andauerndes Bedrängen der Besitzerin.

▸ **Abb. 3.26** Manche Hunde fallen sogar in Tiefschlaf und träumen während der Konsultation.

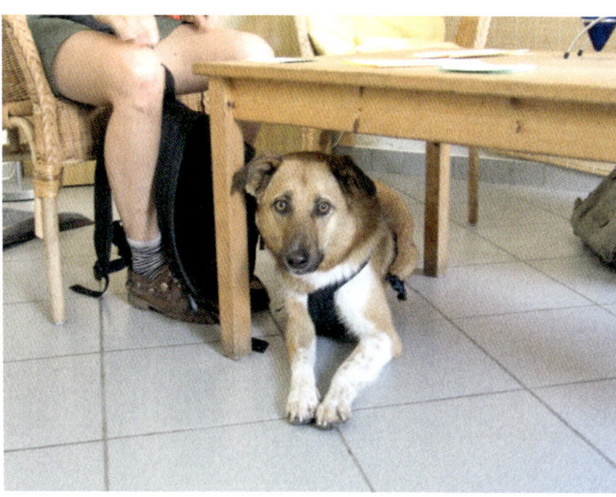

▸ **Abb. 3.27** Hypervigilanz.

- Ein ängstlicher Hund bleibt hypervigilant (▶ **Abb. 3.27**), auch wenn er aussieht als würde er ruhen; beim geringsten Geräusch wie einem zu Boden fallenden Kugelschreiber springt er hoch.
- Manipulierende oder hyperaktive Hunde beginnen ihre Besitzer zu fordern, indem sie mit allen Mitteln deren Aufmerksamkeit zu erlangen versuchen (▶ **Abb. 3.28**); es kann sich um Rituale einer – noch oder nicht mehr – funktionellen Beziehung handeln; Hyperaktivität oder auch ein Hyperattachment (▶ **Abb. 3.29**) sein.
- Der hyperaktive Hund findet während der Konsultation keine Ruhe.

▶ **Abb. 3.28** Hyperaktivität: Der Hund ist während der ganzen Konsultation in Bewegung und kaum zu bändigen.

▶ **Abb. 3.29** Kleben am Besitzer – Hyperattachment.

## 3.12 Stimmung

Die Stimmung ist eine vorherrschende affektive Grundverfassung, die die Wahrnehmung der Welt, die Kognition und natürlich die Emotionen beeinflusst. Die Stimmungslage entspricht somit der emotionalen Großwetterlage oder dem emotionalen Klima im Individuum. Die Stimmung ist ein sehr hoch eingeordnetes Psychel, sie beeinflusst neben den Emotionen die Perzeption und Kognition, das Verhalten und neurovegetative Symptome. Die Gesundheit des gesamten Organismus beeinflusst die Stimmung.

Die Stimmung eines Hundes kann sehr eng mit seiner Persönlichkeit, seiner grundlegenden Disposition verbunden sein und bleibt damit ziemlich stabil und unveränderlich ein Leben lang bestehen. Andere Stimmungen, vor allem pathologische, beeinflussen die Lebenshaltung des Hundes mit ihrem Farbton für einige Wochen oder Monate.

Die Stimmung des Hundes lässt man sich am besten vom Besitzer subjektiv mit seinen eigenen Worten beschreiben. Falls dies Schwierigkeiten bereitet, kann man ihm Stichworte wie ängstlich, reizbar, instabil, heiter, depressiv, wechselhaft etc. anbieten. Um Missverständnisse und Fehlinterpretationen zu vermeiden und weiterreichende Informationen zu erhalten kann man schließlich fragen: *Warum halten Sie ihren Hund für ängstlich? Was macht ihr Hund genau, dass Sie meinen er wäre depressiv?*

Die enge Bindung an den Hund führt oft dazu, dass er für den Besitzer zur Projektionsfläche wird. Besonders wenn der Hund als *traurig, depressiv, lebensunlustig* oder ähnlich bezeichnet wird, kann es sich in Wirklichkeit um die Grundstimmung des Besitzers und seine Projektion auf den Hund handeln.

Der Hund gleicht sich außerdem als inniger Sozialpartner seines Menschen sehr stark an dessen Stimmung an. Ängstliche Besitzer haben sehr oft ängstliche Hunde – beide beeinflussen und bestätigen sich in ihrer Lebenshaltung ständig durch die wechselseitige Beziehung.

### 3.12.1 Diagnostische Hinweise

- **Ängstlichkeit:** Ängstlichkeit, eigentlich eine Grundstimmung der Angst, wird beim Hund häufig als normal hingenommen. Häufige und permanente Angstzustände verursachen jedoch einen hohen Leidendruck für den Hund. Der Hund mit einer ängstlichen Grundstimmung bringt eine Prädisposition für alle Angststörungen mit.
- **Reizbarkeit:** Bei erhöhter Reizbarkeit sollte man neben körperlichen Erkrankungen auch an ein Symptom für eine chronische depressive Störung, Angststörungen, Hyperaktivitätsstörung, eine unipolare Störung, dyssoziale Persönlichkeitsstörung, kognitive Dysfunktion denken.
- **Hyperzustand:** Der Hund ist in seinem Verhalten und seinen Reaktionen übersteigert und ausgesprochen produktiv: Hyperaktivität, Hyperreaktivität, Hypersensibilität, Vokalisieren etc. sind Hinweise auf eine Hyperaktivitätsstörung oder unipolare Störung.
- **Hypo:** Im Hypozustand zeigt der Hund weniger Verhalten, ist inhibiert oder passiv. Die Symptomatik ist etwas schwieriger zu erfassen, weil sie oft in der weniger auffälligen Abwesenheit von (früher vorhandenem) Verhalten besteht.

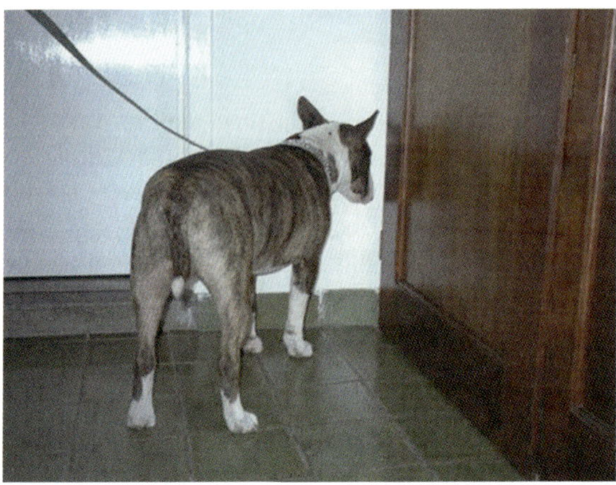

▸ **Abb. 3.30** Dissoziative Phase mit fixiertem Starren in eine Ecke während der Konsultation.

- **Dissoziation:** Im dissoziierten Zustand verliert der Hund progressiv seine Beziehungen zur äußeren Welt (▸ **Abb. 3.30**), es treten zunehmend halluzinatorische Phasen und Stereotypien auf.
- **Stimmungsschwankungen:** Wechselnde Stimmung kann auf eine unipolare Störung hindeuten. Bei der Hündin können Stimmungsschwankungen auch hormonell bedingt sein.

## 3.13 Kognition

Kognition ist die Sammelbezeichnung für jeden Prozess, durch den ein Lebewesen Kenntnis gewinnt, diese Informationen verarbeitet und sich ein Weltbild macht. Kognitive Vorgänge könnten als Denken bezeichnet werden. Es zählen aber auch Erkennen, Vorstellen, Urteilen, Schlussfolgerungen ziehen, Lernen, Gedächtnis, Vermutung, Planung und Problemlösung dazu.

Obwohl Sprache und Denken in einem engen Zusammenhang stehen, so ist Denken doch nicht unbedingt an die Sprache gebunden. Auf dem vorsprachlichen Niveau findet Denken als Assoziation von Sinneseindrücken, Verhaltensmustern und Situationen als bildhaft-anschauliches Denken statt. Beim symbolhaft-abstrakten Denken können Begriffe oder Symbole auch unabhängig von der Situation und unmittelbare Sinneswahrnehmung durchgespielt werden.

Der Hund erreicht ein sehr hohes kognitives Niveau. Er ist mit größter Wahrscheinlichkeit in der Lage sowohl bildhaft als auch begrenzt abstrakt zu denken.

Vorstellungen sind das interne „Bild" von äußeren (oder inneren) Objekten, sozialen oder räumlichen Situationen. Es gibt 4 Ebenen von Vorstellung:

- **Ebene 1:** Assoziation einer Vorstellung (Wahrnehmung) mit einem räumlichen oder zeitlichen Kontext, wie in der klassischen und instrumentellen Konditionierung.
- **Ebene 2:** Vergleich von Ähnlichkeit und Unterschied, die zur Erkenntnis von bekannt – unbekannt, vertraut – unvertraut, Hund – Nicht-Hund etc. führen.

- **Ebene 3:** Zugehörigkeit und Gruppenbildung wie Kategorien- und Konzeptbildung von Identität, Beute, Freunde etc.
- **Ebene 4:** Logische Operationen wie wenn – dann, größer als – kleiner als; es ist ein soziales Privileg im Kontext XY zu fressen etc. Diese einfachen logischen Schlussfolgerungen sind für eine soziale Vorstellung von sich in einer sozialen Ordnung oder Hierarchie notwendig.

Ein Kriterium für das kognitive Entwicklungsniveau ist die sogenannte **Objektpermanenz**. Dies bedeutet, dass auch bei Unsichtbarkeit eines Objekts eine Vorstellung von seiner Existenz in der Welt bleibt. Diese Fähigkeiten sind lebenswichtige Grundlage für jagdliche Strategien des Hundes.

Als territoriales Tier muss der Hund auch eine räumliche Vorstellung von sich selbst in Bezug auf bestimmte Orte haben. Optische, akustische und insbesondere olfaktorische „Bilder" fügen sich zu einer **kognitiven Landkarte** zusammen, mit der sich Hunde in ihrer Umwelt orientieren.

Zu komplizierteren und über mehrere Stufen laufenden logischen Schlussfolgerungen ist der Hund nicht in der Lage. Ein Beispiel, wie der Hund **nicht** denken kann: *Ich weiß, dass meine Besitzerin meine Körperausscheidungen Kot und Harn eklig und abstoßend findet; ich bin sauer, weil sie mich schon wieder allein zu Hause lässt, also werde ich ihr mit Kot und Harn auf dem Teppich zeigen,* wie *sauer ich auf sie bin. Dann wird sie mich nicht mehr alleine lassen.*

Ein Beispiel wie ein Hund denken könnte: *Ich weiß,* wenn *hier Kot liegt,* dann *reagiert sie sehr ungehalten.* Dies ist eine einfache transitive Überlegung, zu der der Hund imstande ist. Zusätzlich reagieren Hunde bereits auf geringste Veränderungen in der non- und paraverbalen Kommunikation der heimkehrenden Besitzerin, und zeigen Beschwichtigung als ein vermeintlich „schuldbewusstes Verhalten".

Altersbedingte Abbauprozesse im Gehirn führen auch beim Hund zu kognitiver Dysfunktion und Demenz. Hunde altern sehr individuell in mehr oder weniger guter psychischer und intellektueller Verfassung.

Es gibt keine speziellen Tests, um die Kognition des Hundes zu beurteilen. Gezielte Fragen zu besonderen (erlernten) Fähigkeiten, Auffassungsgabe und Reaktion in bestimmten Situationen, sowie die direkte Beobachtung, das Lernen einer einfachen Übung in der Konsultation helfen bei der Beurteilung.

Ganz interessant ist es auch, die Familie zu fragen, wie sie, ganz subjektiv, die Intelligenz ihres Hundes einschätzt.

### 3.13.1 Diagnostische Hinweise

- Reaktion auf das eigene Spiegelbild: Hunde können sich nicht selbst im Spiegel erkennen (Schimpanse, Orang Utan, Elefant und Wale sind dazu fähig). Junghunde bis zur 12. Woche reagieren manchmal kurzfristig mit Spielaufforderungen auf den vermeintlichen Partner, verlieren aber nach einigen wenigen Versuchen wegen der fehlenden komplementären Antwort schnell das Interesse. Ältere Hunde können in der Konsultation auch dauerhaft aggressiv auf jede Bewegung des „Gegners" im Spiegel reagieren, ohne in der Lage zu sein, sich an die Illusion zu gewöhnen.

- Reaktion auf TV: Viele Hunde reagieren auf bewegte Objekte, Hunde oder andere Tiere im Fernsehen und versuchen, diese seitlich oder hinter dem Gerät zu finden.
- Reaktion auf (Tier-)Geräusche aus dem Radio: Orientierung und Suche nach der Herkunft oder Angstreaktionen, wenn es sich um phobieauslösende Geräusche handelt. Bei Hunden, die echte von aufgenommenen Geräuschen unterscheiden können, hilft eine CD bei der systematischen Desensibilisierung nicht. Die Reaktion auf Geräusche kann in der Konsultation getestet werden, wenn eine Stereoanlage vorhanden ist.
- Reaktion auf verstecktes Objekt: Der Hund sucht weiterhin den Lieblingsball oder Knochen, wo er verschwunden ist oder vom Besitzer versteckt wurde und stöbert sogar nach Stunden, Tagen oder Wochen immer wieder an dieser Stelle.
- Wie schnell lernt der Hund und wie gut behält er das Gelernte: Hyperaktive Hunde lernen entweder nur langsam, weil sie unkonzentriert sind und ständig von den kleinsten Kleinigkeiten wie einer vorbeifliegenden Mücke abgelenkt werden oder sie lernen zwar schnell, aber sie behalten das Gelernte nicht im Gedächtnis. Eine typische Aussage dazu: *Ich habe das Gefühl er lernt sehr schnell, aber am nächsten Tag beginnen wir wieder bei Null, als hätte er noch nie etwas gelernt.*
- Körperbewusstsein: Der Hund dürfte sich seiner Körpergröße in Bezug auf andere Hunde nicht sehr gut oder gar nicht bewusst sein. Hunde mit kognitiver Dysfunktion stecken hartnäckig an einem Durchgang fest, den sie niemals passieren könnten (und es auch früher noch nie geschafft haben).
- Besondere Fähigkeiten: Differenzierung von Objekten, Kunststücke etc. ... *In welchem Zeitraum und wie, mit welcher Technik, hat der Hund diese Aufgaben gelernt?*
- Konfusion und räumliche Desorientiertheit: Die richtige Seite der Tür, der richtige Ausgang oder der Heimweg werden nicht mehr gefunden. Der Hund steht im Raum und blickt planlos umher; der Hund erwacht nur langsam und braucht einige Zeit oder kann sich gar nicht mehr orientieren (▸ **Abb. 8.2**).
- Ziellose Aktivität: Scheinbar zielloses und wiederholtes Umherwandern oder Weggehen, bis sich der Hund verirrt und nicht mehr nach Hause findet.
- Soziale Beziehungen: Beeinträchtigte soziale Beziehungen können ein Hinweis auf ein kognitives Defizit des Hundes sein. Der Hund scheint seine Sozialpartner nicht mehr oder nur sehr verzögert zu erkennen.

Hohe kognitive Fähigkeiten sind eine optimale Grundlage für alle Verhaltenstherapien. Leider lernen diese Hunde oft schneller als ihre Besitzer und es ist sehr wichtig, fehlerhafte Assoziationen soweit es geht, zu vermeiden.

Bei deutlich reduzierten kognitiven Fähigkeiten ist vor allem an folgende Störungen zu denken:

- Deprivationssyndrom (S. 271)
- Hyperaktivitätsstörung (S. 269)
- kognitive Dysfunktion (S. 282)

# 3.14 Emotionen

Emotionen sind das persönliche subjektive Erleben von inneren und äußeren Reizen oder kognitiven Prozessen. Sie gehen mit physiologischen und verhaltensmäßigen Reaktionen einher. Die Emotionen des Hundes können nur anhand dieser körpersprachlichen und neurovegetativen Äußerungen extrapoliert und interpretiert werden. Allerdings erleichtert die jahrtausendelange gemeinsame Evolution von Mensch und Hund diese gegenseitige und rein intuitive Wahrnehmung von Emotionen.

Im Gegensatz zur länger anhaltenden Stimmung sind Emotionen wie Angst, Überraschung, Wut, Traurigkeit, Ekel etc. nur kurzfristige Erscheinungen wie das Wetter (im Vergleich zur Stimmung, die dem Klima entspricht).

Verhaltensreaktionen auf Emotionen können als die – erweiterten – 6 F angesehen werden:

- Flight: Flucht und vermeiden
- Freeze: Inhibition, tot stellen
- Fight: Aggression, Angriff
- Feed: jagen und fressen
- Flirt: sozialer „Flirt“, kommunizieren
- Fuck: werben und sexuelle Aktivität

Für die Interpretation der Emotionen des Hundes lässt man sich die Körpersprache und vor allem die Körperhaltung möglichst genau beschreiben.

Emotionen führen zu Handlungen, mit denen die psychische Homöostase wieder erreicht werden soll, danach klingt die Emotion wieder ab. Lange anhaltende Emotionen wie Angst, Zorn, Traurigkeit sind pathologisch und ein Hinweis darauf, dass der Hund seine psychische Ausgeglichenheit nach einem Ereignis nicht wieder erreichen kann (▶ Abb. 3.31).

Zur **psychopathologischen Sensibilisierung** kommt es, wenn der Hund noch vor dem Erreichen eines Entspannungszustandes aus einer intensiven emotionalen Situation herauskommt, d. h. diese verlassen kann oder vom Besitzer daraus „gerettet“ wird.

Beim nächsten Mal wird die Emotion noch intensiver sein und noch länger andauern. Ein typisches Beispiel ist das möglichst schnelle Verlassen der Tierarztpraxis nach einer Behandlung, anstatt eine Entspannung abzuwarten. Ein weiteres Beispiel die immer kürzer werdenden Spaziergänge mit Hunden, die multiple Phobien oder eine Angststörung aufgrund eines Deprivationssyndroms haben.

## 3.14.1 Diagnostischer Hinweis

Zeitraum bis der Hund nach einem intensiven emotionalen Erlebnis wieder normal ruhig erscheint: Üblicherweise wird ein ausgeglichener Zustand nach 15 Minuten wieder erreicht. Bleibt der Hund auch noch Stunden oder Tage nach dem Ereignis (Besucher sind wieder weg, Feuerwerk oder Gewitter ist vorbei, Aggression gegenüber Passanten oder Hunden) erregt, verschreckt oder aggressiv ist die Emotion pathologisch.

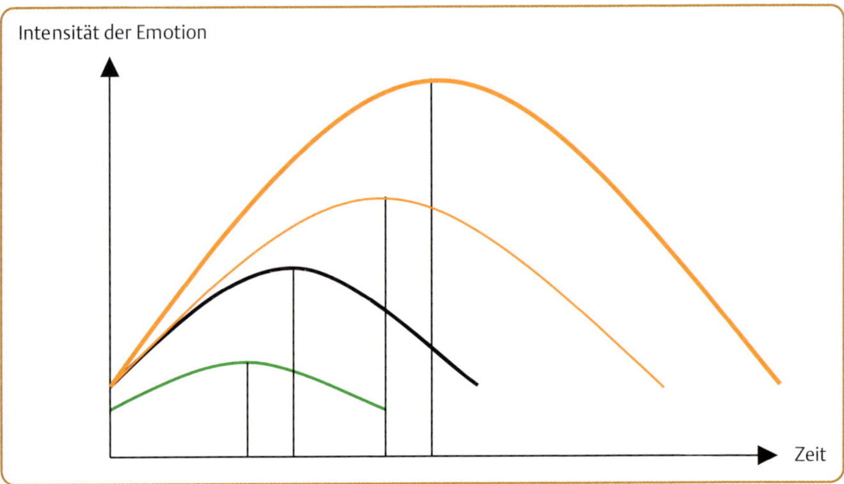


▶ **Abb. 3.31** Habituation und Sensibilisierung. Die schwarze Linie zeigt das Ansteigen der emotionalen Spannung und den Abfall. Die grüne Linie darunter ist das Ergebnis der Habituation oder Desensibilisierung. Die beiden orangen Linien darüber sind das Ergebnis einer Sensibilisierung – die Intensität der Emotion steigt und sie dauert länger.

## 3.15 Neurovegetative Symptome

Die neurovegetativen Symptome sind direkt sichtbare, organische Manifestationen von Emotionen, vor allem von Angst. Die in der akuten Situation vorrangig aktivierten Neurotransmitter sind Adrenalin und Dopamin. Alle neurovegetativen Symptome unterliegen sehr schnell einer klassischen Konditionierung.

- Tachykardie, Tachypnoe
- Bradykardie
- Salivation: Manche Hunde speicheln bei Stress und Angst. Verbunden mit der Salivation ist oft auch eine rinnende Nase und gesteigerter Tränenfluss (▶ **Abb. 3.32**).
- Mydriasis
- Transpiration
- Zittern
- Erbrechen, Dyspepsie, vermehrtes Gähnen
- Durchfall, Kolitis
- emotional bedingte Miktion/Defäkation
- Entleeren der Analbeutel
- Haarausfall und Schuppen an der Felloberfläche
- Aufstellen der Haare am Nacken, Rücken, Schwanzansatz („Bürste“)

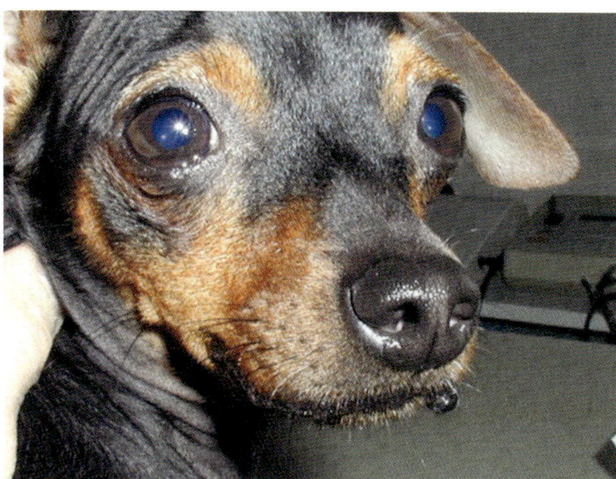

▸ **Abb. 3.32** Tränen- und Speichelfluss bei einer Phobie.



## 3.16 Soziale Beziehungen und Rangordnung

Die sozialen Beziehungen des Hundes innerhalb seiner Familie und mit seiner sozialen Umwelt sind ein wichtiger Bestandteil jeder Verhaltenskonsultation. Hunde sind soziale Lebewesen, die nicht nur mit ihrer eigenen Art, sondern auch noch mit anderen Arten wie dem Menschen, Katzen oder anderen Tieren zusammenleben oder Kontakt haben. Die sozialen Beziehungen haben nicht nur für das Wohlbefinden des Hundes, die Diagnose von psychischen Störungen des Hundes und die Funktionalität des familiären Systems, in dem er lebt, Bedeutung, sondern können auch eine Quelle von Ressourcen für die Behandlung von Störungen sein.

Jede Mensch-Hund-Beziehung ist einzigartig und individuell. Bei der Untersuchung dieser Beziehung, die sehr weit in den persönlichen und intimen Bereich jeder Familie reichen kann, sollte man sich möglichst von eigenen Vorstellungen, Glaubenssätzen, Konzepten und Vorurteilen wie Hundehaltung auszusehen hat, frei machen.

Hunde sind außerordentlich anpassungsfähig und können bereits seit 15 000 Jahren unter den unterschiedlichsten Bedingungen mit Menschen zusammenleben. Der Hund fügt sich in das soziale familiäre System des Menschen ein. Für die Beurteilung vorrangig ist, ob die Beziehung funktionell oder dysfunktionell ist.

Die Verhaltenskonsultation hilft hier unter anderem Missverständnisse in der Kommunikation und unrealistische Ansprüche an den Hund aufzudecken.

### 3.16.1 Kommunikative und nonverbale Signale des Menschen

Die Körpersprache des Menschen kann von manchen Hunden falsch interpretiert werden. Mangelnde Sozialisation auf den Menschen und psychische Störungen erhöhen die Wahrscheinlichkeit für Missverständnisse in der Kommunikation.

Einige nonverbale Signale aus der Sicht des Hundes, die einfach analysiert werden können:

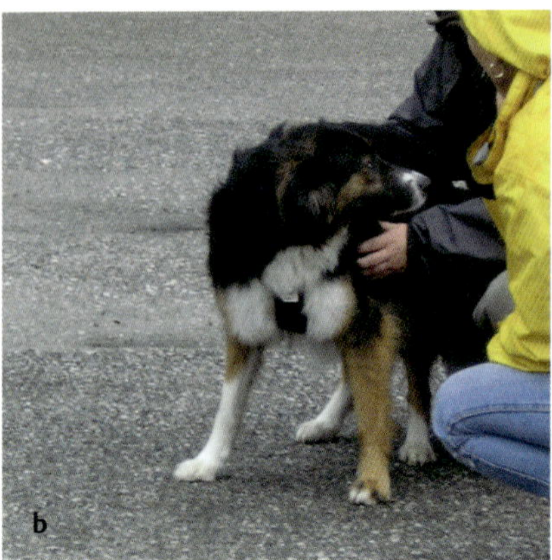

▶ **Abb. 3.33** Unsicheres Ausdrucksverhalten beim Hund (Pfote heben, Sclera sichtbar, abwenden) aufgrund menschlicher Kontaktaufnahme (leichtes Überbeugen, Begrenzen mit den Händen und Versuch zu streicheln).

- Position des Oberkörpers: Die Haltung des Oberkörpers in Bezug zur Vertikalen hat eine Bedeutung für den Hund.
  - nach vorne geneigt, auf den Hund zu: Bedrohung, Kontaktaufnahme (▶ **Abb. 3.33**)
  - senkrecht: neutrale Haltung
  - nach hinten geneigt: submissiv, unsicher, ängstlich
- Position der Schultern in Bezug auf den Hund: Die Stellung der Schultern hat für die Kommunikation mit dem Hund große Bedeutung.
  - frontal: Bedrohung, Weg verstellen
  - seitlich gedreht, eine Schulter zeigt zum Hund: Weg freigeben, keine Bedrohung
- Blickrichtung: Hunde wissen ganz genau, ob sie vom Menschen angesehen (und gesehen) werden oder nicht.
  - direkter Blick in die Augen: abhängig von der Härte oder Weichheit des Blicks Provokation, Aggression oder Kontakt, Aufmerksamkeit
  - Blick über den Rücken, auf die Kruppe: dominanter Blick

- Blick zur Seite: neutral oder submissiv, keine Bedrohung
- Blick nach oben oder in die entgegengesetzte Richtung: keine Bedrohung, unaufmerksam

Die Veränderung und Anpassung dieser wenigen nonverbalen Signale in einer Therapie kann die Kommunikation des Menschen mit dem Hund schon entscheidend verbessern.

## Unklare Kommunikationsmuster

Besondere Probleme ergeben sich durch unklare Kommunikationsmuster:

- **Doppelte widersprüchliche Botschaften:** Der Hund erhält gleichzeitig oder hintereinander zwei einander widersprechende Botschaften, entweder von ein und derselben Person oder von zwei verschiedenen Familienmitgliedern. Die Botschaften kommen in diesem Fall von der gleichen mentalen oder emotionalen Ebene. Der Hund muss eine Entscheidung treffen, die der einen Aufforderung angepasst ist und zwangsläufig die andere missachtet. Doppelte widersprüchliche Botschaften verwirren den Hund, können zu Störungen in der sozialen Organisation und zu Angststörungen führen.
- Beispiele:
  - Der Hund wird gleichzeitig mit zwei Signalen beauftragt – *sitz* und *platz* – oder *sitz* und *komm her.*
  - Der Hund darf bei einem Besitzer auf die Couch und beim anderen nicht.
- **Doppelbindung (double bind):** Der Hund erhält gleichzeitig oder hintereinander zwei einander widersprechende Botschaften von ein und derselben Person, an die er eine Bindung hat. Die Botschaften kommen von unterschiedlichen Ebenen, also aus dem mentalen und dem emotionalen oder Verhaltensbereich. Der Hund muss wieder eine Entscheidung treffen, welche Botschaft er missachtet, wenn er die andere befolgt. Zu diesen dissoziierten Kommunikationssignalen ist nur der Mensch fähig und sie sind Anzeichen für eine dysfunktionale Kommunikation oder Störung des Senders dieser Botschaften. Eine Doppelbindung kann Angststörungen fördern und die soziale Organisation beeinträchtigen.
- Beispiele:
  - Ein neuer Hund soll den Platz eines verstorbenen Hundes einnehmen und wird gleichzeitig geliebt und abgelehnt, weil er im Wettbewerb gegenüber dem vorigen, nunmehr perfekt gewordenen Hund niemals bestehen kann. Der Besitzer liebt in ihm nur ein Bild des vermissten Hundes und lehnt die reale Persönlichkeit des neuen Hundes ab, sobald sich dieser anders verhält.
  - Ein Besitzer versucht mit freundlicher Stimme und Gesten (wie er es in der Hundeschule gelernt hat), den Hund zum Herkommen zu bewegen, während er innerlich kocht und zornig ist, weil er sich über das Verhalten des Hundes ärgert. Der Hund hat nur die Wahl der emotionalen drohenden und ablehnenden Botschaft zu folgen und das Signal zum Herankommen zu missachten oder zu kommen und die emotionale Botschaft zu missachten. Im Zweifelsfall orientiert sich der Hund eher an den nonverbalen Signalen und nicht am erlernten Signal, was den Ärger des Besitzers in der Regel noch weiter intensiviert.

### 3.16.2 Hierarchie und Rangordnung

Hunde sind soziale Lebewesen, leben daher in Kontakt mit anderen Lebewesen – entweder ihrer eigenen Art oder einer anderen Art, dem Menschen. Das Zusammenleben in einer Gruppe erfordert gewisse Regeln und eine soziale Ordnung, die dazu dienen Konflikte zu vermeiden oder wenigstens auf ein Minimum zu reduzieren.

Ein immer noch gängiges Konzept ist, dass Hunde in einer Dominanzhierarchie leben, in dem ein dominantes Mitglied privilegierten Zugang zu Ressourcen wie Futter, Ruheplätzen, Sozial- und Sexualpartnern hat. Eine solche Hierarchie wird nicht durch Kampf aufrechterhalten, sondern durch Kommunikation. Jedes Mitglied weiß, welche Körperhaltungen, Signale und Privilegien es seinem dominanten oder submissiven Status entsprechend dem anderen gegenüber zeigen muss. Eine Voraussetzung für ein solches Zusammenleben ist ein hoher Grad an kognitiven Fähigkeiten, Intelligenz und subtiler Kommunikation.

Als Grundlage für dieses Modell wird meistens das Verhalten von freilebenden und gefangengehaltenen Wölfen herangezogen. Die soziale Organisation von freilebenden oder im Gehege lebenden Hundegruppen variiert sehr stark von Gruppe zu Gruppe und mit den Lebensumständen. Das Zusammenleben von Hunden mit Menschen ist noch einmal individueller gestaltet und reicht von der straffen hierarchischen Ordnung bis zum partnerschaftlichen Team. Jede dieser sozialen Ordnungen kann je nach den individuellen Persönlichkeiten und Ansprüchen funktionell oder dysfunktionell sein.

**! Merke**
**Hierarchieprobleme werden massiv überdiagnostiziert und als die universelle Ursache für beinahe jedes Problem mit dem Hund angesehen.**

Die Begriffe **Hierarchie**, **Rangordnung**, **Dominanz** werden großzügig und vielseitig eingesetzt – doch jeder versteht etwas anderes darunter. Der Begriff ist durch den soziokulturellen Hintergrund und persönliche Einstellungen belastet.

An sich wären Hierarchie und Dominanz wertfrei.

**Hierarchie:** Das Wort Hierarchie ist aus den griechischen Worten *hieros* (heilig) und *archein* (herrschen) zusammengesetzt – die ursprüngliche Bedeutung hat also nicht mehr viel mit der aktuellen zu tun.

Hierarchie ist ein Organisationssystem, bei dem Individuen (oder Elemente) einander über- und untergeordnet sind. Es gibt verschiedene Arten von Hierarchie:

- lineare Hierarchie: A > B > C
- zirkuläre Hierarchie: A > B > C > A

Rangordnung kann als Synonym für Hierarchie angesehen werden.
Es ist jedoch sehr unwahrscheinlich, dass sich das Zusammenleben sozial intelligenter Tiere, wie Hunde es sind, sowohl untereinander als auch mit dem Menschen, auf so simple Beziehungen reduzieren lässt.

**Dominanz:** Dominanz beschreibt eine **Beziehung**, in der einer der beiden Partner durch agonistisches Verhalten Kontrolle oder Vorrang über bestimmte wertvolle Ressourcen hat und der andere diese Kontrolle respektiert. Das Verhalten des Gewinners wird als dominant bezeichnet, das andere als untergeordnet. Daraus ergibt sich eine Hierarchie.

Ein **dominanter Status** in einer sozialen Beziehung ergibt sich, wenn der Hund mehr oder weniger durchgehend Körperhaltungen, Verhaltensweisen und Privilegien eines Dominanten hat.

Dominanz ist **keine persönliche Eigenschaft** eines Hundes, sondern beschreibt eine bestimmte Beziehung; in der Beziehung zu einem anderen Individuum kann derselbe Hund untergeordnet sein!

**Autorität** oder **Charisma** sind persönliche Eigenschaften, die einem Individuum aus der Sicht anderer Führungsqualität verleihen. Diese natürliche Ausstrahlung wirkt auf andere – Menschen wie Hunde – anziehend, eine Unterordnung und auch Bindung ergibt sich natürlich, bereitwillig und vertrauensvoll.

Die Einhaltung einer hierarchischen Ordnung muss von diesen natürlichen Führungspersönlichkeiten nicht – oder nur äußerst selten – mit Aggression oder gar Gewalt durchgesetzt werden. Eine Herrschaft durch Druck mit autoritärer, aggressiver oder gewalttätiger Kontrolle aufrechtzuerhalten, wird zu Gegendruck führen, bei Menschen genauso wie bei Hunden. Es kann damit zwar der Anschein von Unterordnung erreicht werden, aber keine freiwillige vertrauensvolle Bereitwilligkeit, Motivation oder Verlässlichkeit des Untergeordneten, sondern nur Nachgeben, Beugen oder Angst vor dem größeren Druck.

**! Merke**

**Die Verwechslung von natürlicher Führungsqualität oder Charisma mit einem autoritären, ja aggressiven Führungsstil ist die Grundlage für tiefgreifende Missverständnisse im Zusammenleben mit Hunden!**

**Privilegien des dominanten Hundes:** Alle diese Verhaltensweisen können vom Hund – aber müssen nicht! – als Privilegien angesehen werden. Eine isolierte Betrachtung ist sinnlos, entscheidend für eine Diagnose sind auch die Körperhaltungen und die Bereitschaft ein Privileg zu verteidigen. Die Bedeutung von Privilegien kann von Hund zu Hund – bei einem Hund im Lauf der Zeit, abhängig von seiner Verfassung und momentanen Motivation wechseln.

- Fressen in Anwesenheit von Zuschauern; die Futteraufnahme wird beschleunigt, wenn man anwesend ist, hohe Körperhaltung.
- fressen als Erster, wann er will, nach Belieben
- Schlafen, wo er will, im Schlafzimmer, in der Mitte eines Zimmers, auf Möbeln etc.
- Kontrollieren von Durchgängen zwischen Zimmern, sich Personen oder anderen Hunden in den Weg stellen (▸ **Abb. 3.34**); an einem Ort sein, von dem aus alle Aktivitäten beobachtet werden können
- Aufmerksamkeit, wenn er sie fordert, ohne dass er etwas dafür tun muss
- Flirten, Annäherungsversuche und sexuelle Verhaltensweisen vor Zuschauern
- Individuen (Menschen oder Hunde) am Eintreten oder Verlassen der Gruppe oder des Territoriums hindern
- Allianzen mit anderen dominanten Mitgliedern der Familie bilden

▶ **Abb. 3.34** Beschwichtigende niedrige Körperhaltung erlaubt das Passieren eines engen Durchgangs.

- sich näher am gegengeschlechtlichen Menschen aufhalten als der menschliche Partner (Rüden halten sich näher bei der Frau auf als ihr Partner, Hündinnen sind dem Mann näher als seine Partnerin)
- Befehlen ohne nachfolgende Belohnung nicht gehorchen
- Überdecken von Harnmarkierungen anderer und höher als diese markieren
- Harnmarkierungen im Haus, wenn er unzufrieden ist, z. B. allein gelassen wird
- Deponieren von normal geformtem Kot auf erhöhten Stellen
- Objekte rund um die Ausgänge (Türen, Einfassungen, Fenster), durch die er andere Mitglieder die Gruppe das Haus verlassen sieht, angreifen, zerkratzen, benagen
- Verteidigen seiner Privilegien mit aggressivem Verhalten: Drohen, kontrollierte Angriffe
- sich den Welpen einer anderen Hündin nähern, ihr den Zugang verwehren oder die Welpen kidnappen
- sich den Kindern der Familie nähern, der Mutter den Zugang verwehren
- Entscheiden, wann er spazieren gehen will, wo und wie lange
- Entscheiden, wann er spielen will und den anderen das Spiel aufdrängen (die Art des Spiels und die Dauer)

**Andere soziale Elemente,** die neben einer sozialen Hierarchie für das Zusammenleben mit Hunden von großer Bedeutung sind:

- Bindung
- Motivation
- kooperative soziale Aktivität
- kongruente, konsistente und vorhersehbare Kommunikation
- klare Regeln
- Lernerfahrungen
- etc.

**Merke**

**Eine für den Hund erwünschte stabile soziale Ordnung hat nicht zwingend etwas mit Hierarchie zu tun!**

Die soziale Organisation von Hunden und Menschen oder Hunden, die im gleichen Haushalt zusammenleben, ist ausgesprochen individuell. Man sollte daher bei der Analyse in der Konsultation offen sein einer großen Bandbreite an möglichen Strukturen zu begegnen und keine voreiligen Schlüsse ziehen.

**Merke**

**Hierarchiebezogene Probleme werden viel zu häufig diagnostiziert! Überzogene oder missverstandene hierarchiebezogene Lösungsversuche haben Probleme sehr oft bereits verschlimmert!**

## 3.17 Ökosoziales System

Die Analyse des ökosozialen Systems sollte ein obligater Bestandteil jeder Verhaltenskonsultation für den Hund sein. Dazu gehören vor allem die Wohnverhältnisse und die Lebensumwelt, alle Familienmitglieder und andere Tiere im Haushalt sowie die Beschäftigungsmöglichkeiten des Hundes. In den meisten Fällen hilft das Zeichnen eines Wohnungsplans oder einer Familienskizze wie in ▸ **Abb. 3.35** sehr viel weiter.

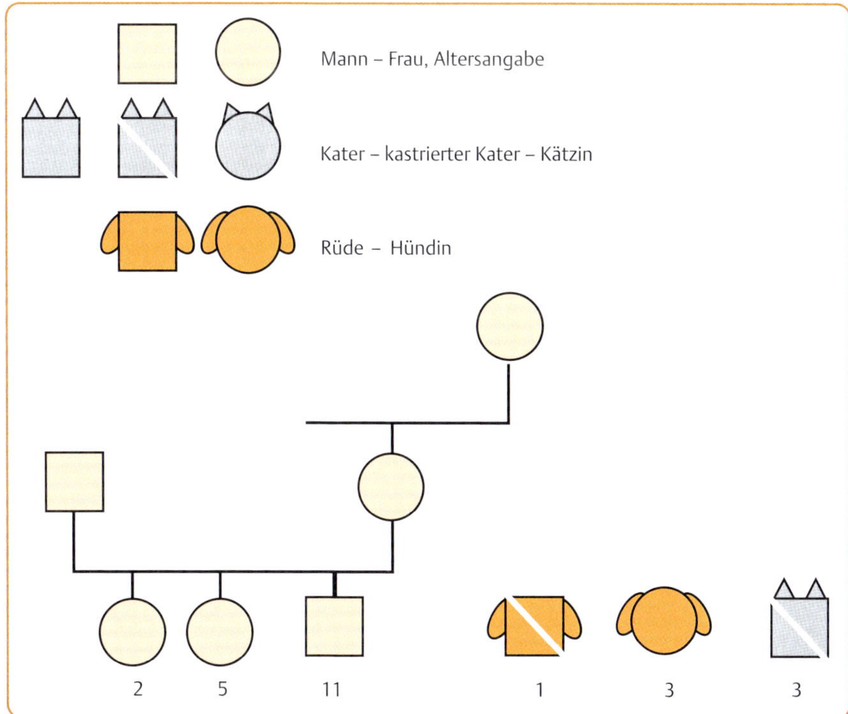


▸ **Abb. 3.35** Familienskizze. Symbole für Familienmitglieder. In dieser Familie gibt es einen 11-jährigen Jungen, zwei Mädchen mit 2 und 5 Jahren, die Oma lebt im gleichen Haus in einer eigenen Wohnung. Es leben ein kastrierter Rüde, eine Hündin und ein kastrierter Kater in der Familie.

Die unmittelbaren Bedürfnisse wie Futteraufnahme, Elimination und Ruheplätze sind bei den jeweiligen Verhaltenskreisen abgehandelt. Hier geht es um einen Überblick über die allgemeinen Lebensbedingungen des Hundes, zu anderen Tieren und vor allem die nutzbaren Ressourcen in diesem Lebensumfeld.

Veränderungen oder vor allem Mängel im ökosozialen System können bei entsprechend disponierten Hunden Auslöser für psychisches Ungleichgewicht oder Verhaltensprobleme sein.

Beispiele sind:

- **Raum:** Übersiedlung, Zwingerhaltung, unbeaufsichtigter Auslauf im Garten oder Gartenhaltung, fehlender Zaun, keine ausreichende Auslaufmöglichkeit, ausschließliche Leinenspaziergänge, Wohnhausanlage, enges Stiegenhaus, Lift etc.
- **Zeit:** Veränderung der Arbeitszeiten, Zeitmangel, lange Arbeitszeiten und Trennung von Menschen etc.
- **Sozial:**
  - Menschen: Scheidung, neue Partner, Geburt eines Babys, neuer Hund, Krankheit oder Krankenhausaufenthalt, Urlaub, keine gemeinsamen sozialen Aktivitäten mit dem Hund, keine adäquaten und autonomen Beschäftigungsmöglichkeiten für den Hund, keine sozialen Kontakte (Mensch, Hund) für den Hund etc.
  - Hunde: neuer Hund, Verlust eines Hundepartners, Katzen, Hundefreunde auf Spaziergängen, Hundewiese etc.

Viele dieser Bedingungen sind unveränderlich oder irreversibel – Wohnungen können nicht immer gewechselt werden, Babys oder Partner können nicht ausquartiert und Jobs nicht einfach aufgegeben werden, wenn sich der Hund nicht daran gewöhnen kann.

### Hintergrundinfo

Die Gewöhnung und flexible Anpassung an die aktuellen oder veränderten Gegebenheiten ist Zeichen physiologischer Verhaltensreaktionen und psychischer Gesundheit. Das gilt natürlich für Lebensbedingungen, die dem Hund als intelligentem und sozialem Familienmitglied auch gerecht werden, und Besitzer die bemüht sind, ihm Lebensqualität und Wohlbefinden zu gewähren, so gut es geht.

Neben den belastenden oder schwierigen Faktoren in der ökosozialen Umwelt gibt es praktisch immer zahlreiche Variablen und Ressourcen, mit denen die Lebensqualität des Hundes verbessert werden kann.

Das Ziel der Analyse des ökosozialen Systems ist es, diese Ressourcen zu entdecken und die Familie in der Konsultation anzuleiten, eigene kreative und individuelle Lösungen zu finden und diese zu optimieren.

# 4 Der verhaltensmedizinische Untersuchungsgang

Sabine Schroll, Joël Dehasse

## 4.1 Allgemeines

Wie in anderen medizinischen Bereichen empfiehlt sich auch in der Verhaltensmedizin das Einhalten eines mehr oder weniger fixen Untersuchungsganges. Mit zunehmender Erfahrung und je nach präsentiertem Problem wird man in der Konsultation individuelle Schwerpunkte setzen und zeitweise von dieser starren Struktur abweichen. Gerade in der Verhaltensmedizin ist die **therapeutische Bindung** an den Tierarzt ein wichtiger, wenn nicht überhaupt der **wichtigste Faktor** für eine erfolgreiche Behandlung, und aus dieser Sicht ist eine flexible und individuelle Untersuchung des präsentierten Problems sehr wünschenswert. Nichtsdestotrotz bleibt der Untersuchungsgang ein sicheres Gerüst, um sich nicht in belanglosem Palaver wiederzufinden oder Wesentliches zu vergessen.

Es ist sehr zu empfehlen, sich selbst ein übersichtliches Protokollblatt zu gestalten. Auf diese Weise verinnerlicht man die Anordnung und Struktur der einzelnen Elemente und Verhaltensbereiche tatsächlich, sodass Informationen, die im Gespräch verstreut auftauchen, sofort an der richtigen Stelle angekreuzt und notiert werden können. Kästchen mit verschiedenen Optionen, die nur angekreuzt werden müssen, ersparen viel Schreibarbeit während der Konsultation. Abkürzungen, Farbcodierungen (für wichtige Plätze und Ressourcen im Haushalt; Orte an denen der Hund unsauber ist etc.) und Symbole (männliche Familienmitglieder als Quadrat, weibliche als Kreis) machen die Arbeit mit einem Wohnungsplan oder der Skizze einer Situation (▸ **Abb. 1.2**) übersichtlich und aktivieren gleichzeitig die rechte Gehirnhälfte, mit der kreative, unlogische, aber überraschend effektive Lösungen gefunden werden. Sind die Daten zur Familie, zum Hund, zur Diagnose, Medikation und Therapie sowie zum Verlauf der Behandlung alle auf einen Blick auf der ersten Seite verfügbar, spart man bei telefonischen Anfragen und bei Folgekonsultationen viel Zeit.

Mit diesem Untersuchungsgang werden nicht nur die Symptome erfasst, die für die Diagnose einer oder mehrerer Verhaltensstörungen wesentlich sind, sondern gleichzeitig auch zahlreiche Elemente, die für das Gesamtbild, den Respekt für die Bedürfnisse des Hundes und vor allem als Ressourcen für therapeutische Strategien große Bedeutung haben. In ein ethologisches Reframing oder eine ökoethologische Therapie können alle diese Informationen unmittelbar eingebunden und/oder entsprechend adaptiert werden.

In den **Folgekonsultationen** kann man mit dem Protokollblatt der Erstkonsultation weiterarbeiten. Es werden die beim ersten Mal gefundenen Symptome abgefragt und welche Veränderungen sich ergeben haben. Die neu erhobenen Befunde werden je nach Platz auf dem Protokollblatt oder auf hinzugefügten Blättern eingetragen. Pläne, Skizzen und eventuelle Rücküberweisungen werden hinten an das Protokollblatt geheftet.

## Protokollblatt

### Allgemein

Überwiesen von: ______________________

Protokollnummer: ______________________

Datum: ________________

### Besitzer

Name: ____________________

Adresse: ____________________

Telefon: ____________________

Fax: ____________________

E-Mail: ____________________

### Hund

Name: ____________________

Rasse: ____________________

Geschlecht und Status: m mk w wk

Zeitpunkt/Alter bei der Kastration: __________

Alter und Geburtsdatum: __________

Gewicht: __________

### Präsentation der Probleme

Motiv(e) für die Konsultation (nach Wichtigkeit hierarchisiert):

______________________

______________________

Erwartung(en) des/der Besitzer(s): ______________________

Vorbehandlungen und Lösungsversuche (was und mit welchem Effekt):

______________________

Warum jetzt: ______________________

Was wäre, wenn es keine Lösung gibt: ______________________

### Auftrag

____________________________________________

### Soziales System

Familie: ____________________

Mensch(en): ____________________

Hund(e): ____________________

Katze(n): ____________________

Andere Tiere: ____________________

In der Konsultation anwesend/abwesend: → Familienskizze (▶ Abb. 3.35)

Privilegien: ____________________

### Ökosystem

Wohnung/Haus/mit/ohne Garten/

Wohnfläche: ___m² → Plan oder Teilskizzen bei Bedarf

Gartenauslauf: ___m²

Spaziergänge: ___ × /Tag ___h/Tag

☐ nur an der Leine/Freilauf: __h/Tag

Gemeinsame soziale Aktivität ☐ mit Menschen ☐ mit Hunden

welche:

▼

▼

**Entwicklung und Genetik**

Herkunft:
□ Hobbyzüchter □ Professioneller Züchter □ Tierhandlung □ Tierheim □ Bauernhof
□ Familie □ Zugelaufen □ „Straßenhund" □ ___________________
Alter bei der Übernahme:
Alter bei der Trennung von der Mutter:
Aufzuchtmilieu: □ anregend, stimulierend □ depriviert, hypostimulierend
Wievielter Wurf:
Anzahl der Welpen:
Anwesenheit von: □ Hundemutter □ Vater □ andere erwachsene Hunde: ___________
□ Katze(n) □ andere Tiere: _____________ □ Familienmitglieder: _________________
Informationen zur Genetik:
Mutter: □ Distanzierungsaggression/territoriale Aggression □ Jagdverhalten
□ hyper □ ______________________
Vater: □ Distanzierungsaggression/territoriale Aggression □ Jagdverhalten
□ hyper □ ______________________
Geschwister: □ Distanzierungsaggression/territoriale Aggression □ Jagdverhalten
□ hyper □ ______________________
Verhalten des Welpen: ___________________
Erster Spaziergang: ______________________
Erster Kontakt mit andere/n/m Hund(en): ___________________
Beißkontrolle: ___________________
Selbstkontrolle: __________________
Unterwerfungshaltung: □ auf dem Rücken liegend, bewegungslos
□ auf dem Bauch, kauernd
Beschwichtigungsverhalten: ______________________

**Pubertät**

Alter: früh/spät □ Harnmarkieren: ___ □ 1. Östrus: ___ □ Kastration präpubertär
Verhaltensänderung □ ja □ nein □ Distanzierungsaggression □ territoriale Aggression
□ Jagdverhalten

**Kognition**

Reaktion auf Spiegel (in der Konsultation): ______________________
Objektpermanenz (verstecktes Objekt): □ ja □ nein
Reaktion auf TV/Radio/CD: □ indifferent □ reagiert wie auf echtes Geräusch
Besondere Fähigkeiten: ______________________
Subjektive Einschätzung der Intelligenz seines Hundes durch den Besitzer: __________

**Sinneswahrnehmung**

Hören: □ = / □ taub □ einseitig □ beidseitig
Sehen: □ = / □ ↓ / □ blind
Riechen: □ = / □ ↓
Tonguing, lecken (v. a. Rüde): □ = / □ ↑
Halluzinationen: ___________________

▼

▼

### Erziehung (▶ Tab. 4.1)

Erziehungstechnik allgemein: □ 0 □ R + □ R– □ P + □ Disruption □ Extinktion
Strafen: □ akustisch, schreien □ physisch: Schlagen auf die Schnauze/Schlagen auf den Körper, Hinterteil □ Drohung mit Hand/Zeitung/Fliegenklatsche/ ____________
Hilfsmittel: □ Würgehalsband □ MasterPlus □ Kopfhalfter, welches: __________
□ ______________________ □ Elektroimpuls
Reaktion des Hundes: □ inhibiert □ aggressiv □ ausweichen, flüchten □ ______
Effektivität: □ 0 □ (+) □ + □ + + □ ___
Clickertraining: □ ja □ nein
Ausbildung(en):
□ Welpenspielgruppe □ Junghundekurs □ Begleithundekurs/-prüfung □ Spezielle Kurse:
Gehorsam: *fehlt = 0 unzuverlässig = ~ OK = 1*

▶ **Tab. 4.1** Erziehung.

| – | Wert | Kinetik |
|---|---|---|
| Sitz | | |
| Platz | | |
| Hier | | |
| ___ | | |

Situationsabhängig: □ ja □ nein □ welche: ____________________

### Soziale Fähigkeiten und Sozialverhalten

□ Unterwerfung □ OK □ fehlt □ verloren □ gegenüber Hunden □ gegenüber Menschen
Motorische Selbstkontrolle □ OK □ teilweise □ fehlt bei manchen/allen Aktivitäten
Beißkontrolle □ OK □ teilweise □ fehlt bei manchen/allen Aktivitäten
Frustrationstoleranz □ hoch □ mäßig □ niedrig
Reaktion: □ Desinteresse □ Aggression
Sozialverhalten gegenüber Menschen: □ normal □ hypo □ hyper
Streicheln/Körperkontakt: fordert □ nein □ ja □ dauernd
Körperhaltung: ____________________
Rituale, um Aufmerksamkeit zu bekommen: ________________________
Reaktion, wenn die Besitzer sich nahe/umarmt sind: ____________________
Reaktion, wenn der Besitzer unerwünscht/ungefordert streichelt: ____________
Sozialverhalten gegenüber Hunden: □ normal □ hypo □ hyper □ Flucht
□ spielt □ aggressiv Rüde/Hündin/Welpen/alle/bestimmte: _______ □ _______
Unterschied frei oder an der Leine □ ja □ nein
Reaktionen: ____________________
Körperhaltung: ____________________

### Futteraufnahme (▶ Tab. 4.2)

□ normal/unverändert
Futterzusammensetzung:
□ trocken □ Feuchtfutter □ selbstgekocht

▼

▼

Technik:
□ ad libitum □ restriktiv: Frequenz: ___ × /Tag
Zeiten: ______________________
Ort(e):
□ indifferent □ strategisch wo: ______________ → Plan (falls erforderlich)
Futteraufnahme:
□ unmittelbar □ verzögert □ kommt und geht
Geschwindigkeit: □ rasch □ langsam □ Dauer: ________
Anwesenheit des Besitzers während der Fütterung:
□ ohne Effekt □ verlangsamt □ beschleunigt □ unbedingt erforderlich, damit der Hund frisst □ im selben Raum □ im Haus □ wird nicht toleriert □ Reaktion: ________________
□ Hund flüchtet
Betteln: □ gar nicht □ kurzfristig □ ausdauernd
Körperhaltung: □ hoch □ niedrig
Aggression im Zusammenhang mit Futter:

► **Tab. 4.2** Futteraufnahme.

| Aggression | Normalfutter | Leckerbissen | Körperhaltung hoch/niedrig |
|---|---|---|---|
| □ Hund | | | |
| □ Katze | | | |
| □ Mensch | | | |

Stiehlt Lebensmittel, Abfalleimer: ______________________
Motiviert durch: ______________________
Appetit:
□ normal/unverändert □ Anorexie/Hyporexie □ Rüde □ Pubertät □ Östrus □ Scheinträchtigkeit □ bei Trennung □ heikel □ Appetit verbessert durch: ________________
□ Hyperphagie □ Regurgitation und Reingestion □ Dysorexie □ zyklisch □ Pica: ___
□ Koprophagie : □ Autokoprophagie □ Hund □ Katze □ Pflanzenfresser

## Trinkverhalten

□ normal/unverändert
Menge: ___ml (= ___ml/kg)
Frequenz: ___ × /Tag □ Tagesprofil erstellen
□ normal □ Hypodipsie □ Pollakidipsie □ PD/PU □ ritualisiert
Ort: ______________________
Besondere Gewohnheiten: ______________________

## Schlaf- und Ruheverhalten (► Tab. 4.3)

□ normal/unverändert
→ Plan

► **Tab. 4.3** Schlaf- und Ruheverhalten.

| Ort | Isoliert, getrennt | Versteckt | Durchgänge | Schlafzimmer | Bett | Aggression J/N | Dauer |
|---|---|---|---|---|---|---|---|
| Schlaf | | | | | | | |
| Ruhe | | | | | | | |

▼

▼

Dauer Hypersomnie □ > 12h □ > 15h □ + ___ h
Hyposomnie □ < 8h □ < 5h □ tagsüber □ nein □ ja □ ___ h
Insomnie/erwacht nachts/wandert: wann ___ Uhr
□ hat Schwierigkeiten einzuschlafen
Dyssomnie □ Unruhe vor dem Schlafengehen □ erwacht kurz nach dem Einschlafen
□ wechselnd Hyposomnie und Hypersomnie
Träumen: □ abwesend □ nicht beobachtet □ beobachtet
Zeitpunkt im Schlafzyklus: ___

**Komfortverhalten**
□ normal/unverändert
□ verändert □ verändert im Zusammenhang mit Hauterkrankung
Substitutive Aktivität: □ lecken □ nagen □ Trichotillomanie (Haare ausreißen): Lokalisation: ______________
□ stereotypes Lecken □ Onychophagie (Nägelbeißen)
Hautläsionen: □ farbveränderte Haare □ Erythem □ Erosion □ Hyperpigmentierung
□ Leckgranulom
Alopezie: □ umschrieben □ ausgedehnt

**Sexualität**
□ hypo: ___ □ hyper
Aufreiten: □ auf Menschen □ andere Hunde □ Katzen □ Objekte
mit/ohne Erektion Frequenz: __________
Masturbation: □ exhibitionistisch □ versteckt
Details: ______________
Östrus: ______ □ Scheinträchtigkeit □ ja □ nein Symptome: ____________

**Elimination**
□ normal/unverändert
Ab welchem Alter sauber: ________
Emotional bedingte □ Miktion Situation: ______________
□ Defäkation Situation: ______________
Unsauberkeit □ Kot □ Harn
□ kleine Menge, verteilt □ Kot □ Harn → Plan
□ große Menge, bestimmte definierte Orte □ Kot □ Harn → Plan
□ Enuresie □ Enkopresie □ Inkontinenz
□ PD/PU □ Tagesprofil erstellen

**Markierverhalten**
□ normal/unverändert
Harnmarkieren
□ im Haus □ in fremder Umgebung □ im Konsultationsraum
□ draußen: alle ___ Meter

**Exploration und Aktivität (▸ Tab. 4.4)**
□ normal/unverändert
□ H = zu Hause □ F = im Freien □ K = in der Konsultation

▼

▼

▶ **Tab. 4.4** Exploration und Aktivität.

| | Normal | Hypo | Hyper |
|---|---|---|---|
| Vigilanz | □ H □ F □ K | □ H □ F □ K | □ H □ F □ K |
| Aktivität | □ H □ F □ K | □ H □ F □ K | □ H □ F □ K |
| Reaktivität | □ H □ F □ K | □ H □ F □ K | □ H □ F □ K |

□ erstarrte Hypervigilanz
□ sternförmige Exploration
□ on the go
□ Hyperaktivitätsanfälle
Körperhaltung (▶ Tab. 4.5)

▶ **Tab. 4.5** Körperhaltung.

| Haltung | Wo? |
|---|---|
| hoch | □ H □ F □ K |
| neutral | □ H □ F □ K |
| niedrig | □ H □ F □ K |

Erster Stopp in der Konsultation: nach ___ Min Dauer: ___ Min
Körperhaltung: ______________________
Intervention durch Besitzer: □ J □ N welche: ______________________

## Stereotypien und OCSD

□ Schwanzjagen □ Kreislaufen □ Lecken □ Beißen □ Verletzungen □ Umherwandern □ Schatten □ Lichtreflexe fangen □ Mäuselsprung □ Tic □ Zungenspielen □ in die Luft lecken □ „Fliegen" fangen
□ besessen von bestimmtem Spielzeug: □ Ball □ Quietschtier □ ________________
□ Vokalisieren
□ andere: ______________________

## Aggression (▶ Tab. 4.6, ▶ Tab. 4.7)

□ unverändert □ keine Hinweise
Gefährlichkeitsindex: 4 × A + B + C + D + E + F =
A: Gewicht des Opfers ___ : Gewicht des Hundes ___
B: Risikokategorie 1 2 3 4 5
C: defensiv/offensiv 1 2
D: Vorhersehbarkeit 1 2 3
E: Intensität des Bisses 1 2 3 4 5 6 7
F: einfacher/mehrfacher Biss 1 2 3 4

▼

▼

▶ **Tab. 4.6** Aggression.

| **Kontext/ Situation** | **Seit** | **Intensität** +–++++ | **Frequenz** +–++++ | **Haltung** ↑ ↓ = | **Details** |
|---|---|---|---|---|---|
| Futter | | | | | |
| Objekt, Spielzeug | | | | | ☐ eigene<br>☐ gestohlene |
| Ruhe/Schlafplatz | | | | | |
| Durchgang, Weg verstellen | | | | | |
| Kontakt, Annäherung von<br>☐ Mensch | | | | | ☐ bekannt<br>☐ unbekannt<br>☐ m ☐ w<br>☐ Kind<br>☐ .........<br>☐ ansehen<br>☐ anreden<br>☐ berühren<br>☐ streicheln<br>☐ manipulieren |
| Kontakt, Annäherung von<br>☐ Hund | | | | | ☐ bekannt<br>☐ unbekannt<br>☐ m ☐ w<br>☐ Welpe<br>☐ .......<br>☐ an der Leine<br>☐ freilaufend |
| andere | | | | | |

▶ **Tab. 4.7** Aggressionstyp.

| **Typ der Aggression** | **Details** |
|---|---|
| sozial-kompetitiv | |
| Irritation | |
| Angst | |
| Distanzierung | |
| Territorial | |
| maternal | |
| Jagdverhalten | |
| Verfolgung | |
| Hyperaggression | ☐ primär ☐ sekundär |
| andere | |

▼

▼

### Ängste

☐ abwesend ☐ kühn

Verhalten: ☐ Inhibition ☐ Aggression ☐ Vermeiden ☐ Flucht

Geräusche: ☐ Explosionen ☐ Feuerwerk ☐ Schüsse ☐ Gewitter ☐ ____________

Menschen: ☐ Kinder Alter: ___ ☐ Männer ☐ Frauen ☐ ____________________

Hunde: ☐ m ☐ w ☐ Typ oder Rasse: ____________

Neue Objekte: ____________________

### Stimmung

☐ gut ☐ reizbar ☐ depressiv ☐ ängstlich ☐ hyper ☐ wechselnd ☐ dissoziiert ☐ ___

### Emotionen

Zeit bis zum Normalzustand nach Stress: ___ Min

### Spiel

☐ spielt nicht/nicht mehr ☐ wenig ☐ viel ☐ besessen

☐ individuell ☐ sozial: ☐ mit Menschen ☐ mit Hunden

Spieltyp: ____________________

Bevorzugtes Spielzeug: ____________________

### Trennung/Alleinbleiben

☐ toleriert ☐ Problem

☐ Intoleranz ☐ im Haus/Wohnung ☐ im Auto ☐ ____________________

Bezugsperson(en):

☐ folgt überall hin ☐ Hyperattachment

Schäden

☐ vokalisieren: ☐ hoch, jaulen, winseln ☐ bellen ☐ heulen ☐ ____________________

Dauer:

☐ Destruktion:

☐ Unsauberkeit:

☐ Sonstiges:

Abschiedsritual: ☐ Mensch: ______________ ☐ Hund: ______________

Begrüßungsritual: ☐ Mensch: ______________ ☐ Hund: ______________

Klagen ☐ Nachbarn ☐ offiziell

### Vokalisieren

☐ normal

☐ Art: ____________________ ☐ Dauer: ___ ☐ Kontext: ____________________

### Klinische Untersuchung, organische Manifestationen

Kardiovaskulär-respiratorisch:

☐ Tachykardie ☐ Bradykardie ☐ Tachypnoe ☐ Hecheln

Gastrointestinaltrakt:

☐ Salivation ☐ häufiges Gähnen ☐ Erbrechen, nüchtern

☐ f: ___ × /Tag × /Woche

☐ Diarrhö ☐ Kolitis ☐ Maldigestion

Gewicht:

☐ normal ☐ adipös ☐ mager

▼

▼
Haut:
□ Allergie/Atopie □ Leckdermatitis
Endokrinium:
Hypothyreose: □ T4 □ cTSH □ Cholesterin
□ Stimulationstest
Cushing: □ Cortisol □ ___
Kontraindikationen □ Glaukom □ Arrhythmien □ Epilepsie □ Prostatitis □ ________

**Diagnose(n)**

______________________________

______________________________

**Medikation**

______________________________

______________________________

**Therapien**

______________________________

______________________________

**Evolution**
Datum: ___
□ telefonisch □ E-Mail □ persönlich
□ gelöst □ besser □ unverändert □ schlechter
Details: ____________________
Datum: ____________________
□ telefonisch □ E-Mail □ persönlich
□ gelöst □ besser □ unverändert □ schlechter
Details: ____________________
Datum: ____________________
□ telefonisch □ E-Mail □ persönlich
□ gelöst □ besser □ unverändert □ schlechter
Details: ____________________

**Ende der Behandlung und Evaluation**
Gründe und Umstände:
□ Übereinkommen □ nicht wiedergekommen □ keine Information □ abgebrochen nach ___ Visiten □ vom Tierarzt abgebrochen/abgelehnt □ Euthanasie des Hundes □ Abgabe des Hundes
Zufriedenheit Besitzer:
□ unzufrieden □ mäßig □ ausreichend □ sehr zufrieden
Zufriedenheit Tierarzt:
□ unzufrieden □ mäßig □ ausreichend □ sehr zufrieden

# 5 Leitsymptome und lösungsorientiertes Vorgehen in der Praxis

Sabine Schroll, Joël Dehasse

## 5.1 Allgemeines

Besitzer stellen den Hund im Allgemeinen mit einem Hauptsymptom vor, das für sie besonders augenfällig oder störend ist.

In der Konsultation empfiehlt sich einerseits ein systematisches Vorgehen, bei dem Schritt für Schritt alle wesentlichen Informationen für Diagnose und Behandlung gesucht werden. Andererseits muss der Besitzer trotzdem immer das Gefühl haben, dass es um seine Anfrage, sein Problem oder das seines/r Hund(e)s geht, auch wenn das Interview in Lebensbereiche abwandert, die scheinbar gar nichts mit seiner Anfrage zu tun haben. Sich eingehend für das Markier- oder Fressverhalten des Hundes zu interessieren, wenn er das Kind gebissen hat, ist für den Besitzer nicht plausibel und es kann sein, dass er sich nicht ernst genommen fühlt, wodurch die therapeutische Bindung zerbricht.

Die am Anfang in erster Linie didaktischen, aber etwas starren Prinzipien folgende Struktur wird daher mit zunehmender Erfahrung flexibler werden, einzelne Schritte werden sich wie selbstverständlich verschieben oder unterschiedlich gewichtet. Der Untersuchungsgang wird insgesamt nicht vernachlässigt, die wesentlichen Informationen und Befunde werden lediglich nicht immer in einer standardisierten fixierten Reihenfolge, sondern – dem Gesprächsverlauf folgend – flexibler erhoben. Es ist auch fast unmöglich und gar nicht notwendig, *jeden* Lebens- und Verhaltensbereich des Hundes bis ins letzte Detail in der begrenzten Zeit einer Erstkonsultation zu besprechen.

Wenn sich unlogische Übergänge ergeben, sollten diese begründet werden: *Um mir ein besseres Gesamtbild der psychischen Verfassung und die therapeutischen Möglichkeiten von Arco zu machen, würde ich gerne noch über sein Fressverhalten sprechen ...*

Ein diagnostisches Grundgerüst kann für jedes präsentierte Symptom verwendet werden:

- **Symptom identifizieren**
  Als Tierärzte verwenden wir nicht immer das gleiche Vokabular wie unsere Klienten. Vor allen weiteren Schritten sollte daher immer geklärt werden, worüber man überhaupt spricht.
- **Organische Differenzialdiagnosen abklären**
  Verändertes Verhalten kann psychische und/oder körperliche Ursachen haben. Aber: Eine organische Erkrankung schließt eine psychische Störung nicht aus und umgekehrt gilt diese Regel genauso. Immer wieder werden uns Patienten zur verhaltensmedizinischen Konsultation überwiesen, die primär organische Erkrankungen haben. Die Suche nach Organerkrankungen bedeutet umgekehrt aber nicht, dass Verhaltensstörungen nur sekundäre Bedeutung haben und erst dann als Ausschlussdiagnosen gestellt werden können, wenn sonst nichts zu finden ist.

**Merke**

**Physische und psychische Diagnose können beide in einem aktiven Prozess gesucht werden, sie schließen einander nicht aus, sondern existieren häufig nebeneinander.**

**Genaue, das heißt qualitative und quantitative Beschreibung des Leitsymptoms**
Je objektiver und genauer die Symptomatik beschrieben wird, desto leichter lassen sich individuelle Lösungsansätze und Behandlungsstrategien finden, deren Erfolg dann auch überprüft werden kann. Die Kriterien und Möglichkeiten, mit denen ein Symptom beschrieben und objektiviert werden kann, sind im Kapitel über die allgemeine Propädeutik (S. 37) abgehandelt.

- **Kontext und Umstände**
  Zur genauen Beschreibung des Symptoms gehören auch alle Details zu Kontext und Umständen, unter denen es auftritt oder nicht auftritt. Für eine individualisierte Verhaltenstherapie (S. 234) müssen diese Einzelheiten bekannt und definiert sein.
- **Weitere Symptome**
  Psychische Störungen können auf ein einzelnes Symptom begrenzt sein oder als komplexes Krankheitsbild mit einem Cluster von weiteren Symptomen auftreten. Obwohl die auf ein Einzelsymptom begrenzte Behandlung zweifelsohne Erfolge bringen kann, wird ein multisymptomatischer Zugang dem Gesamtbefinden des Hundes viel eher gerecht. Weitere Symptome helfen bei der Diagnose, ob es sich um einen Hund mit physiologischem oder pathologischem Verhalten innerhalb eines funktionellen oder dysfunktionellen Familiensystems handelt.

**Merke**

**Das Ziel ist nicht nur die Behandlung eines einzelnen Symptoms, sondern die Betreuung des Hundes als physische und psychische Einheit in und mit seinem sozialen System.**

Die folgenden Kapitel enthalten Vorschläge für eine problem- und lösungsorientierte Analyse der am häufigsten in der Praxis vorgestellten Leitsymptome. Die Reihenfolge ist selbstverständlich nicht zwingend fixiert und manche Fälle werden eine flexiblere und individuelle Vorgangsweise erfordern. Bei der Analyse und der Suche nach anderen Symptomen kann man sich immer an der speziellen Propädeutik (S. 44), am Untersuchungsgang (S. 103) oder auch an den diagnostischen Kriterien (S. 269) der einzelnen Störungen orientieren.

Die Auswahl von passenden Psychopharmaka (S. 204) wird durch einen multisymptomatischen Zugang wesentlich vereinfacht.

## 5.2 Angst

Angststörungen sind sehr häufige psychische Störungen des Hundes. Leider werden diese Störungen vielfach immer noch erst dann in der Verhaltenskonsultation vorgestellt, wenn damit für den Besitzer Unannehmlichkeiten oder Schäden verbunden sind. Frühzeitige Aufklärung hilft dem Besitzer zu verstehen, dass auch die allgemein akzeptierte Ängstlichkeit für den Hund eine erhebliche Beeinträchtigung seines Wohlbefindens mit langfristigen Folgen für seine körperliche Gesundheit darstellt.

## 5.2.1 Phobie oder Angstzustand?

- **Phobie:** Der Hund hat Angst vor einem oder mehreren spezifischen und eindeutig identifizierbaren Stimuli, die à priori nicht gefährlich sind.
  Die Symptomatik ist zeitlich begrenzt und gekennzeichnet durch defensive Verhaltensweisen wie Flucht, Vermeidung, Angriff oder Inhibition sowie neurovegetative Symptome.
- **Angstzustand:** Der Hund befindet sich in einem mehr oder weniger andauernden emotionalen Zustand, der sich durch Verhaltensweisen der Angst zeigt, die durch nichtspezifische und nicht eindeutig identifizierbare, wechselnde Stimuli, unzählige ständig weiter anwachsende Reize und bereits durch Antizipation ausgelöst werden. Chronische Angstzustände sind mit weiteren Symptomen wie Hypervigilanz, substitutiven Aktivitäten und sekundären organischen Symptomen kombiniert.

**Merke**

**Gibt es eindeutig identifizierbare Auslöser?**
**Ja → Phobie**
**Nein → Angstzustand (S. 119)**

## 5.2.2 Phobie

**Praxis**

**Wichtig bei der Anamnese:**

- Organische Differenzialdiagnosen abklären.
- Genaue Beschreibung der Verhaltenssymptome mit
  - **Auslöser**
  - und Kontext.
- Entwicklung des Hundes.
- Weitere Verhaltenssymptome?

### Organische Differenzialdiagnosen abklären

- **alle schmerzhaften Erkrankungen**
  - chronisch: degenerative Gelenkerkrankungen, Erkrankungen der Zähne und Mundhöhle, Tumoren etc.
  - akut: Traumen, Schock, gastrointestinale Störungen etc.
- Taubheit
- eingeschränkte Sehfähigkeit oder Blindheit
- Allergien
- Reisekrankheit (→ Phobie vor dem Autofahren)
- ZNS-Erkrankungen (Infektionen, Tumoren etc.)
- portosystemischer Shunt
- Hypothyreose
- psychotrope Medikation und Anästhetika (Ketamin, SSRI, Mianserin, etc.)

## Genaue Beschreibung des Verhaltenssymptoms

- **Körperhaltung** (S. 70): Die Beschreibung der Körperhaltung, Ohren, Schwanz, Mimik, Fortbewegung, Lautäußerungen. Die Körperhaltung gibt Aufschluss über den emotionalen Zustand des Hundes.
- **Neurovegetative Symptome:** Das Ausmaß der neurovegetativen Symptome kann als Hinweis für den subjektiven Leidensdruck des Hundes angesehen werden.
  - Tachykardie
  - Tachypnoe
  - Hecheln
  - Salivation, rinnende Nase, Tränenfluss
  - Transpiration
  - Mydriasis
  - Erbrechen
  - unwillkürlicher Harn- und/oder Kotabsatz
  - Entleeren der Analbeutel
- **Strategie:** Hunde wählen je nach Persönlichkeit und Erfahrung unterschiedliche Strategien in Angstsituationen. Gibt es Variationen je nach Kontext (z. B. drinnen oder draußen) und auslösendem Reiz oder immer die gleiche Reaktion?
  - Flucht – mehr oder weniger gezielt und strukturiert oder panisch und kopflos?
  - defensive Aggression (S. 126) – Symptom beschreiben!
  - Inhibition
  - Vermeiden
  - intensive Kontaktsuche beim Besitzer
- **Auslöser:** Je genauer die Auslöser der Phobie definiert werden (► **Abb. 5.1**), desto leichter ist eine therapeutische Strategie zu planen.
  - Geräusche aller Art
  - Vibrationen und Erschütterung (Baumaschinen, Sprengung etc.)
  - Gerüche (selten oder zumindest nicht leicht erfassbar)
  - Objekte (Staubsauger, Mülltonnen, Maschinen, Heißluftballon, Seilbahn etc.)
  - Menschen (bekannte, fremde, Männer, Kinder etc.)
  - Hunde (bestimmte Typen, Farben etc.)

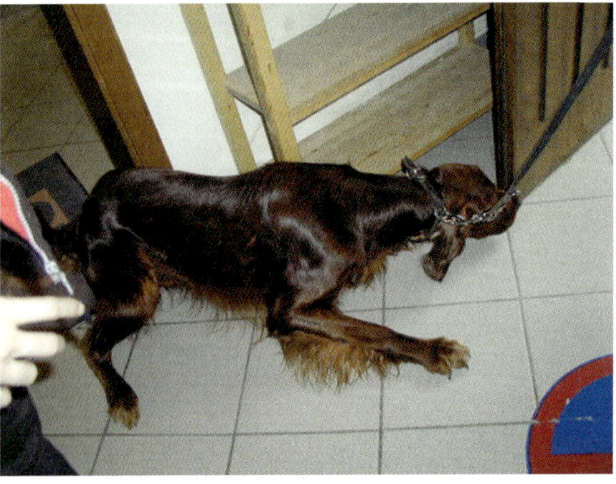

► **Abb. 5.1** Phobie vor glatten Böden.

  - andere Tiere (Insekten, Schafe, Pferde etc.)
  - Situationen (Autofahren, Tierarzt, Fellpflege, völliges Alleinsein oder Trennung von der Bezugsperson etc.)
- **Kontext:**
  - Phobie vor dem Autofahren kann eventuell auf eine Reisekrankheit zurückzuführen sein → zusätzliche Therapie des Grundproblems.
  - Phobien können beim völligen Alleinsein auftreten oder durch die Trennung von der Bezugsperson (S. 122) (bei Anwesenheit anderer Personen).
- **Frequenz:** Wie häufig oder in welchen Abständen tritt diese Symptomatik auf?
  Je seltener eine Phobie auftritt und je eher die Auslöser und Situationen zu vermeiden sind, desto geringer ist in der Regel die Motivation des Besitzers für eine aufwendigere Behandlung.
- **Dauer:** Wie lange braucht der Hund, um wieder in einen emotional ausgeglichenen Zustand (S. 93) zu kommen, nachdem er einem angstauslösenden Reiz ausgesetzt war?
- **Evolution im Lauf der Zeit:** Das Symptom ist
  - stabil.
  - durch Antizipation, Sensibilisierung und Generalisierung auf andere Reize und Situationen progressiv. Der Hund verweigert die Annäherung an den Ort, an dem er die Angst erlebt hat dauerhaft, auch wenn der auslösende Reiz nicht da ist → Angstzustand (S. 119).
  - erst im Alter aufgetaucht → kognitive Dysfunktion (S. 282).
  - plötzlich aufgetaucht mit einem bekannten Trauma.
  - plötzlich aufgetaucht ohne erkennbares Trauma (→ Hypothyreose und andere physische Ursachen kontrollieren).

## Entwicklung des Hundes

Für die Prognose von Angststörungen können die Entwicklungsbedingungen des Hundes entscheidend sein.

Gibt es in der individuellen Ontogenese (S. 44) des Hundes Hinweise auf:

- soziale und/oder sensorisch deprivierte Aufzucht vor der achten Lebenswoche → schlechtere Prognose.
- ein traumatisches Erlebnis → bessere Prognose.
- Gibt es Hinweise auf einen genetischen Hintergrund und Eltern oder Geschwister, die auch Phobien haben → vorsichtige Prognose.

## Weitere Verhaltenssymptome?

Dem Untersuchungsgang oder der Problemliste folgend werden die weiteren Verhaltensbereiche erfasst und Symptome registriert.

Phobien können als einzelne Störung auftreten oder kombiniert, beziehungsweise als Symptom im Rahmen von komplexen Angststörungen oder anderen Störungen erscheinen. In diesem Fall gibt es weitere Verhaltenssymptome:

- defensive Aggression
- intensiviertes Lecken oder Leckdermatitis
- Hypervigilanz
- etc.

## Mögliche Diagnosen

Phobien können mit allen anderen Störungen auftreten. An folgende psychische Störungen sollte beim Leitsymptom Phobie vor allem gedacht werden:

- einfache Phobie (S.274)
- multiple Phobien (S.275)
- Deprivationssyndrom (S.271)
- generalisierte Angststörung (S.275)
- Angststörung aufgrund von Deritualisation (S.276)
- Hyperaktivitätsstörung (S.269)
- senile Demenz – kognitive Dysfunktion (S.282)

## Therapeutische Strategien

Therapeutische Strategien werden an die individuellen Möglichkeiten, Ressourcen und Bedürfnisse des Besitzers und des Hundes angepasst:

- Pheromontherapie (S.211)
  - DAP-Diffuseur
  - DAP-Spray
- Ökoethologische Therapien (S.219)
  - Rückzugszonen schaffen, z. B. Badezimmer, Keller etc.
  - Boxentraining
  - Spieltherapie, vor allem mit anderen psychisch stabilen Hunden
- Kognitive Therapie (S.213)
  - Respekt für die Ethologie
  - sichere Präsenz, Führung und Körperkontakt bieten, ohne *direkte* Interaktion, sondern durch die eigene selbstsichere Haltung und als Vorbild
  - Reframing: *Hunde, die aus einer reizarmen, ungeeigneten/nicht förderlichen Entwicklungsumwelt/ohne Menschen/Umweltkontakt etc. stammen, haben in ihrem Gehirncomputer einen zu kleinen Arbeitsspeicher, um anspruchsvolle Spiele (= Ihr Familienleben, Leben in der Stadt) auf dieser Hardware zu spielen.*
- Verhaltenstherapien (S.234)
  Wenn Auslöser und Konsequenzen genau definierbar sind **und** kontrolliert werden können:
  - Habituation
  - systematische Desensibilisierung
  - klassische Gegenkonditionierung
  - kontrollierte Reizüberflutung
- Sonstige Therapien
  - Phobie beim Autofahren: Platz des Hundes im Auto verändern; Sichtschutz oder freie Sicht ermöglichen
  - Massage und TTouch
  - Thundershirt®
- Umplatzierung (S.267)
- Euthanasie (S.268)
- **Psychopharmaka** (S.204): Zeitlich begrenzte Angstsituationen werden überwiegend medikamentös behandelt. Es besteht die Möglichkeit

  - der kurzfristigen anlassspezifischen Medikation bei Reisen, Silvester, Tierarztbesuchen etc.
  - eine emotional stabile Basis (*größerer Arbeitsspeicher*) für langfristige Interventionen wie eine Habituation, systematische Desensibilisierung und/oder Gegenkonditionierung zu schaffen.

### 5.2.3 Angstzustand

Ein andauernder Angstzustand kann Anlass für eine verhaltensmedizinische Konsultation sein. Meistens sind es jedoch die sekundären organischen Symptome oder Schaden verursachende Verhaltensweisen wie defensive Aggression oder trennungsbedingte Probleme, Gründe den Hund untersuchen zu lassen.

Eine Angststörung ist kein einzelnes Symptom mehr, sondern bereits ein pathologischer Zustand mit mehreren Symptomen, pathologischer Stimmung und Emotionen.

**Praxis**

**Wichtig bei der Anamnese:**

- Organische Differenzialdiagnosen abklären.
- Genaue Beschreibung der Symptome.
- Entwicklung des Hundes.
- Veränderungen im ökosozialen System.
- Weitere Verhaltenssymptome.

#### Organische Differenzialdiagnosen abklären

Die bei der Phobie erwähnten organischen Erkrankungen (S. 115) können auch chronische Angstzustände auslösen.

#### Genaue Beschreibung der Verhaltenssymptome

Um eine Besserung des Zustandes bei einer Therapie besser beurteilen zu können, sollten zusätzlich zum präsentierten Leitsymptom möglichst viele Symptome in qualitativer und quantitativer Hinsicht erfasst werden. Angstzustände stehen als Störung der Stimmungslage in der Hierarchie der psychobiologischen Elemente sehr hoch oben und beeinflussen daher das Leben des Hundes in allen Bereichen sehr intensiv.

- **Körperhaltung** (S. 70): Beschreibung der vorherrschenden Körperhaltung (▶ **Abb. 5.2**), Ohrenstellung, Schwanzhaltung, Mimik, Fortbewegung, Lautäußerungen.
- **Neurovegetative Symptome:** Das Ausmaß der neurovegetativen Symptome kann als Hinweis für den subjektiven Leidensdruck des Hundes angesehen werden.
  - Tachykardie oder Bradykardie
  - Tachypnoe
  - Hecheln
  - Salivation, rinnende Nase, Tränenfluss
  - Transpiration
  - Mydriasis
  - emotional bedingter Harn- und/oder Kotabsatz
  - Entleeren der Analbeutel

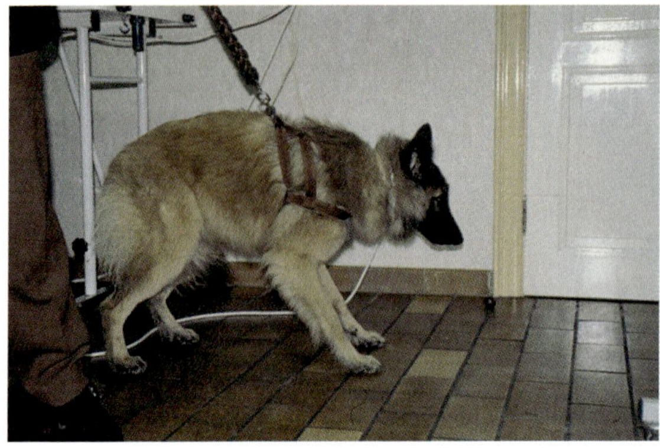

▶ **Abb. 5.2** Bei einer Angststörung zeigt der Hund sehr häufig oder durchgehend entsprechende Körperhaltungen.

- **Sekundäre organische Symptome:**
  - Erbrechen, Dyspepsie, Gastritis etc.
  - Kolitis, SIBO
  - Leckdermatitis
  - Adipositas
- **Substitutive Aktivitäten:**
  - Fressen
  - Trinken
  - übermäßiges Lecken
  - Nägelbeißen
  - Herumwandern
  - Vokalisieren
  - etc.
- **Frequenz:** Wie häufig oder in welchen Abständen tritt diese Symptomatik auf? Wann tritt sie nicht auf?
- **Kontext:** Gibt es spezielle Kontexte und Umstände, in denen sich die Symptome verschlechtern oder verbessern?
- **Evolution im Lauf der Zeit:** Die Symptome sind
  - stabil.
  - durch Antizipation, Sensibilisierung und Generalisierung progressiv.
  - erst im Alter aufgetreten.

## Entwicklung des Hundes

Für die Prognose von Angststörungen können die Entwicklungsbedingungen des Hundes entscheidend sein.

Gibt es in der individuellen Ontogenese (S. 44) des Hundes Hinweise auf:

- soziale und/oder sensorisch deprivierte Aufzucht vor der achten Lebenswoche → schlechtere Prognose.
- Gibt es Hinweise auf einen genetischen Hintergrund und Eltern oder Geschwister, die auch Angststörungen haben → vorsichtige Prognose.

## Ökosoziales System verändert?

Hunde können sehr sensibel auf Veränderungen ihrer Lebensbedingungen oder in der Familie reagieren und je nach ihrer Prädisposition vorübergehende oder dauernde Angststörungen entwickeln:

- Übersiedlung
- Platzwechsel
- Änderungen im zeitlichen Ablauf
- Änderungen im sozialen System (Menschen, Hunde, andere Tiere)
- etc.

## Weitere Verhaltenssymptome?

Dem Untersuchungsgang oder der Problemliste folgend werden weitere Verhaltensbereiche erfasst und Symptome registriert.

- defensive Aggression
- Hypervigilanz
- Schlafstörungen
- Unsauberkeit
- Harnmarkieren
- Vokalisieren
- etc.

## Mögliche Diagnosen

- Deprivationssyndrom (S. 271)
- generalisierte Angststörung (S. 275)
- kognitive Dysfunktion (S. 282)

Bei Veränderungen im ökosozialen System:

- Angststörung aufgrund von Deritualisation (S. 276)

## Therapeutische Strategien

Therapeutische Strategien werden an die individuellen Möglichkeiten, Ressourcen und Bedürfnisse des Besitzers und des Hundes angepasst:

- Pheromontherapie (S. 211)
  - DAP-Diffuseur
  - DAP-Spray
- Kognitive Therapie (S. 213)
  - Respekt für die Ethologie des Hundes
  - sichere Präsenz, Führung und Körperkontakt bieten, ohne *direkte* Interaktion, sondern als Vorbild
  - stabile und vorhersehbare Rituale schaffen
  - Reframing: → *Hunde, die aus einer reizarmen, ungeeigneten/nicht förderlichen Entwicklungsumwelt/ohne Menschen/Umweltkontakt etc. stammen, haben in ihrem Gehirncomputer einen zu kleinen Arbeitsspeicher, um anspruchsvolle Spiele (= Ihr Familienleben, Leben in der Stadt) auf dieser Hardware zu spielen.* → *Angststörungen sind*

*eine Frage der Persönlichkeit und die Persönlichkeit des Hundes kann nicht grundlegend verändert werden – er wird sein Leben lang ein Hund mit einer Neigung zu Angst bleiben. Er kann aber lernen, mit seiner Angst besser umzugehen – mit Hilfe von Medikamenten und anderen Techniken. Allerdings wird er nie völlig von seiner ängstlichen Persönlichkeit geheilt sein.*

- Verhaltenstherapien (S. 234)
  - Habituation
  - Gegenkonditionierung
  - kontrollierte Reizüberflutung
- Ökoethologische Therapien (S. 219)
  - Rückzugsräume schaffen
  - Boxentraining
  - Autonomietraining
  - Beschäftigung
  - Spieltherapie
- Sonstige Therapien (S. 258)
  - Thundershirt®
  - Bach-Blüten
  - Homöopathie
  - Massage und TTouch
  - Calming Cap®
- Umplatzierung (S. 267)
- Euthanasie (S. 268)
- **Psychopharmaka:** Psychopharmaka sind der grundlegende und wichtigste Bestandteil in der Behandlung von Angststörungen.
- Chronische Angststörungen sind eine schwere Beeinträchtigung des psychischen Befindens des Hundes (und auch des Besitzers) und interagieren in vielen Fällen mit organischen Störungen (Leckdermatitis, Kolitis, Gastritis, Adipositas, Atopie, Mitralisinsuffizienz etc.). Die entsprechende medikamentöse Behandlung (S. 204) dieser Hunde sollte eine medizinische und ethische Selbstverständlichkeit sein.

### 5.2.4 Trennungsbedingte Probleme

Dieses Leitsymptom umfasst als Gruppe alle jene Symptome, die auftreten, wenn der Hund alleine ist. Die Ursachen für trennungsbedingte Probleme können breit gestreut sein – eine gründliche Aufarbeitung ist für eine erfolgreiche Therapie essenziell.

**Praxis**

**Wichtig bei der Anamnese:**

- Genaue Beschreibung der Verhaltenssymptome mit
  - Körperhaltungen,
  - Kontext
  - und Auslöser.
- Soziale Beziehungen.
- Respekt für die Ethologie des Hundes?
- Weitere Verhaltenssymptome?

## Genaue Beschreibung der Verhaltenssymptome

Um eine Diagnose stellen zu können und auch um die Besserung des Zustandes bei einer Therapie besser beurteilen zu können, sollten zusätzlich zum präsentierten Leitsymptom möglichst viele Symptome in qualitativer und quantitativer Hinsicht erfasst werden. Vor allem wenn es sich um angstbedingte Symptome handelt, stehen diese als Störung der Stimmungslage in der Hierarchie der psychobiologischen Elemente sehr hoch oben und beeinflussen daher das Leben des Hundes in allen Bereichen sehr intensiv.

- **Was genau macht der Hund:** Im Zweifelsfall sind Videoaufnahmen (z. B. mit einer Webcam) immer hilfreich bei der weiteren Analyse der Aktivitäten. Nachbarn können um Mithilfe gebeten werden, wenn der Hund vokalisiert. Die Art der Aktivität des Hundes während er allein ist kann – aber muss nicht – eindeutige Hinweise auf die Störung geben.
  - Destruktion: Die Art der Destruktion und die zerstörten Objekte können Aufschluss über die Motivation des Hundes geben.
    - Gezielt an allen Ausgängen wie Türen, Fenstern → an Panikattacken, Phobie denken.
    - Gezielt an den Orten, wo der Hund seine Besitzer weggehen sieht, d. h. Fenster und/oder Türen → an umgerichtete Aggression, Frustration denken.
    - Gezielt an bestimmten Objekten mit dem Geruch der Bezugsperson → an sekundäres Hyperattachment denken.
    - Ungerichtet, verstreut, zufällig → an Aktivitätssuche oder Hyperaktivität denken.
  - Vokalisation: Es kann jede Art von Vokalisation wie Bellen, Heulen, Winseln etc. auftreten, ohne jedoch einen eindeutigen Hinweis auf die Ursache der Symptome zu geben.
  - Elimination: Orte und Art der Unsauberkeit können Informationen zur Störung liefern.
    - Kot und/oder Harn verteilt, an mehreren Orten, weicher Kot → an Panikattacken, Phobie, abhängige Persönlichkeitsstörung oder sekundäres Hyperattachment denken.
    - Kot, normal geformt an exponierten Stellen wie Tisch, Sofa etc. und/oder Harnmarkierungen → an hierarchiebezogene Störung, Frustration (S. 98) denken.
    - Kot und/oder Harn an Ausscheidungsplätzen (vor der Tür, abgelegene Bereiche der Wohnung, während der Sauberkeitserziehung vom Welpen genutzte Orte) → an Unsauberkeit durch Überforderung oder verschobene Rhythmen denken; siehe Elimination (S. 65).
  - Inhibition: Defizitäre Symptomatik während der Hund allein ist, wird eher selten als Problem vorgestellt, weil sie nicht auffällt und keinen Schaden verursacht.
    - Der Hund bewegt sich nicht von seinem Platz, rührt kein Futter, keine Kauknochen oder Wasser an → an Phobie, sekundäres Hyperattachment oder abhängige Persönlichkeitsstörung denken.
- **Ausnahmen:** Wann oder wo kann der Hund gut alleine bleiben?
  - im Auto
  - zu bestimmten Tageszeiten
  - für bestimmte kurze Zeiträume
  - an anderen Orten als zu Hause
  - etc.

- **Kontext:** Die Symptome können auftreten
  - ausschließlich und immer wenn der Hund alleine ist.
  - ausschließlich und gelegentlich wenn der Hund alleine ist.
  - wenn der Hund von seiner Bezugsperson getrennt, aber nicht unbedingt ganz alleine ist (andere Menschen, Hunde anwesend).
  - auch nachts.
  - nur zu bestimmten Tageszeiten.
  - bei An- und Abwesenheit des Besitzers/Bezugsperson.
  - etc.
- **Rituale bei Abschied und Begrüßung?**
  - Ab wann wird der Hund aufmerksam und merkt, dass er alleine bleiben wird? Wenn diese Auslöser genau definiert sind, kann damit eine systematische Desensibilisierung durchgeführt werden.
  - Abschieds- und Begrüßungsrituale genau beschreiben lassen.
  - Wie verhält sich der Hund bei der Rückkehr? Das ursprüngliche Verhalten hat sich in der Regel durch die Reaktion des Besitzers verändert – man erhält damit auch indirekt Informationen über Bestrafung des Hundes und die Emotionen des Besitzers angesichts der Schäden.
    - Hund versteckt sich, ist zurückgezogen, kommt nicht → an frühere Bestrafung denken.
    - Der Hund kommt freudig → an Langeweile, Hyperaktivität denken; frühere Bestrafung unwahrscheinlich.
- **Wie verhält sich der Hund, wenn der Besitzer zu Hause ist?**
  - Folgt überall hin nach und klebt am Besitzer → an abhängige Persönlichkeitsstörung, Hyperattachment, kognitive Dysfunktion, eventuell hierarchiebezogene Störung denken. Ängstliche Überwachung des Besitzers ist mit Vigilanz oder Hypervigilanz und Unruhe verbunden.
  - Sucht sich einen Platz, von dem aus er beobachten kann; weiß und kontrolliert, wer kommt und geht → an hierarchiebezogene Störung denken. Kontrolle ist mit der Regulation und Autorisierung oder Verweigerung von Bewegungen in Abhängigkeit von Körperhaltungen und entsprechender submissiver Kommunikation verbunden.
  - Fordert intensiv Aufmerksamkeit und Kontakt, wenn er ihn haben will → an Hyperaktivitätsstörung, individuelles Ritual, hierarchiebezogene Störung denken.
  - Kümmert sich nicht oder kaum um den Besitzer → an Panikattacken, Phobie, hierarchiebezogene Störung denken.
- **Welche Lösungsansätze wurden schon ausprobiert und mit welchem Effekt?**
  - Der verfügbare Raum für den Hund wurde reduziert.
  - Der verfügbare Raum für den Hund wurde erweitert.
  - Radio, Musik oder TV in der Abwesenheit eingeschaltet.
  - Futter oder Kauspielzeug angeboten.
  - etc.
- **Lebensumstände und soziales System:** Risikofaktoren für trennungsbedingte Störungen aufgrund von Angst und sekundärem Hyperattachment:
  - Der Hund hat in seiner Jugendentwicklung traumatische Erfahrungen mit Trennung erlebt.

- Der Hund ist aus dem Tierheim.
- Der Hund lebt in enger Verbindung mit nur einer Person im Haushalt.
- Veränderung der familiären Lebensumstände durch Scheidung, Wiedereinsteigen in die Arbeit, längere Anwesenheit durch Krankheit, Todesfälle etc.
- Der Hund ist alt.

- **Respekt für die Ethologie des Hundes?**
  - Wie lange muss/sollte der Hund insgesamt allein bleiben? Obwohl viele Hunde gut lernen können auch acht oder mehr Stunden allein zu bleiben, entspricht dies nicht wirklich der sozialen Natur des Hundes. Neben der Tatsache allein zu sein, fehlt dem Hund in dieser Zeit auch meistens jegliche Beschäftigungs- und Eliminationsmöglichkeit.

## Weitere Verhaltenssymptome?

Weitere Verhaltenssymptome sind bei der Diagnose und der Planung einer therapeutischen Strategie sehr hilfreich.

- Symptome einer Angststörung (S. 119)
- übermäßig starke Bindung an eine Bezugsperson mit ständigem Nachfolgen, Suche nach Nähe oder Körperkontakt (S. 277)
- Anzeichen von Infantilität wie orale Exploration, übertriebenes Spielverhalten etc.; siehe Trennungsangst (S. 272)
- Anzeichen von Hyperaktivität (S. 159)
- inkonsistente Kommunikation (S. 95) und hierarchiebezogene Probleme

## Mögliche Diagnosen

- sekundäres Hyperattachment (S. 277)
- abhängige Persönlichkeitsstörung (S. 285)
- Hyperaktivitätsstörung (S. 269)
- Phobie (S. 274)
- kognitive Dysfunktion (S. 282)
- hierarchiebezogene Störung (S. 284)

## Therapeutische Strategien

Therapeutische Strategien werden an die individuellen Möglichkeiten, Ressourcen und Bedürfnisse des Besitzers und des Hundes angepasst:

- Pheromontherapie (S. 211)
  - DAP-Diffuseur
  - DAP-Spray
- Ökoethologische Therapien (S. 219)
  - Respekt für die Ethologie des Hundes
  - strukturierte Beschäftigung anbieten
  - Boxentraining
  - Autonomietraining
  - kontrollierte Rangeinweisung und klare Kommunikation
  - Fütterungsmanagement

- Kognitive Therapie (S. 213)
  - Reframing
- Verhaltenstherapien
  - systematische Desensibilisierung (S. 241)
  - Extinktion (S. 251)
- Sonstige Therapien (S. 258)
  - Hundesitter
  - Die Nachbarn proaktiv um Informationen zum Ausmaß der Vokalisation des Hundes und damit um Mithilfe bei der Lösung des Problems bitten. Damit signalisiert der Besitzer, dass er um die Störungen weiß und sich bemüht, es zu verändern. Die Stimmung bei Klagen aus der Nachbarschaft kann sich dadurch deutlich verbessern, es wird den Nachbarn Verständnis entgegengebracht und man kann Zeit für eine Therapie gewinnen.
- Umplatzierung (S. 267)
- Euthanasie (S. 268)
- **Psychopharmaka** (S. 204): Der Einsatz ist in den meisten Fällen erforderlich, insbesondere wenn es sich um Panikattacken, Phobie, sekundäres Hyperattachment oder eine Hyperaktivitätsstörung handelt. Wenn es bereits offizielle Klagen gibt und dem Besitzer der Verlust der Wohnung droht, kann die Medikation für den Hund lebensrettend sein.

## 5.3 Aggression

Für das Vorgehen in der Praxis eignet sich die klinische Einteilung der aggressiven Symptome nach dem Opfer. Es gibt Hunde, die in mehreren dieser Kontexte aggressiv sind – es empfiehlt sich hier nach der Dringlichkeit und potenziellen Gefährdung Prioritäten zu setzen:

- aggressives Verhalten gegenüber Menschen
  - innerhalb der Familie/eigenen sozialen Gruppe (S. 131)
  - außerhalb der Familie/gegen unbekannte Menschen (S. 135)
- aggressives Verhalten gegenüber Hunden
  - innerhalb der Familie/eigenen sozialen Gruppe (S. 140)
  - außerhalb der Familie/gegen unbekannte Hunde (S. 145)
- aggressives Verhalten gegenüber anderen Tieren

Das grundlegende Vorgehen ist bei jeder aggressiven Symptomatik gleich.

**Praxis**

**Wichtig bei der Anamnese:**

- Beurteilung der Gefährlichkeit.
- Organische Differenzialdiagnosen abklären.
- Genaue Beschreibung der Verhaltenssymptome mit
  - Sequenz,
  - Körperhaltung,
  - Mimik,
  - Kontext
  - und Konsequenzen.
- Soziale Beziehungen und Kommunikation analysieren.
- Respekt für die ethologischen Bedürfnisse?
- Entwicklung des Hundes.
- Bisherige Maßnahmen?
- Weitere Verhaltenssymptome?

## 5.3.1 Beurteilung der Gefährlichkeit

Es gibt objektivierbare Kriterien, mit denen die Gefährlichkeit nach einem Beißunfall beurteilt werden kann:

- **Gewicht des Hundes in Relation zum Gewicht des Opfers**
  Hunde sind Raubtiere und der Mensch fällt von der Größe her in ihr Beutespektrum. Die Reaktionsgeschwindigkeit und die Kraft eines Hundes sind schätzungsweise viermal so groß wie die eines Menschen. Das Kriterium in einer Berechnung:
  **Kriterium A** = Masse des Hundes dividiert durch die Masse des Opfers
- **Risikokategorie des Opfers**
  Kinder, ängstliche, ältere oder behinderte Menschen haben ein größeres Risiko gebissen oder schwer verletzt zu werden (► **Tab. 5.1**).
  **Kriterium B** = Risikokategorie 1–5

► **Tab. 5.1** Faktoren für die Risikokategorie.

| Kategorie | Definition |
|---|---|
| 1 | erwachsene Männer |
| 2 | erwachsene Frauen, ängstliche Personen, Personen mit einer minimalen Behinderung |
| 3 | Kinder über 6 Jahren, Personen mit einer mäßigen Behinderung |
| 4 | Kinder zwischen 3 und 6 Jahren, Personen mit einer wesentlichen Behinderung |
| 5 | Kinder unter 3 Jahren, Personen mit einer schweren Behinderung |

- **offensiver oder defensiver Aspekt der Aggression**
  Bei der offensiven oder proaktiven Aggression bewegt sich der Hund auf sein Opfer zu. Bei der defensiven oder reaktiven Aggression bewegt sich das Opfer auf den Hund zu. Offensive Aggressionen sind wesentlich gefährlicher als defensive und auch sehr viel schwieriger zu kontrollieren (► **Tab. 5.2**).
  **Kriterium C** = Modalität der Aggression 1–2

► **Tab. 5.2** Modalität der Aggression.

| Modalität | Definition |
|---|---|
| 1 | defensive-reaktive Aggression |
| 2 | offensive-proaktive Aggression |

- **Vorhersehbarkeit der Aggression**
  Unabhängig vom auslösenden Faktor ist es wichtig zu klären, ob der Angriff **aus der Sicht des Opfers** vorhersehbar war (► **Tab. 5.3**). Es gibt völlig unvorhersehbare Attacken, in anderen Fällen kann der den Hund kontrollierende Besitzer oder auch das Opfer lernen, die Aggression aus den Kontexten besser vorherzusehen, die Drohung zu respektieren und damit den Angriff zu vermeiden.
  **Kriterium D** = Vorhersehbarkeit des Angriffs 1–3

► **Tab. 5.3** Vorhersehbarkeit der Aggression.

| Grad | Definition |
|---|---|
| 1 | vorhersehbar |
| 2 | wenig vorhersehbar |
| 3 | nicht vorhersehbar |

- **Kontrolle und Intensität des Bisses**
  Hunde können im sozialen Kontext auf völlig kontrollierte Aggression zurückgreifen, etwa ein Erfassen der Hand mit dem Fang ohne die Absicht zu verletzen (► **Abb. 5.3**). Je unkontrollierter und fester der Biss ist, desto gefährlicher ist der Hund. Die Intensität des Bisses kann aus den hinterlassenen Verletzungen abgeleitet werden (► Tab. 5.4).
  **Kriterium E** = Intensität des Bisses 1–7

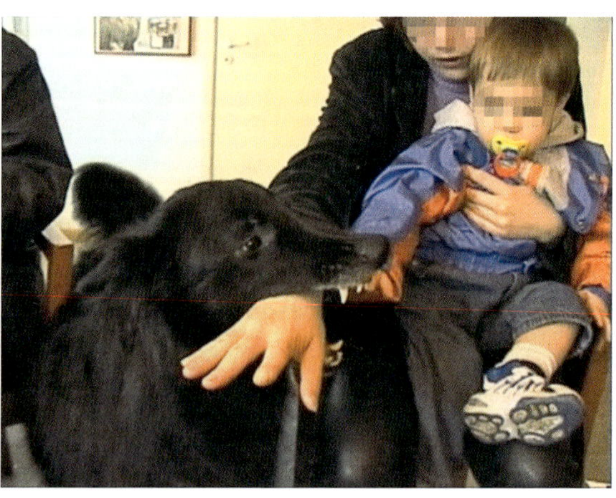

► **Abb. 5.3** Kontrolliertes Erfassen mit dem Fang.

▸ **Tab. 5.4** Faktoren für die Intensität des Bisses.

| Intensität | Definition |
|---|---|
| 1 | mit dem Fang erfassen, keine Spuren |
| 2 | Zwicken, blaue Flecken, kleine Hämatome |
| 3 | kontrollierter Biss, Hämatome |
| 4 | kontrollierter gehaltener Biss, Durchtrennung der Epidermis |
| 5 | fester Biss, Durchtrennung von Muskeln |
| 6 | fester und gehaltener Biss, Muskelzerreißungen |
| 7 | jagdlich motivierter Biss, Herausreißen von Muskeln |

- **Einfacher oder mehrfacher Biss**
  Ein Hund, der in einer Verhaltenssequenz wiederholt zubeißt, ist gefährlicher als ein Hund, der nur einmal schnappt oder zubeißt und sich dann entfernt. Mehrfache und gehaltene Bisse hinterlassen schwere bis sehr schwere Verletzungen (▸ Tab. 5.5, ▸ Abb. 5.4).
  **Kriterium F** = einfacher oder mehrfacher Biss 1–4

▸ **Tab. 5.5** Faktoren für den einfachen oder mehrfachen Biss.

| Kategorie | Definition |
|---|---|
| 1 | einfacher Biss |
| 2 | einfacher gehaltener Biss |
| 3 | mehrfacher Biss |
| 4 | mehrfacher und gehaltener Biss |

Am gefährlichsten sind somit **offensive, unvorhersehbare und unkontrollierte Aggressionen**, bei denen das Gewichtsverhältnis von Hund und Opfer sehr weit ist. In Haushalten mit Kindern, älteren, behinderten oder kranken Familienmitgliedern (Diabetes, Multiple Sklerose, Seh- oder Hörbehinderungen, Gehbehinderung, Therapie mit Gerinnungshemmern, Anfallserkrankungen etc.) stellt ein solcher Hund **höchstes Risiko oder Lebensgefahr** dar!

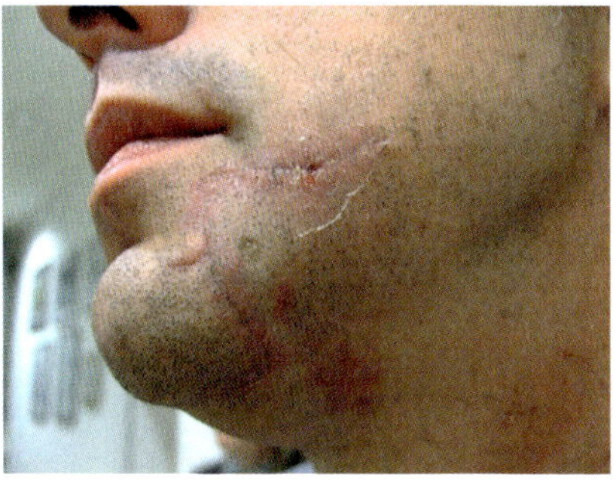

▸ **Abb. 5.4** Gehaltene Bisse haben besonders schwerwiegende Verletzungen zur Folge.

Die einzelnen Kriterien können für eine Berechnung in eine einfache additive Formel eingesetzt werden:

**Definition**

4 × A + B + C + D + E + F = Gefährlichkeitsindex

Der Gefährlichkeitsindex korreliert gut mit der Beurteilung des Hundes nach einer vollständigen verhaltensmedizinischen Untersuchung. Er gestattet ein schnelles und unmittelbares Erfassen der **globalen Gefährlichkeit** dieses Hundes unabhängig von Kontext und Art der Aggression.

Das Ergebnis dieser Berechnung kann einen Tierarzt bei der Entscheidung für das weitere Vorgehen unterstützen (▸ **Tab. 5.6**) und hat großen didaktischen Wert für Tierbesitzer, die das von ihrem Hund ausgehende Risiko nicht wahrhaben wollen. Diese Zahlen haben keinen absoluten oder wissenschaftlich erhobenen Wert für sich, sondern geben eine Tendenz an. Kleine Kinder werden in dieser Berechnung – wie nach einiger Zeit der Anwendung leicht zu erkennen ist – besonders berücksichtigt.

▸ **Tab. 5.6** Vorschläge für das weitere Vorgehen.

| Ergebnis | Risiko | Vorschläge für das weitere Vorgehen |
|---|---|---|
| unter 10 | gering | über die Risiken und das Verhalten des Hundes informieren |
| 10–14 | mittel | + klinische Untersuchung durch den Tierarzt, präventive Maßnahmen wie Maulkorbtraining |
| 14–15,5 | beträchtlich | + Verhaltenskonsultation bei einem spezialisierten Tierarzt, Maulkorb wenn der Hund im Risikomilieu ist |
| über 15,5 | sehr ernst bis tödlich | + Hund von (potenziellen) Opfern trennen, Disarming, Euthanasie |

**Merke**

**Mit dem Gefährlichkeitsindex können keine Vorhersagen über die weitere Entwicklung oder Unglücksfälle, die durch schlecht platzierte Bisse an großen Gefäßen, Stürze etc. verursacht sind, getroffen werden!**

Sinngemäß und etwas adaptiert kann diese Beurteilung natürlich auch auf andere Hunde oder andere Tiere angewendet werden, um zu erfassen wie gefährdet sie durch das aggressive Verhalten des untersuchten Hundes sind.

Nicht berücksichtigt sind in dieser Beurteilung der Gefährlichkeit durch Aggression und Beißen alle anderen Verhaltensweisen des Hundes, die Menschen (oder andere Tiere) gefährden können:

- unkontrollierte und unkontrollierbare Bewegungen, Anrempeln, Anspringen, an der Leine ziehen oder reißen etc. → Hyperaktivität (S. 159)
- Verfolgen von bewegten Objekten und Individuen wie Radfahrer, Reiter, Gespannfahrer, Autofahrer etc. → Jagdverhalten (S. 53)

## 5.3.2 Aggression gegenüber Menschen

Aggressives Verhalten gegenüber Menschen kann von der beinahe nicht als Aggression erkannten subtilen Drohung bis zum Angriff mit schweren, sogar lebensbedrohlichen, Bissverletzungen reichen.

**Merke**
**Der erste Schritt bei jeder Aggression gegenüber Menschen ist die Einschätzung der Gefährlichkeit des Hundes!**

Die Familie muss auf jeden Fall – in besonders prekären Situationen am besten **nachweislich** – über die Risiken für die eigene Familie oder die Öffentlichkeit, die bei der weiteren Haltung und auch trotz Behandlung vom Hund ausgehen, aufgeklärt werden!

Wenn die Gefahr weiterer Verletzungen vor allem durch offensive Aggression zu groß ist oder die Familie das Risiko nicht tragen kann oder will, muss die **Euthanasie** des Hundes in Erwägung gezogen werden.

### Innerhalb der Familie

Innerhalb der Familie oder eigenen sozialen Gruppe ist offensiv-proaktive Aggression in der Regel ein Grund für die Euthanasie des Hundes. Defensiv-reaktive Formen der Aggression können hingegen sehr gut und erfolgreich behandelt werden.

Es gilt die Grundstruktur für die Analyse:

#### Organische Differenzialdiagnosen abklären

- **alle schmerzhaften Erkrankungen**
  - chronisch: degenerative Gelenkerkrankungen, Erkrankungen der Zähne und Mundhöhle, Tumoren etc.
  - akut: Traumen, Schock, gastrointestinale Störungen etc.
- Taubheit
- aingeschränkte Sehfähigkeit oder Blindheit
- Allergien und Juckreiz
- ZNS-Erkrankungen (Infektionen, Tumoren, Epilepsie etc.)
- psychotrope Medikation (Benzodiazepine und andere desinhibierende Medikamente, Metoclopramid, Neuroleptika in niedriger Dosis etc.)

#### Genaue Beschreibung der Verhaltenssymptome

Mit der detaillierten Beschreibung kann man in den meisten Fällen den Aggressionstyp (S. 126) diagnostizieren. Wenn auslösende Faktoren und Konsequenzen des Verhaltens bekannt sind, können diese Informationen im Rahmen der Verhaltenstherapien (S. 234) genützt werden.

- **Integrität der Verhaltenssequenz** (S. 38) **beschreiben**:
  - Drohphase mit Knurren, Nase runzeln, Zähne zeigen, Anstarren, steif machen, Haare aufstellen, neurovegetative Angstsymptome etc. oder fehlende Drohphase oder Drohphase erst nach dem Angriff.
  - Angriff mit in die Luft schnappen, Zähne klacken, mit geschlossenem Fang anstoßen, kontrolliertes Erfassen mit dem Fang, zwicken, beißen, gehaltener Biss, schütteln etc.

- – Ende der Aggression mit Belecken der gebissenen Stelle, Rückzug, Inhibition, Submission etc. oder Beginn einer neuerlichen Drohphase.
- **Körperhaltung und Mimik** (S. 70) **beschreiben**:
  - **Defensive Haltung:** geduckt, verkleinerte Silhouette, Hals eingezogen, Kopf seitlich gedreht, Ohren am Kopf angelegt oder nach hinten gezogen, Mundwinkel lang nach hinten gezogen, Zeigen von viel Zähnen und Zahnfleisch, offener Fang, Mydriase, Haare aufgestellt, Schwanz eingezogen etc.
  - **Offensive Haltung:** aufrecht, durchgestreckte Beine, Haare aufgestellt, Ohren aufrecht oder gespannt nach vorne gerichtet, Schwanz erhoben, steifer Gang, direkter Blick, Mundwinkel kurz, Nase intensiv gerunzelt, Zeigen von wenig Zähnen und Zahnfleisch, offener Fang etc.
  - **Ambivalente Haltung:** wechselnde Mischung aus defensiven und offensiven Signalen, wahrscheinlich die häufigste Situation, der Hund passt seine Haltung und Mimik an den Kontext und die Reaktionen seines Gegenübers an.
- **Kontexte** (S. 40): Die Situationen, in denen Aggression auftritt, sollten möglichst genau beschrieben, nachgestellt oder skizziert werden.
  - Ort: Wo findet die Aggression statt?
  - Zeit: Wann findet die Aggression statt? Lichtverhältnisse?
  - Anwesende: alle Personen, Hunde und andere Tiere, die während der Aggression anwesend sind oder interagieren
  - Aktivitäten:
    1. Gibt es eine Interaktion mit dem Hund: Streicheln, Spielen, Füttern, Fellpflege, Manipulationen, Strafen etc.?
    2. Gibt es keine Interaktion mit dem Hund: Schlafen, Vorbeigehen, Sitzen, Fernsehen etc.?
  - Bezug zu anderen Ereignissen: Fütterung, Spiel, Kontakt zu anderen Hunden, Besuch, Welpenaufzucht etc.
  - Auslöser: Gibt es bekannte oder vermutete Auslöser? Aggression wird multifaktoriell ausgelöst – je mehr auslösende Faktoren bekannt sind, desto besser. Häufige äußere Auslöser für Aggression sind:
    - taktil (Streicheln, Fellpflege, Manipulationen etc.)
    - Schmerz (auf den Schwanz treten, strafen etc.)
    - akustisch (Türglocke, Bellen eines anderen Hundes, laute Geräusche etc.)
    - olfaktorisch (wenig zugänglich, sexuell aufregende Gerüche, fremde Hunde etc.)
    - optisch (andere Hunde, Menschen, Objekte, Bewegungen etc.)

Diese Beschreibung ist einzeln und für jeden Vorfall notwendig – es können durchaus verschiedene Formen der Aggression oder verschiedene Kontexte bei einem Hund möglich sein. Häufig versuchen Besitzer von einem Vorfall zum nächsten zu springen und die Analyse wird unsystematisch und konfus. Im Interview muss man daher ganz konsequent aufpassen und mit Hilfe von Skizzen oder einem Schema an der vollständigen Analyse eines aggressiven Vorfalls kleben bleiben, bevor man zum nächsten übergeht.

Mit diesen Informationen sollte eine deskriptiv-kontextuelle Diagnose des Aggressionstyps (S. 126) möglich sein.

- **Frequenz und Kinetik des Symptoms** (S. 41): Da die Konsequenzen aggressiven Verhaltens aus der Sicht des Hundes fast immer positiv sind, weil sie die Distanz zu einer Bedrohung vergrößern, einen unerwünschten Kontakt abbrechen, innere Spannung abgebaut wird, besteht eine starke Tendenz zur Instrumentalisierung. Die Häufigkeit und Intensität der Aggression nimmt zu, die Kontexte werden mehr und die Sequenz verliert ihre Integrität.
  Die Häufigkeit des aggressiven Verhaltens sollte gemeinsam mit dem Besitzer in einer Verlaufskurve dargestellt und wenn möglich mit Daten objektiviert werden.
  - Seit wann?
    1. War der Hund schon als Welpe aggressiv? → Hyperaktivitätsstörung (S. 269), Deprivationssyndrom (S. 271), dyssoziale Persönlichkeitsstörung (S. 286), impulsive Persönlichkeitsstörung (S. 286)
    2. Gibt es einen erkennbaren Beginn oder vermuteten Auslöser?
       Pubertät (S. 31) → Genetisch bedingte Verhaltensweisen und Persönlichkeitszüge werden mit der Pubertät und im jungerwachsenen Alter sichtbar. → Hormonell bedingte Veränderungen (Scheinträchtigkeit). → Distanzierungsaggression/soziale Phobie (S. 274) → unipolare Störung (S. 279)
       Traumen → Phobie (S. 274)
       Alter → kognitive Dysfunktion (S. 282)
  - Ist das Ausmaß der Aggression
    - gleichbleibend?
    - zunehmend?
    - abnehmend?
    - intermittierend mit normalen Phasen?

### Soziale Beziehungen und Kommunikation analysieren

- Gibt es Missverständnisse in der Kommunikation zwischen Mensch und Hund, Glaubenssätze oder falsche Erwartungshaltungen gegenüber dem Hund; siehe Kognitive Therapien für den Besitzer (S. 213)?
- Körperhaltungen und Kommunikationsrituale erfragen oder beobachten.
- Gibt es in der Familie oder im Haushalt Mitglieder, die proaktiv gegenüber dem Hund sind?
  - kleine Kinder, Kinder mit Hyperaktivitätsstörung, Menschen mit körperlichen oder psychischen Störungen, die den Rückzugsraum des Hundes nicht respektieren etc.

### Respekt für die ethologischen Bedürfnisse?

- Wird der Hund als Persönlichkeit respektiert und darf er sein Recht auf Rückzug und Ruhe in Anspruch nehmen? Darf er knurren, um diesen Anspruch zu kommunizieren?
- Darf der Hund ohne Störungen fressen?
- Hat der Hund ausreichend Beschäftigungsmöglichkeiten?

### Entwicklung des Hundes

Gibt es in der individuellen Ontogenese des Hundes Hinweise:

- Ist der Hund auf die Menschen, mit denen er zusammenleben muss, korrekt sozialisiert? → Deprivationssyndrom (S. 271), → soziale Phobie (S. 274)

- Hat der Hund psychomotorische Selbstkontrolle gelernt? → Hyperaktivitätsstörung (S. 269)
- Genetischer Hintergrund: Ähnliche Symptome treten auch bei Eltern, Geschwistern oder anderen Verwandten auf → vorsichtige Prognose je nach Art der Störung und Gefährlichkeit.

### Bisherige Maßnahmen?

- **Alle** Lösungsversuche und deren Erfolg erfragen. Diese können entweder ausgebaut oder in einer neuen therapeutischen Strategie vermieden werden, wenn sie erfolglos waren.
- Im Zusammenhang mit aggressiver Verhaltenssymptomatik werden Strafmaßnahmen sehr häufig angewendet. Diese Strafen sind in der Regel Anschreien oder physischer Art wie Schlagen mit der Hand oder Objekten, Schütteln etc. Solche Lösungsansätze sind nur selten erfolgreich und viel häufiger kontraproduktiv und gefährlich (sonst wäre der Hund nicht in der Konsultation). Sie sind für den Hund nicht immer klar verständlich, werden nur selten zeitgerecht und nicht konsequent genug oder mit Angst und Unsicherheit durchgeführt. Auf diese Weise wirken sie anxiogen und können den Hund veranlassen, nun mit heftiger Angstaggression zu reagieren.

### Weitere Verhaltenssymptome?

Weitere Verhaltenssymptome sind bei der Diagnose und der Planung einer therapeutischen Strategie sehr hilfreich.

- Symptome einer Angststörung (S. 119)
- Anzeichen von Hyperaktivität (S. 159)
- Anzeichen von Impulsivität (S. 286)
- inkonsistente, inkongruente Kommunikation und hierarchiebezogene Probleme (S. 284)
- Unsauberkeit (S. 162)
- Harnmarkieren (S. 80)

### Mögliche Diagnosen

- Phobie (S. 274)
- multiple Phobien (S. 275)
- generalisierte Angststörung (S. 275)
- Deprivationssyndrom (S. 271)
- Angststörung aufgrund von Deritualisation (S. 276)
- unipolare Störung (S. 279)
- hierarchiebezogene Störung (S. 284)
- Hyperaktivitätsstörung (S. 269)
- dyssoziale Persönlichkeitsstörung (S. 286)
- impulsive Persönlichkeitsstörung (S. 286)

### Therapeutische Strategien

Therapeutische Strategien werden an die individuellen Möglichkeiten, Ressourcen und Bedürfnisse des Besitzers und des Hundes angepasst:

- Pheromontherapie (S. 211)

 - DAP-Diffuseur
 - DAP-Spray
- Ökoethologische Therapien (S. 219)
 - ausreichend Rückzugsraum für den Hund schaffen, respektieren oder dafür sorgen, dass er respektiert wird
 - Rote Linie
 - Boxentraining
 - Aggression entschärfen und ablehnen
 - Rollenspiel mit dem Hund
 - Kommunikation klar und vorhersehbar machen
 - Fütterungsmanagement und Beschäftigung
 - *Nichts im Leben ist umsonst.*
 - Spieltherapie (S. 227)
- Kognitive Therapie (S. 213)
 - Glaubenssätze infrage stellen
 - Reframing
 - kontrollierte Rangeinweisung
- Verhaltenstherapien (S. 234)
 - systematische Desensibilisierung (S. 241)
 - Gegenkonditionierung (S. 242)
 - Extinktion (S. 251)
- Sonstige Maßnahmen (S. 258)
 - Maulkorb
 - Zimmerleine
- Chirurgische Maßnahmen (S. 265)
 - (Kastration bzw. GnRH-Implantat)
 - (Disarming)
- Umplatzierung (S. 267)
- Euthanasie (S. 268)
- **Psychopharmaka** (S. 204): Bei Vorliegen einer psychischen Störung oder wenn der Hund gefährlich ist, wird die medikamentöse Therapie ein wesentlicher Teil der therapeutischen Strategie sein.

## Außerhalb der Familie

Außerhalb der Familie oder der eigenen sozialen Gruppe ist sowohl die Behandlung defensiv-reaktiver als auch offensiv-proaktiver Aggression realistisch; jedoch sind Hunde, die gegenüber Menschen Jagdverhalten zeigen als hochgefährlich einzustufen. Die häufigsten Formen von Aggression gegenüber Menschen außerhalb der Familie sind Distanzierungsaggression, territoriale Aggression und Jagdverhalten beziehungsweise Verfolgen von Menschen in Bewegung. Das Verfolgen kann auf bewegte Objekte wie Mopeds, Autos, Traktoren etc. beschränkt sein - die therapeutischen Strategien sind ähnlich.

Es gilt die Grundstruktur für die Analyse:

### Organische Differenzialdiagnosen

- **alle schmerzhaften Erkrankungen**
  - chronisch: degenerative Gelenkerkrankungen, Erkrankungen der Zähne und Mundhöhle, Tumoren etc.
  - akut: Traumen, Schock, gastrointestinale Störungen etc.
- Taubheit
- aingeschränkte Sehfähigkeit oder Blindheit
- Allergien und Juckreiz
- ZNS-Erkrankungen (Infektionen, Tumoren, Epilepsie)
- psychotrope Medikation (Benzodiazepine und andere desinhibierende Medikamente, Metoclopramid, Neuroleptika in niedriger Dosis etc.)

### Genaue Beschreibung der Verhaltenssymptome

Mit der detaillierten Beschreibung kann man in den meisten Fällen den Aggressionstyp (S. 126) diagnostizieren. Wenn auslösende Faktoren und Konsequenzen des Verhaltens bekannt sind, können diese Informationen im Rahmen der Verhaltenstherapien (S. 234) genützt werden.

- **Integrität der Verhaltenssequenz** (S. 38) **beschreiben**:
  - Drohphase mit Knurren, Bellen, Nase runzeln, Zähne zeigen, Anstarren, steif machen, Haare aufstellen, neurovegetative Angstsymptome etc. oder fehlende Drohphase oder Drohphase erst nach dem Angriff.
  - Angriff mit Anspringen, in die Luft schnappen, Zähne klacken, mit geschlossenem Fang anstoßen, kontrolliertes Erfassen mit dem Fang, zwicken, beißen, gehaltener Biss, schütteln etc.
  - Ende der Aggression mit Rückzug, Inhibition, Submission etc. oder Beginn einer neuerlichen Drohphase.
- **Körperhaltung und Mimik** (S. 70) **beschreiben**:
  - **Defensive Haltung:** geduckt, verkleinerte Silhouette, Hals eingezogen, Kopf seitlich gedreht, Ohren am Kopf angelegt oder nach hinten gezogen, Mundwinkel lang nach hinten gezogen, Zeigen von viel Zähnen und Zahnfleisch, offener Fang, Mydriase, Haare aufgestellt, Schwanz eingezogen etc.
  - **Offensive Haltung:** aufrecht, durchgestreckte Beine, Haare aufgestellt, Ohren aufrecht oder gespannt nach vorne gerichtet, Schwanz erhoben, steifer Gang, direkter Blick, Mundwinkel kurz, Nase intensiv gerunzelt, Zeigen von wenig Zähnen und Zahnfleisch, offener Fang etc.
  - **Ambivalente Haltung:** wechselnde Mischung aus defensiven und offensiven Signalen; wahrscheinlich die häufigste Situation, der Hund passt seine Haltung und Mimik an den Kontext und die Reaktionen seines Gegenübers an.
- **Kontexte** (S. 40): Die Situationen, in denen Aggression auftritt, sollten möglichst genau beschrieben, nachgestellt oder skizziert werden.
  - Ort: Wo findet die Aggression statt?
  - Zeit: Wann findet die Aggression statt? Lichtverhältnisse?
  - Anwesende: Alle Personen, Hunde und andere Tiere, die während der Aggression anwesend oder nicht anwesend sind oder interagieren.
  - Aktivitäten:
  - Gibt es eine Interaktion mit dem Hund: Anreden, Streicheln, Spielen etc.?

- Gibt es keine Interaktion mit dem Hund: Vorbeigehen, Vorbeilaufen, Radfahren, Skaten etc.?
- Bezug zu anderen Ereignissen: Spiel, Kontakt zu anderen Hunden, Ankunft von Besuch, an der Leine oder angehängt vor einem Geschäft, Spiel und/oder Jagd mit einem anderen Hund, Fütterung etc.
- Auslöser: Gibt es bekannte oder vermutete Auslöser? Aggression wird multifaktoriell ausgelöst – je mehr auslösende Faktoren bekannt sind, desto besser. Häufige äußere Auslöser für Aggression sind:
  - taktil (Streicheln, Manipulationen, Zug am Halsband etc.)
  - Schmerz (auf den Schwanz treten, stoßen etc.)
  - akustisch (Anreden, Türglocke, Bellen eines anderen Hundes, laute Geräusche etc.)
  - olfaktorisch (wenig zugänglich, Geruch von ängstlichen Menschen, sexuell aufregende Gerüche etc.)
  - optisch (Annäherung von Menschen, schnelle Bewegungen, über den Hund beugen etc.)

Diese Beschreibung ist einzeln und für jeden Vorfall notwendig – es können durchaus verschiedene Formen der Aggression oder verschiedene Kontexte bei einem Hund möglich sein. Häufig versuchen Besitzer von einem Vorfall zum nächsten zu springen und die Analyse wird unsystematisch und konfus. Im Interview muss man daher ganz konsequent aufpassen und mit Hilfe von Skizzen oder einem Schema an der vollständigen Analyse eines aggressiven Vorfalls kleben bleiben, bevor man zum nächsten übergeht.

Mit diesen Informationen sollte eine deskriptiv-kontextuelle Diagnose des Aggressionstyps (S. 126) möglich sein.

- Frequenz und Kinetik des Symptoms (S. 41): Da die Konsequenzen aggressiven Verhaltens aus der Sicht des Hundes praktisch immer positiv sind, weil sie die Distanz zu einer Bedrohung vergrößern, einen unerwünschten Kontakt abbrechen und innere Spannung abgebaut wird, besteht eine starke Tendenz zur Instrumentalisierung. Die Häufigkeit und Intensität der Aggression nimmt zu, die Kontexte werden mehr und die Sequenz verliert ihre Integrität.
  Die Häufigkeit des aggressiven Verhaltens sollte gemeinsam mit dem Besitzer in einer Verlaufskurve dargestellt und wenn möglich mit Daten objektiviert werden.
  - Seit wann?
    1. War der Hund schon als Welpe oder Junghund aggressiv? → Hyperaktivitätsstörung (S. 269), → soziale Phobie (S. 274), → Deprivationssyndrom (S. 271), → dyssoziale Persönlichkeitsstörung (S. 286), → impulsive Persönlichkeitsstörung (S. 286)
    2. Gibt es einen erkennbaren Beginn oder vermuteten Auslöser?
       Pubertät (S. 31) → genetisch bedingte Verhaltensweisen und Persönlichkeitszüge werden mit der Pubertät und im jungerwachsenen Alter sichtbar. → Jagdverhalten beginnt oft erst mit der Pubertät. → Hormonell bedingte Veränderungen durch die erste Läufigkeit und Scheinträchtigkeit. → Distanzierungsaggression/soziale Phobie (S. 274) → unipolare Störung (S. 279)

Traumen → Phobie (S. 274)
Alter → kognitive Dysfunktion (S. 282)

- Ist das Ausmaß der Aggression
  - gleichbleibend?
  - zunehmend?
  - abnehmend?
  - intermittierend mit normalen Phasen?

### Soziale Beziehungen und Kommunikation analysieren

- Gibt es Missverständnisse in der Kommunikation zwischen Mensch und Hund, Glaubenssätze oder falsche Erwartungshaltungen gegenüber dem Hund; siehe Kapitel Kognitive Therapien für den Besitzer (S. 213)?
- Ist sich der Besitzer bewusst, dass er seinen Hund ausreichend gegenüber proaktiven Menschen in der Öffentlichkeit, die ihn streicheln wollen, sowohl im Sinne seines Hundes als auch für die Sicherheit der Passanten schützen muss?

### Respekt für die ethologischen Bedürfnisse?

- Wird der Hund als Persönlichkeit respektiert und darf er sein Recht auf Nichtkontakt mit Menschen in Anspruch nehmen?
- Sieht der Hund freundlich und einladend aus (helle Farbe, Langhaar, kurze Nase etc.), sodass ihn viele Menschen streicheln wollen?
- Wird der Hund bei Spaziergängen ausreichend und strukturiert beschäftigt?

### Entwicklung des Hundes

Gibt es in der individuellen Ontogenese des Hundes Hinweise:

- Ist der Hund auf die Menschen, mit denen er Kontakt haben muss, korrekt sozialisiert? → Deprivationssyndrom (S. 271), → soziale Phobie (S. 274)
- Hat der Hund psychomotorische Selbstkontrolle gelernt? → Hyperaktivitätsstörung (S. 269)
- Gab es eine intensive Phase der Desozialisation während der Pubertät oder im jungen Erwachsenenalter?
- Genetischer Hintergrund: Treten ähnliche Symptome auch bei Eltern, Geschwistern oder anderen Verwandten auf → vorsichtige Prognose je nach Art der Störung und Gefährlichkeit.

### Bisherige Maßnahmen?

- **Alle** Lösungsversuche und deren Erfolg erfragen. Diese können entweder ausgebaut oder in einer neuen therapeutischen Strategie vermieden werden, wenn sie nicht erfolgreich waren.

### Weitere Verhaltenssymptome?

Weitere Verhaltenssymptome sind bei der Diagnose und der Planung einer therapeutischen Strategie sehr hilfreich.

- Symptome einer Angststörung (S. 119)
- Anzeichen von Hyperaktivität (S. 159)
- Anzeichen von Impulsivität (S. 286)
- Inkonsistente, inkongruente Kommunikation und hierarchiebezogene Probleme (S. 284)

### Mögliche Diagnosen

- Phobie (S. 274)
- generalisierte Angststörung (S. 275)
- Deprivationssyndrom (S. 271)
- Distanzierungsaggression (S. 61)
- unipolare Störung (S. 279)
- Hyperaktivitätsstörung (S. 269)
- dyssoziale Persönlichkeitsstörung (S. 286)
- impulsive Persönlichkeitsstörung (S. 286)

### Therapeutische Strategien

Therapeutische Strategien werden an die individuellen Möglichkeiten, Ressourcen und Bedürfnisse des Besitzers und des Hundes angepasst:

- Pheromontherapie (S. 211)
  - DAP-Spray auf einem Halstuch
- Ökoethologische Therapien (S. 219)
  - ausreichend Rückzugsraum für den Hund schaffen, respektieren oder dafür sorgen, dass er respektiert wird
  - Boxentraining
  - Kommunikation klar und vorhersehbar machen
  - Fütterungsmanagement ändern
  - artgerechte Beschäftigung
- Kognitive Therapie (S. 213)
  - Glaubenssätze und Ansprüche an den Hund infrage stellen
  - Reframing
  - sichere Präsenz, Führung und Körperkontakt bieten, ohne *direkte* Interaktion, sondern als Vorbild
- Verhaltenstherapien (S. 234)
  - systematische Desensibilisierung (S. 241)
  - Gegenkonditionierung (S. 242)
  - Extinktion (S. 251)
- Sonstige Maßnahmen (S. 258)
  - Maulkorb (in Leuchtfarben)
  - Kopfhalfter (in Leuchtfarben)
  - Schleppleine
  - MasterPlus
- Umplatzierung (S. 267)
- Euthanasie (S. 268)
- **Psychopharmaka** (S. 204): Bei Vorliegen einer psychischen Störung oder wenn der Hund gefährlich ist, wird die medikamentöse Therapie ein wesentlicher Teil der therapeutischen Strategie sein.

### 5.3.3 Aggression gegenüber Hunden

#### Innerhalb der sozialen Gruppe

Die häufigste Form der Aggression innerhalb der sozialen Gruppe ist vermutlich die kompetitiv-soziale Aggression, bei der es um den Zugang zu bestimmten Ressourcen geht. Kompetitiv-soziale und defensiv-reaktive Formen der Aggression können zufriedenstellend behandelt werden, auch wenn sie bereits instrumentalisiert sind. Hingegen ist heftige offensiv-proaktive Aggression gegenüber Hunden innerhalb der Familie oder der eigenen sozialen Gruppe in der Regel ein Grund für die Abgabe oder Euthanasie eines Hundes.

Die Beurteilung der Gefährlichkeit (S. 127) kann sinngemäß auch bei Aggression zwischen Hunden angewendet werden. Je ausgeprägter der Größenunterschied zwischen den Hunden ist, desto gefährlicher wird die Situation für den kleineren Hund!

Auch hier gilt die pragmatische Grundstruktur für die Analyse beider Hunde:

#### Organische Differenzialdiagnosen

- **alle schmerzhaften Erkrankungen**
  - chronisch: degenerative Gelenkerkrankungen, Erkrankungen der Zähne und Mundhöhle, Tumoren etc.
  - akut: Traumen, Schock, gastrointestinale Störungen etc.
- Taubheit
- eingeschränkte Sehfähigkeit oder Blindheit
- Allergien und Juckreiz
- ZNS-Erkrankungen (Infektionen, Tumoren, Epilepsie)
- hormonell bedingte Erkrankungen (Hypothyreose, Cushing)
- Psychotrope Medikation (Diazepam und andere desinhibierende Medikamente, Metoclopramid, Neuroleptika in niedriger Dosis etc.)
- Demenz

#### Genaue Beschreibung der Verhaltenssymptome beider Hunde

- **Integrität der Verhaltenssequenz** (S. 38):
  - Drohphase mit Knurren, Nase runzeln, Zähne zeigen, Anstarren, steif machen, Haare aufstellen, neurovegetative Angstsymptome etc. oder fehlende Drohphase oder Drohphase erst nach dem Angriff. Eine Drohphase muss für den bedrohten Hund erkennbar und verständlich sein.
  - Angriff mit in die Luft schnappen, Zähne klacken, mit geschlossenem Fang anstoßen, kontrolliertes Erfassen mit dem Fang, zwicken, beißen, gehaltener Biss, schütteln etc.
  - Ende der Aggression mit Belecken der gebissenen Stelle, des Kopfes oder der Ohren, Rückzug, Inhibition, Submission etc. oder Beginn einer neuerlichen Drohphase.
- **Körperhaltung und Mimik** (S. 70): Es sind die Körperhaltungen und Mimik beider Hunde wichtig, denn es handelt sich oft um eine Ko-Produktion, an der beide Hunde gleichermaßen beteiligt sind. Provokation kann sich auch auf einer anderen Ebene abspielen, z. B. in Form von Harnmarkieren. Videoaufnahmen und Skizzen können sehr hilfreich sein.

  - **Defensive Haltung:** geduckt, verkleinerte Silhouette, Hals eingezogen, Kopf seitlich gedreht, Ohren am Kopf angelegt oder nach hinten gezogen, Mundwinkel lang nach hinten gezogen, Zeigen von viel Zähnen und Zahnfleisch, offener Fang, Mydriase, Haare aufgestellt, Schwanz eingezogen etc.
  - **Offensive Haltung:** aufrecht, durchgestreckte Beine, Haare aufgestellt, Ohren aufrecht oder gespannt nach vorn gerichtet, Schwanz erhoben, steifer Gang, direkter Blick, Mundwinkel kurz, Nase intensiv gerunzelt, Zeigen von wenig Zähnen und Zahnfleisch, offener Fang etc.
  - **Ambivalente Haltung:** wechselnde Mischung aus defensiven und offensiven Signalen, wahrscheinlich die häufigste Situation, der Hund passt seine Haltung und Mimik an den Kontext und die Reaktionen seines Gegenübers an.
- **Kontexte** (S. 40): Die Analyse der Kontexte ist bei Aggression zwischen Hunden im gemeinsamen Haushalt besonders wichtig! Die Situationen, in denen Aggression auftritt, sollten möglichst genau beschrieben, nachgestellt oder skizziert werden.
  - Ort: Wo findet die Aggression statt?
  - Zeit: Wann findet die Aggression statt? Lichtverhältnisse?
  - Anwesende: Alle Personen, Hunde und andere Tiere, die während der Aggression anwesend sind oder interagieren.
    1. Aggression tritt nur in Anwesenheit des Besitzers auf.
    2. Aggression tritt sowohl in An- als auch Abwesenheit des Besitzers auf.
  - Aktivitäten:
    1. Gibt es eine Interaktion des Besitzers mit einem oder beiden Hunden oder zwischen den Hunden: Körperkontakt, Streicheln, Spielen, Fressen, Spazierengehen etc.
    2. Gibt es keine Interaktion zwischen den Hunden: Schlafen, Vorbeigehen, Sitzen etc.?
  - Bezug zu anderen Ereignissen: Begrüßung, Spaziergang, Fütterung, Spiel, Kontakt zu anderen Hunden, Besuch, Welpenaufzucht etc.
  - Auslöser: Gibt es bekannte oder vermutete Auslöser? Aggression wird multifaktoriell ausgelöst – je mehr auslösende Faktoren bekannt sind, desto besser. Häufige äußere Auslöser für Aggression zwischen Hunden sind:
    - Vorhandensein von Ressourcen wie Futter, Kauknochen, Spielzeug, Ruheplätze, Durchgang, sozialer Kontakt mit dem Besitzer etc.
    - akustisch (Türglocke, Bellen eines anderen Hundes, laute Geräusche etc.)
    - olfaktorisch (wenig zugänglich, sexuell aufregende Gerüche, fremde Hunde, veränderter Körpergeruch eines Hundes etc.)
    - optisch (andere Hunde, Menschen, Objekte, schnelle Bewegungen etc.)
    - räumliche Enge und fehlende Ausweichmöglichkeit (Auto, enge Räume, Leine etc.)
- **Konsequenzen:** Die Konsequenzen können das Problem aufrechterhalten oder zur Verschlimmerung beitragen.
  - Der Besitzer mischt sich regelmäßig in den Streit ein, trennt die Hunde und versucht nach seiner Vorstellung Frieden und Gerechtigkeit zu schaffen.
  - Der Besitzer versucht den unterlegenen „armen" Hund zu unterstützen, indem er ihn bevorzugt behandelt und den aggressiven Hund maßregelt.

Diese Beschreibung ist einzeln und für jeden Vorfall notwendig – es können durchaus verschiedene Formen der Aggression oder verschiedene Kontexte möglich sein. Häufig versuchen Besitzer von einem Vorfall zum nächsten zu springen und die Analyse wird unsystematisch und konfus. Im Interview muss man daher ganz konsequent aufpassen und mit Hilfe von Skizzen oder einem Schema an der vollständigen Analyse eines aggressiven Vorfalls kleben bleiben, bevor man zum nächsten übergeht.

Mit diesen Informationen sollte eine deskriptiv-kontextuelle Diagnose des Aggressionstyps (S. 126) möglich sein.

Wenn auslösende Faktoren und Konsequenzen des Verhaltens genau bekannt sind, können diese Informationen im Rahmen der Verhaltenstherapien (S. 234) genützt werden.

- **Frequenz und Kinetik des Symptoms** (S. 41): Da die Konsequenzen aggressiven Verhaltens aus der Sicht des Hundes fast immer positiv sind, weil sie die Distanz zu einer Bedrohung vergrößern, einen unerwünschten Kontakt abbrechen und innere Spannung abgebaut wird, besteht eine starke Tendenz zur Instrumentalisierung. Die Häufigkeit und Intensität der Aggression nimmt zu, die Kontexte werden mehr und die Sequenz verliert ihre Integrität.

  Die Häufigkeit des aggressiven Verhaltens sollte gemeinsam mit dem Besitzer in einer Verlaufskurve dargestellt und wenn möglich mit Daten objektiviert werden.
  - Seit wann?
    1. Waren einer oder beide Hunde schon als Welpen aggressiv? → Hyperaktivitätsstörung (S. 269), Deprivationssyndrom (S. 271), dyssoziale Persönlichkeitsstörung (S. 286), impulsive Persönlichkeitsstörung (S. 286)
    2. Gibt es einen erkennbaren Beginn oder vermuteten Auslöser?
       Pubertät (S. 31) → Genetisch bedingte Verhaltensweisen und Persönlichkeitszüge werden mit der Pubertät und im jungerwachsenen Alter sichtbar. → Hormonell bedingte Veränderungen mit der sexuellen Reife, Läufigkeit, Trächtigkeit oder Scheinträchtigkeit. → unipolare Störung (S. 279)
       → hierarchiebezogene Störung (S. 284)
       Erkrankungen, Verletzungen, Operationen → Angststörung (S. 273),
       → hierarchiebezogene Störung (S. 284)
       Traumen → Phobie (S. 274)
       Alter → kognitive Dysfunktion (S. 282)

## Evolution des Problems

- Wie hat sich das Problem im Lauf der Zeit entwickelt?
  - stabil
  - verbessert
  - ausgeweitet auf andere Kontexte
  - Hyperaggression
- Welche Verletzungen – wenn überhaupt – fügen sich die Hunde zu und wie hat sich die Situation entwickelt?
  - keine Verletzungen oder nur oberflächliche Wunden → physiologisches Verhalten
  - kleine Bisswunden im Bereich des Kopfes, der Ohren, des Halses oder der Vorderpfoten → sehr wahrscheinlich physiologisches Verhalten

- schwere Bisswunden am ganzen Körper, auch im hinteren Körperbereich oder am Bauch → an fehlende psychomotorische Kontrolle, dyssoziale Persönlichkeitsstörung, Jagdverhalten, Hyperaggression denken

## Soziale Beziehungen und Kommunikation analysieren

- Beherrschen beide Hunde die Regeln und Rituale der Kommunikation mit Körperhaltungen, Mimik, Beschwichtigung und Unterwerfung?
- Gibt es für den unterlegenen Hund Rückzugsmöglichkeiten, sodass er weitere Aggression vermeiden und die Distanzen respektieren kann?
- Gibt es Zeiten, in denen sich die Hunde noch gut verstehen, miteinander spielen, harmonieren oder sich zumindest tolerieren?

## Respekt für die ethologischen Bedürfnisse?

- Werden die Hunde als Persönlichkeiten und ihre hierarchischen Kommunikationsregeln respektiert?
- Gibt es genug Rückzugsraum für jeden Hund?
- Werden beide Hunde ausreichend beschäftigt?

## Entwicklung der Hunde

- Sind die Hunde korrekt auf Hunde sozialisiert? → Deprivationssyndrom (S. 271), → Jagdverhalten (S. 53)
- Haben beide Hunde psychomotorische Selbstkontrolle gelernt? → Hyperaktivitätsstörung (S. 269), → dyssoziale Persönlichkeitsstörung (S. 286)
- Gibt es einen genetischen Hintergrund und Eltern oder Geschwister, die eine ähnliche Art der Aggression zeigen?

## Bisherige Maßnahmen?

**Alle** Lösungsversuche und deren Erfolg oder Misserfolg erfragen. Diese können entweder ausgebaut oder in einer neuen therapeutischen Strategie vermieden werden, wenn sie erfolglos waren.

## Weitere Verhaltenssymptome?

Weitere Verhaltenssymptome sind bei der Diagnose und der Planung einer therapeutischen Strategie sehr hilfreich. Es können einer oder beide Hunde an einer psychischen Störung leiden oder beide physiologisches, für die Besitzer unverständliches oder problematisches Verhalten zeigen.

- Symptome einer Angststörung (S. 119)
- Harnmarkieren (S. 80)
- Anzeichen von Hyperaktivität (S. 159)
- Anzeichen von Impulsivität (S. 286)
- inkonsistente, inkongruente Kommunikation und hierarchiebezogene Probleme (S. 284)
- kognitive Dysfunktion (S. 282)

## Mögliche Diagnosen

- Phobie (S. 274)
- generalisierte Angststörung (S. 275)

- Angststörung aufgrund von Deritualisation (S. 276)
- unipolare Störung (S. 279)
- hierarchiebezogene Störung (S. 284)
- Hyperaktivitätsstörung (S. 269)
- dyssoziale Persönlichkeitsstörung (S. 286)
- impulsive Persönlichkeitsstörung (S. 286)

### Therapeutische Strategien

Therapeutische Strategien werden an die individuellen Möglichkeiten, Ressourcen und Bedürfnisse des Besitzers und der Hunde angepasst:

- Pheromontherapie (S. 211)
  - DAP-Diffuseur
  - DAP-Spray
- Ökoethologische Therapien (S. 219)
  - ausreichend und sicheren Rückzugsraum für jeden Hund schaffen, respektieren oder dafür sorgen, dass er respektiert wird
  - ausreichend Ressourcen wie Futter, Wasser, Spielzeug etc. oder nur zeitlich begrenzt unter strikter Kontrolle anbieten
  - ausreichend mentale und körperliche Beschäftigungsmöglichkeiten bieten
  - Boxentraining
  - Spieltherapie
- Kognitive Therapie (S. 213)
  - Glaubenssätze und Ansprüche an die Hunde infrage stellen
  - Reframing
  - kontrollierte Rangeinweisung und Struktur durch klare vorhersehbare Regeln schaffen
- Verhaltenstherapien (S. 234)
  - Habituation
  - systematische Desensibilisierung
  - Gegenkonditionierung
  - Clickertraining
- Sonstige Maßnahmen (S. 258)
  - Maulkorb
  - Kopfhalfter
  - Zimmerleine
  - MasterPlus
- Chirurgische Maßnahmen (S. 265)
  - Kastration bzw. GnRH-Implantat
  - (Disarming)
- Umplatzierung (S. 267)
- Euthanasie (S. 268)
- **Psychopharmaka** (S. 204): Bei Vorliegen einer psychischen Störung bei einem oder beiden Hunden oder wenn ein Hund für den anderen gefährlich ist, wird die medikamentöse Therapie ein wesentlicher Teil der therapeutischen Strategie sein.

## Außerhalb der sozialen Gruppe

Aggression zwischen Hunden außerhalb der eigenen sozialen Gruppe kann vollkommen physiologisch oder pathologisch sein.

Sowohl offensiv-proaktive als auch defensiv-reaktive Aggression kann zufriedenstellend behandelt werden. Schwieriger sind die Situationen zu regeln, in denen andere Besitzer ihre Hunde, die sich dem aggressiven Hund annähern, nicht unter Kontrolle halten.

Bei Jagdverhalten, meistens von großwüchsigen Hunden gegenüber kleinen Hunden, aufgrund einer unvollständigen Prägung auf die eigene Art ist die Prognose äußerst vorsichtig zu stellen.

Die Beurteilung der Gefährlichkeit (S. 127) kann sinngemäß auch bei Aggression zwischen Hunden angewendet werden. Je ausgeprägter der Größenunterschied zwischen den Hunden ist, desto gefährlicher wird die Situation für den kleineren Hund!

Auch hier gilt die pragmatische Grundstruktur für die Analyse:

### Organische Differenzialdiagnosen

- **alle schmerzhaften Erkrankungen**
  - chronisch: degenerative Gelenkerkrankungen, Erkrankungen der Zähne und Mundhöhle, Tumoren etc.
  - akut: Traumen, Schock, gastrointestinale Störungen etc.
- Taubheit
- eingeschränkte Sehfähigkeit oder Blindheit
- Allergien und Juckreiz
- ZNS-Erkrankungen (Infektionen, Tumoren, Epilepsie)
- hormonelle Erkrankungen (Hypothyreose)
- psychotrope Medikation (Benzodiazepine und andere desinhibierende Medikamente, Metoclopramid, Neuroleptika in niedriger Dosis etc.)
- Demenz

### Genaue Beschreibung der Verhaltenssymptome beider Hunde

- **Integrität der Verhaltenssequenz** (S. 38):
  - Drohphase mit Knurren, Nase runzeln, Zähne zeigen, Anstarren, steif machen, Haare aufstellen, neurovegetative Angstsymptome etc. oder fehlende Drohphase oder Drohphase erst nach dem Angriff. Eine Drohphase muss für den bedrohten Hund erkennbar und verständlich sein.
  - Angriff mit Anspringen, in die Luft schnappen, Zähne klacken, mit geschlossenem Fang anstoßen, kontrolliertes Erfassen mit dem Fang, zwicken, beißen, gehaltener Biss, schütteln etc.
  - Ende der Aggression mit Rückzug, Inhibition, Submission etc. oder Beginn einer neuerlichen Drohphase.
- **Körperhaltung und Mimik** (S. 70): Es sind die Körperhaltungen und Mimik beider Hunde wichtig, denn es handelt sich oft um eine Ko-Produktion an der beide Hunde gleichermaßen beteiligt sind. Provokation kann sich auch auf einer anderen Ebene abspielen, z. B. in Form von chemischer Kommunikation oder Harnmarkieren. Videoaufnahmen und Skizzen können sehr hilfreich sein. Beim Jagdverhalten findet von seiten des angreifenden Hundes keinerlei Kommunikation über Körperhaltungen und Mimik mit dem anderen Hund statt!

  - **Defensive Haltung**: geduckt, verkleinerte Silhouette, Hals eingezogen, Kopf seitlich gedreht, Ohren am Kopf angelegt oder nach hinten gezogen, Mundwinkel lang nach hinten gezogen, Zeigen von viel Zähnen und Zahnfleisch, offener Fang, Mydriase, Haare aufgestellt, Schwanz eingezogen etc.
  - **Offensive Haltung**: aufrecht, durchgestreckte Beine, Haare aufgestellt, Ohren aufrecht oder gespannt nach vorne gerichtet, Schwanz erhoben, steifer Gang, direkter Blick, Mundwinkel kurz, Nase intensiv gerunzelt, Zeigen von wenig Zähnen und Zahnfleisch, offener Fang etc.
  - **Ambivalente Haltung**: wechselnde Mischung aus defensiven und offensiven Signalen, wahrscheinlich die häufigste Situation, der Hund passt seine Haltung und Mimik an den Kontext und die Reaktionen seines Gegenübers an.
- **Kontexte** (S. 40): Die Analyse der Kontexte bei Aggression zwischen Hunden kann beim Entwickeln einer therapeutischen Strategie helfen.
  - Auslöser: Gibt es bekannte oder vermutete Auslöser? Aggression wird multifaktoriell ausgelöst – je mehr auslösende Faktoren bekannt sind, desto besser. Häufige äußere Auslöser für Aggression zwischen Hunden sind:
    - Der Hund ist nur gegenüber Hunden des gleichen Geschlechts aggressiv.
    - Der Hund ist nur gegenüber bestimmten anderen Hunden, besonderen Altersgruppen, Typen, Rassen oder Farben aggressiv.
    - Der Hund ist gegenüber bestimmten anderen Hunden aggressiv, hat aber wiederum mit anderen freundliche soziale Kontakte.
    - Der Hund ist ausnahmslos gegenüber allen anderen Hunden aggressiv.
    - Vorhandensein von Ressourcen wie Futter, Kauknochen, Spielzeug, Spielpartner, Auto, sozialer Kontakt mit dem Menschen etc.
    - Olfaktorisch (wenig zugänglich, sexuell aufregende Gerüche, veränderter Körpergeruch eines Hundes etc.).
    - Optisch (schnelle Bewegungen etc.).
    - Akustisch (Quietschen oder Schreien eines anderen Hundes etc.)
    - Der Hund ist nur aggressiv bei räumlicher Enge und fehlender Ausweichmöglichkeit (Auto, enge Räume, Leine etc.).
    - Der Hund ist nur aggressiv, wenn er frei läuft.
    - Der Hund ist aggressiv unabhängig davon, ob er an der Leine ist oder frei läuft.
  - Zur vollständigen Beschreibung des Kontexts sollten noch Zeit, Ort, anwesende Personen oder Tiere, besondere Aktivitäten etc. erfragt werden.
- **Konsequenzen:** Die Konsequenzen können zum Aufrechterhalten des Problems oder zur Verschlimmerung beitragen.
  - Der Besitzer entwickelt aufgrund von Stress und bisherigen unangenehmen Erfahrungen Rituale und Strategien, die die Spannung des Hundes zusätzlich erhöhen.
  - Der Hund lernt, dass sich andere Hunde vor ihm fürchten und gewinnt Sicherheit oder hat sogar zunehmend Spaß an seiner Aktivität.
  - Der Besitzer mischt sich regelmäßig in den Streit ein und „rettet" seinen Hund.

Diese Beschreibung ist einzeln und für jeden Vorfall notwendig – es können durchaus verschiedene Formen der Aggression oder verschiedene Kontexte möglich sein. Häufig versuchen Besitzer von einem Vorfall zum nächsten zu springen und die Analyse wird unsystematisch und konfus. Im Interview muss man daher ganz konsequent aufpassen und mit Hilfe von Skizzen oder einem Schema an der vollständigen Analyse eines aggressiven Vorfalls kleben bleiben, bevor man zum nächsten übergeht.

Mit diesen Informationen sollte eine deskriptiv-kontextuelle Diagnose des Aggressionstyps (S. 126) möglich sein.

Wenn auslösende Faktoren und Konsequenzen des Verhaltens genau bekannt sind, können diese Informationen im Rahmen der Verhaltenstherapien (S. 234) genützt werden.

- **Frequenz und Kinetik des Symptoms** (S. 41): Da die Konsequenzen aggressiven Verhaltens aus der Sicht des Hundes fast immer positiv sind, weil sie die Distanz zu einer Bedrohung vergrößern, einen unerwünschten Kontakt abbrechen und innere Spannung abgebaut wird, besteht eine starke Tendenz zur Instrumentalisierung. Die Häufigkeit und Intensität der Aggression nimmt zu, die Kontexte werden mehr und die Sequenz verliert ihre Integrität.
  Die Häufigkeit des aggressiven Verhaltens sollte gemeinsam mit dem Besitzer in einer Verlaufskurve dargestellt und wenn möglich mit Daten objektiviert werden.
  - Seit wann?
    1. War der Hund schon als Welpe aggressiv? → Hyperaktivitätsstörung (S. 269), Deprivationssyndrom (S. 271), dyssoziale Persönlichkeitsstörung (S. 286), impulsive Persönlichkeitsstörung (S. 286)
    2. Gibt es einen erkennbaren Beginn oder vermuteten Auslöser?
       Pubertät (S. 31) → Genetisch bedingte Verhaltensweisen und Persönlichkeitszüge werden mit der Pubertät und im jungerwachsenen Alter sichtbar. → Hormonell bedingte Veränderungen mit der sexuellen Reife, Läufigkeit oder Scheinträchtigkeit. → unipolare Störung (S. 279)
       Erkrankungen, Verletzungen, Operationen → Angststörung (S. 273)
       Traumen → Phobie (S. 274)
       Alter → kognitive Dysfunktion (S. 282)

## Evolution des Problems

- Wie hat sich das Problem im Lauf der Zeit entwickelt?
  - Es gab ein oder mehrere traumatische Erlebnisse für den Hund.
  - stabil
  - verbessert
  - ausgeweitet auf andere Kontexte oder Hundetypen
  - Hyperaggression
- Welche Verletzungen – wenn überhaupt – fügt der Hund anderen zu und wie hat sich die Situation entwickelt?
  - keine Verletzungen oder nur oberflächliche Wunden → physiologisches Verhalten
  - kleine Bisswunden im Bereich des Kopfes, der Ohren, des Halses oder der Vorderpfoten → wahrscheinlich physiologisches Verhalten
  - tiefe Bisswunden im hinteren Körperbereich oder am Bauch → an Hyperaktivitätsstörung, Deprivationssyndrom, dyssoziale Persönlichkeitsstörung, impulsive Persönlichkeitsstörung, Jagdverhalten denken
  - Der andere Hund wurde schwer verletzt oder getötet. → an Hyperaktivitätsstörung, dyssoziale Persönlichkeitsstörung, impulsive Persönlichkeitsstörung, Jagdverhalten denken

### Soziale Beziehungen und Kommunikation analysieren

- Beherrscht und respektiert der Hund die Regeln und Rituale der agonistischen Kommunikation mit Körperhaltungen, Mimik, Beschwichtigung und Unterwerfung?
- Gab es für den unterlegenen Hund Rückzugsmöglichkeiten, sodass er weitere Aggression vermeiden und die Distanzen respektieren konnte?

### Respekt für die ethologischen Bedürfnisse?

- Wird der Hund als Persönlichkeit und werden die Kommunikationsregeln unter Hunden vom Besitzer respektiert?
- Hat der Hund seinen individuellen Bedürfnissen entsprechend soziale Kontakte?

### Entwicklung des Hundes

- Ist der Hund korrekt auf andere Hunde aller Typen und Größen sozialisiert? → Deprivationssyndrom (S. 271), → Jagdverhalten (S. 53)
- Hat der Hund psychomotorische Selbstkontrolle gelernt? → Hyperaktivitätsstörung (S. 269), → dyssoziale Persönlichkeitsstörung (S. 286)
- Gab es traumatische Begegnungen mit anderen Hunden? → soziale Phobie (S. 274)
- Gibt es einen genetischen Hintergrund und Eltern oder Geschwister, die eine ähnliche Art der Aggression zeigen?

### Bisherige Maßnahmen?

- **Alle** Lösungsversuche und deren Erfolg oder Misserfolg erfragen. Diese können entweder ausgebaut oder in einer neuen therapeutischen Strategie vermieden werden, wenn sie nicht erfolgreich waren.

### Weitere Verhaltenssymptome?

Weitere Verhaltenssymptome sind bei der Diagnose und der Planung einer therapeutischen Strategie sehr hilfreich.

- Symptome einer Angststörung (S. 119)
- Anzeichen von Hyperaktivität (S. 159)
- Anzeichen von Impulsivität (S. 286)
- inkonsistente, inkongruente Kommunikation (S. 95)

### Mögliche Diagnosen

- Phobie (S. 274)
- generalisierte Angststörung (S. 275)
- Deprivationssyndrom (S. 271)
- Hyperaktivitätsstörung (S. 269)
- unipolare Störung (S. 279)
- dyssoziale Persönlichkeitsstörung (S. 286)
- impulsive Persönlichkeitsstörung (S. 286)

### Therapeutische Strategien

Therapeutische Strategien werden an die individuellen Möglichkeiten, Ressourcen und Bedürfnisse des Besitzers und des Hundes angepasst:

- Pheromontherapie (S. 211)
  - DAP-Spray auf einem Halstuch

- Ökoethologische Therapien (S. 219)
  - dem Hund Rückzugsmöglichkeiten verschaffen und ihn rechtzeitig aus angespannten Situationen abrufen
  - Spieltherapie
  - artgerechte Beschäftigungsmöglichkeiten anbieten
- Kognitive Therapie (S. 213)
  - Glaubenssätze und Ansprüche an den Hund infrage stellen
  - Reframing
  - Respekt für die Ethologie des Hundes und Beobachtung der Kommunikation
  - sichere Präsenz, Führung und Körperkontakt bieten, ohne *direkte* Interaktion, sondern als Vorbild
- Verhaltenstherapien (S. 234)
  - systematische Desensibilisierung
  - Gegenkonditionierung
  - Clickertraining
- Sonstige Maßnahmen (S. 258)
  - Maulkorb
  - Kopfhalfter
  - Schleppleine
  - MasterPlus
- Chirurgische Maßnahmen (S. 265)
  - Kastration bzw. GnRH-Implantat
- Umplatzierung (S. 267)
- Euthanasie (S. 268)
- **Psychopharmaka** (S. 204): Bei Vorliegen einer psychischen Störung oder wenn der Hund gefährlich ist, wird die medikamentöse Therapie ein wesentlicher Teil beim Entwickeln einer therapeutischen Strategie sein.

### 5.3.4 Aggression gegenüber anderen Tieren – Jagdverhalten

Bei Aggression gegenüber anderen Tieren handelt es sich in der Regel um Jagdverhalten, das sich manchmal auch nur auf das Verfolgen beschränkt.

Die Gefährlichkeit für die betroffenen Opfer ist hoch. Jagdverhalten ist beim Hund physiologisch und das Beutespektrum ausgesprochen weit. Frühzeitige und intensive Sozialisation auf die mit dem Menschen und dem Hund zusammenlebenden Tierarten ist die beste Möglichkeit Jagdverhalten zu verhindern.

#### Genaue Beschreibung der Verhaltenssymptome

- **Integrität der Verhaltenssequenz** (S. 38)
- **Körperhaltung und Mimik** (S. 70): Beim Jagdverhalten findet seitens des angreifenden Hundes keinerlei Kommunikation über Körperhaltungen und Mimik mit dem Opfer statt!
- **Kontexte** (S. 40): Die Analyse der Kontexte, die auslösend für Jagdverhalten sind, kann bei der Vermeidung und Entwicklung einer therapeutischen Strategie helfen.

Auslöser: Gibt es bekannte oder vermutete Auslöser? Typische Auslöser für Jagdverhalten sind Reize aus der Umgebung:
  - olfaktorisch (wenig zugänglich, Fährten etc.)
  - optisch (schnelle, ruckartige Bewegungen etc.)
  - akustisch (hohe Töne, Rascheln etc.)
- **Konsequenzen**: Die angenehmen Konsequenzen können zum Aufrechterhalten des Problems oder zur Verschlimmerung beitragen. Jagdverhalten ist eine in sich hochmotivierte und selbstbelohnende Aktivität; die Erfahrung der überwältigenden Emotionen einer erfolgreichen Jagd kann im Hund nie wieder gelöscht werden.

Mit diesen Informationen sollte eine deskriptiv-kontextuelle Diagnose des Aggressionstyps (S. 126) möglich sein.

Wenn auslösende Faktoren und Konsequenzen des Verhaltens genau bekannt sind, können diese Informationen im Rahmen der Verhaltenstherapien (S. 234) genützt werden.

- **Frequenz und Kinetik des Symptoms** (S. 41): Da die Konsequenzen von Jagdverhalten aus der Sicht des Hundes immer positiv sind besteht eine starke Tendenz zur Instrumentalisierung.
  - Seit wann?
    1. Jagdliche Verhaltensweisen beginnen sehr häufig rund um die Pubertät.
    2. Der Hund kann in jedem Alter mit Jagdverhalten beginnen.

## Evolution des Problems

- Wie hat sich das Problem im Lauf der Zeit entwickelt?
  - stabil
  - verbessert
  - intensiviert
  - Hat der Hund bereits eine positive Bestätigung durch Fangen und/oder Töten der Beute gemacht?

## Respekt für die ethologischen Bedürfnisse?

- Das Ausleben von Jagdverhalten kann dem Hund nur in Ausnahmefällen ermöglicht werden, außer er steht im jagdlichen Einsatz.
- Hat der Hund seinen individuellen Bedürfnissen entsprechend alternative strukturierte Beschäftigungsmöglichkeiten?

## Entwicklung des Hundes

- Ist der Hund korrekt auf andere Tiere wie Katzen, Nutztiere aller Art sozialisiert?
- Wurde der Hund (ursprünglich) für jagdlichen Einsatz gezüchtet?
- Hat der Hund frühere Erfahrungen mit Jagd, z. B. ehemals freilebende Importhunde?

## Bisherige Maßnahmen?

**Alle** Lösungsversuche und deren Erfolg oder Misserfolg erfragen. Diese können entweder ausgebaut oder in einer neuen therapeutischen Strategie vermieden werden, wenn sie nicht erfolgreich waren.

## Weitere Verhaltenssymptome?

Weitere Verhaltenssymptome können bei der Diagnose und vor allem bei der Planung einer therapeutischen Strategie hilfreich sein, wenn die Motivation und Vorlieben des Hundes erkennbar sind. Jagdverhalten kann als einzelnes Problem unabhängig oder gemeinsam mit anderen psychischen Störungen auftreten.

## Therapeutische Strategien

Therapeutische Strategien werden an die individuellen Möglichkeiten, Ressourcen und Bedürfnisse des Besitzers und des Hundes angepasst:

- Ökoethologische Therapien (S. 219)
  - Spieltherapie
  - strukturierte Beschäftigungsmöglichkeiten auf einem Spaziergang anbieten
  - Fütterungsmanagement
  - Natural Dogmanship
- Kognitive Therapie (S. 213)
  - Glaubenssätze und Ansprüche an den Hund infrage stellen
  - Reframing
  - Respekt für die Ethologie des Hundes und die Umwelt
- Verhaltenstherapien (S. 234)
  - Gegenkonditionierung
  - Clickertraining
- Sonstige Maßnahmen (S. 258)
  - Maulkorb
  - Kopfhalfter
  - Schleppleine
  - MasterPlus
- Umplatzierung (S. 267)
- Euthanasie (S. 268)
- **Psychopharmaka** (S. 204): Jagdverhalten kann durch den Einsatz von Psychopharmaka, ausgenommen stark sedierende, nicht verhindert werden. Andere psychische Störungen und der allgemeine Anspruch an Aktivität kann mit Medikation beeinflusst werden und weitere Maßnahmen erleichtern.

## 5.4 Destruktives Verhalten

Als destruktives Verhalten werden alle Schäden vorgestellt, die der Hund für den Besitzer durch Nagen, Kauen, Zerreißen, Kratzen oder Graben verursacht.

**Praxis**

**Wichtig bei der Anamnese:**

- Genaue Beschreibung der Verhaltenssymptome.
- Respekt für die Ethologie des Hundes?
- Weitere Verhaltenssymptome?

### 5.4.1 Genaue Beschreibung der Verhaltenssymptome

- **Verhaltenssequenz:** Was genau macht der Hund? Ist die Verhaltenssequenz physiologisch strukturiert oder gibt es Anzeichen für stereotype motorische Aktivität? → repetitives und stereotypes Verhalten (S. 172)
  - Graben, z. B. Löcher im Garten, in Mauern etc.
  - Nagen, Zerbeißen: eigenes Spielzeug, Decken, Möbel, Kleidung, diverse kleine Objekte wie Bücher, Telefon, Fernbedienung, Pflanzen etc.
  - Zerkratzen: Türen, Fenster, Teppiche, Böden, Wände etc.
- **Körperhaltung und Mimik:** Wie sieht der Hund bei seiner Aktivität aus und welche Körperhaltungen nimmt er ein? Beschädigt sich der Hund bei seiner Aktivität selbst? → An repetitives und stereotypes Verhalten (S. 172), Hyperaktivitätsstörung (S. 269) denken.
- **Kontext und Umstände:**
  - Wo ist der Hund destruktiv? Der genaue Kontext und die Ausnahmen vom Problem helfen bei der Diagnose und der Entwicklung einer therapeutischen Strategie.
    - im Haus
    - im Garten
    - im Auto
    - etc.
  - Unter welchen Umständen, wann und wann nicht?
    - Der Hund ist nur destruktiv, wenn er alleine ist. → trennungsbedingte Probleme (S. 122)
    - Der Hund ist destruktiv unabhängig davon, ob er alleine ist. → An mangelnden Respekt für die Ethologie, Hyperaktivitätsstörung (S. 269) denken.
    - Der Hund ist destruktiv unter bestimmten Bedingungen: Besuch, wenig Aufmerksamkeit etc. → An Frustration oder umgerichtete Aggression, hierarchiebezogene Störung (S. 284) denken.
- **Konsequenzen:** Die befriedigende orale oder körperliche Aktivität, Erfolg beim Finden von Futter oder Ausbrechen aus dem Garten kann die Motivation des Hundes erhöhen und zur Verschlimmerung des Problems beitragen.

### 5.4.2 Respekt für die ethologischen Bedürfnisse des Hundes?

- Hat der Hund ausreichend körperliche und mentale Beschäftigung und Möglichkeit zu gemeinsamen sozialen Aktivitäten? Die rein physische Aktivität wie Joggen, Laufen neben dem Rad etc. ist nicht ausreichend und ein großer Garten oder herumliegendes Spielzeug sind kein Ersatz für eine adäquate Beschäftigung des Hundes.
- Welche Aktivitäten und Beschäftigungsmöglichkeiten gibt es tatsächlich für den Hund?
- Gibt es einen genetischen Hintergrund und hohen Aktivitätsanspruch, weil der Hund für ausdauernde und anspruchsvolle Aufgaben gezüchtet wurde wie Jagdhunde, Hütehunde etc.

### 5.4.3 Evolution des Problems

- Wie hat sich das Problem im Lauf der Zeit entwickelt?
  - Der Hund war immer schon destruktiv. → An Hyperaktivitätsstörung (S. 269) denken.
  - Es gab eine Veränderung im Leben und/oder Aktivitäten der Familie, mit der die Beschäftigung mit dem Hund reduziert wurde, wie Geburt eines Kindes, Jobwechsel, Wohnungswechsel etc.
  - etc.

### 5.4.4 Bisherige Maßnahmen?

Alle Lösungsversuche und deren Erfolg oder Misserfolg erfragen. Diese können entweder ausgebaut oder in einer neuen therapeutischen Strategie vermieden werden, wenn sie nicht erfolgreich waren.

- Nicht zeitgerechte Strafen gehören zu den häufigsten und in der Regel erfolglosen Maßnahmen des Besitzers das destruktive Verhalten seines Hundes abzustellen.
- Reduzieren des verfügbaren Raums, Einsperren oder Anhängen?

### 5.4.5 Weitere Verhaltenssymptome?

Weitere Verhaltenssymptome können bei der Unterscheidung helfen, ob es sich einfach um problematisches, aber physiologisches Verhalten oder um eine psychische Störung handelt.

- Anzeichen von Hyperaktivität (S. 159)
- Anzeichen von Angst oder Ängstlichkeit (S. 119)
- Anzeichen von Demenz (S. 282)
- Anzeichen für mangelhafte Kommunikation oder hierarchiebezogene Störung (S. 284)

### 5.4.6 Mögliche Diagnosen

- Hyperaktivitätsstörung (S. 269)
- kognitive Dysfunktion (S. 282)
- Angststörungen (S. 273)

- hierarchiebezogene Störung (S. 284)
- Langeweile und Unterbeschäftigung aufgrund von fehlendem Respekt für die Ethologie des Hundes

### 5.4.7 Therapeutische Strategien

Therapeutische Strategien werden an die individuellen Möglichkeiten, Ressourcen und Bedürfnisse des Besitzers und des Hundes angepasst:

- Pheromontherapie (S. 211)
  - DAP-Diffuseur
  - DAP-Spray
- Ökoethologische Therapien (S. 219)
  - Mentale Beschäftigung intensivieren wie Nasenarbeit, Suchspiele, Differenzierungsspiele etc.
  - Fütterungsmanagement ändern, z. B. Fütterung mit Kong, BusterCube etc.
  - Kautätigkeiten ermöglichen
  - Hund darf nicht allein im Garten bleiben
  - gemeinsame soziale Aktivität anstatt Jogging oder Radfahren
  - Sandhaufen oder Grabezone im Garten einrichten und durch versteckte Knochen und Leckerbissen positiv bestärken
  - Spieltherapie
  - kontrollierte Rangeinweisung und klare Regeln für die Kommunikation
  - Boxentraining
  - dem ursprünglichen züchterisch beeinflussten Zweck des Hundes entsprechende Aktivität anbieten
- Kognitive Therapie (S. 213)
  - Reframing
  - Glaubenssätze und Ansprüche an den Hund infrage stellen
  - *Das ist ein Hund, Hunde graben und kauen.*
  - *Ein Hund mit Langeweile, dem keine befriedigende Aktivität angeboten wird, sucht sich selbst eine spannende Beschäftigung.*
- Verhaltenstherapien (S. 234)
  - Clickertraining als Grundlage gemeinsamer Beschäftigung
  - anonyme Strafen bei gleichzeitigem alternativen Angebot für den Hund
- Sonstige Maßnahmen (S. 258)
  - Hundesitter
  - MasterPlus
- Umplatzierung (S. 267)
- **Psychopharmaka** (S. 204): Sind in Fällen einer psychischen Störung wie einer Hyperaktivitätsstörung, Angststörung oder kognitiver Dysfunktion erforderlich.

# 5.5 Vokalisieren

Vokalisieren wird häufig dann als Problem präsentiert, wenn sich Nachbarn beklagen oder Anzeigen vorliegen – wird somit nicht vom Besitzer, sondern von der Gesellschaft als Problem definiert. Ein Hund könnte stundenlang bellen, wenn es niemanden aus der Nachbarschaft stört. Individuelle Kommunikationsrituale wie ständiges Fiepen oder Winseln können sich zum Problem für den Besitzer entwickeln.

**Praxis**

**Wichtig bei der Anamnese:**

- Genaue Beschreibung des Verhaltenssymptoms.
- Respekt für die Ethologie des Hundes?
- Weitere Verhaltenssymptome?

## 5.5.1 Organische Differenzialdiagnosen abklären

- Taubheit
- ZNS-Erkrankungen
- Herzerkrankungen, die Husten auslösen
- Trachealkollaps
- schmerzhafte Erkrankungen

## 5.5.2 Genaue Beschreibung der Verhaltenssymptome

- **Verhaltenssequenz:** Was genau macht der Hund? Ist die Verhaltenssequenz physiologisch strukturiert und dient sie der Kommunikation oder gibt es Anzeichen für stereotype vokale Aktivität? → repetitives und stereotypes Verhalten (S. 172)
  - bellen, heulen, winseln, fiepen etc.
  - Husten: kann vor allem von Klein- und Zwerghunden mit Grunderkrankungen (Herzinsuffizienz, Trachealkollaps) bewusst eingesetzt werden und zum kommunikativen Ritual werden, weil der Besitzer besorgt reagiert.
  - moduliert und variationsreich
  - monoton
- **Körperhaltung und Mimik:** Wie sieht der Hund beim Vokalisieren aus und welche Körperhaltungen nimmt er ein?
- **Kontext und Umstände:**
  - Wann und wo vokalisiert der Hund? Der genaue Kontext und die Ausnahmen vom Problem helfen bei der Diagnose und der Entwicklung einer therapeutischen Strategie.
    - Der Hund vokalisiert nur, wenn er allein ist. → trennungsbedingte Probleme (S. 122)
    - im Haus
    - im Garten
    - im Auto
    - auf Spaziergängen

    - nachts
    - etc.
  - Gibt es erkennbare Auslöser?
    - akustische Reize wie Geräusche im Haus oder draußen, Läuten an der Tür etc.
    - optische Reize wie andere Hunde, Passanten, schnelle Bewegungen, Fahrzeuge, potenzielle Beute, unbekannte Objekte etc.
    - Kommen und/oder Gehen von Familienmitgliedern, Besuch etc.
    - allgemeine Aufregung, Hyperzustand
    - fehlende Aufmerksamkeit
    - keine erkennbaren Auslöser → an Hyperaktivitätsstörung (S. 269), unipolare Störung (S. 279), repetitives und stereotypes Verhalten (S. 172) denken
- **Dauer und Frequenz:** Um das Ausmaß der Symptomatik und vor allem einer therapeutischen Strategie überwachen zu können, sind Informationen über die Dauer und Frequenz von entscheidender Bedeutung!
- **Konsequenzen, soziale Beziehungen und Kommunikation analysieren:** Wurden die Lautäußerungen des Hundes durch den Besitzer oder die Umwelt, bewusst oder unbewusst, bestätigt? Zum Beispiel:
  - Weggehen zum Spaziergang wird beschleunigt, damit der Hund nicht in der Wohnung oder im Treppenhaus bellt.
  - Futter, Kauknochen oder Spielzeug werden zur Beruhigung gegeben, wenn der Hund bellt.
  - Aufmerksamkeit – auch negative wie Schimpfen – wenn der Hund ausdauernd fiept, winselt oder bellt.
  - Aufforderung zum Bellen, bevor der Hund Futter, Spielzeug oder Kontakt erhält.
  - Verkehrsbedingte Fortsetzung der Autofahrt, nachdem der Hund bei einem Halt bellt.
  - Passanten, Hunde oder Fahrzeuge setzen ihren Weg fort, wenn der Hund bellt.
  - Husten ist einerseits ein berechtigtes Symptom und kann andererseits vom Hund bewusst zur Manipulation eingesetzt werden.
  - Etc.

### 5.5.3 Respekt für die ethologischen Bedürfnisse des Hundes?

- Hat der Hund ausreichend körperliche und mentale Beschäftigung und Möglichkeit zu gemeinsamen sozialen Aktivitäten? Rein physische Aktivität wie Joggen, Laufen neben dem Rad etc. ist nicht ausreichend und ist kein Ersatz für eine adäquate Beschäftigung des Hundes.
- Welche Aktivitäten und Beschäftigungsmöglichkeiten gibt es tatsächlich für den Hund?
- Territoriales Verhalten wird gefördert, wenn der Hund die Gelegenheit alleine im Garten etc. dazu erhält.

### 5.5.4 Entwicklung des Hundes

- Gibt es einen genetischen Hintergrund und Eltern oder Geschwister, die ähnlich viel vokalisieren?
- Neigt der Hund rassetypisch zum Vokalisieren, weil er für bestimmte Aufgaben gezüchtet wurde wie Jagdhunde, Wachhunde etc.?

### 5.5.5 Evolution des Problems

Die überwiegend positiven Konsequenzen von Lautäußerungen wie auch der selbstbelohnende Effekt des Bellens kann das Problem aufrechterhalten oder zur Verschlimmerung beitragen. Wie hat sich das Problem im Lauf der Zeit entwickelt?

- Der Hund hat immer schon viel gebellt, vokalisiert. → An individuelle Veranlagung, → Hyperaktivitätsstörung (S. 269) denken.
- Der Hund hat ursprünglich nur bei bestimmten Anlässen gebellt, vokalisiert und inzwischen sind keine Auslöser mehr erkennbar. → An repetitives und stereotypes Verhalten (S. 172) denken.

### 5.5.6 Bisherige Maßnahmen?

Alle Lösungsversuche und deren Erfolg oder Misserfolg erfragen. Diese können entweder ausgebaut oder in einer neuen therapeutischen Strategie vermieden werden, wenn sie nicht erfolgreich waren.

- Ermahnungen oder Schimpfen können den Hund in Abhängigkeit von seiner Motivation in seiner Lautäußerung bestätigen, weil er Kontakt und Aufmerksamkeit erhält.
- Anti-Bell-Halsband?

### 5.5.7 Weitere Verhaltenssymptome?

Weitere Verhaltenssymptome können bei der Unterscheidung helfen, ob es sich einfach um problematisches, aber physiologisches Verhalten oder um eine psychische Störung handelt.

- Anzeichen von Hyperaktivität (S. 159)
- Anzeichen von Angst oder Ängstlichkeit (S. 119)
- Anzeichen von Demenz (S. 282)
- Anzeichen für mangelhafte Kommunikation oder hierarchiebezogene Störung (S. 284)

### 5.5.8 Mögliche Diagnosen

- Hyperaktivitätsstörung (S. 269)
- kognitive Dysfunktion (S. 282)
- Angststörungen (S. 273)
- hierarchiebezogene Störung (S. 284)
- unipolare Störung (S. 279)
- repetitives Verhalten (S. 280)
- Langeweile und Unterbeschäftigung aufgrund von fehlendem Respekt für die Ethologie des Hundes

### 5.5.9 Therapeutische Strategien

Therapeutische Strategien werden an die individuellen Möglichkeiten, Ressourcen und Bedürfnisse des Besitzers und des Hundes angepasst:

- Pheromontherapie (S.211)
  - DAP-Diffuseur
  - DAP-Spray
- Ökoethologische Therapien (S.219)
  - mentale Beschäftigung wie Nasenarbeit, Suchspiele, Differenzierungsspiele etc. intensivieren
  - Fütterungsmanagement ändern, z. B. Fütterung mit Kong, BusterCube etc.
  - Kautätigkeiten ermöglichen
  - Hund darf nicht allein im Garten bleiben.
  - Reduktion optischer Reize, Sichtschutz
  - Spieltherapie
  - kontrollierte Rangeinweisung und klare Regeln für die Kommunikation
  - Boxentraining
- Kognitive Therapie (S.213)
  - Reframing
  - Glaubenssätze und Ansprüche an den Hund infrage stellen
  - unbewusste Verstärkung bewusst machen
  - *Ein Hund mit Langeweile, dem keine befriedigende Aktivität angeboten wird, sucht sich selbst eine Beschäftigung, z. B. Passanten vor dem Zaun vertreiben.*
  - *Ihr Hund hat von Ihnen gelernt, dass es im Umgang mit Ihnen eine wirkungsvolle Methode der Kommunikation ist.*
- Verhaltenstherapien (S.234).
  - Clickertraining als Grundlage gemeinsamer Beschäftigung
  - anonyme Strafen bei gleichzeitigem alternativem Angebot für den Hund
- Sonstige Maßnahmen (S.258)
  - Hundesitter
  - (Aboistop)
  - MasterPlus
  - CalmingCap
- Chirurgische Maßnahmen (S.265)
  - (Debarking)
- Umplatzierung (S.267)
- **Psychopharmaka** (S.204): Sind in Fällen einer psychischen Störung wie einer Hyperaktivitätsstörung, Angststörung, stereotypen Verhaltens oder kognitiver Dysfunktion und bei organischen Erkrankungen, die Husten verursachen, erforderlich.

## 5.6 Hyperaktivität

Die Unterscheidung, ob es sich um einen aktiven, aber unterbeschäftigten Hund oder um Hyperaktivität handelt, ist nicht immer ganz einfach. Es sind immer alle diagnostischen Kriterien, die individuellen Eigenheiten, der Rassetypus sowie die Lebensbedingungen in die Beurteilung einzubeziehen.

**Praxis**

**Wichtig bei der Anamnese:**

- Alter des Hundes?
- Genaue Beschreibung der Symptome mit
  - Schlafverhalten,
  - Fressverhalten
  - und Spiel
- Reaktion des Hundes auf Fixation?
- Respekt für die ethologischen Bedürfnisses des Hundes?
- Entwicklung des Hundes.
- Weitere Verhaltenssymptome?

### 5.6.1 Alter des Hundes

Jugendliche und halbwüchsige Hunde können besonders aktiv sein und werden als solche oft noch voller Hoffnungen auf automatische Besserung akzeptiert. Klagen über hyperaktives Verhalten tauchen oft auf, wenn der Hund aus den Erziehungskursen ausgeschlossen oder unerträglich wird. Hyperaktivität zeigt sich ab dem ersten Tag beim Besitzer, kann aber bei Hunden jeden Alters diagnostiziert werden.

### 5.6.2 Genaue Beschreibung der Symptome

- **Was genau sieht der Besitzer als hyperaktives Verhalten an?**
  - aggressives, wildes und rücksichtsloses Spielen mit Verletzungen der Spielpartner
  - umgerichtetes Jagdverhalten (S. 53) und Verfolgen von Kindern, Joggern, Radfahrern, Beißen in Kleidung etc.
  - destruktives Verhalten (S. 152)
  - Vokalisieren (S. 155)
  - aufdringliches Verhalten und ständige Kontaktsuche
  - stürmisches Herumlaufen, Springen, Spielen, Anrempeln etc.
  - keine Konzentration auf Übungen, fehlender Lernerfolg
  - keine Leinenführigkeit
  - zu wenig Schlaf
  - etc.
- **Schlafverhalten:**
  - Hyperaktive Hunde schlafen nur sehr wenig, zum Teil weniger als 5 Stunden, und sind beim geringsten Reiz sofort hellwach und aktiv.
  - Traumphasen fehlen oft bei hyperaktiven Hunden oder sind nur kurz.

- Der Hund kann ruhen oder schlafen, wenn es keine Reize gibt; das heißt in der Regel nur zu Hause.
- **Fressverhalten:**
  - Extrem schnelles Fressen kann Symptom einer Hyperaktivitätsstörung sein.
  - Hyperaktive Hunde lernen nur sehr schwer oder gar nicht, stillzuhalten, auf ein Futter zu warten oder es sanft aus der Hand zu nehmen.
- **Kontext:** Wann tritt das Verhalten auf?
  - Hyperaktive Hunde sind auch dann aktiv und in Bewegung, wenn andere, annähernd gleichaltrige Hunde ruhen oder schlafen.
  - Der kleinste Auslöser reicht, um den Hund in Aktivität zu bringen (*on the go*).
  - Wenn es keinerlei Reize gibt, kann der Hund normal erscheinen.

### 5.6.3 Evolution des Problems

- schon bei der Übernahme des Welpen oder Junghundes, ab dem ersten Tag → Hyperaktivitätsstörung (S. 269)
- späteres Auftreten, zyklischer Verlauf mit normalen Phasen von einigen Tagen oder Wochen dazwischen → unipolare Störung (S. 279).

### 5.6.4 Reaktion des Hundes auf Fixation?

Wie reagiert der Hund auf Fixation oder die Manipulation bei der klinischen Untersuchung?

- Hyperaktive Hunde reagieren rasch, wehren sich oder werden aggressiv, wenn sie fixiert werden, weil sie sich nicht selbst kontrollieren und stillhalten können.
- Aktive und lebhafte Hunde, die nur unterfordert sind, können sich im Grunde selbst kontrollieren und tolerieren die Fixation. Sie sind sofort mit Eifer und Aufmerksamkeit bei der Sache, wenn sie gefordert werden.

### 5.6.5 Respekt für die ethologischen Bedürfnisse des Hundes?

Je restriktiver und reizärmer die Haltungsbedingungen desto wahrscheinlicher ist auch mangelnder Respekt für die Bedürfnisse des Hundes.

- Welche tatsächlichen gemeinsamen sozialen Aktivitäten gibt es in der Familie mit dem Hund?
- Wie wird der Hund nicht nur körperlich, sondern auch mental gefordert?
- Gibt es interaktives kontrolliertes Spiel?
  - Welche Spiele?
  - Dauer?
  - Wie oft?
  - Spielpartner?

### 5.6.6 Entwicklung des Hundes

Gibt es in der individuellen Ontogenese des Hundes Hinweise?

- Großer Wurf und Überforderung der Hundemutter (zu jung, wenig erzieherische Kompetenz, selbst hyperaktiv) bei der Erziehung der Welpen.
- Zu frühe Trennung von der Mutter und/oder anderen erziehenden erwachsenen Hunden.
- Handaufzucht ohne Anwesenheit erwachsener Hunde und fehlende Erziehung zur Selbstkontrolle.
- Gibt es einen genetischen Hintergrund und Eltern oder Geschwister, die hyperaktiv sind?
- Neigt der Hund rassetypisch zu hoher Aktivität, weil er für Arbeitsleistung selektiert wurde (Jagdhunde, Hütehunde etc.)?

### 5.6.7 Weitere Verhaltenssymptome?

Dem Untersuchungsgang folgend werden die weiteren Verhaltensbereiche erfasst und Symptome registriert.

Aktives Verhalten bei jugendlichen Hunden und entsprechenden Rassetypen, die unterfordert sind, ist als physiologisch anzusehen.

Hyperaktivität führt häufig zu weiteren Symptomen:

- Unsauberkeit, weil der Hund draußen zu abgelenkt ist, um Kot und Harn abzusetzen. Die Selbstkontrolle ist nicht ausreichend, um sich zurückzuhalten.
- Aggression gegenüber Menschen und anderen Hunden
- Angstsymptome, weil neben der motorischen auch die emotionale Selbstkontrolle fehlt
- geringe Frustrationstoleranz
- destruktives Verhalten
- Hypervigilanz
- stereotype Verhaltensweisen wie Kreislaufen, Schwanzjagen, Vokalisieren etc.

### 5.6.8 Mögliche Diagnosen

An folgende Störungen ist bei hyperaktivem Verhalten vor allem zu denken:

- Hyperaktivitätsstörung (S. 269)
- unipolare Störung (S. 279)
- repetitive Störung

### 5.6.9 Therapeutische Strategien

Therapeutische Strategien werden an die individuellen Möglichkeiten, Ressourcen und Bedürfnisse des Besitzers und des Hundes angepasst:

- Ökoethologische Therapien (S. 219)
  - Erziehung des Welpen oder Junghundes zur Selbstkontrolle
  - mentale Beschäftigung wie Nasenarbeit, Suchspiele, Differenzierungsspiele etc.
  - Fütterungsmanagement ändern, z. B. Kong, BusterCube etc.
  - Kautätigkeit ermöglichen

  - strukturierte gemeinsame soziale Aktivität anstatt Jogging oder Radfahren
  - Spieltherapie: Kontrolliertes und geregeltes Spiel unterstützt die Entwicklung von Selbstkontrolle
  - Tabuspiele, die Selbstkontrolle und Konzentration fördern
- Kognitive Therapie (S. 213)
  - Reframing
  - *Das ist ein Hund, der für eine bestimmte Arbeitsleistung gezüchtet wurde.*
  - *Ein Hund mit Langeweile, dem nichts angeboten wird, sucht sich selbst eine spannende Beschäftigung.*
  - *Hyperaktive Hunde haben einen riesigen ON- und einen winzig kleinen OFF-Schalter. Mit Medikation kann die Funktion des OFF-Schalters verbessert werden.*
- Verhaltenstherapien (S. 234)
  - Clickertraining als Grundlage gemeinsamer Beschäftigung
- Sonstige Maßnahmen (S. 258)
  - Massage und TTouch
  - Körperbandagen
  - Thundershirt®
  - Nahrungsergänzungen
- Umplatzierung (S. 267)
- Euthanasie (S. 268)
- **Psychopharmaka** (S. 204): Der Einsatz von Medikamenten ermöglicht und beschleunigt das Erlernen der motorischen und emotionalen Selbstkontrolle. Bei den meisten hyperaktiven Hunden sind andere Maßnahmen überhaupt erst realistisch unter Medikation durchführbar. Ausreichende Schlafphasen und Erfolg bei der Basiserziehung sind sowohl für den Besitzer als auch für den Hund lebenswichtig.

## 5.7 Unsauberkeit Harn und/oder Kot

Das Problem Unsauberkeit wird beim Hund bei Weitem nicht so oft vorgestellt wie bei der Katze. In der Regel geht es um Schwierigkeiten bei der Sauberkeitserziehung von jungen Hunden oder ältere Hunde, die wieder unsauber werden, nachdem sie es schon einmal gelernt hatten.

**Praxis**

**Wichtig bei der Anamnese:**

- Harn und/oder Kot?
- War der Hund schon komplett sauber?
- Harnabsatz oder Harnmarkieren?
- **Organische Differenzialdiagnosen.**
- Genaue Beschreibung des Verhaltenssymptoms mit
  - Körperhaltung
  - und **Kontext**.
- Respekt für die Ethologie des Hundes?

### 5.7.1 Harn und/oder Kot?

Die Aussagen von Besitzern sind nicht immer eindeutig und vollständig: *Er ist nicht sauber .../Mein Hund macht überall hin .../Er geht immer auf den Teppich im Wohnzimmer ...*

In diesen Fällen muss direkt und wenn nötig in der Sprache des Besitzers nachgefragt werden, ob *machen* Harn- oder Kotabsatz bedeutet. *Auf den Teppich pinkeln* schließt nicht zwingend aus, dass der Hund auch hin und wieder Kot vor der Tür absetzt.

### 5.7.2 War der Hund schon komplett sauber?

- **Ja.** → Der Hund hat das Prinzip zumindest einmal gelernt. Man sucht besonders nach den Faktoren, die sich verändert haben.
- **Nein.** → Der Informationsgehalt ist hier gering, denn der Hund kann im Laufe der Zeit mehr als einen Grund für Unsauberkeit haben; z. B. am Beginn Fehler bei der Sauberkeitserziehung und Maldigestion oder Diabetes, die er später zusätzlich entwickelt.

### 5.7.3 Harnabsatz oder Harnmarkieren?

Bei Rüden (sehr selten bei der Hündin) ist noch die Unterscheidung wichtig, ob mit Harn markiert wird oder ob es sich um Ausscheidungsverhalten handelt; siehe Kapitel Elimination (S. 65). Wenn der Besitzer die Verhaltenssequenzen beobachten und beschreiben kann, ist die Unterscheidung sehr einfach. Die genaue Beschreibung der Orte, deren senkrechte Orientierung und die geringe Harnmenge sollte jedoch die Unterscheidung auch ohne direkte Beobachtung ermöglichen. Im Zweifel sind Videoaufnahmen hilfreich, vor allem zur Identifikation im Haushalt mit mehreren Rüden.

→ Unsauberkeit
→ Harnmarkieren (S. 80)

### 5.7.4 Organische Differenzialdiagnosen

Insbesondere Hunde, die bereits sauber waren, müssen sehr genau auf organische Ursachen untersucht werden. Ebenso, wenn der Erziehungsprozess mit korrekter Technik bei jungen Hunden und sehr häufig bei Zwergrassen lange dauert, sind organische und psychische Erkrankungen auszuschließen.

Häufigere organische Erkrankungen, die Ursache für Unsauberkeit sein können:

- alle gastrointestinalen Erkrankungen:
  - Durchfall jeglicher Ursache
  - Darmparasiten
  - Kolitis
  - Maldigestion
  - Pankreatitis
  - Proktitis
  - Analbeutelentzündung
- Erkrankungen des Harn- und Geschlechtsapparats:
  - Zystitis

  - Harnsteine und Obstruktion
  - Missbildungen (ektopische Ureter)
  - Nephritis
  - Nephrose
  - Prostatitis
  - Tumoren
- Störungen, die mit Polydipsie/Polyurie einhergehen:
  - Diabetes mellitus
  - Diabetes insipidus
  - Cushing
  - Endometritis/Pyometra
  - Nierenerkrankungen
  - Herzerkrankungen
- neurologische Störungen:
  - angeborene Defekte (Hydrozephalus)
  - Speicherkrankheiten
  - Folgen von Schädel-Hirn- oder Wirbelsäulentraumen
  - Sphinkterschwäche
  - Bandscheibenvorfall
  - Cauda-equina-Syndrom
  - Gehirntumoren
  - Infektionen
- Erkrankungen des Bewegungsapparats
  - degenerative Gelenkerkrankungen
- alle schmerzhaften Erkrankungen

### 5.7.5 Genaue Beschreibung der Verhaltenssymptome

- **Sequenz, Körperhaltung, Mimik:** Diese Elemente sind manchmal nicht erfassbar, weil der Besitzer seinen Hund nicht beobachtet oder ihn verständlicherweise unterbricht. Strafen tragen ebenfalls dazu bei, dass sich der Hund zurückzieht und nur mehr unsauber ist, wenn keiner zusieht.
- **Kontexte:** Mit der detaillierten Beschreibung kann man die wichtigsten Gründe für Unsauberkeit und auch schon Lösungsansätze erfassen:
  - **Wo?** Plan zeichnen mit allen Stellen, die vom Hund als Eliminationsort benützt werden. Jeder einzelne Ort wird bezüglich seiner Lage und Oberfläche genau beschrieben.
    1. **Ortspräferenz:** Ausscheidungsverhalten ist sehr schnell klassisch konditioniert. Der Hund sucht sich einen Ort, der nach seinem Dafürhalten abgelegen genug von seinem unmittelbaren Lebensbereich ist und benützt ihn regelmäßig. Häufig handelt es sich um Teile der Wohnung, die für den Hund tabu sind oder nur wenig belebt werden (Gästezimmer, Keller, Ende eines Ganges etc.) oder um Bereiche in der Nähe von Ausgängen (Tür, Balkontür etc.).
    2. **Materialpräferenz:** Ebenso wie der Ort wird auch die Oberfläche oder ein Substrat klassisch konditioniert. Der Hund lernt bis zur achten Lebenswoche, den adäquaten Untergrund für das Ausscheidungsverhalten. Dieses oder ein ähnli-

ches Material wird konsequent aufgesucht.
Beide Präferenzen für einen bestimmten Ort oder einen Untergrund können miteinander kombiniert sein.
Wenn der Hund völlig ohne (erkennbares) System unsauber ist, liegt der Verdacht auf eine organische oder psychische Störung sehr nahe.
Bei Bestrafung kann ein anfängliches Muster mit der Zeit verschwinden.

- **Wie häufig?** Zur Kontrolle therapeutischer Maßnahmen ist es unbedingt erforderlich, die Frequenz der Unsauberkeit festzustellen! Falls der Besitzer keine genauen Angaben liefern kann, ist die erste Behandlungsstrategie eine kognitive Therapie: Beobachtung und Aufzeichnungen führen.
- **Wann?** Zeitliche Schwerpunkte der Unsauberkeit im Tages- oder Wochenablauf oder zeitliche Zusammenhänge mit bestimmten Ereignissen können ein Hinweis auf eventuelle Auslöser sein. Auch hier soll der Besitzer Aufzeichnungen machen (S. 214).
  Bei Unsauberkeit, die nur in Abwesenheit des Besitzers auftritt → an trennungsbedingte Probleme (S. 122) denken.
  Emotional bedingte Elimination in aufregenden Situationen (Begrüßung, Bestrafung, Angst etc.) → Angststörungen (S. 273) → physiologisch beim jugendlichen Hund (bis ca. 6 Monate).
  Unsauberkeit nur nachts oder frühmorgens → an verschobenen Rhythmus und neue Gewohnheit denken.
- **Wie?** Die Konsistenz des Kots kann einen Hinweis auf körperliche Erkrankungen und/oder psychische Störungen geben. In diesen Fällen ist der Kot weich, ungeformt, schleimig und/oder in kleineren Mengen verteilt.
- **Kontrolle?** Sieht der Besitzer seinen Hund tatsächlich beim Kot- und Harnabsatz oder ist der Hund ohne Kontrolle im Garten oder auf dem Spaziergang, im Dunkeln. Den Hund hinauslassen ist nicht dasselbe wie ihn bei der Ausscheidung wirklich zu beobachten.
- **Konsequenzen:** Strafen führen in der Regel dazu, dass sich der Hund versteckt oder in einem unbeaufsichtigten Moment an seinen Ausscheidungsplatz zurückzieht und sich nur mehr in Abwesenheit des Besitzers lösen kann.

### 5.7.6 Evolution des Problems

- plötzlich aufgetreten mit oder ohne vorhergehende Erkrankung
- langsam entwickelt
- gelegentliches Auftreten
- stabil
- verbessert
- verschlechtert

### 5.7.7 Respekt für die ethologischen Bedürfnisse?

Hat der Hund ausreichend Möglichkeiten und Zeit seinen Ausscheidungsbedürfnissen an einem geeigneten Platz nachzukommen?

### 5.7.8 Entwicklung des Hundes

Gibt es in der individuellen Ontogenese des Hundes Hinweise?

- Aufzucht nur drinnen → Prägung auf bestimmten Untergrund (glatte Böden, Beton, Zeitung, Fetzen etc.) → Deprivationssyndrom (S. 271)
- Aufzucht im Zwinger → Prägung auf bestimmten Untergrund (Beton); → Verlust des Sinnes für Sauberkeit aufgrund von Platzmangel oder Vernachlässigung (Käfig)
- frühe Trennung von der Mutter, Handaufzucht → an Hyperaktivitätsstörung (S. 269) denken

### 5.7.9 Bisherige Maßnahmen?

Die bisherigen Techniken und Lösungsversuche des Besitzers können bei der Unterscheidung helfen, ob es sich um ein Erziehungsproblem oder eine psychische Störung handelt.

- Strafen stehen als Erziehungstechnik für Welpen und Junghunde immer noch ganz oben auf der Maßnahmenliste. Der Effekt ist lediglich, dass der Hund seinen Besitzer meidet und sich in seiner Anwesenheit nicht mehr zu eliminieren traut. Dies kann bei der Therapie von Bedeutung sein.
- Stundenlange Spaziergänge bei fehlgeprägten oder an einem Deprivationssyndrom erkrankten Hunden sind im Allgemeinen erfolglos – der Hund wartet sehnlichst auf die Heimkehr, um endlich in seiner vertrauten Ausscheidungszone zu sein.
- Versagen der Erziehung trotz korrekter Technik kann ein Hinweis auf eine Hyperaktivitätsstörung oder eine körperliche Erkrankung sein.

### 5.7.10 Weitere Verhaltenssymptome?

Die Suche nach weiteren Symptomen hilft bei der Unterscheidung oder Einordnung als Erziehungsproblem oder psychische Störung.

- Anzeichen von Angst → Deprivationssyndrom (S. 271)
- Anzeichen von Hyperaktivität → Hyperaktivitätsstörung (S. 269)
- Anzeichen von Depression, Inhibition → depressive Störung (S. 279)

### 5.7.11 Mögliche Diagnosen

- Fehlprägung auf falschen Ort und/oder Untergrund
- mangelhafte Erziehungstechnik
- neue Gewohnheit oder falscher Rhythmus
- Deprivationssyndrom (S. 271)
- Phobie (S. 274)
- generalisierte Angststörung (S. 275)
- Angststörung aufgrund von Deritualisation (S. 276)
- Hyperaktivitätsstörung (S. 269)
- depressive Störung (S. 279)
- kognitive Dysfunktion (S. 282)

### 5.7.12 Therapeutische Strategien

Therapeutische Strategien werden an die individuellen Möglichkeiten, Ressourcen und Bedürfnisse des Besitzers und des Hundes angepasst:

- Pheromontherapie (S. 211)
  - DAP-Diffuseur
  - DAP-Spray auf einem Halstuch
- Ökoethologische Therapien (S. 219)
  - Boxentraining
  - Raumrestriktion, abgelegene Ausscheidungszonen unzugänglich machen
  - Hund anhängen, wenn er nicht unmittelbar beaufsichtigt werden kann – am Platz oder am Besitzer
  - Fütterungsregime (Art, Zeit etc.) und den ständig freien Zugang zu Wasser verändern
  - Kontrolle des Ausscheidungsverhaltens
  - Hundetoilette im Haus einrichten
  - definierte Ausscheidungszonen im Freien schaffen
  - korrekte Reinigung mit Enzymreiniger
- Kognitive Therapie (S. 213)
  - *Für einen (jungen/kleinwüchsigen) Hund ist es nicht selbstverständlich, dass Ihr gesamter Wohnraum auch sein gesamter Wohnraum ist.*
  - *Der Hund ist sauber – er beschmutzt sich und seine Schlaf- und Ruheplätze nicht, sondern sucht abgelegene Zonen auf.*
  - *Strafe kann den Hund nicht von der Ausscheidung als einem lebensnotwendigen Verhalten abhalten – er kann höchstens lernen, dass Sie unberechenbar sind und es nicht günstig ist es in Ihrer Anwesenheit zu tun.*
- Verhaltenstherapien (S. 234)
  - klassische Konditionierung auf einen Ort, ein Wort, ein Ritual
  - Habituation
- Umplatzierung (S. 267)
- **Psychopharmaka** (S. 204): Medikamente sind für die Behandlung von Unsauberkeit als Symptom einer psychischen Störung hilfreich. Ist die Unsauberkeit ein Problem mangelhafter Erziehungstechnik oder neuer Ausscheidungsgewohnheiten, ist Medikation nicht unbedingt erforderlich, kann den Umlernprozess aber deutlich erleichtern und beschleunigen.

## 5.8 Harnmarkieren

Harnmarkieren kann bei Rüden von Klein- und Zwergrassen oder im Haushalt mit mehr als einem Rüden zum Problem werden.

**Praxis**

**Wichtig bei der Anamnese:**

- Genaue Beschreibung des Symptoms.
- Ökosoziales System verändert?
- Weitere Verhaltenssymptome?

### 5.8.1 Genaue Beschreibung des Symptoms

- **Sequenz, Körperhaltung, Mimik:** Diese Elemente sind manchmal nicht erfassbar, weil der Besitzer seinen Hund nicht beobachtet oder ihn verständlicherweise unterbricht.
- **Orte:** Die genaue Beschreibung der Orte, deren senkrechte Orientierung oder soziale Bedeutung und die geringe Harnmenge sichert die Diagnose.
- **Wann wird markiert und Frequenz:** Harnmarkieren kann gelegentlich oder ständig auftreten. Für die Beurteilung eines Therapieerfolgs sollte die Frequenz des Markierverhaltens bekannt sein.
- **Kontext:**
  - Konflikt zwischen Rüden
  - Konflikt zwischen männlichen Familienmitgliedern und dem Hund
  - Rückkehr eines männlichen Familienmitgliedes nach Abwesenheit (Urlaub, Krankenhausaufenthalt etc.)
  - pubertierende Jungen in der Familie
  - zeitlicher Zusammenhang mit dem Zyklus weiblicher Familienmitglieder
  - sexuelle Erregung des Hundes nach direktem oder indirektem Kontakt mit einer läufigen Hündin
  - etc.

### 5.8.2 Weitere Verhaltenssymptome?

- Anzeichen für sexuelle Erregung, Aufreiten, Masturbation
- Anzeichen von Hyperaktivität (S. 159)
- Anzeichen von Angst oder Ängstlichkeit (S. 119)
- irritative, territoriale oder sozial-kompetitive Aggression (S. 54)
- Anzeichen von Demenz (S. 282)
- Anzeichen für inkonsistente, inkongruente Kommunikation oder hierarchiebezogene Probleme (S. 284)

### 5.8.3 Mögliche Diagnosen

- physiologisch bei sexueller Erregung, direktem oder indirektem Kontakt mit läufigen Hündinnen
- Hyperaktivitätsstörung (S. 269)
- generalisierte Angststörung (S. 275)
- hierarchiebezogene Störung (S. 284)
- kognitive Dysfunktion (S. 282)

### 5.8.4 Therapeutische Strategien

Therapeutische Strategien werden an die individuellen Möglichkeiten, Ressourcen und Bedürfnisse des Besitzers und des Hundes angepasst:

- Pheromontherapie (S. 211)
  - (DAP-Diffuseur)
- Ökoethologische Therapien (S. 219)

  - Boxentraining
  - Raumrestriktion
  - kontrollierte Rangeinweisung und klare Kommunikation
  - korrekte Reinigung mit Enzymreiniger
  - kooperative soziale Aktivität zwischen den Hunden fördern
- Verhaltenstherapien (S. 234)
  - Clickertraining als Grundlage gemeinsamer Beschäftigung
- Chirurgische Maßnahmen (S. 265)
  - **Kastration**
- Umplatzierung (S. 267)
- **Psychopharmaka** (S. 204): Der Einsatz von Medikation ist sinnvoll, wenn Harnmarkieren nur zeitlich befristet auftritt und eine Kastration unerwünscht ist. Auch wenn weitere Symptome und soziale Konflikte bestehen, helfen Psychopharmaka bei der Stabilisierung der Situation.

## 5.9 Depression

Ebenso wie die Angststörung ist die depressive Störung kein Einzelsymptom, sondern ein komplexer pathologischer Zustand, der mit verschiedenen Symptomen einhergeht.

Depressive Symptomatik ist einer der wichtigen Gründe, warum Hunde in der allgemeinmedizinischen Praxis vorgestellt werden (▸ **Abb. 5.5**).

**Praxis**

**Wichtig bei der Anamnese:**
- **Organische Differenzialdiagnosen abklären.**
- Genaue Beschreibung der Symptome.
- Ökosoziales System verändert?
- Weitere Verhaltenssymptome?

▸ **Abb. 5.5** Eine junge Hündin, die wegen depressiven Verhaltens vorgestellt wurde, weil sie sich der Stimmung ihrer Besitzerin angepasst hatte.

### 5.9.1 Organische Differenzialdiagnosen

- praktisch alle schwereren und chronischen körperlichen Erkrankungen
- fieberhafte Erkrankungen
- Hypothyreose
- Cushing
- Addison
- ZNS-Erkrankungen (Tumoren, Infektionen, Toxoplasmose)
- Herzerkrankungen
- alle schmerzhaften Erkrankungen

**Merke**
**Die umfassende Suche nach organischen Störungen sollte bei jeder depressiven Symptomatik immer an erster Stelle stehen!**

### 5.9.2 Genaue Beschreibung der Symptome

Bei vorrangig defizitärer (Hypo-)Symptomatik kann es schwierig sein, vom Besitzer eine ausreichende Beschreibung zu bekommen, denn der Hund *macht ja eben nichts*. Die Abwesenheit von Verhaltensweisen ist schwieriger zu erfassen als die Produktion von Symptomen.

Wenn Hunde mit Depression vorgestellt werden, kann es sich auch um eine Projektion der eigenen Stimmung des Besitzers auf den Hund handeln. Hunde passen sich in ihrer Stimmungslage an ihre Familie an.

- **Körperhaltung** (S. 70): Beschreibung der vorherrschenden Körperhaltung, Ohren, Mimik, Fortbewegung, Lautäußerungen
  - Depressive Hunde bewegen sich wenig bis gar nicht und wenn, langsam und in eher niedriger Körperhaltung.
- **Aktivität**: Einige Aktivitäten sind eingestellt oder auf ein Minimum reduziert, andere intensiviert.
  - Fressen ↓ oder ↑
  - Trinken ↓ oder ↑
  - Elimination ↓ oder → Unsauberkeit
  - Spiel ↓
  - Körperpflege ↓ oder ↑
  - Schlaf ↑ oder ↓
  - Aggression ↑

### 5.9.3 Evolution des Problems

- **akut:**
  - Rekonvaleszenz nach Trauma, Operation, schwerer Erkrankung
  - Verlust eines Sozialpartners – Mensch, Hund, Katze etc.
  - Verlust der Mutter oder jenes Bezugswesens, das eine quasi Mutterrolle innehatte
- **chronisch:**
  - schleichender Verlauf durch chronische Stressfaktoren im ökosozialen System, chronische Angststörungen

- senile Demenz
- genetische Faktoren

### 5.9.4 Ökosoziales System verändert?

Verlust von Bezugswesen wie Partnerhunden oder Menschen ist ein häufiger Auslöser für depressive Störungen bei entsprechend disponierten Hunden.

Der Hund kann eventuell noch auf Spieleinladungen durch seinen Besitzer oder andere Hunde reagieren, aber er fordert nicht mehr von sich aus zum Spielen auf.

### 5.9.5 Weitere Verhaltenssymptome

Depressive Symptomatik

- tritt bei praktisch allen schwereren organischen Erkrankungen auf und ist daher mit den jeweiligen körperlichen Symptomen kombiniert.
- kann mit anderen Störungen kombiniert auftreten.
- kann als pathologischer Zustand der Stimmungslage (Stimmung ist ein hierarchisch sehr hoch angeordnetes psychobiologisches Element) mit zahlreichen Hypo- oder Hyper-Symptomen verbunden sein.

Die Symptomatik wird weitgehend von der Akutheit oder Chronizität der Depression abhängen:

- **akut:**
  - Anorexie
  - Hypersomnie
  - Unsauberkeit
  - Inhibition
- **chronisch:**
  - Hyperphagie und Adipositas
  - Insomnie
  - Agitation
  - Unsauberkeit
  - defensive Aggressionen wie irritative Aggression oder Angstaggression

### 5.9.6 Mögliche Diagnosen

- Phobie (S. 274)
- Deprivationssyndrom (S. 271)
- generalisierte Angststörung (S. 275)
- Angststörung aufgrund von Deritualisation (S. 276)
- depressive Störung (S. 279)
- Akutes posttraumatisches Stress-Syndrom (S. 278)
- senile Demenz – kognitive Dysfunktion (S. 282)

### 5.9.7 Therapeutische Strategien

Therapeutische Strategien werden an die individuellen Möglichkeiten, Ressourcen und Bedürfnisse des Besitzers und des Hundes angepasst:

- Pheromontherapie (S. 211)
  - DAP-Diffuseur
  - DAP-Spray
- Ökoethologische Therapien (S. 219)
  - Beschäftigungsmöglichkeiten und Erfolgserlebnisse schaffen, vor allem mentale
  - Fütterungsregime ändern
  - Kontakt mit befreundeten Hunden fördern
  - Spieltherapie
- Verhaltenstherapien (S. 234)
  - Habituation
  - Clickertraining
  - alle Strafen und aversiven Maßnahmen abstellen
- Sonstige Maßnahmen (S. 258)
  - Fellpflege
  - Massage und TellingtonTTouch
  - Bach-Blüten
  - Homöopathie
- **Psychopharmaka** (S. 204): Bei Depressionen ist vor allem im Akutfall neben allgemeinen lebenserhaltenden Maßnahmen (parenterale Ernährung, Sondenfütterung) eine Therapie mit desinhibierenden, stimmungsaufhellenden und appetitanregenden Psychopharmaka notwendig.
  Bei chronischen Depressionen, die häufig mit lang andauernden Angststörungen verbunden sind, ist für das rasche Wiederherstellen der Lebensqualität des Hundes medikamentöse Therapie von entscheidender Bedeutung.

## 5.10 Repetitive und stereotype Verhaltensweisen

Repetitive oder stereotype Verhaltensweisen (Kreislaufen, Schwanzfangen, Pfotenlecken etc.; ▶ **Abb. 5.6** und ▶ **Abb. 5.7**) sind eine große und heterogene Symptom-Gruppe. In dieser Gruppe werden häufig alle repetitiven Störungen vom einfachen Tic bis zur komplexen Störung aus dem obsessiv-kompulsiven Spektrum klassifiziert. Gemeinsam ist allen das psychobiologische Element motorische Aktivität (oder Vokalisation) in steter wie getriebener Wiederholung derselben unangepassten Bewegung oder Verhaltenssequenz. Bei allen repetitiven Verhaltensweisen sollte ein besonderes Augenmerk auf die Abklärung körperlicher Ursachen gelegt werden.

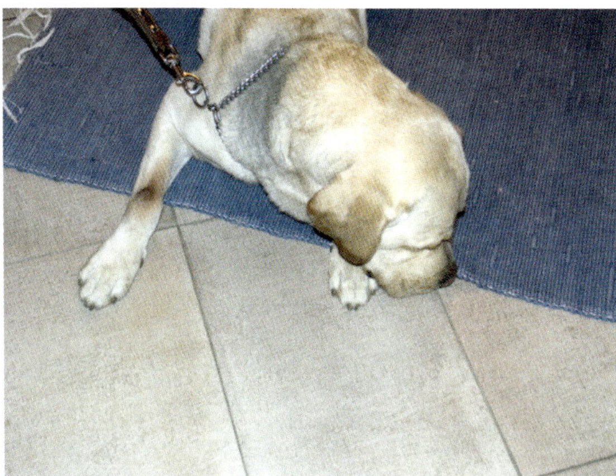

▶ **Abb. 5.6** Stereotypes Lecken an den Pfoten und am Boden bei einem Labrador Retriever.

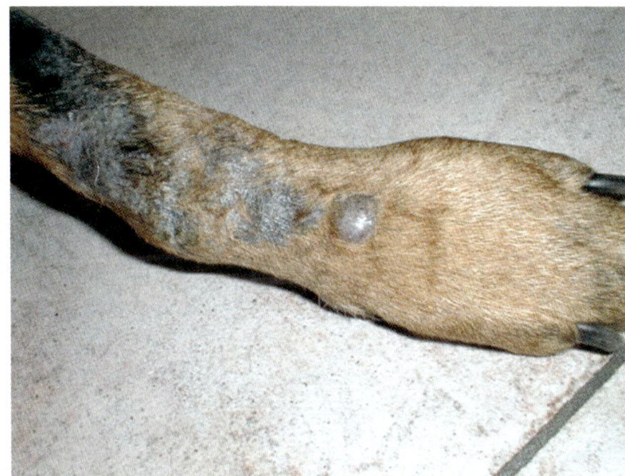

▶ **Abb. 5.7** Ausgedehntes Leckgranulom.

### Praxis

**Wichtig bei der Anamnese:**

- **Organische Differenzialdiagnosen abklären.**
- Genaue Beschreibung der Verhaltenssymptome mit
  - **Sequenz**,
  - **Dauer und Frequenz**,
  - Körperhaltung und Mimik,
  - **Kontext**
  - sowie Konsequenzen.
- Respekt für die ethologischen Bedürfnisse?
- Soziale Beziehungen und Kommunikation analysieren.
- **Entwicklung und Genetik des Hundes.**
- Bisherige Maßnahmen?
- Weitere Verhaltenssymptome?

### 5.10.1 Organische Differenzialdiagnosen

- alle **Juckreiz** verursachenden Erkrankungen:
  - Parasiten
  - atopische Dermatitis
  - Futtermittelallergie oder -unverträglichkeit
  - Pilzinfektionen
  - bakterielle Infektionen
- Schmerzzustände:
  - lokale Entzündungen (Arthritis der Zehengelenke, Karpalgelenk; Schwanzspitze, Analbeutel etc.)
  - Folgen von Traumen
  - Narbenschmerzen
  - degenerative Gelenkserkrankungen
  - Kopfschmerz
- gastrointestinale Erkrankungen
  - Dyspepsie
  - Gastritis
  - Bauchschmerz
- zentrale oder periphere Erkrankungen des Nervensystems:
  - Infektionen und Entzündungen (Toxoplasmose, Neosporose)
  - Folgen von Traumen
  - Tumoren
  - Epilepsie und epileptiforme Störungen
  - Speicherkrankheiten
  - Demenz
  - Diabetes mellitus
  - Neuritis
  - Cauda-equina-Syndrom
  - portosystemischer Shunt
- beeinträchtigte Wahrnehmung
  - Parästhesie, Hyperästhesie

### 5.10.2 Genaue Beschreibung des Verhaltenssymptoms

- **Sequenz:** Was genau macht der Hund? Je komplexer das Verhalten und der Kontext sind, desto eher ist der Hund noch für verhaltenstherapeutische Maßnahmen zugänglich.
- Kann der Verhaltenskreis, zu dem das Verhalten gehört, erkannt werden?
  - Jagdverhalten (Mäuselsprung, Schatten/Lichtreflexe fangen, Objekte vergraben etc.)
  - Körperpflege (Lecken, Haare kauen, Nägel beißen etc.)
  - Lautäußerung, Kommunikation
  - Bewegung (bestimmte Laufmuster, Kreislaufen etc.)
  - nicht erkennbar

  - Bei repetitiven Störungen wird dieselbe Verhaltenssequenz mit wenig oder keiner Variation wiederholt und
    - der Hund kann das Verhalten spontan beenden.
    - der Hund beendet das Verhalten durch einen Reiz (Ansprechen, vorbeifahrendes Auto etc.) und beginnt wieder aufs Neue.
    - der Hund kann das Verhalten nicht spontan oder nur durch Erschöpfung beenden.
- **Dauer und Frequenz:** Um das Ausmaß der Beeinträchtigung des Hundes und die Erfolge einer therapeutischen Intervention bestimmen zu können, sind diese Angaben unerlässlich.
  - Wie oft zeigt der Hund das Verhalten?
  - Wie viel Zeit des Tages verbringt der Hund mit diesem Verhalten?
- **Körperhaltung, Mimik:** Körperhaltung und Mimik sind vom gezeigten Verhalten abhängig. Die Beurteilung des emotionalen Zustandes, der Wahrnehmung und Kognition sind für die Therapie und Prognose von Bedeutung.
  - Ist der Hund zugänglich und ansprechbar, nimmt er seine Umwelt noch wahr?
  - Erscheint der Hund völlig in einer anderen Welt, dissoziiert? → Prognose zweifelhaft bis schlecht.
- **Kontext:** Der Kontext ist ein wesentliches Element bei der Beschreibung repetitiver Verhaltensweisen. Der Hund zeigt das Verhalten
  - nur, wenn jemand anwesend ist.
  - unabhängig davon, ob jemand anwesend ist.
  - bei Erregung oder in Stress-Situationen.
  - nur an bestimmten Orten – drinnen, draußen etc.
  - in einem Kontext fehlender oder nicht adäquater Beschäftigungsmöglichkeiten.
  - Der Hund reagiert auf bestimmte erkennbare auslösende Reize (Lichtreflexe, Laser, Schatten, Geräusche etc.)
  - Der Hund sucht sich einen bestimmten Kontext, Auslöser oder schafft sie selbst (Schatten).
  - Welche Ausnahmen vom Verhalten gibt es?
- **Konsequenzen:** Die positiven Konsequenzen des Verhaltens für den Hund können es aufrechterhalten oder verschlimmern.
  - Reaktion und Aufmerksamkeit des Besitzers; selbst vermeintliche Strafen oder Drohungen sind in diesem Fall noch als positive Konsequenzen für den Hund anzusehen.
  - Befriedigung durch die Aktivität
  - physiologische Effekte wie Endorphinausschüttung etc.

**Hintergrundinfo**

**Leckdermatitis**

Es bestehen sehr enge Zusammenhänge zwischen Hauterkrankungen, der subjektiven Wahrnehmung und Reaktivität auf Juckreiz und der psychischen Verfassung. Die psychoneuroendokrinoimmunologischen Verbindungen zwischen Gehirn, Emotionen und Haut sind zahlreich und eine scharfe Trennung zwischen den einzelnen Systemen ist nicht immer möglich – und vermutlich auch nicht sinnvoll. Die Psychodermatologie unterscheidet unter anderem zwischen Störungen, die

- primär organisch sind und durch emotionalen Stress negativ beeinflusst werden.
- primär psychisch sind und zu Hautmanifestationen führen.

In manchen Fällen wird die Unterscheidung in der Praxis nicht leicht sein. Es stellt sich auch die Frage, ob diese für die Therapie notwendig ist, da die physiologische Empfindung von Pruritus einige biochemische Faktoren mit Angstzuständen gemeinsam hat.
Organische Ursachen können bei **entsprechend genetisch disponierten Hunden** auch Auslöser für psychisch bedingtes exzessives Lecken sein. Bei diesen Hunden können kleine oberflächliche Verletzungen an einer Pfote stereotypes Lecken auslösen, das die Abheilung behindert und schließlich zur Leckdermatitis führt. Bei der Behandlung dieser organischen Erkrankungen sollte daher immer auch das psychische Befinden des Hundes berücksichtigt und mitbehandelt werden.

### 5.10.3 Soziale Beziehungen und Kommunikation

- Hat oder hatte das Verhalten eine kommunikative Bedeutung oder ist/war es ein Ritual in dieser Mensch-Hund-Beziehung?
- Gibt es Missverständnisse in der Kommunikation zwischen Mensch und Hund oder falsche Erwartungen gegenüber dem Hund?

### 5.10.4 Evolution des Problems

Wie hat sich die Störung im Lauf der Zeit entwickelt?

- plötzlich begonnen → an organische Störung denken
- langsam begonnen
- stabil
- verschlechtert, ausgeweitet auf andere Kontexte
- verbessert
- erst im Alter aufgetreten

### 5.10.5 Entwicklung des Hundes

Gibt es in der individuellen Ontogenese des Hundes Hinweise?

- restriktive Haltungsbedingungen (Zwinger, Tierheim etc.)
- Gibt es Hinweise auf einen genetischen Hintergrund und Vorfahren, Eltern oder Geschwister, die repetitives oder stereotypes Verhalten zeigen?

### 5.10.6 Respekt für die ethologischen Bedürfnisse?

Je restriktiver und reizärmer die Haltungsbedingungen (Zwinger!), desto wahrscheinlicher ist mangelnder Respekt für die Bedürfnisse des Hundes.

- Welche gemeinsamen sozialen Aktivitäten gibt es mit dem Hund?
- Wird der Hund nicht nur körperlich, sondern auch mental gefordert?
- Hat der Hund genug Möglichkeiten, seinem Kaubedürfnis nachzukommen?

### 5.10.7 Bisherige Maßnahmen?

Alle Lösungsversuche und deren Erfolg oder Misserfolg erfragen. Diese können entweder ausgebaut oder in einer neuen therapeutischen Strategie vermieden werden, wenn sie erfolglos waren.

- Strafen sind nur selten wirksam, weil sie voraussetzen, dass der Hund das zwanghafte Verhalten kontrollieren und beenden könnte.
- Umweltanreicherung kann ab einem gewissen Punkt der Stereotypie wirkungslos bleiben. Der Hund wird auch in einer optimierten Umwelt weiterhin in seinem Verhalten bleiben.

### 5.10.8 Weitere Verhaltenssymptome?

- Anzeichen von Hyperaktivität (S. 159)
- Anzeichen von Angst (S. 119)
- Anzeichen von inkonsistenter, inkongruenter Kommunikation (S. 95)
- Anzeichen von Dissoziation (S. 90) (▶ **Abb. 3.30**)

### 5.10.9 Mögliche Diagnosen

Repetitive und stereotype Verhaltensweisen können Symptom einer anderen Störung sein oder als isolierte Störung auftreten.

- entgleiste Kommunikationsrituale
- mangelnder Respekt für die Ethologie und das Aktivitätsbedürfnis
- repetitive und stereotype Störung (S. 280)
- obsessiv-kompulsive Störung (S. 280)
- Hyperaktivitätsstörung (S. 269)
- unipolare Störung (S. 279)
- kognitive Dysfunktion (S. 282)
- Angststörungen (S. 273)

### 5.10.10 Therapeutische Strategien

Therapeutische Strategien werden an die individuellen Möglichkeiten, Ressourcen und Bedürfnisse des Besitzers und des Hundes angepasst:

- Pheromontherapie (S. 211)
  - DAP-Diffuseur
  - DAP-Spray
- Ökoethologische Therapien (S. 219)

  - Environmental Enrichment
  - mentale Beschäftigung wie Nasenarbeit, Suchspiele, Differenzierungsspiele etc.
  - Fütterungsmanagement ändern, z. B. Kong, BusterCube etc.
  - Kautätigkeit ermöglichen
  - strukturierte gemeinsame soziale Aktivität anstatt Jogging oder Radfahren
  - Spieltherapie
- Kognitive Therapie (S. 213)
  - Reframing
  - Glaubenssätze und Ansprüche an den Hund infrage stellen
  - *Das ist ein Hund, der für eine bestimmte Arbeitsleistung gezüchtet wurde.*
  - *Ein Hund mit Langeweile, dem nichts angeboten wird, sucht sich selbst eine Beschäftigung.*
- Verhaltenstherapien (S. 234)
  - systematische Desensibilisierung
  - Gegenkonditionierung
  - Extinktion
  - Clickertraining als Grundlage gemeinsamer Beschäftigung
- Sonstige Maßnahmen (S. 258)
  - MasterPlus
  - Massage und TTouch
  - Körperbandagen
- Umplatzierung (S. 267)
- Euthanasie (S. 268)
- **Psychopharmaka** (S. 204): Der Einsatz von Medikamenten ist bei repetitiven Störungen eine grundlegende therapeutische Strategie. Bei den meisten Hunden sind andere Maßnahmen überhaupt erst realistisch unter Medikation durchführbar.

## 5.11 Körperliche Erkrankungen und Verhaltenssymptome

In den letzten Jahren hat sich in der Verhaltensmedizin die Schnittstelle zwischen körperlichen Erkrankungen und psychischen Symptomen ausgedehnt. Das Erkennen insbesondere der Überschneidung von schmerz- und angstbedingten Verhaltensweisen ist sowohl für den Allgemeinpraktiker als auch den spezialisierten Verhaltensmediziner von enormer Bedeutung.

Gesteigerte Erregung, Schreckreaktionen und Stress intensivieren z. B. neurogenen Schmerz; Angststörungen verschlechtern sich aufgrund körperlichen Unwohlseins, obsessiv-kompulsive Verhaltensweisen sind oft Ausdruck gastrointestinaler oder schmerzhafter Erkrankungen. Plötzlich auftretende Verhaltenssymptome beim mittelalten und alten Hund sind deutliche Hinweise auf organische Erkrankungen.

In vielen Fällen muss die Antwort auf die Frage *Ist es eine Verhaltensstörung oder eine organische Erkrankung?* einfach nur *Ja* lauten, denn allzu oft handelt es sich um beides. In anderen Fällen wiederum sind die präsentierten Verhaltenssymptome vorrangig auf eine körperliche Erkrankung zurückzuführen und nur eine vermeintliche psychische Störung.

Entscheidend ist, in der Anamnese organischer Erkrankungen auch grundsätzlich und wiederholt Verhaltenssymptome sehr spezifisch und proaktiv zu erfragen, im Zweifel auch durch Videoaufnahmen unterstützt, um die subtileren Nuancen zu erkennen.

Manchmal stehen psychische Symptome am Beginn der Erkrankung und werden nach einigen Wochen oder Monaten eindeutiger einem Organsystem zuordenbar. Mitunter bleiben Erkrankungen aber unter einer organisch diagnostizierbaren Schwelle oder unspezifisch bestehen und dann oftmals erfolglos in der verhaltensmedizinischen Behandlung.

### 5.11.1 Gastrointestinale Erkrankungen

Bei gastrointestinalen Störungen können neben den eindeutig erkennbaren Symptomen wie Erbrechen, Durchfall, Tenesmus usw. auch Verhaltensänderungen zu beobachten sein:

- Schmatzen, vermehrtes Schlucken, Lippen belecken
- Belecken von Oberflächen (▶ **Abb. 5.8**)
- vermehrtes Gähnen
- Pica
- Fliegenschnappen
- Sterngucken
- Flankensaugen
- Rast- und Ruhelosigkeit
- niedrige oder gestreckte Körperhaltung
- Angstsymptome

Diese Symptome sind durchaus mit nicht immer mit leicht diagnostizierbarem Schmerz, mit großer Wahrscheinlichkeit auch neurogenem Schmerz bei chronisch-entzündlichen Darmerkrankungen, Gasbildung mit Völlegefühl, allgemeinem Unwohlsein im Bauchraum, Motilitätsstörungen des Magen-Darm-Trakts, Analbeutelentzündung, Reflux oder Krämpfen erklärbar.

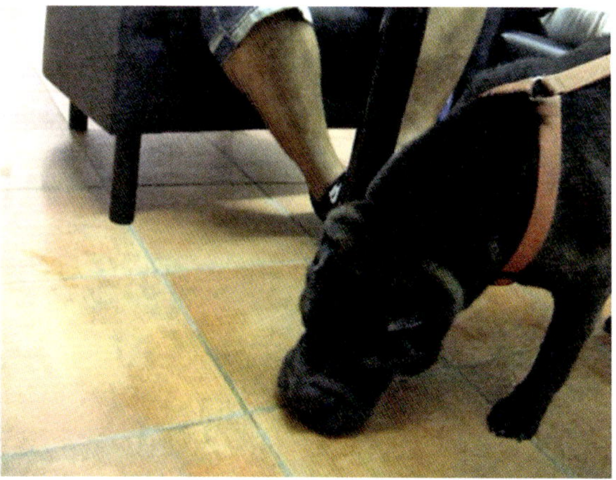

▶ **Abb. 5.8** Zwanghaftes Belecken von Boden und anderen Oberflächen ist ein Symptom für Magen-Darm-Erkrankungen.

### 5.11.2 Dermatologische Erkrankungen und Automutilation

Intensiver Juckreiz, Parästhesien oder auch Schmerzen können bis zur Automutilation führen, die mit größter Wahrscheinlichkeit keine psychisch bedingte Störung ist. Wie auch bei gastrointestinalen Störungen können intensive Beschwerden bei prädisponierten Hunden auch zu Angststörungen beitragen. Bei folgenden Symptomen sollte auch an organische Erkrankungen gedacht werden:

- beständiges Belecken und Benagen bestimmter Körperzonen
- Leckdermatitiden, akral oder an anderen Stellen
- Schwanzbeißen
- Checking von Schwanz, hinteren Körperregionen
- Automutilation
- Reizbarkeit

Die organischen Differenzialdiagnosen sind vielfältig und reichen von chronischen tiefen Pyodermien über eingewachsene Haare, Fremdkörper, Leishmaniose bis zu Tumorerkrankungen. Auch lokaler somatischer oder neurogener Schmerz ist Ursache für vermeintlich stereotype Verhaltensweisen.

### 5.11.3 Endokrine Erkrankungen

Bei den endokrinen Erkrankungen steht die subklinische Hypothyreose an erster Stelle, auch wenn hier die wissenschaftlichen Daten nicht – oder noch nicht – sehr dicht sind. Dieser Mangel an überzeugenden Studien und auch beweisenden Laboruntersuchungen hat derzeit einen überwiegend empirischen und rein klinischen Zugang zum Verdacht der *subklinischen* Hypothyreose (also ohne entsprechende Laborergebnisse) zur Folge.

Generell sind sowohl die Verhaltenssymptome als auch subtile körperliche Symptome eher unspezifisch, sodass sich nur aus der Summe einer größeren Anzahl von Einzelsymptomen zumindest ein Verdacht und daran anschließend eine diagnostische Therapie begründen lässt. In französischen Studien hat sich diese diagnostische Therapie über 4–6 Wochen als ohne nachteilige Effekte erwiesen. Obwohl sich aus der Verbesserung der Symptome durch Substitution derzeit nach wie vor kein Beweis für eine tatsächlich vorliegende subklinische Hypothyreose ergibt, so hilft dieser praxisorientierte Zugang in jedem Fall dem Hund und seiner Familie. Valerie Dramard, eine französische Verhaltensmedizinerin, hat diesen pragmatischen Zugang als Hypolit® – hypothyroidism like trouble – bezeichnet, bis weitere wissenschaftliche Ergebnisse diese Arbeitshypothese hoffentlich ersetzen.

Verhaltenssymptome, die Hinweise auf eine subklinische Hypothyreose sein können:

- kein oder unbefriedigendes Ansprechen auf üblicherweise erfolgreiche Therapien
- unerklärliche Rückfälle
- Angststörungen
- erhöhte Reizbarkeit und irritative Aggression insbesondere im Zusammenhang mit Berührungen
- Hyperaktivität
- Defizite in der Selbstkontrolle

- Depression und Apathie
- kognitive Defizite
- Unsauberkeit
- Verschlechterung in der zweiten Tageshälfte oder abends

Körperliche Symptome, die ergänzend erfasst werden:
- Übergewicht
- Magerkeit und geringe Muskelmasse
- chronisch oder rezidivierend Magen-Darm-Symptome wie Durchfall, Malassimilation, Dysphagie, Pica, Koprophagie, Regurgitieren
- PD/PU
- Kälte- und/oder Hitzeempfindlichkeit (eingeschränkte Temperaturkomfortzone)
- Tachypnoe
- rasche Ermüdbarkeit
- Hyposomnie und Schlafstörungen
- Haarausfall – ggr. diffuse oder lokalisierte Alopezien, v. a. im Gesichtsbereich
- veränderte Haarstruktur, Hypertrichose
- Myxödem (Kopf-Hals-Bereich) – schwammige Faltenbildung
- depigmentierter Nasenspiegel
- Schmerzen im Bewegungsapparat, Lahmheiten
- allgemeine Überempfindlichkeit (Allodynie), „Wehleidigkeit"

Im Rahmen einer diagnostischen Therapie sollten möglichst viele dieser – jedes für sich allein unspezifischen – Symptome erfasst werden und nach 2 und 4 Wochen erneut kontrolliert werden. Verhaltenssymptome verschwinden oder verbessern sich im Allgemeinen innerhalb weniger Tage, metabolische Symptome folgen, dermatologische benötigen einige Wochen.

### 5.11.4 Schmerz und neurologische Erkrankungen

Allgemeine Symptome können bei jeder Erkrankung auftreten und sich oberflächlich betrachtet als Verhaltensstörung präsentieren. Die Möglichkeiten sind zahlreich – mit genauer Analyse von Ausdrucksverhalten, Kontext, Auslöser, Konsequenzen und Evolution im Abgleich mit den ethologischen Grundlagen lässt sich vielfach wenigstens eine symptomatische Diagnose und Arbeitshypothese entwickeln. Vielfach sind diese Symptome nicht auf manifeste Krankheiten, sondern auf körperliche Zustände und Befindlichkeitsstörungen oder auch diverse Arten von schwer zu objektivierendem Schmerz zurückzuführen. Dazu gehören z. B. Kopfschmerzen, Migräne oder auch beginnende Tumorerkrankungen.

Verhaltenssymptome, die zu diagnostischen Herausforderungen zählen:
- alle Arten von Angstsymptomatik wie Hecheln, Kontaktsuche, Inhibition, fehlendes Spiel und Exploration, trennungsbedingte Symptome
- Ruhelosigkeit, Umherwandern
- Verstecken
- seltsame Körperhaltungen

▶ **Abb. 5.9** Verhaltensänderungen sind oftmals erste Hinweise auf Erkrankungen – dieser Hund wurde als Angstpatient vorgestellt, weil er sich unter dem Tisch verkroch und Richtung Boden starrte. Dezente neurologische Symptome (kleinere Lidspalte links) sind erkennbar.

- Starren (▶ **Abb. 5.9**)
- Vokalisieren
- Reizbarkeit
- unerklärliche Aggression
- jedes plötzliche Auftreten von Symptomen
- jedes plötzliche Verschlimmern von Symptomen
- jedes schlechte Ansprechen auf im allgemeinen erfolgreiche Therapien

# 6 Psychopharmakologie

Sabine Schroll, Joël Dehasse



## 6.1 Allgemeines

Die medikamentöse Behandlung psychischer Störungen beim Kleintier hat sich in den letzten Jahren sehr stark entwickelt und wird in Zukunft noch mehr Bedeutung bekommen. Die Einsicht ist da: Der Besitzer ist nicht immer und alleiniger Verursacher der psychischen Störungen seines Hundes. Hunde können auch unabhängig von ihrer Lebensumwelt – aber sehr wohl abhängig von ihrer Genetik und frühen Entwicklung – Störungen zeigen.

In der älteren Literatur waren Benzodiazepine wie das Diazepam, Gestagene und manchmal auch Acepromazin die einzigen therapeutischen Optionen. Auch die ersten für den Hund zugelassenen Wirkstoffe Clomipramin und Selegilin gehören noch zur älteren, aber durchaus bewährten, Generation von Psychopharmaka. Heute beherrschen zunehmend die nebenwirkungsarmen, aber teureren selektiven Serotonin-Wiederaufnahmehemmer das Bild.

Die meisten der angeführten Medikamente sind zwar seit Jahren im Einsatz und vielfach publiziert, aber sie haben entweder keine Zulassung für die Anwendung beim Hund oder nicht für alle hier angeführten Symptome oder Indikationen. Die Entscheidung für eine Anwendung liegt somit immer beim behandelnden Tierarzt.

## 6.2 Psychopharmaka – ja oder nein?

Der Einsatz psychoaktiver Substanzen wird manchmal als bequemer, ja sogar unethischer Weg in der Behandlung von Verhaltensstörungen angesehen. Vergessen wird dabei, dass wir alle – Tierärzte wie auch Klienten – tagtäglich psychoaktive Substanzen in Form von Kaffee, Tee, Schokolade, Alkohol oder Zigaretten gerade wegen dieser psychoaktiven Wirkungen zu uns nehmen.

Einer der Gründe für die Ablehnung von Psychopharmaka in der Behandlung von Hunden ist die immer noch gängige Ansicht, dass psychische Störungen hauptsächlich und in erster Linie durch den Besitzer oder die Umwelt verursacht würden. Von diesem Standpunkt aus gesehen wäre das wichtigste Ziel einer Behandlung die Veränderung des Besitzers, der am Leiden seines Hundes schuld ist. Die einfache Verbesserung der Lebensumstände wäre eine ethischere und schon ausreichende Therapie für den Hund. Der Einsatz von Medikamenten wird dann gerade noch als allerletzter Ausweg betrachtet oder quasi als Eingeständnis der eigenen Hilflosigkeit so lange es geht vermieden, um nur ja nichts an der eigenen Sichtweise des „ungeeigneten, unwilligen und unfähigen Besitzers“ zu ändern.

Des Weiteren wird dem Hundebesitzer häufig unterstellt, dass er „nur eine schnelle Pille zur Problembeseitigung“ haben wolle und keinerlei Motivation für weitergehende therapeutische Maßnahmen vorhanden wäre. Dies hat sich in der langjährigen Praxis der Autoren nicht bestätigt – im Gegenteil: Besitzer, die bereit sind, über weite Strecken anzureisen und hundert oder mehr Euro für eine Konsultation zu bezahlen, sind hochmotiviert, ihrem Hund in jeder nur denkbaren Weise zu helfen. Die Medikation hilft gerade diesen Besitzern endlich nach einem langen Leidensweg und vielen frustrierenden Trainingseinheiten mit ihrem Hund endlich Fuß zu fassen und erste Erfolge in einer Therapie zu sehen. Frühzeitige medikamentöse Intervention durch den Tierarzt hilft in vielen Fällen, eine weitere negative Entwicklung zu verlangsamen oder umzudrehen. Nicht zuletzt ist es eine Frage der tierärztlichen Ethik und Verantwortung dem Besitzer, seinem sozialen Umfeld sowie der Gesellschaft gegenüber, aggressive Hunde adäquat zu behandeln und in ihrer Impulsivität und Reaktivität auch medikamentös zu beeinflussen.

Selbst wenn sich in manchen Fällen die Behandlung allein auf die Medikamentengabe beschränken sollte, so wäre doch immerhin das Leben des Hundes in seinem gegebenen und offensichtlich nur schwer beeinflussbaren oder veränderbaren Lebensumfeld wesentlich verbessert. Wenn der Besitzer aus den verschiedensten Gründen nicht lernen kann oder will, mit seinem Hund besser zu leben, könnten wir als Tierärzte wenigstens dem Hund die Möglichkeit geben, diesen seinen Besitzer leichter und ohne Leidensdruck zu ertragen.

Und nicht zuletzt gibt es Störungen, die ohne medikamentöse Therapie gar nicht oder für das Wohlbefinden des Hundes nur unzureichend behandelt werden können, wie z. B. schwere Phobien, Angststörungen oder repetitive Störungen.

Es stellt sich die Frage, ob es für einen Tierarzt nicht vielmehr unethisch ist, einen Hund nicht mit **allen** ihm zur Verfügung stehenden Mitteln, und dazu gehören auch Psychopharmaka, zu helfen, *weil es ja doch nur an diesem unfähigen/unwilligen/dummen Besitzer liegt, und wenn der nur ...*

Es liegt an jedem, diesen eindimensionalen Standpunkt zu überprüfen und für sich eine Vorgehensweise zu finden, die dem tierärztlichen Auftrag und seinen fachlichen Möglichkeiten gerecht wird.

Wenn man zudem der Behandlung von Verhaltensstörungen ein medizinisches Modell zugrunde legt – und es gibt für einen Tierarzt eigentlich keinen vernünftigen Grund, das nicht zu tun – dann erscheint die gezielte Intervention in Transmittersysteme logisch und indiziert: Jedes Verhalten wird durch Neurotransmission erst ermöglicht.

Durch Modifikation der Neurotransmission verändert sich Verhalten. Mit einer Medikation können aber auch die höher gelegenen Psychels wie Stimmung, Emotion oder Kognition wesentlich besser und vor allem schneller beeinflusst werden, als durch eine an der Basis der Psychel-Hierarchie ansetzende Verhaltenstherapie.

### Praxis

Die Medikation kann und soll in der Regel die anderen therapeutischen Techniken wie Pheromontherapie, ethologisches Reframing, ökoethologische Therapien oder Verhaltenstherapien nicht völlig ersetzen. Es gibt jedoch zahlreiche Verhaltensstörungen wie instrumentalisierte Aggression, Angststörungen oder repetitive Störungen, die sich überhaupt nur durch den Einsatz von Psychopharmaka in einem für den Hund und den Besitzer akzeptablen Ausmaß und Zeitrahmen beeinflussen lassen.

Die einfachste Form der Verhaltenstherapie, die Habituation, findet immer auch ohne aktive Beteiligung des Besitzers statt. Bei dem aufgrund einer Angststörung zum Lernen und zur Exploration unfähigen Hund wird allein durch die Anxiolyse, ohne weitere Maßnahmen, Lernen durch Habituation stattfinden. In der Folge ändern sich zwangsläufig unzählige andere Faktoren im System (z. B. entspannt sich der Besitzer und gewinnt an Motivation, weil er weiß und sieht, sein Hund fühlt sich besser) und neue flexible Anpassungsmechanismen oder Lösungsideen finden Raum und können sich etablieren.

**Merke**

**Die therapeutische Strategie sollte immer auf mehreren Säulen ruhen und die relativ rasche medikamentöse Verbesserung von Verhaltenssymptomen ist ein nicht unwesentlicher motivierender Faktor, weil sie Ressourcen freilegt.**

Psychische Erkrankungen sind für den Hund oft mit erheblichem Leiden verbunden und können für sein Überleben in seiner Familie, wie auch für die Umwelt, eine Gefahr darstellen.

Im Zentrum der Entscheidung für oder gegen den Einsatz eines Medikaments sollte daher immer das Tier mit seinen Symptomen und sein, durch eine psychische Erkrankung ausgelöster, unmittelbarer Leidensdruck, sowie die emotional befriedigende Mensch-Tier-Beziehung stehen. Dieses Leiden schnellstmöglich zu verringern, sollte das oberste Ziel jeder Behandlung sein.

**Merke**

**Der Auftrag des Tierarztes ist niemals die Veränderung oder Therapie des Besitzers (und wenn es noch so notwendig erscheinen mag!), sondern immer die Behandlung des Hundes und die Beseitigung seines Leidens mit allen zur Verfügung stehenden Mitteln.**

## 6.3 Neurotransmission

Die biochemischen Vorgänge im Zentralnervensystem sind wesentlich komplexer als in jedem anderen System des Körpers. In Wirklichkeit hängen alle Systeme zusammen und beeinflussen sich gegenseitig. Diese Tatsache der unauflösbaren Vernetzung von Psyche mit Nervensystem, Immunsystem und endokrinem System ist das weite Gebiet der modernen Psychoneuroendokrinoimmunologie. Die Unterteilung dieses unüberschaubaren und schwer erfassbaren Komplexes in kleinere leichter verständliche Einheiten hat vor allem didaktische Gründe.

Der Informationsaustausch im Zentralnervensystem erfolgt durch die Freisetzung von verschiedenen Transmitter-Molekülen in den synaptischen Spalt. An dieser Neurotransmission sind zahlreiche Vorgänge beteiligt:

- Synthese des Transmitters
- Freisetzung des Transmitters
- Interaktion mit den entsprechenden Rezeptoren
- Regulation der freigesetzten Menge

- Enzymatischer Abbau des Transmitters
- Diffusion
- Wiederaufnahme des Transmitter-Moleküls

Psychoaktive Substanzen beeinflussen einzelne oder mehrere dieser Mechanismen oder wirken selbst auf Rezeptoren.

## 6.4 Auswahl von Psychopharmaka

In der täglichen Praxis ist es einfacher, sich bei der Auswahl eines Medikaments an einem **symptomatischen Modell** zu orientieren.

Wenn von einem Medikament bekannt ist, welche Effekte es auf bestimmte Symptome des Hundes hat oder nicht hat, bestimmen die in der Konsultation erfassten Symptome die Auswahl (S. 204).

Das vereinfacht die Entscheidung, denn ein Medikament wird somit nach seinen tatsächlichen klinischen Effekten auf bestimmte Symptome und nicht nach Hypothesen ausgesucht. Diese Methode ist rein empirisch. Es gibt nur wenige – aber zunehmend – klinische Studien für verschiedene Medikamente beim Hund. Für eine Auswahl nach symptomatischen Kriterien kann man sich an den publizierten klinischen Erfahrungen und Fallberichten orientieren.

Die von spezialisierten Verhaltensmedizinern in der Praxis beim Hund regelmäßig angewendeten Medikamente sind auf einige wenige limitiert. Die Entscheidung wird dadurch noch einmal vereinfacht (▶ **Tab. 6.1**).

▶ **Tab. 6.1** Übersicht über einige der wichtigsten beim Hund eingesetzten Psychopharmaka.

| Gruppe | Wirkstoff |
|---|---|
| Benzodiazepine (BZD) | • Alprazolam<br>• Diazepam |
| Azapirone | • Buspiron |
| Trizyklische Antidepressiva (TCA) | • Amitriptylin<br>• Clomipramin |
| Selektive Serotonin-Wiederaufnahme-Hemmer (SSRI) | • Fluoxetin<br>• Fluvoxamin<br>• Sertralin |
| Serotonin-Antagonist-Wiederaufnahme-Hemmer (SARI) | • Trazodon |
| Monoaminooxidase-B-Hemmer (MAOI-B) | • Selegilin |
| Tetrazyklische Antidepressiva | • Mianserin<br>• Mirtazapin |
| Neuroleptika | • Azaperon<br>• Pipamperon<br>• Risperidon |
| Sonstige | • Cyproteronacetat<br>• L-Thyroxin<br>• Melatonin |

6.5
# Einteilung von Psychopharmaka

Es gibt verschiedene Möglichkeiten psychotrope Medikamente zu klassifizieren. Eine Einteilung nach den wichtigsten oder ursprünglichen humanmedizinischen Indikationen wie Anxiolytika, Antidepressiva oder Antipsychotika entspricht nicht unbedingt den veterinärmedizinischen Anwendungen und kann verwirrend sein.

Bei der Klassifikation nach Struktur und/oder Wirkmechanismus hat man Gruppen von Medikamenten wie z. B. Benzodiazepine, SSRI oder Neuroleptika. Das hilft einerseits, weil man innerhalb einer Gruppe zu einem Medikament mit ähnlichem Wirkmechanismus, aber einem etwas anderen Profil wechseln kann. Andererseits kann man ganze Gruppen vermeiden, wenn die unerwünschten gruppenspezifischen Nebenwirkungen vermieden werden sollen. So kann man beim Hund bei Unverträglichkeiten innerhalb der Benzodiazepine von Diazepam zu Alprazolam oder Oxazepam wechseln. Wenn aus medizinischen Gründen (Glaukom, Prostataprobleme) anticholinerge Nebenwirkungen unerwünscht sind, kann die ganze Gruppe der trizyklischen Antidepressiva zugunsten eines SSRI hintangestellt werden.

6.6
# Beschreibung der wichtigsten Gruppen

## 6.6.1 Benzodiazepine

Benzodiazepine (BZD) binden an den Benzodiazepin-Rezeptoren, die mit den GABA-A-Rezeptoren verbunden, aber von diesen unterscheidbar sind. Sie potenzieren damit die Wirkung des bedeutendsten hemmenden Neurotransmitters GABA.

Die wichtigsten Wirkungen der BZD sind:

- antikonvulsiv
- sedierend
- anxiolytisch
- desinhibierend
- muskelrelaxierend
- führen zu Toleranz und Abhängigkeit
- beeinträchtigen in höherer Dosis das Kurzzeitgedächtnis im Sinne einer anterograden Amnesie

Alle BZD haben diese Eigenschaften, aber das Ausmaß variiert von Molekül zu Molekül, mit der Dosis und mit der individuellen Empfindlichkeit des Hundes.

Die Wirkung tritt sehr rasch ein und die Halbwertszeit beim Hund ist kurz (z. B. Diazepam weniger als eine Stunde). Das macht sie zur idealen Medikation für spezifische Anlässe, aber wenn eine längerfristige Anwendung erforderlich ist, müssen die Medikamentengaben häufig erfolgen, um einen gleichmäßigen Wirkstoffspiegel zu erhalten.

Nach einer Therapiedauer ab einer Woche oder länger muss langsam ausgeschlichen werden.

Bei der Verordnung von BZD sollte auf ein eventuelles Missbrauchs- und Suchtpotenzial durch den Besitzer geachtet und nur Kleinmengen abgegeben beziehungsweise der für den Hund realistische Verbrauch kontrolliert werden!

## Alprazolam

Alprazolam ist ein hochwirksames BZD mit schnellem Wirkungseintritt innerhalb einiger Minuten bis zu einer Stunde. Die Halbwertszeit liegt irgendwo zwischen 6 und 12 Stunden, mit einem Wirkungspeak nach 1–2 Stunden. Es hat weniger sedierende, muskelrelaxierende und desinhibierende Eigenschaften als Diazepam.

**Indikationen:** Phobien, unmittelbar nach traumatisierenden Erlebnissen zur Blockade des Kurzzeitgedächtnisses, akutes post-traumatisches Stress-Syndrom, schmerzbedingte Aggression, Angstzustände, Panikattacken; bei defensiver Aggression mit Einschränkung oder nur in Kombination wegen des Risikos der Desinhibition.

**Kombinationen:** TCA, SSRI.

**Nebenwirkungen:** Paradoxe Reaktionen mit Hyperexzitation (eventuell zu hohe Dosierung), Appetitanregung, milde Sedation, Ataxie, Angstzustände, Halluzinationen, Kurzzeitgedächtnis beeinträchtigt, Desinhibition, Aggression.

**Kontraindikationen:** Aggressivität, Leberschäden, individuelle Überempfindlichkeit. Cave bei Hypoproteinämie, Nierenerkrankungen.

**Dosierung:** 0,01–0,1 mg/kg 1–3 × täglich.

Eine sinnvolle Startdosis liegt in den meisten Fällen bei 0,025–0,05 mg/kg. Im niedrigen Dosisbereich bleiben, wenn in Kombination mit TCA oder SSRI.

**Anmerkungen:** Bei aggressiver Symptomatik sind BZD wegen des möglichen Wegfalls sozialer Hemmungen grundsätzlich nur nach sorgfältigem Abwägen der Vor- und Nachteile einzusetzen. Besitzer sollten insbesondere deutlich gewarnt werden, alle provokativen Handlungen, symmetrische Eskalation von Konflikten und physische Strafmaßnahmen zu unterlassen. Eine Kombination mit TCA oder SSRI kann das Risiko einer Desinhibition verringern.

Obwohl die Wirkung sehr schnell eintritt, sind die anxiolytischen Effekte besser, wenn BZD 1–2 Tage eingesetzt werden.

Die Dosierungsbreite ist groß und muss individuell angepasst werden, indem man mit einer niedrigen Dosis beginnt und erhöht, bis der gewünschte Effekt ohne Nebenwirkungen wie Ataxie oder Sedierung erreicht ist. Eine vorübergehende leichte Ataxie von 15–30 Minuten nach der Tablettengabe ist tolerierbar. Eine niedrige Dosis wirkt emotional beruhigend und anxiolytisch, eine mittlere Dosis hat anxiolytischen Effekt und hohe Dosen wirken hypnotisch und verursachen Muskelrelaxation und Ataxie; bei entsprechend empfindlichen Hunden auch Hyperexzitation.

Alprazolam sollte nach längerer Therapiedauer (ab einer Woche) nicht plötzlich abgesetzt werden, um einen Rebound-Effekt mit verstärkter Rückkehr der Angstsymptomatik zu vermeiden.

**Handelsname:** Xanor®, Xanax®.

### Diazepam

Diazepam war neben dem Acepromazin und Gestagenen eines der ersten Medikamente, das in der Verhaltensmedizin beim Hund eingesetzt wurde.

Aufgrund der Suchtgefahr, des Nebenwirkungsprofils, der sehr kurzen Halbwertszeit beim Hund und der Entwicklung neuerer Moleküle für die längerfristige Therapie hat das Diazepam ein wenig an Bedeutung verloren. Nichtsdestotrotz können bei entsprechend geschicktem Einsatz in der systematischen Desensibilisierung und Gegenkonditionierung mit Diazepam sehr kostengünstig schöne Therapieerfolge erreicht werden.

**Indikationen:** Vor allem situativer Einsatz bei Phobien, unmittelbar nach traumatisierenden Erlebnissen zur Blockade des Kurzzeitgedächtnisses, akutes posttraumatisches Stress-Syndrom, schmerzbedingte Aggression, Angstzustände, Panikattacken; bei defensiver Aggression mit Einschränkung oder nur in Kombination wegen des Risikos der Desinhibition, Appetitanregung; kurzfristiger Einsatz zur Behandlung von Anfällen und Krämpfen, als Muskelrelaxans zur Ergänzung einer Schmerztherapie.

**Kombinationen:** TCA, SSRI.

**Nebenwirkungen:** Paradoxe Reaktionen mit Hyperexzitation, Ataxie, Halluzinationen, Kurzzeitgedächtnis ist bei höheren Dosen beeinträchtigt, Desinhibition, Aggression.

**Kontraindikationen:** Aggressivität, Leberschäden.

**Dosierung:** 0,5–5 mg/kg, nach Bedarf wiederholen. Sehr große therapeutische Breite.

**Anmerkungen:** Diazepam muss nach längerer durchgehender Therapiedauer ausgeschlichen werden. Wenn es jeweils nur kurzfristig zu bestimmten Anlässen (z. B. Feuerwerk) oder für Verhaltenstherapie-Trainingseinheiten eingesetzt wird, ist ein Ausschleichen nicht notwendig.

**Handelsname:** Valium®, Gewacalm®.

## 6.6.2 Azapirone

Der einzige Vertreter dieser Gruppe ist das milde Anxiolytikum Buspiron.

### Buspiron

Buspiron wirkt an prä- und postsynaptischen Serotoninrezeptoren als Agonist beziehungsweise als teilweiser Agonist und hat auch dopaminerge Effekte. Es hat eine kurze Halbwertszeit und muss daher 2- oder 3-mal täglich gegeben werden. Bis zur vollen Wirkung dauert es 1–2 Wochen.

Die wichtigsten Wirkungen sind:

- mild anxiolytisch
- nicht sedierend
- keine Beeinträchtigung des Gedächtnisses

- keine Gleichgewichtsstörungen
- keine Abhängigkeit

**Indikationen:** Leichte Angstzustände, Phobien.

**Nebenwirkungen:** Sehr selten gastrointestinale Symptome.

**Kombinationen:** Mit TCA oder SSRI, SARI möglich.

**Kontraindikationen:** Aggression, nicht effektiv bei intensiven Angstzuständen und Panikattacken.

**Dosierung:** 0,5–2 mg/kg 1–3 × täglich.

**Anmerkungen:** Buspiron verursacht keine Abhängigkeit und hat kein Suchtpotenzial für den Besitzer. Für größere Hunde teuer.

**Handelsname:** Buspar®, Bespar®.

### 6.6.3 Trizyklische Antidepressiva

Trizyklische Antidepressiva (TCA) sind ähnlich wie die BZD schon einige Jahrzehnte in der Humanmedizin im Einsatz. Auch in der Veterinär-Verhaltensmedizin sind TCA schon einige Jahre im Einsatz und es gibt aus dieser Gruppe auch ein für den Hund zugelassenes Präparat.

Der Wirkmechanismus ist die nichtselektive Hemmung der Wiederaufnahme von Serotonin und Noradrenalin aus dem synaptischen Spalt zurück in die Synapse. Dadurch bleiben die jeweiligen Transmitter länger an ihrem Wirkort. Welcher Transmitter mehr beeinflusst wird variiert von Molekül zu Molekül.

Die anticholinerge Wirkung ist für die Nebenwirkungen der TCA verantwortlich: Mundtrockenheit, Mydriasis, Harnretention, Konstipation, erhöhte Herzfrequenz. Die Harn- und Kotabsatzfrequenz sollte unter der Therapie mit TCA überwacht werden.

Daneben haben TCA noch antihistaminerge, α1-adrenerge und analgetische Wirkungen.

**Vorsicht**

**Wegen der Gefahr eines Serotonin-Syndroms dürfen TCA auf keinen Fall mit dem Monoaminooxidase-B-Hemmer Selegilin (S. 196) kombiniert werden.**

TCA sollten nach längerer Anwendung ausgeschlichen werden.

#### Amitriptylin

Amitriptylin hemmt die Wiederaufnahme von Serotonin und Adrenalin gleichermaßen. Es hat gute analgetische und antihistaminerge, somit auch sedierende Wirkung. Die anticholinergen Effekte sind stark und schnell wirksam. Die sedierende Wirkung bei Hyperzuständen ist schon nach einigen Stunden zu beobachten, bis zur vollen anxiolytischen Wirkung dauert es 3–6 Wochen.

**Indikationen:** Angstzustände, Hyperzustände, Ruhigstellung nach Operationen oder in der Rekonvaleszenz, Unsauberkeit, trennungsbedingte Störungen/abhängige Persönlichkeit, repetitive Störungen, Aggression, Vokalisieren.

**Kombinationen:** Falls erforderlich ist die Kombination mit BZD, SSRI oder SARI möglich.

**Nebenwirkungen:** Anticholinerge Effekte wie Mydriase, Mundtrockenheit, Harnretention, Konstipation; Tachykardie, Arrhythmie; Sedierung, Erbrechen.

**Kontraindikationen:** Glaukom, Keratitis sicca, Prostataerkrankungen, Herzerkrankungen (Arrhythmien, Überleitungsstörungen), epileptiforme Anfälle, keine Kombination mit Selegilin.

**Dosierung:** 1–2 mg/kg 2 × täglich.

**Anmerkungen:** Auf Harn- und Kotabsatz achten! Ausschleichen ist erforderlich, um Rückfälle zu vermeiden.

**Handelsname:** Tryptizol®, Saroten®.

### Clomipramin

Clomipramin ist ein nichtselektiver Wiederaufnahmehemmer für Serotonin und nur in geringem Ausmaß für Adrenalin. Es wirkt weniger sedierend als Amitriptylin, aber auch antihistaminerg und analgetisch. Eine sedierende Wirkung tritt nach wenigen Stunden ein, die rasche positive Beeinflussung von Unsauberkeitssymptomen ist wahrscheinlich auf die anticholinerge Wirkung zurückzuführen. Bis zur vollen anxiolytischen Wirkung dauert es 3–6 Wochen.

Clomipramin hat eine Zulassung für trennungsbedingte Störungen des Hundes.

**Indikationen:** Angstzustände, Phobien (eventuell in Kombination mit BZD), Unsauberkeit, postoperative Ruhigstellung, Aggression, Vokalisieren, repetitive Störungen, trennungsbedingte Störungen/abhängige Persönlichkeit, Hyperästhesie.

**Kombinationen:** Falls erforderlich ist die Kombination mit BZD, SSRI oder SARI möglich.

**Nebenwirkungen:** Anticholinerge Effekte wie Mydriase, Mundtrockenheit, Harnretention, Konstipation; Tachykardie, Arrhythmie; Sedierung, Erbrechen.

**Kontraindikationen:** Glaukom, Keratitis sicca, Prostataerkrankungen, Herzerkrankungen (Arrhythmien, Überleitungsstörungen), epileptiforme Anfälle. Keine Kombination mit Selegilin.

**Dosierung:** 1–3 mg/kg 2 × täglich.

Zur postoperativen Ruhigstellung auch 4 mg/kg 1 × täglich. Bei eher defizitärer Symptomatik ist eine niedrige, antriebssteigernde Dosis, bei produktiver Symptomatik die höhere Dosis zu empfehlen.

**Anmerkungen:** Auf Harn- und Kotabsatz achten! Ausschleichen ist erforderlich, um Rückfälle zu vermeiden. Schmeckt bitter und kann nicht immer mit dem Futter gegeben werden.

**Handelsname:** Clomicalm®.

### 6.6.4 Selektive Serotonin-Wiederaufnahme-Hemmer

Selektive Serotonin-Wiederaufnahme-Hemmer (SSRI) wirken noch spezifischer und selektiver auf das serotonerge System als die TCA und sind damit sehr gute Modulatoren für die Stimmungslage und viele grundlegende Funktionen wie Sättigung, Reaktivität und Impulsivität, Kognition oder Aggression. Die SSRI unterscheiden sich in ihren klinischen Effekten trotz ihres grundlegend gleichen Wirkmechanismus voneinander. Sie verursachen keine oder nur in Ausnahmefällen anticholinerge Nebenwirkungen (Ausnahme: Paroxetin). Die wichtigsten Nebenwirkungen betreffen den Gastrointestinaltrakt (Inappetenz, Erbrechen, Nausea, Durchfall) oder sind durch die Effekte auf das Zentralnervensystem bedingt: Sedierung, Unruhe, Reizbarkeit, Schlaflosigkeit, Ängstlichkeit. Um Nebenwirkungen zu vermeiden, hat sich eine einschleichende Dosierung über einige Tage gut bewährt. Unter der Therapie mit SSRI müssen vor allem am Beginn die Futter- und Wasseraufnahme sowie der Harn- und Kotabsatz kontrolliert werden. Wegen der Gefahr eines Serotonin-Syndroms dürfen SSRI auf keinen Fall mit dem Monoaminooxidase-B-Hemmer Selegilin (S. 196) kombiniert werden. Eine Kombination mit BZD oder TCA ist möglich.

SSRI müssen am Ende der Therapie unbedingt ausgeschlichen werden.

#### Fluoxetin

Fluoxetin wirkt nur auf die Wiederaufnahme von Serotonin, das dadurch länger und in höherer Konzentration im synaptischen Spalt verbleibt. Fluoxetin hat ähnlich wie beim Menschen auch beim Hund über seinen Metaboliten Norfluoxetin eine relativ lange Halbwertszeit von einigen Tagen. Fluoxetin reduziert die Impulsivität und wirkt aggressionsmindernd.

**Indikationen:** Aggression, Hyperzustände, repetitive Störungen, Hyperphagie und Adipositas, Pica, Hyperaktivitätsstörung, Angststörungen, Harnmarkieren, chronische Depression.

**Nebenwirkungen:** Anorexie, Nausea, Erbrechen, Durchfall, Unruhe, Gereiztheit, Hecheln, Harnretention, Schlaflosigkeit, Sedierung, Ängstlichkeit.

**Kontraindikationen:** Cave bei schlecht fressenden Hunden oder wenn Futter als wesentlichste positive Bestärkung in der Therapie eingesetzt werden soll. Individuelle Unverträglichkeit ist möglich. Individuelle Überempfindlichkeit und mdr1-negative Hunde.

**Dosierung:** 0,5–2 (bis zu 4) mg/kg 1 × täglich.

Einschleichend dosieren, um Inappetenz und Sedierung zu vermeiden.

**Anmerkungen:** Auf Futter- und Wasseraufnahme achten! Am Ende der Therapie ausschleichen.

**Handelsname:** Fluctine®, Felicium® oder Generika.

## Fluvoxamin

Fluvoxamin wirkt neben dem Serotoninsystem auch auf dopaminerge Rezeptoren. Es hat eine deutlich kürzere Halbwertszeit und verursacht weniger gastrointestinale Nebenwirkungen als Fluoxetin. Es hat keine anticholinergen Nebenwirkungen. Fluvoxamin reduziert wie Fluoxetin die Impulsivität und Aggressivität, fördert den Schlaf und Träumen.

Fluvoxamin ist eines der am vielseitigsten einsetzbaren Medikamente in der Verhaltensmedizin.

**Indikationen:** Aggression, Hyperaktivitätsstörung, Vokalisieren, Hyperzustände, repetitive Störungen, Schlafstörungen, Angststörungen, Harnmarkieren.

**Kombinationen:** Möglich mit anderen SSRI wie Sertralin; BZD, TCA, SARI.

**Nebenwirkungen:** Sedierung, Inappetenz, Erbrechen, sehr selten Ängstlichkeit.

**Kontraindikationen:** Cave bei schlecht fressenden Hunden. Individuelle Unverträglichkeit ist möglich.

**Dosierung:** 0,5–3 mg/kg 2 × täglich.

Einschleichend dosieren, um Inappetenz und Sedierung zu vermeiden.

**Anmerkungen:** Auf Futter- und Wasseraufnahme achten! Am Ende der Therapie ausschleichen.

**Handelsname:** Floxyfral®.

## Sertralin

Obwohl auch Sertralin ein SSRI ist, unterscheidet sich sein Wirkspektrum deutlich von Fluoxetin oder Fluvoxamin.

Bei Sertralin sind kaum Nebenwirkungen zu beobachten, es erhöht meistens den Appetit. Es wirkt sehr gut angstlösend und fördert die Exploration.

**Indikationen:** Phobien, Angstzustände, Panikattacken, repetitive Störungen, Schlafstörungen, Hypozustände, posttraumatisches Stress-Syndrom, akute und chronische Depression.

**Kombinationen:** Gut möglich mit Fluvoxamin; BZD, SARI.

**Nebenwirkungen:** Selten Erbrechen, Schlaflosigkeit, Desinhibition.

**Kontraindikationen:** Cave bei aggressiver Symptomatik.

**Dosierung:** 1–3 mg/kg 2 × täglich.

Bei Phobien auch 5 mg/kg als einmalige Gabe einige Stunden vor dem betreffenden Anlass möglich.

**Anmerkungen:** Am Ende der Therapie ausschleichen, um Rückfälle und Entzugserscheinungen zu vermeiden.

**Handelsname:** Gladem®, Zoloft® oder Generika.

#### Citalopram

Citalopram wirkt beim Hund desinhibierend und kann Aggression auslösen, möglicherweise kardiotoxisch. Einsatz daher nicht empfehlenswert.

### 6.6.5 Serotonin-Antagonist-Wiederaufnahme-Hemmer

#### Trazodon

Trazodon ist ein atypisches BZD sowie Serotonin-Antagonist und Wiederaufnahme-Hemmer (SARI), der sowohl alleine als auch synergistisch mit anderen SSRI und TCA eingesetzt werden kann. Es hat geringere anticholinerge und kardiale Nebenwirkungen als die TCA und hat unter allen Antidepressiva das geringste anfallsauslösende Potenzial.

Ein Vorteil ist die Sicherheit durch eine sehr große therapeutische Breite und der schnelle Wirkungseintritt innerhalb rund einer bis eineinhalb Stunden. Wie für die meisten anderen Psychopharmaka gibt es zwar klinische Erfahrungen, jedoch kaum spezifische Studien.

**Indikationen:** Ergänzende Medikation bei Angststörungen, die auf die konventionelle Therapie nicht ausreichend ansprechen, entweder als Dauermedikation oder anlassspezifisch.

**Kombinationen:** Trazodon kann gut mit SSRI, TCA und Azapiron kombiniert werden, dennoch sollte das grundsätzliche Risiko eines Serotonin-Syndroms bedacht werden.

**Nebenwirkungen:** Im Allgemeinen gering – Sedation oder gesteigerte Erregung, Erbrechen, Desinhibition, gesteigerter Appetit.

**Kontraindikationen:** Schwere Herzerkrankungen, Leber- oder Nierenschäden, Kombination mit MAOI. Individuelle Überempfindlichkeit.

**Dosierung:** Bei täglicher Dauermedikation: 0,5–8 mg/kg 2 × täglich.
Bei anlassspezifischer Medikation: 2–14 mg/kg und Tag, ungefähr 1 Stunde vor der erwünschten Wirkung.
In Kombination mit SSRI oder TCA: 0,5–2,5 mg/kg 2 × täglich beginnend (bis maximal 14 mg/kg und Tag).

**Anmerkungen:** Um Nebenwirkungen zu vermeiden, ist es sinnvoll, mit einer geringen Dosis zu beginnen und nach 3 Tagen um 1 mg alle 7 Tage zu erhöhen, bis eine wirksame Dosis erreicht ist.
Nach länger dauernder Medikation ist oft eine Dosisanpassung nach oben erforderlich.

**Handelsname:** Trittico®.

### 6.6.6 Tetrazyklische Antidepressiva

#### Mianserin

Mianserin blockiert die präsynaptischen Alpharezeptoren und die postsynaptischen Serotonin- und Histaminrezeptoren. Es hat keine anticholinergen Wirkungen. Es wirkt desinhibierend und verbessert Hypozustände. Mianserin sollte nicht länger als 2–3 Wochen eingesetzt werden, da es bei längerer Anwendung zu Hypervigilanz und Angstattacken kommen kann. Der appetitanregende Effekt ist in wenigen Minuten bis Stunden zu beobachten.

**Indikationen:** Alle inhibierten und Hypozustände, akutes posttraumatisches Stress-Syndrom, akute und chronische Depression, Appetitanregung, Rekonvaleszenz, Hypersomnie.

**Nebenwirkungen:** Agitiertheit, Desinhibition, manchmal Vokalisieren.

**Kontraindikationen:** Aggressive Symptomatik.

**Dosierung:** 1–2 mg/kg 2 × täglich.

**Anmerkungen:** Kombination mit Sertralin oder Selegilin ist möglich, nach 2–3 Wochen Mianserin absetzen.

**Handelsname:** Tolvon®.

#### Mirtazapin

Mirtazapin ist ein weiteres tetrazyklisches, dem Mianserin sehr ähnliches Antidepressivum mit guten appetitstimulierenden Eigenschaften. Der Haupteinsatzbereich liegt daher eher in der palliativen Betreuung von Hunden, um deren allgemeine Befindlichkeit und die Futteraufnahme zu verbessern. Es hat kaum anticholinerge Wirkungen.

**Indikationen:** Inhibierte und Hypozustände im Zusammenhang mit schweren chronischen Erkrankungen, die mit Nausea und Anorexie einhergehen wie chronische Nierenerkrankung, Tumorerkrankungen, Chemotherapie, post-operative Anorexie.

**Kombinationen:** Mirtazapin kann mit anderen Emetika kombiniert werden. Keine Kombination mit SSRI, TCA und MAOI. Kombination mit Tramadol erhöht das Risiko für Serotonin-Syndrom.

**Nebenwirkungen:** Agitiertheit, Benommenheit, Sedation, Desinhibition.

**Kontraindikationen:** Aggressive Symptomatik.

**Dosierung:** 0,6 mg/kg 1 × täglich, aber maximal 30 mg pro Tag.

**Anmerkungen:** Da es aktuell keine spezifischen Wirksamkeitsstudien beim Hund gibt, ist es sinnvoll, mit niedrigen Dosierungen zu beginnen und nach Bedarf zu erhöhen. Am Ende der Therapie nach längerem Einsatz ausschleichen, um Entzugserscheinungen zu vermeiden.

**Handelsname:** Remeron® und Generika.

### 6.6.7 Monoaminooxidase-Hemmer

Selegilin ist ein irreversibler Monoaminooxidase-B-Hemmer (MAOI-B), der auf den enzymatischen Abbau von Dopamin wirkt und die Wiederaufnahme von Dopamin und Noradrenalin hemmt. Es hat außerdem neuroprotektive Wirkung, indem es die Wirkung der Superoxiddismutase und der Katalase fördert. Die Halbwertszeit von Selegilin beträgt zwar nur einige Minuten, aber die Enzymhemmung ist irreversibel. Die Absorption aus dem Gastrointestinaltrakt erfolgt sehr rasch, erste Effekte können bei Hyperaktivität eventuell schon nach Minuten beobachtet werden, bis zur vollen Wirkung auf Stimmung und Emotionen kann es einige Wochen dauern.

Bei hyperaktiven Hunden bewirkt Selegilin eine paradoxe Beruhigung, bei gehemmten Individuen eine psychomotorische Aktivierung.

Selegilin stabilisiert Stimmung und Emotionen und fördert die Exploration. Defensive und autonome Reaktionen werden reduziert, die Motivation und Lernfähigkeit sowie der Appetit werden gesteigert.

Selegilin hat eine Zulassung für den Hund zur Behandlung von Verhaltensstörungen emotionalen Ursprungs.

**Indikationen:** Deprivationssyndrom, Angstzustände mit psychomotorischer Inhibition und/oder somatischen Symptomen, akute und chronische Depression, repetitive Störungen, Hyperaktivitätsstörung, kognitive Dysfunktion.

**Nebenwirkungen:** Sehr selten Erbrechen oder Durchfall.

**Kontraindikationen:** Keine Kombination mit TCA oder SSRI.

**Dosierung:** 0,5 mg/kg 1 × täglich, vorzugsweise morgens oder mittags.

**Anmerkungen:** Selegilin ist bitter und wird mit dem Futter oft nicht aufgenommen.

**Handelsname:** Selgian®, Cognitiv®, Selegilin®.

### 6.6.8 Hormone

#### Cyproteronacetat

Cyproteronacetat ist ein Antiandrogen mit progestagenen und antigonadotropen Effekten. Es hat eine zentrale, nicht spezifische sedierende und antiaggressive Wirkung.

**Indikationen:** Reduktion sexuell motivierter Verhaltensweisen, auch beim kastrierten Rüden, Harnmarkieren, Aggression.

**Nebenwirkungen:** Appetitsteigerung, Sedierung, Blutbildveränderungen bei langfristiger Anwendung.

**Kontraindikationen:** Hepatopathie, Zuchteinsatz.

**Dosierung:** 2–5 mg/kg für 5 Tage, anschließend Reduktion der Dosis auf die Hälfte.

**Handelsname:** Androcur®.

#### Melatonin

Melatonin ist ein endogenes Hormon, das lichtabhängig aus Serotonin in der Zirbeldrüse produziert wird. Licht hemmt die Produktion von Melatonin, die Sekretion erfolgt nur in der Nacht. Melatonin ist für zirkadiane Rhythmen verantwortlich und hemmt die Dopaminfreisetzung.

**Indikationen:** Phobien, vor allem Geräuschphobien, zur allgemeinen Beruhigung, nächtliche Angstattacken, Anfallsreduktion bei Epilepsiepatienten mit nächtlichen Anfällen.

**Kombinationen:** TCA.

**Nebenwirkungen:** Bisher auch bei längerfristiger Anwendung keine beobachtet.

**Kontraindikationen:** Trächtigkeit?

**Dosierung:** 1 mg bis 5 kg, 1,5 mg bis 10 kg, 3 mg bis 40 kg, 6 mg ab 40 kg; 1–3 × täglich.

**Anmerkungen:** Der Einsatz von Melatonin ist empirisch, es gibt bisher keine kontrollierten Studien.

**Handelsname:** Zahlreiche frei erhältliche Präparate.

## L-Thyroxin

Die Substitution von L-Thyroxin ist eine Möglichkeit durch Hypothyreose verursachte oder vermutete Verhaltenssymptome zu behandeln. Psychische Symptome treten unter Umständen Jahre vor den typischen körperlichen Symptomen der manifesten Hypothyreose auf. Insbesondere plötzliches und unvermitteltes Auftreten oder Verschlechtern von Angstsymptomen, besonders bei mittelgroßen bis großen Hunden mittleren Alters sind verdächtig für eine Hypothyreose.

**Indikationen:** Erwiesene Hypothyreose; als Ergänzung zur Medikation oder Einzeltherapie bei Verdacht auf eine subklinische Hypothyreose, wenn der Hund auf die übliche Therapie und Medikation nicht wie erwartet anspricht.

**Kombinationen:** Mit TCA oder SSRI zur Verbesserung oder Beschleunigung des Ansprechens auf die Behandlung.

**Nebenwirkungen:** Thyreotoxikose mit Insomnie, Reizbarkeit, Agitation, Tachykardie, Hyperthermie, Abmagerung; Desinhibition von Aggression, vermehrt Anfälle bei Epilepsiepatienten.

**Kontraindikationen:** Hyperthyreose.

**Dosierung:** 10–20 µg/kg 2 × täglich bei erwiesener oder vermuteter Hypothyreose/Hypolit®. 5 µg/kg 2 × täglich beim alten Hund mit Involutionsdepression als Ergänzung bei schlechtem Ansprechen auf andere Therapien. Falls L-Thyroxin versuchsweise bei nicht eindeutig nachweisbar hypothyreoten Hunden mit psychischen Symptomen eingesetzt wird, ist mit dem Verschwinden dieser Symptome innerhalb einer bis vier Wochen zu rechnen.

**Anmerkungen:** Die Substitution von L-Thyroxin im Zusammenhang mit psychischen Symptomen wird kontrovers diskutiert. Ohne Zweifel hat der Hormonhaushalt – und hier insbesondere die Schilddrüse – einen grundlegenden Einfluss (Psychoneuroendokrinoimmunologie) auf das Gesamtbefinden, Stimmungslage, Emotionen und die Reaktionen auf Umweltreize sowie die Neurotransmission. Das macht L-Thyroxin jedoch nicht zur unkritischen Allroundmedikation für jeden Hund mit Angst- und/oder Aggressionssymptomen.

Nach einer französischen Studie hat die vorübergehende Substitution im Sinne einer diagnostischen Therapie keine nachteiligen Auswirkungen.

Das Ansprechen auf eine Substitutionstherapie bestätigt nicht die Hypothyreose, sondern nur die oben beschriebene Interdependenz aller Systeme im Organismus.

**Handelsname:** L-Thyroxin, Forthyron®, Leventa®.

### 6.6.9 Neuroleptika

Die gesamte Gruppe der Neuroleptika ist chemisch uneinheitlich und wird nur durch ihren ähnlichen Effekt auf die Dopamintransmission definiert. In niedrigen Dosen wird vor allem der präsynaptische Dopaminrezeptor blockiert, wodurch sich die Dopaminkonzentration im synaptischen Spalt und damit die allgemeine Aktivität erhöht. Im mittleren Dosisbereich werden auch die postsynaptischen Rezeptoren blockiert und die Dopaminkonzentration sinkt mit dem Effekt psychomotorischer Beruhigung. In noch höherer Dosierung kommt es zu Verwirrtheitszuständen, Sedation und heftiger Ataxie. Daraus folgt der zweifache klinische Effekt der meisten Neuroleptika:

- Antidefizitäre Wirkung: In niedriger Dosis kommt es zu einer Desinhibition, zur Erhöhung der Reaktivität und Produktion von Verhalten.
- Antiproduktive Wirkung: Im mittleren Dosisbereich wird die Produktion von Verhalten reduziert, es kommt zur psychomotorischen Indifferenz.

Diese Dosierungsbereiche können von Hund zu Hund individuell unterschiedlich sein. In der Anflutungs- oder Abbauphase kann es immer zu einem Durchlaufen des antidefizitären Wirkbereichs und somit zur Desinhibition kommen!

Weitere wichtige Eigenschaften und Nebenwirkungen:

- Neuroleptika haben keine anxiolytische Wirkung.
- antiemetisch: Acepromazin
- sedierend
- zentrale und periphere anticholinerge Nebenwirkungen: Mundtrockenheit, Konstipation, Verwirrung
- senken die Anfallsschwelle bei Epilepsiepatienten
- Hypotension
- beeinträchtigte Thermoregulation
- markanter Vorfall des dritten Augenlids

Insgesamt haben Neuroleptika aufgrund ihrer klinischen Effekte und vor allem der Nebenwirkungen nur ein begrenztes Einsatzgebiet in der Verhaltensmedizin. In Kombination mit SSRI kann das Risiko einer Desinhibition von aggressivem Verhalten deutlich reduziert werden.

Für den seltenen und kurzfristigen Einsatz als „chemische Keule" unter kontrollierten Bedingungen (Hospitalisierung!) sind Neuroleptika ganz gut geeignet.

## Acepromazin

Acepromazin ist ein Neuroleptikum aus der Phenothiazingruppe. Von Acepromazin werden neben den Dopaminrezeptoren noch adrenerge und histaminerge Rezeptoren blockiert. Es hat vor allem sedative, aber auch eine gute antiemetische Wirkung.

**Indikationen:** Prämedikation für die Anästhesie, Ruhigstellung für Transport unter kontrollierten Bedingungen (nicht im Frachtraum!), Hyperästhesie, Situationen, in denen die Erfordernisse einer psychomotorischen Indifferenz gegenüber den Risiken und Nebenwirkungen abgewogen wurden, „chemische Keule" bei extrem produktiver und schadensverursachender Symptomatik im Zusammenhang mit Phobien oder anderen Störungen.

**Nebenwirkungen:** Bei niedriger Dosis Desinhibition aggressiven Verhaltens, Agitation, Unvorhersehbarkeit der Reaktionen; bei höherer Dosis Ataxie; anticholinerge Effekte,

Hypotension, Verwirrung, Vorfall des dritten Augenlids, beeinträchtigte Thermoregulation.

**Kontraindikationen:** Aggressivität, Hyperaktivitätsstörung, mdr1-defekte Hunde, Einsatz beim alten Hund.

**Dosierung:** 0,5–1 mg/kg peroral.

**Anmerkungen:** Für die Behandlung von Phobien ist Acepromazin wegen der zahlreichen oben beschriebenen Risiken nicht optimal geeignet.

**Handelsname:** Vetranquil®.

## Azaperon

Das Neuroleptikum Azaperon gehört zu den Butyrophenonen, nahe verwandt mit dem Pipamperon. Es wirkt vor allem auf die postsynaptischen Rezeptoren mit wenig Affinität für die präsynaptischen Rezeptoren. Es hat keinen enthemmenden und auch keinen besonders sedierenden Effekt. Die Wirkdauer ist mit rund 2 Stunden kurz.

Der Einsatzbereich ist somit vor allem auf die tierärztliche Praxis und Klinik beschränkt. Für den längerfristigen Einsatz in der Therapie von psychischen Störungen ist Azaperon nicht geeignet.

**Indikationen:** Untersuchung und Manipulation von ängstlichen, hypervigilanten Hunden in der Praxis, kurzfristige Ruhigstellung von hospitalisierten Hunden, Agitation während der Aufwachphase, Prämedikation für sehr ängstliche Hunde, kurze Transporte.

**Nebenwirkungen:** Hypotension, beeinträchtigte Thermoregulation.

**Kontraindikationen:** Cave bei alten Hunden.

**Dosierung:** 1–2 ml/m$^2$ beziehungsweise 40 mg/m$^2$ der Injektionslösung für Schweine peroral.

**Anmerkungen:** Azaperon wird über die Schleimhaut aufgenommen, daher ist ein Abschlucken nicht unbedingt notwendig. Salivation.

**Handelsname:** Stresnil®.

## Pipamperon

Pipamperon gehört wie das Azaperon auch in die Gruppe der Butyrophenone. Es blockiert neben den Dopaminrezeptoren auch histaminerge, adrenerge und serotonerge Rezeptoren.

Im niedrigen Dosisbereich kann es zur Desinhibition und Auslösung aggressiven Verhaltens kommen. Die alleinige Anwendung von Pipamperon ist nicht zu empfehlen.

**Indikationen:** Produktives und schadenverursachendes Verhalten bei Phobien, Angststörungen, Hyperzustände und Agitation, Aggression, Reduktion der Reaktivität.

**Kombinationen:** Pipamperon **nur** in Kombination mit TCA oder SSRI anwenden!

**Nebenwirkungen:** Desinhibition, Hypotension, Sedation.

**Kontraindikationen:** Cave alleinige Anwendung insbesondere bei aggressiven Hunden; alte Hunde.

**Dosierung:** 10–20 mg/m² 2 × täglich.

**Handelsname:** Dipiperon®.

### Risperidon

Risperidon gehört zur neueren Generation der atypischen Neuroleptika. Es wirkt neben den Dopaminrezeptoren besonders auf den 5HT 2A-Serotoninrezeptor blockierend. Wird nur selten eingesetzt.

**Indikationen:** Reduktion der Impulsivität, kontrollierte soziale und kompetitive Aggression, dissoziative Störungen, repetitive Störungen, Halluzinationen.

**Kombinationen:** Keine.

**Nebenwirkungen:** Desinhibition, Erhöhung des Prolaktinspiegels.

**Kontraindikationen:** Keine Kombination mit SSRI, TCA oder Selegilin wegen der Gefahr eines Serotonin-Syndroms; Herzerkrankungen?

**Dosierung:** 0,5–1 mg/m² 1 × täglich.

**Anmerkungen:** Nach längerfristiger Gabe ausschleichen.

**Handelname:** Risperdal®.

## 6.6.10 Sonstige

### Gabapentin

Gabapentin ist eigentlich ein Antiepileptikum und Kalziumkanalblocker, das beim Hund nunmehr aber überwiegend in der Schmerztherapie Anwendung findet. Der Wirkmechanismus ist nicht eindeutig geklärt. Gabapentin hat eine relativ grosse therapeutische Breite und kann allein und mit anderen Analgetika aber auch Psychopharmaka gut kombiniert werden.

**Indikationen:** Analgesie insbesondere bei Verdacht auf neurogene Schmerzen, Hyperalgesie und allgemeiner Überempfindlichkeit gegenüber nicht-schmerzhaften Reizen. Situativ vor einem Tierarztbesuch, Hyperzustände, Angststörungen.

**Kombinationen:** Andere Analgetika, ausgenommen Opiate. Kombination mit TCA und SSRI ist möglich, es gibt jedoch wenig Erfahrung.

**Nebenwirkungen:** Sedation, Ataxie vor allem am Therapiebeginn.

**Kontraindikationen:** Individuelle Überempfindlichkeit.

**Dosierung:** 1–10 mg/kg bis zu 3 × täglich.

**Anmerkungen:** Einschleichen und nach längerfristiger Gabe ausschleichen.

**Handelname:** Gabapentin®, Neurontin®.

### Imepitoin

Imepitoin ist ein weiteres speziell für den Hund entwickeltes Antiepileptikum, das über den $GABA_A$-Rezeptor einen hemmenden Effekt auf Neuronen hat. Zusätzlich hat es anxiolytische Effekte, aufgrund derer es auch in der Verhaltensmedizin Einsatz findet.

**Indikationen:** Angststörungen, vor allem als anlass-spezifische Medikation mit einigen Tagen Vorlaufzeit.

**Kombinationen:** Es gibt wenige Erfahrungen; vom Wirkmechanismus ist eine Kombination mit TCA und SSRI sinnvoll und möglich.

**Nebenwirkungen:** Sedation, Ataxie vor allem am Therapiebeginn.

**Kontraindikationen:** Individuelle Überempfindlichkeit.

**Dosierung:** 10–30 mg/kg 2 × täglich. Bei situativer Therapie 3–5 Tage vorher beginnen.

**Handelname:** Pexion®.

### Tramadol

Tramadol wirkt als synthetisches Opiat über den µ-Rezeptor-Agonist und hat gleichzeitig auch eine geringe anxiolytische Wirkung über die Aufnahmehemmung von Noradrenalin und Serotonin.

**Indikationen:** Analgesie insbesondere bei Verdacht auf neurogene Schmerzen, Hyperalgesie und allgemeiner Überempfindlichkeit gegenüber nicht-schmerzhaften Reizen. Leckdermatitis und andere Verhaltensweisen, die zu Selbstbeschädigung führen, und wenn ein Verdacht auf schmerzhafte Prozesse besteht. Die volle Wirkung ist nach 2 Wochen zu erwarten.

**Kombinationen:** NSAID. Keine Kombination mit TCA und SSRI, da die Gefahr des Serotonin-Syndroms besteht.

**Nebenwirkungen:** Sedation oder Exzitation, Ataxie vor allem am Therapiebeginn, gastrointestinale Symptome.

**Kontraindikationen:** Individuelle Überempfindlichkeit, eingeschränkte Leber- und Nierenfunktion.

**Dosierung:** 2–5 mg/kg bis zu 2–4 × täglich.

**Anmerkungen:** Nach längerfristiger Gabe ausschleichen.

**Handelname:** Tramal®.

## 6.7 Dauer und Ende der medikamentösen Therapie

Die medikamentöse Therapie wird so lange durchgeführt bis eine zufriedenstellende und stabile Besserung erreicht ist und für 1–3 Monate anhält.

Theoretisch nimmt der Hund am Ende der Medikation seine durch die Genetik und Persönlichkeitsstruktur programmierten Verhaltensweisen wieder auf, wenn er in einer Verhaltenstherapie keine neuen Strategien und alternativen Reaktionsmöglichkeiten gelernt hat. In der Praxis ist das nicht immer der Fall, denn Lernen funktioniert auch ohne spezifische und organisierte Therapie wie z. B. bei der Habituation, weil der Hund durch die Medikation nun in einem lernfähigen Zustand ist.

Man kann empirisch 3 Behandlungszeiträume mit unterschiedlichen Effekten einteilen:

- kurze Behandlungsdauer zwischen einmaliger Gabe über wenige Wochen bis zu 3 Monaten, wenn nur das Verhalten und neurovegetative Reaktionen beeinträchtigt sind
- mittlere Behandlungsdauer für rund 6 Monate bei Störungen auf der Ebene der Emotionen, Kognition und Perzeption
- langfristige Behandlung über 6 Monate bis lebenslänglich bei Störungen auf der Ebene der Stimmung oder genetisch und strukturell programmiertem Verhalten (repetitive Störungen, chronische Angststörungen, Deprivationssyndrom)

Auch der Zeitpunkt des Wirkungseintritts und die geplante Dauer der Medikation wird die Auswahl beeinflussen. Im Allgemeinen sind die ersten positiven Effekte und vor allem Nebenwirkungen wie Sedierung oder anticholinerge Symptome schon sehr schnell sichtbar, bis zum vollen erwünschten klinischen Effekt sind bis zu 6 Wochen, manchmal auch eine Dosisanpassung notwendig.

- schneller Wirkungseintritt und punktuelle oder gelegentliche Anwendung: Azaperon, Alprazolam, Diazepam, Mianserin, Trazodon
- schneller Wirkungseintritt und länger dauernde Anwendung: Alprazolam oder Trazodon in Kombination mit TCA oder SSRI
- verzögerter Wirkungseintritt – einige Tage bis Wochen: Amitriptylin, Clomipramin, Fluoxetin, Fluvoxamin, Sertralin
- später Wirkungseintritt – bis zu 6 Wochen: Selegilin, Cyproteronacetat

Einige Medikamente müssen am Ende der Therapie **ausgeschlichen** werden, um eine möglicherweise verstärkte Rückkehr der Symptome zu vermeiden. Während des Ausschleichens zeigt sich auch recht schnell, ob die therapeutischen Strategien erfolgreich waren oder ob die Behandlung noch verlängert werden muss.

Die Dosisreduktion ergibt sich aus der Behandlungsdauer:

**Merke**

**Als Grundregel gilt: Pro Monat Therapie wird 1 Woche ausgeschlichen – das heißt nach 4 Monaten Medikation wird die Dosis über 4 Wochen reduziert.**

Bei Fluoxetin sollte wegen der langen Halbwertszeit der Entwöhnungsprozess auf 2 Wochen pro Therapiemonat erhöht werden.

**Ausschleichen ist notwendig:** BZD ab einer Woche Therapiedauer (Alprazolam, Diazepam), TCA (Amitriptylin, Clomipramin), SSRI (Fluoxetin, Fluvoxamin, Sertralin), Neuroleptika (Risperidon), Antiepileptika (Gabapentin, Phenobarbital).

**Kein Ausschleichen notwendig:** Buspiron, Selegilin.

## 6.8 Entscheidungshilfen

Die Auswahl von Psychopharmaka erfolgt am einfachsten nach der vorherrschenden klinischen Symptomatik und den Zielen der therapeutischen Strategie (▶ Tab. 6.2).

▶ **Tab. 6.2** Auswahl von Psychopharmaka nach dem vorherrschenden Zustand.

| Zustand | Medikament |
|---|---|
| Hyper | Fluoxetin (höhere Dosis), Fluvoxamin, Clomipramin, Amitriptylin, Selegilin, Sertralin, Pipamperon |
| Hypo | Alprazolam, Mianserin, Sertralin, Selegilin, Fluoxetin (niedrige Dosis), Clomipramin (niedrige Dosis) |
| Dys | Selegilin |
| Schizo | Risperidon, Selegilin |

Eine erste Hilfe bei der Entscheidung ist die Einteilung der Symptome oder Zustände nach den folgenden Kriterien:

## Methode

- **Hyper:** Der Zustand oder die Symptome sind produktiv, es gibt ein Zuviel an Verhalten oder Schaden wie z. B. Hyperaktivität, Destruktion, Hypervigilanz, Vokalisieren, Aggression etc.
- **Hypo:** Der Zustand oder die Symptome sind defizitär, es gibt ein Zuwenig an Verhalten und Hemmung wie z. B. fehlende Exploration, kein Interesse an Spiel, Depression, Hypovigilanz, Inhibition, geringe Motivation etc.
- **Dys:** Der Zustand ist alternierend zwischen hyper und hypo oder normal, es gibt Stimmungsschwankungen, oder der Zustand ist nicht eindeutig erkennbar.
- **Schizo:** Der Hund hat mehr oder weniger lang dauernde dissoziierte Phasen, er scheint in „einer anderen Welt" zu leben.

Einige Psychopharmaka sind biphasisch, das heißt sie sind in Abhängigkeit von der Dosis eher antidefizitär oder antiproduktiv.

Individuelle Besonderheiten und Ansprechbarkeit beeinflussen natürlich die Wirksamkeit und klinischen Effekte bei jedem Hund.

Die zweite Hilfe bei der Entscheidung für ein Medikament ist das Repertorium in ▸ Tab. 6.3. Eine Übersicht über die Dosierungen liefert ▸ Tab. 6.4.

▸ **Tab. 6.3** Repertorium der wichtigsten Symptome und der dazu passenden Medikation.

| Symptom | Medikament |
|---|---|
| Aggression, defensive/reaktive | Amitriptylin, Clomipramin, Cyproteronacetat, Fluoxetin, Fluvoxamin, Pipamperon (in Kombination), Risperidon, Selegilin, Sertralin (eingeschränkt) |
| Aggression, offensive/proaktive | Amitriptylin, Clomipramin, Cyproteronacetat, Fluoxetin, Fluvoxamin, Pipamperon (in Kombination) |
| Aggression, schmerzbedingte | Alprazolam, Amitriptylin, Clomipramin, Diazepam |
| Angstzustand, chronischer | s. Stimmung, ängstliche |
| Elimination, Unsauberkeit | Amitriptylin, Clomipramin |
| Elimination, emotional bedingt | Clomipramin, Phenylpropanolamin, Selegilin, Sertralin |
| Elimination, Enuresis, Enkopresis | Amitriptylin, Clomipramin, Phenylpropanolamin |
| Emotion, Schwierigkeiten wieder Ruhe zu finden | Melatonin, Selegilin, Sertralin |
| Erbrechen, psychisch bedingtes | Selegilin |
| Erbrechen, reisebedingtes | Acepromazin, Ingwer, Maropitant |
| Exploration, inhibierte | Alprazolam, Diazepam, Selegilin, Sertralin |
| Futteraufnahme, Hyporexie oder Anorexie | Diazepam, Mianserin, Selegilin, Mirtazapin |
| Futteraufnahme, Hyporexie oder Anorexie, sexuell bedingt | Cyproteronacetat |
| Futteraufnahme, Hyperphagie | Clomipramin, Fluoxetin, Fluvoxamin |

▾

▸ **Tab. 6.3** Fortsetzung.

| Symptom | Medikament |
|---|---|
| Futteraufnahme, Pica | Clomipramin, Fluoxetin, Fluvoxamin, Selegilin |
| Halluzination | Fluvoxamin, Pipamperon, Risperidon |
| Hyperästhesie | Acepromazin, Amitriptylin, Clomipramin |
| Hyperattachment | Alprazolam, Buspiron, Clomipramin, Sertralin |
| Hypervigilanz | Acepromazin (eingeschränkt), Alprazolam, Amitriptylin, Azaperon (punktuell), Clomipramin, Fluoxetin, Fluvoxamin, Gabapentin, Sertralin, Trazodon |
| Hypovigilanz | Mianserin, Selegilin, Sertralin |
| klinische Untersuchung, Toleranz gegenüber Manipulation und Untersuchung | Azaperon, Trazodon |
| Kognition, eingeschränkte | Selegilin |
| Kolitis, psychisch bedingte | Selegilin |
| Leckdermatitis (Erythem, Erosion, Pigmentierung, Granulom) | Alprazolam, Clomipramin, Fluoxetin, Fluvoxamin, Pipamperon (in Kombination), Risperidon, Selegilin |
| Lecken, Boden oder Gegenstände | Fluvoxamin, Selegilin |
| Markierverhalten, Harnmarkieren | Cyproteronacetat, Fluoxetin, Fluvoxamin |
| Masturbation | Cyproteronacetat, Fluoxetin, Fluvoxamin |
| Motivation, erhöhen | Selegilin |
| Panikattacken | Alprazolam, Clomipramin, Diazepam, Fluoxetin, Fluvoxamin, Sertralin |
| Phobie | Alprazolam, Amitriptylin, Buspiron, Diazepam, Clomipramin, Fluoxetin, Fluvoxamin, Melatonin, Pipamperon (eingeschränkt, nur in Kombination), Selegilin, Sertralin, Trazodon |
| psychosomatische Symptome (Dyspepsie, Gähnen, Erbrechen, Diarrhö, Kolitis etc.) | Clomipramin, Selegilin |
| Schlaf, Hypersomnie | Clomipramin (niedrige Dosis), Fluoxetin, Mianserin, Selegilin |
| Schlaf, Hyposomnie oder Insomnie | Amitriptylin, Clomipramin, Fluvoxamin, Phenobarbital, Pipamperon, Selegilin |
| Schlaf, Traumphase fehlt, bei hyperaktiven Hunden | Fluvoxamin |
| Selbstkontrolle, reduzierte oder fehlende | Clomipramin, Fluoxetin, Fluvoxamin, Gabapentin, Selegilin |
| Spiel, inhibiert oder fehlend | Alprazolam, Mianserin, Selegilin, Sertralin |
| Stereotypie, OCSD | Acepromazin (eingeschränkt), Amitriptylin, Clomipramin, Fluoxetin, Fluvoxamin, Pipamperon, Risperidon, Selegilin |
| Stimmung, ängstliche | Alprazolam, Amitriptylin, Buspiron, Clomipramin, Fluoxetin, Fluvoxamin, Selegilin, Sertralin, Trazodon |

▶ **Tab. 6.3** Fortsetzung.

| Symptom | Medikament |
|---|---|
| Stimmung, depressive | Mianserin, Selegilin, Sertralin |
| Stimmung, instabile | Fluvoxamin, Selegilin |
| Stimmung, reizbare | Fluoxetin, Fluvoxamin, Risperidon, Selegilin, Sertralin |
| trennungsbedingte Probleme, Destruktion, Schäden | Alprazolam, Amitriptylin, Buspiron, Clomipramin, Fluoxetin, Fluvoxamin, Pipamperon, Selegilin, Sertralin, Trazodon |
| trennungsbedingte Probleme, Inhibition | Selegilin, Sertralin |
| Vokalisieren, stereotypes | Acepromazin (eingeschränkt), Amitriptylin, Clomipramin, Fluoxetin, Fluvoxamin, Pipamperon, Selegilin |

▶ **Tab. 6.4** Dosierungsübersicht der wichtigsten Psychopharmaka.

| Medikament | Dosierung | Frequenz/d |
|---|---|---|
| Alprazolam | 0,01–0,1 mg/kg | 1–3 × |
| Amitriptylin | 1–2 mg/kg | 2 × |
| Azaperon | 40 mg/**m²** | nach Bedarf |
| Buspiron | 0,5–2 mg/kg | 1–3 × |
| Clomipramin | 1–3 mg/kg | 2 × |
| Cyproteronacetat | 2–5 mg/kg (für 5 Tage, danach auf die Hälfte reduzieren) | 1 × |
| Diazepam | 0,5–5 mg/kg | mehrmals täglich nach Bedarf |
| Fluoxetin | 0,5–2 mg/kg (bis 4 mg) | 1 × |
| Fluvoxamin | 0,5–3 mg/kg | 2 × |
| Gabapentin | 1–10 mg/kg | 2–3 × |
| Imepitoin | 10–30 mg/kg | 2 × |
| L-Thyroxin | 10–20 µg/kg<br>5 µg/kg beim alten Hund | 2 ×<br>2 × |
| Melatonin | 1 mg bis 5 kg<br>1,5 mg bis 10 kg<br>3 mg bis 40 kg<br>6 mg über 40 kg | 1–3 × |
| Mianserin | 1–2 mg/kg | 2 × |
| Pipamperon | 10–20 mg/**m²** | 2 × |
| Risperidon | 0,5–1 mg/**m²** | 1 × |
| Selegilin | 0,5 mg/kg | 1 × |
| Sertralin | 1–3 mg/kg | 2 × |
| Tramadol | 2–5 mg/kg | 2–4 × |
| Trazodon | 0,5–14 mg/kg | nach Bedarf oder 2 × |

## 6.9 Phytopharmaka und Nahrungsergänzungen

### 6.9.1 Phyto-Psychopharmaka

Zahlreiche Phytopharmaka haben psychoaktive Eigenschaften und können in manchen Fällen gut als Alternative zu herkömmlichen Psychopharmaka beim Hund eingesetzt werden. Es existieren jedoch nur wenig Daten und kaum Untersuchungen zur Phyto-Psychopharmakologie, die Dosierungsangaben sind empirisch.

**Kava Kava:** Wirkt an den Benzodiazepinrezeptoren. Die Wirkung ist daher den Benzodiazepinen ähnlich ohne jedoch die nachteiligen Nebenwirkungen wie Sedation oder Suchtpotenzial mitzubringen. Angststörungen, Phobien. Derzeit nur schwer zu bekommen.

Richtdosis: 5–10 mg/kg Kavalactone 2 × täglich.

**Johanniskraut:** Sogenannter Breitband-Wiederaufnahme-Hemmer von Adrenalin, Serotonin und Dopamin. Stimmungsaufhellend. Häufig in Kombinationen mit anderen Pflanzenextrakten.

**Eschholtzia:** Mild sedierende und angstlösende Wirkung.

Richtdosis: 50 mg/10 kg 1 × täglich.

**Hopfen:** Wirkprinzip ist ungeklärt. Mild sedierend, fördert die Schlafbereitschaft. Unruhe, Ängstlichkeit, Nervosität, nervöse Magenbeschwerden.

Richtdosis: 50 mg/10 kg 1–2 × täglich.

**Passiflora:** Überwiegend in Kombination mit anderen mild sedierenden Phytopharmaka wie Hopfen, Melisse, Baldrian angewendet.

**Ginseng:** Allgemein stärkend und stimulierend, adaptogene Wirkung bei Stress, „synthetisches Chi". Bei Depression, Stress, seniler Demenz.

Richtdosis: 500 mg/10 kg 1 × täglich.

**Ginkgo:** Verbesserung der Durchblutung im ZNS und in der Peripherie. Bei seniler Demenz und Durchblutungsstörungen.

Richtdosis: 40 mg/10 kg 1 × täglich.

**Ingwer:** Antiemetische Wirkung. Bei Reisekrankheit, Unruhe, Speicheln im Auto.

Richtdosis: 500 mg/10 kg eine halbe Stunde vor Fahrtantritt.

Weitere Pflanzenextrakte, die meistens in Kombinationen als sedierende Nahrungsergänzung angewendet werden: **Baldrian, Melisse, Kamille, Weißdorn.**

### 6.9.2 Nahrungsergänzungen

Der Zusatz von Vitaminen, Mineralstoffen oder bestimmten Aminosäuren (Orthomolekulare Medizin) hat einen Einfluss auf die Gehirnchemie und damit auf die psychische Verfassung und das Verhalten des Hundes.

Die Aminosäure Tryptophan ist der Ausgangspunkt für die Synthese von Serotonin. Durch Erhöhung von Tryptophan in der Nahrung kann der Serotoninspiegel beeinflusst werden (Relaxan).

Alpha-Casozepin ist ein aus bovinem Kasein gewonnenes Biopeptid, das eine den Benzodiazepinen ähnliche Wirkung ohne deren nachteilige Nebenwirkungen hat. Der anxiolytische Effekt ist dosisabhängig – höhere Dosierungen haben eine bessere Wirkung (Zylkène).

L-Theanin ist eine Aminosäure, die aus dem grünen Tee extrahiert wird und einen entspannenden angstlösenden Effekt hat. Ein neues Präparat zur Nahrungsergänzung ist für Hunde mit Angststörungen auf dem Markt (Anxitane).

Eine Kombination von Vitamin B6 und Zink kann bei Hunden mit stoffwechselbedingter Hyperaktivitätsstörung hilfreich sein.

Nahrungsergänzungen mit Vitaminen aus dem B-Komplex und Magnesium haben beruhigende und stressmindernde Wirkung.

Antioxidanzien wie Vitamin E, Vitamin C oder Selen verlangsamen degenerative Prozesse im Gehirn und im restlichen Körper. Vitamin B6 verbessert die Neurotransmission, Phosphatidylserin erhöht die Freisetzung von Acetylcholin im Gehirn und hat dadurch direkte positive Wirkung auf die kognitiven Prozesse von Lernen und Gedächtnis (Senilife).

# 7 Die therapeutische Toolbox

Sabine Schroll, Joël Dehasse

## 7.1 Allgemeines

Die therapeutische Toolbox enthält alle Techniken, Maßnahmen und Hilfsmittel, die zur Prophylaxe und Behandlung von Verhaltensproblemen und psychischen Störungen zur Verfügung stehen.

Nicht jede Technik ist für jeden Hund oder jeden Besitzer geeignet und durchführbar. Eine Therapie muss daher auf die individuelle Situation der Familie, ihre Bedürfnisse und die des Hundes (oder der Hunde) abgestimmt werden. Die Kunst der Konsultation ist unter anderem auch, herauszufinden, welche Ressourcen im System für die Therapie genutzt werden können – und diese Maßnahmen so zu vermitteln, dass der Besitzer sie versteht und auch motiviert ist sie durchzuführen.

Spontan auftauchende und einfache Lösungen haben die größte Chance auf Verwirklichung. Jedes System enthält bereits die Lösungen für seine Probleme!

Davon zu unterscheiden sind Restriktionen oder Begrenzungen, die unveränderbare Gegebenheiten sind. Ein Hund mit einer ängstlichen Persönlichkeit wird nie ein angstfreier Draufgänger werden – Aufgabe des Therapeuten ist es auch, dem Besitzer diese Restriktionen klar zu machen und ihm auf dem Weg zur Akzeptanz zu helfen.

Therapien, die von einer Mutter mit 3 Kindern einen zusätzlichen Zeitaufwand von mehr als 15 Minuten täglich erfordern, werden mit großer Wahrscheinlichkeit nicht und wenn, dann nur kurzfristig durchgeführt werden.

Die Auswahl der therapeutischen Strategien ist somit immer ein Spagat zwischen Wünschenswertem und tatsächlich Machbarem. Je mehr sich die Auswahl am tatsächlich Realisierbaren orientiert, desto größer ist die Aussicht auf Erfolg, auch wenn dieser vorerst nur klein ist. Viele kleine Erfolge führen schließlich zum Ziel.

Therapeutische Einzelmaßnahmen sollten auf 3–5 limitiert werden. Zu viele oder zu aufwendige und komplizierte Techniken, die auf einmal vermittelt werden, führen unweigerlich zu Widerstand oder dem Gefühl von Aussichtslosigkeit. Die meisten Menschen sind gegenüber Veränderungen skeptisch und setzen einen Widerstand entgegen. Um auch dieses Bedürfnis nach Widerstand zu befriedigen, kann aus strategischen Gründen eine Therapie vorgeschlagen werden, die sehr wahrscheinlich nicht befolgt wird. Die Wahrscheinlichkeit, dass die anderen einfacheren Maßnahmen durchgeführt werden, erhöht sich dadurch.

Eine sehr gute Technik ist, den Besitzer aus mehreren besprochenen und möglichen Vorschlägen die Therapien auswählen zu lassen, die er gerne durchführen möchte oder zu der er sich in der Lage sieht. Am Ende der Auswahl sollte es ein ausdrückliches und ausgesprochenes Einverständnis zwischen dem Tierarzt und dem Besitzer oder der Familie geben: *Sind Sie einverstanden, diese 3 Maßnahmen A, B und C für die nächsten 4 Wochen so durchzuführen, wie wir es besprochen haben, und mir über die Ergebnisse zu berichten?*

Dies ist ein **therapeutischer Vertrag**, den der Besitzer einhalten kann, aber nicht muss. Er verdeutlicht aber, dass der Tierarzt zwar eine fachliche Verantwortung, aber nicht die Garantie für die Durchführung und den Erfolg übernimmt. Der Besitzer trägt somit seinen wesentlichen Teil an Verantwortung für den Erfolg – oder Misserfolg – der Therapie.

**Praxis**

**Prinzipien für die Auswahl von Therapien:**

- Einfache Lösungen sind besser als komplexe Strategien.
- Wenn man komplexe Strategien wählt, dem Besitzer nur in kleinen Etappen und nicht alles auf einmal vermitteln.
- Spontane Lösungsansätze und Ideen des Besitzers sollen unbedingt ausgebaut werden.
- Ein großes Augenmerk sollte auf Fröhlichkeit und einen kleinen gemeinsamen Nenner bei der gemeinsamen Aktivität von Mensch und Hund gelegt werden.
- Den Besitzer aus mehreren therapeutischen Optionen wählen lassen.
- Nicht mehr als 2–5 Maßnahmen auf einmal auftragen.

## 7.2 Pheromontherapie

### 7.2.1 Allgemeines

Die Pheromontherapie ist der therapeutische oder prophylaktische Einsatz synthetisch hergestellter Analoge von Pheromonen. Seit ihrer Einführung zu Beginn der neunziger Jahre bei der Katze hat sich die Pheromontherapie auch beim Hund zu einer wichtigen Säule bei der Behandlung psychischer Störungen entwickelt.

Der Begriff Pheromon wurde aus den griechischen Worten *pherein* (tragen) und *horman* (anregen) geschaffen. Pheromone sind an die Außenwelt abgegebene Substanzen (Ektohormone), die der chemischen Kommunikation zwischen Individuen der gleichen Art (aber manchmal auch zwischen verschiedenen Arten) dienen.

Die Wahrnehmung von Pheromonen erfolgt über das Vomeronasalorgan (Jacobson'sches Organ), die Informationsweiterleitung geht von den stimulierten Rezeptoren über den Nervus vomeronasalis an den Bulbus olfactorius accessorius. Von dort wird direkt auf die Corpora amygdalia, einen Teil des limbischen Systems, weitergeschaltet. Wenn die Information auch an den Kortex weitergeleitet wird, erreicht die Wahrnehmung der Pheromone auch das Bewusstsein. Das bedeutet, dass es – im Gegensatz zur normalen Geruchswahrnehmung – ohne Umweg über den Kortex zur direkten, unmittelbaren und unbewussten Beeinflussung von Stimmung, Emotionen, Verhalten und auch physiologischen Funktionen vor allem im Zusammenhang mit der Fortpflanzung und Sexualität kommt.

### 7.2.2 Therapeutischer Einsatz

Synthetische Analoge von Pheromonen sind keine Medikamente, induzieren aber Veränderungen im limbischen System und im Hypothalamus. Somit sind sie gewissermaßen auch psychotrope Substanzen, die zur Veränderung der Stimmung, des emotionalen Zustandes und von Verhaltensmustern eingesetzt werden können.

Diese psychotropen Wirkstoffe wirken jedoch nur als Messenger, sie gelangen nicht in den Organismus. Pheromone sind auch nicht toxisch, speziesspezifisch und haben nach bisherigem Wissenstand beim Hund keine Nebenwirkungen. Das macht sie zur idealen Therapie für unkooperative, unzugängliche, alte und kranke Patienten.

Pheromone können problemlos mit allen anderen Therapien kombiniert werden.

### 7.2.3 Grenzen der Pheromontherapie

Unter natürlichen Umständen werden Pheromone von einem Lebewesen nicht einzeln und isoliert abgegeben, sondern sind mit anderen Botschaften wie Körperhaltungen, Mimik und individuellen Gerüchen verbunden. Die chemische Kommunikation läuft sehr präzise ab und das richtige Pheromon muss zur richtigen Zeit und am richtigen Ort da sein. Manche chemischen Signale werden mit optischen Signalen (z. B. Präsentieren der Genitalregion beim Harnmarkieren) verknüpft, um sicherzustellen, dass die Botschaft zweifelsfrei und eindeutig ankommt.

Diese Komplexität ist schwer zu erfassen und in der Therapie nachzustellen. Das bedeutet, dass in der Therapie größere Pheromonmengen angewendet werden, als unter natürlichen Bedingungen, um die Wahrscheinlichkeit zu erhöhen, dass diese tatsächlich an ihren Wirkort gelangen.

Für den Hund steht zurzeit das Dog Appeasing Pheromone (DAP) als synthetisches Analog zur Verfügung.

### 7.2.4 Dog Appeasing Pheromone (DAP)

Dog Appeasing Pheromone wird bei der laktierenden Hündin von Talgdrüsen im Bereich des Gesäuges und der Linea alba gebildet. Es unterstützt die Entwicklung einer Bindung zwischen Mutterhündin und Welpen. Die Welpen können in dieser sicheren und vertrauten Atmosphäre schnell und gut lernen, ihre Umgebung erforschen und ihren Radius langsam vergrößern. Für den Welpen ist das Zentrum sicheren Wohlbefindens das Wurflager, seine Geschwister und vor allem seine Mutter.

Wenn ein Hund älter und autonomer wird, löst die Mutter diese exklusive Bindung und der Hund muss den Kreis seiner vertrauten Bezugswesen oder -orte erweitern. Ein erwachsener psychisch ausgeglichener Hund baut neben einer Bindung an Lebewesen auch Bindung zu einer bekannten Umgebung und regelmäßigen vorhersehbaren Abläufen auf.

Die Bindung an ein vertrautes, Sicherheit vermittelndes Wesen, eine vertraute Umgebung oder eine bekannte Routine reduziert Angst und ist ein lebenswichtiger Lernprozess.

In der Therapie wird ein synthetisches Analog des DAP eingesetzt.

Mit dem **Adaptil-Diffuseur** kann das geruchlose DAP über die Steckdose in Innenräumen verdampft werden. Ein Diffuseur reicht für 50–70 m² und rund 4 Wochen. Der Arbeitsaufwand für den Besitzer ist gering und die Compliance demzufolge sehr hoch.

Für die kleinräumige und punktuelle Anwendung z. B. in Fahrzeugen oder in einer Box ist das **Adaptil-Spray** einsetzbar. Für die zeitlich befristete Anwendung in speziellen Situationen oder auf Spaziergängen kann das Spray auf ein Halstuch oder ein textiles Halsband gesprüht werden, das dem Hund anschließend angelegt wird. Nie direkt auf den Hund sprühen oder während er das Halsband trägt!

Für längerfristige Anwendung sind rund 4 Wochen wirksame **Adaptil-Halsbänder** sinnvoll.

Spezielle Indikationen:

- Eingewöhnung von Welpen in der neuen Familie
- Eingewöhnung in einer neuen Umgebung, Übersiedlung, Boxentraining etc.
- Tierarztbesuch, Klinikaufenthalt, Aufwachphase nach Narkosen etc.
- nach Kaiserschnitten zur besseren Bindung zwischen Welpen und Mutterhündin
- neue und unvorhersehbare Situationen
- Angst und Phobie beim Autofahren
- trennungsbedingte Symptome
- alle Angststörungen
- allgemeine Unruhe, Nervosität und Erregbarkeit
- etc.

## 7.3 Kognitive Therapie und ethologisches Reframing

Die kognitive Therapie besteht darin, sich gewisse Gedanken und Denkmuster bewusst zu machen und diese Gedanken und Entscheidungen an der Realität zu prüfen, um anschließend die problematischen Gedanken, Ansichten und Konzepte den neuen Erkenntnissen entsprechend zu verändern.

Es gibt kognitive Therapien für den Besitzer und für den Hund. Die Gedanken des Hundes sind uns zwar nicht direkt und über das Gespräch zugänglich, seine Kognition kann jedoch durchaus beeinflusst werden.

### 7.3.1 Kognitive Therapien für den Besitzer

Die erste kognitive Therapie ist schon das **Stellen einer Diagnose**!

Eine medizinische Diagnose entlastet einen Besitzer, der die Symptome seines Hundes in einem bestimmten Sinne interpretiert und daraus resultierend oft zwischen Schuldgefühlen, Unverständnis, Hilflosigkeit, Zorn oder Ablehnung gegenüber seinem Hund schwankt.

Selbst wenn die bisherigen Lösungsversuche oder schlechten Haltungsbedingungen tatsächlich eine Rolle in der Pathogenese der Störung spielen sollten, stellt sich die Frage, ob eine Schuldzuweisung an den Besitzer nicht kontraproduktiv ist. Das gilt auch dann, wenn sie nicht direkt ausgesprochen, sondern nur insgeheim gedacht wird! Sie hilft allenfalls die Frustration des Tierarztes im Moment zu reduzieren, dem Hund und seinem Besitzer ist damit nicht geholfen. Ein Besitzer, der sich direkt oder indirekt beschuldigt sieht oder sich nur so fühlt, wird Schwierigkeiten haben, mit der vermeintlichen Ursache dieses unangenehmen Gefühls – dem Tierarzt – eine vertrauensvolle und erfolgreiche therapeutische Beziehung aufzubauen. Diese therapeutische Beziehung und die daraus resultierende Compliance ist jedoch die Basis aller therapeutischen Interventionen.

Der Besitzer eines Hundes mit einer Hyperaktivitätsstörung ist bereits verzweifelt und enttäuscht, wenn er in die Konsultation kommt, weil er von der ersten Hundeschule des Platzes verwiesen wurde und sein Hund auch im nächsten Erziehungskurs nur negativ auffällt. Sein Hund beherrscht als einziger noch keine der Übungen, die bei jedem anderen Hund im Kurs schon so gut funktionieren. Jeder gibt ihm gute Ratschläge, was er tun soll, aber bis jetzt hat nichts geklappt ... Es muss wohl doch daran liegen, dass er unfähig ist, mit seinem Hund richtig umzugehen und ihn konsequent genug zu erziehen, wie es schon so einige andere Hundebesitzer und sogar der Trainer durchblicken ließen.

Das Stellen einer medizinischen oder psychiatrischen Diagnose für den Hund neutralisiert zunächst die Beziehung – niemand ist schuld an der Lage oder dem Problem. Es entsteht eine völlig neue Situation zwischen Hund, Besitzer, einer per se neutralen Diagnose und dem Tierarzt, der sich um alle gleichermaßen bemüht.

In dem dadurch neu geschaffenen emotionalen Freiraum können die Machbarkeit, die Vor- und Nachteile aller möglichen therapeutischen Strategien diskutiert werden.

**Merke**

**Das Stellen einer medizinischen oder psychiatrischen Diagnose installiert eine neue Dimension in der Beziehung zwischen Besitzer und Hund.**

**Glaubenssätze** und fixe Vorstellungen des Besitzers können im Rahmen einer kognitiven Therapie infrage gestellt werden:

- *Ein Hund muss spazieren gehen.*
  Ein Hund benötigt Aktivität und gemeinsame anregende Beschäftigung, aber das muss nicht unbedingt auf einem Spaziergang sein.
- *Ein Hund muss soziale Kontakte mit anderen Hunden haben.*
  Es gibt Hunde die überhaupt keinen Wert auf den Umgang mit anderen Hunden legen und die völlig zufrieden sind, wenn sie mit ihrer Familie zusammen sein können.
- *Ein Hund darf seinen Besitzer nicht anknurren.*
  Das ist ein Glaubenssatz, der regelmäßig durch die Realität Lügen gestraft wird. Auch ein Hund darf seinen Unmut kundtun und etwas Distanz fordern, wenn er im Moment keinen Kontakt wünscht oder sich bedroht fühlt.
- *Ein Hund der ungehorsam ist, knurrt oder zu seinem Besitzer aggressiv ist, ist dominant.*
  Das ist ebenso ein Glaubenssatz, der sich in der Regel bei eingehender Analyse aller Faktoren als unrichtig erweist.
- *Jeder Hund muss es sich gefallen lassen, dass man sein Futter, seine Leckerbissen oder seine Beute wegnimmt.*
  Dies ist ein Wunschdenken, das oft zu kontraproduktiven Erziehungsmethoden führt, die das Problem schlimmer als zuvor machen. Es entspricht jedenfalls nicht der Realität des Hundes und vermutlich auch nicht der des Besitzers, wenn es um seine Dinge geht.

Eine weitere Möglichkeit der kognitiven Intervention ist der **Auftrag zur gezielten Beobachtung und Dokumentation**. Der Besitzer wird dadurch zum objektiven Beobachter und gewinnt etwas Abstand vom Problem. Er ist gezwungen, seine Vorstellungen und Interpretationen zurückzustellen, denn in der nächsten Konsultation soll er Fakten präsentieren, die er in der ersten Konsultation nicht hatte: *Wann, wo, wie oft und unter welchen Umständen/Auslösern genau tritt das Verhalten auf? Welche Mimik, welche Körperhaltungen können Sie beobachten? Welche gemeinsamen Eigenschaften haben Passanten, die er attackieren will?*

Die Ergebnisse dieser Beobachtung dienen in erster Linie der Objektivierung – statt „immer" ist es nun „2x pro Woche" oder „immer, wenn…" oder auch „dann nicht…" – und das sind Ausgangspunkte für verhaltenstherapeutische Maßnahmen – z. B. vermeiden oder desensibilisieren und/oder gegenkonditionieren gegenüber nunmehr genau definierten Auslösern und Kontexten.

Alleine die Tatsache, nicht mehr in erster Linie Akteur in diesem Drama, sondern Beobachter und Berichterstatter zu sein, verändert die Beziehung zum und das Verhalten gegenüber dem Hund, ohne dass es aktiv gesteuert werden müsste oder sogar bewusst sein muss. Diese Form der Therapie wird daher auch als kognitive Verhaltenstherapie bezeichnet.

Die **Selbstbeobachtung** ist eine der Voraussetzungen für bestimmte verhaltenstherapeutische Techniken (S. 243): Der Besitzer sollte versuchen, sich selbst zu beobachten und seiner automatischen Reaktionen wie Luft anhalten, an der Leine ziehen, den Körper anspannen etc. bewusst zu werden. Jede dieser Reaktionen kann ein Auslöser für Verhaltensreaktionen des Hundes sein.

Eine einfache Aufgabe zum Einstieg sind **Gedankenexperimente**: Der Besitzer soll sich einfach nur daran erinnern und bedenken, dass er *jetzt* eine andere Reaktion zeigen *würde*, wenn die Therapie schon begonnen *hätte*. Ein Beispiel für das Autonomietraining: Der Hund kommt und fordert Kontakt. Anstatt jetzt automatisch zu reagieren und den Hund zu streicheln, würde der Hund in der Therapie zunächst zurückgewiesen, bis er höflich Abstand hält und sitzend abwartet, bis er zum Kontakt eingeladen wird.

Das **ethologische Reframing** oder die Umdeutung ist eine weitere machtvolle Intervention.

Beim ethologischen Reframing wird eine Aussage oder Interpretation in einen neuen Bedeutungsrahmen gestellt, das Symptom wird im ethologischen Sinn umgedeutet.

Das einfachste Reframing ist die völlig unwiderlegbare und banale Aussage: *Das ist ein Hund.* Oder: *Das ist ein Jagdhund.* Das impliziert in weiterer Folge, dass er sich auch wie ein Hund verhält und nicht wie ein Kind, ein Partner, ein Freund oder ein Babysitter. Hunde sind Raubtiere, sie können alle Lebewesen jagen, die in ihr Beutespektrum passen und auf die sie nicht entsprechend sozialisiert wurden.

Der Interpretation des Besitzers – *Er weiß genau, was er falsch gemacht hat* – wird die fachliche und ethologische Erklärung des Tierarztes gegenübergestellt: *Der Hund zeigt Beschwichtigungsverhalten, weil er die menschliche Stimmung und Körpersprache exzellent lesen kann und weiß, dass Sie ganz und gar nicht freundlich gestimmt sind und reagieren (oder früher einmal reagiert haben), wenn der Inhalt des Mülleimers in der Küche verstreut liegt. Er kann aber den unmittelbaren Zusammenhang zwischen seiner Aktivität des Mülleimerausräumens vor zwei Stunden und Ihrer Reaktion nicht herstellen. Versuchen Sie einen einfachen Test: Verstreuen Sie in Abwesenheit des Hundes den Müll in der Küche, lassen den Hund wieder in die Wohnung und die Küchentür offen, während Sie kurz hinausgehen. Beobachten Sie die Reaktion Ihres Hundes, wenn Sie wieder zurückkommen – „Er weiß genau, was er falsch gemacht hat"…*

Die Tatsache, dass sich der Besitzer als Opfer gezielt eifersüchtiger, mutwilliger oder protestierender Aktionen seines Hundes sieht, kann für sich alleine schon zur Aufrechterhaltung und symmetrischen Eskalation des Problems beitragen. Wie rasch fällt dieses Gedankengebäude aus tiefer Enttäuschung, Aggression und Spannung in sich zusammen, wenn man dem Besitzer nach dem ersten propädeutischen Teil der Konsultation einfach sagt: *Ich denke, Ihr Hund protestiert nicht, sondern er hat einfach Angst.* Der Effekt dieses Reframings ist unmittelbar: Die ablehnende Stimmung wandelt sich in Mitgefühl und mehr Bereitschaft, seinem ängstlichen Hund zu helfen. Aus der gefühlten Konfrontation Hund – Mensch wird wieder ein Team und der erste Ansatz die Beziehung wieder zu reparieren.

**Weitere häufige Fehlinterpretationen von Besitzern:** *Wenn er nach mir geschnappt oder gebissen hat, kommt er nachher wieder ganz lieb, leckt mir die Hand und entschuldigt sich, weil es ihm leid tut, was er getan hat.*

Der typische Abschluss einer Aggressionssequenz der kompetitiven und irritativen Aggression ist das Belecken der gebissenen Stelle durch den angreifenden Hund. Das hat nichts mit einer Entschuldigung, sondern mit der deutlicheren Klarstellung wem Respekt zusteht und der Wiedereinbindung in den Sozialverband zu tun.

*Er ist richtig stur: Wenn ich ihn heranrufe, kommt er nie gleich, sondern nur ganz langsam und muss dann noch ein paar Mal schnüffeln oder sich kratzen, während er mich ansieht und schon weiß, dass ich es eilig habe. Er will einfach nicht folgen und rasch herkommen.*

Hunde, die sich angesichts doppelter widersprüchlicher Botschaften unsicher fühlen, versuchen Zeit zu gewinnen, zu beobachten und zu beschwichtigen und tun genau das, was Sie sehen: langsam in einem kleinen Bogen herankommen, sich hinsetzen, kratzen, schnüffeln, beobachten etc. Je ungeduldiger Sie werden und je mehr Druck Sie auf den Hund ausüben, desto mehr wird er versuchen, Sie zu beschwichtigen und keine Aggression auszulösen.

Eine Methode, mit der man zu vielen Besitzern sehr leicht Zugang findet, ist die Anwendung von **Metaphern** und **Vergleichen**. Der Kreativität des Augenblicks sind hier keine Grenzen gesetzt, alles was dem Hund und seinem Besitzer hilft, ist erlaubt. Aus der Gunst der Situation entspringen manchmal witzige Vergleiche, die zum Lachen bringen, entspannen und somit einprägsam sind. Sehr bewährt haben sich Vergleiche, die aus dem unmittelbaren Lebensbereich des Besitzers kommen, oder Empfindungen, die jeder Mensch aus eigener Erfahrung kennt und nachvollziehen kann.

Mit dieser Technik des Reframings beginnt die Therapie schon während der Konsultation – ethologisch wichtige Informationen können auf diese Art für den Besitzer verständlich und praktisch anwendbar gemacht werden.

**Einige bewährte Vergleiche und Metaphern:** Zum Hyperattachment und Autonomietraining: *Ihr Hund ist jetzt wie ein sechzehnjähriger Teenager/erwachsener junger Mann und kein Kleinkind mehr. Ich würde ihm nun nicht mehr erlauben, Ihnen dauernd und überall hin wie ein Schatten zu folgen. Ein zweijähriges Kleinkind würden Sie noch mit auf die Toilette nehmen, wenn es sich fürchtet, aber ihren sechzehnjährigen Sohn wohl nicht mehr, oder?*

Oder einige Beispiele aus der Computerwelt: *Ein Junghund hat für Pinkeln und Kotabsatz ein fixes Programm für einen bestimmten Untergrund – in Ihrem Fall für Fliesen anstatt Grünfläche – gespeichert. Um ihm beizubringen, auf Gras und Erde zu pinkeln anstatt bei Ihnen in der Wohnung, müssen wir quasi das alte Programm „Fliesen sind guter Untergrund" von seiner Festplatte löschen und das neue Programm „Gras ist guter Untergrund" aufspielen. Und das wird so aussehen …*

Für sehr enttäuschte und frustrierte Besitzer, die ihren Hund gerne mit früheren eigenen oder anderen Hunden vergleichen, gibt es eine besondere Wertschätzung: *Sehen Sie, Ihr jetziger Hund ist eine ganz besondere und limitierte Special Edition.*

Für besonders anspruchsvolle Hunde und zur Erklärung des Beschäftigungsbedürfnisses: *Haben Sie sich schon einmal darüber Gedanken gemacht, wie viel Zeit Sie täglich mit dem Erwerben, Zubereiten und Konsumieren Ihres Essens verbringen? … Geld verdienen, einkaufen gehen, Essen zu Hause verstauen, nachdenken, was Sie kochen sollen, herrichten, kochen und schließlich essen. Eine Stunde, zwei, drei …?*

*Wie viel Zeit verbringt Ihr Hund mit dieser Beschäftigung?*

Mit einer bereits in den ersten Teil der Konsultation eingebauten Frage beginnt auch schon die Überleitung zu einer Therapie: *Welchen Job hat Ihr Hund? ……? Ich meine welche Aufgabe? …? Keine? Hmm, er ist also arbeitslos? Ich fürchte das ist der Grund, warum er sich als Langzeitarbeitsloser doch einen Job gesucht hat – einen für den er die Stellenbeschreibung und das Anforderungsprofil selbst kreiert hat: Bellen, um alle Menschen vorm Gartenzaun zu vertreiben; Bellen, um alle Nachbarkatzen fernzuhalten; Bellen, um alle Vögel aus dem Garten zu vertreiben; Bellen, um alle rosaroten Elefanten fernzuhalten …*

Die meisten kennen natürlich die Fortsetzung der Geschichte mit den rosaroten Elefanten, sodass sie auch unausgesprochen und in der Andeutung ihren erheiternden Wert hat: *Es gibt ja gar keine rosaroten Elefanten. Da sehen Sie wie erfolgreich Ihr Hund arbeitet!*

Manchmal darf man auch Klischees bemühen: *Sie haben bestimmt schon von den Kindern der Superreichen gehört, die sich um nichts kümmern müssen, weil sie alles haben? Was hört und liest man da nicht alles – Alkohol, Drogen, sündteure Autos gecrasht, Ladendiebstähle nur wegen des Kicks – lauter Quatsch, für den Leute wie Sie und ich, die sich um ihr Einkommen redlich bemühen müssen, gar keine Zeit haben. Irgendwie scheinen diese Kinder aus reichem Haus ein unausgefülltes und sinnentleertes Leben zu haben… Ich glaube, Chico geht es ganz ähnlich – ihm ist langweilig, weil er intelligent ist, alles hat, sich um nichts bemühen muss und deshalb zerstört er Dinge im Haus und im Garten.*

Futterentzug ist eine gute Methode, um die Motivation für eine Gegenkonditionierung zu erhöhen. Nicht alle Besitzer können gut damit umgehen, ihren Hund scheinbar hungern zu lassen: *Für Asta beginnt ab jetzt ein echt sinnvolles Leben – Sie startet ab sofort mit einem Survival-Kurs, es geht hier um echtes Überlebenstraining. Sie wird sich ganz ernsthaft um ihr tägliches Futter kümmern müssen und sie wird nicht mehr so viel Zeit haben, andere Hunde zu attackieren, weil sie sich beim Spaziergang mit den Aufgaben, die Sie ihr stellen werden und für die es lebenswichtiges Essen gibt, beschäftigen muss.*

Für eine kontrollierte soziale Rückstufung oder Rangeinweisung gibt es auch einen schönen Vergleich: *Die Club Méditerranée-Ferien für den Hund! Was ist das Besondere an Club-Ferien: Es gibt ein volles Programm und niemand muss sich Gedanken machen, wie und womit er sich beschäftigt, weil alles organisiert ist. Richtiges Entspannen und Relaxen ist das … Ab sofort darf Ihr Hund* immer *Club-Ferien machen, weil nämlich Sie sein/e Animateur/Animatrice sein werden. Er darf sich entspannen, weil er sich um alle diese Dinge, die ihn ohnehin überfordern, nicht mehr kümmern muss.*

Bei allen Vergleichen empfiehlt es sich, im Zweifelsfall ein bisschen zu sondieren, ob man nicht an empfindliche Punkte des Besitzers kommt, in Fettnäpfe tritt oder blanke Verständnislosigkeit erntet. Um dieses Risiko zu minimieren, kann man sich einen Notausgang lassen, indem die Aussage nur als Vergleich, als subjektiver Eindruck oder Idee des Augenblicks präsentiert wird. Ganz besonders sollten bei allen diesen Vergleichen jegliche Werturteile oder Geringschätzung vermieden werden.

Wenn ein Vergleich gut ankommt, ist das fast unmittelbar am erkennenden Aufleuchten, am einsichtigen Nicken, Schmunzeln oder Lachen zu erkennen. Andere Vergleiche brauchen mehr Zeit, bis sie ihre Wirkung entfalten. Völlig ohne Einfluss und Wirkung sind sie nie.

### 7.3.2 Kognitive Therapie für den Hund

Kognitive Therapien für den Hund können natürlich nicht über sprachliche Wege vermittelt werden. Auch über einfache transitive Überlegungen (wenn – dann) hinausgehende Schlussfolgerungen sind für den Hund sehr wahrscheinlich nicht möglich. Und dennoch kann über die veränderte Wahrnehmung der sozialen Umwelt, von Ritualen, die Kognition des Hundes beeinflusst werden.

Im Prinzip haben alle Maßnahmen – Verhaltenstherapien, eine vorhersehbare klare Kommunikation und Informationsvermittlung aus und über die Umwelt, eine stabile Familienstruktur, systemische Interventionen und alle ökoethologischen Maßnahmen – eine Auswirkung auf die Wahrnehmung und Kognition des Hundes.

Eine wesentliche Grundlage für alle verhaltenstherapeutischen Strategien ist ein wach-aufmerksamer, aber nicht zu erregter Zustand, in dem Lernen möglich ist.
Eine einfache Übung, die Teil eines ausgedehnten Entspannungsprogramms von Karen Overall ist, besteht im Bestätigen tiefer Atemzüge. Tiefes Ein- und Ausatmen wirkt beruhigend für den Hund, der somit erlernt, wie er sich in schwierigen Situationen selbst entspannen kann.

Beim tiefen Einatmen vergrössern sich die Nasenlöcher bzw. ist von der Seite oder von hinten das Anheben der Nasenflügel zu sehen. Tiefere Atemzüge werden ohne spezifisches Signal einfach über Clickertraining bestätigt – anfangs konstant und regelmäßig in formellen Übungseinheiten, später zufällig und im Alltag.

Neben dem positiven Effekt auf das Entspannungssystem trägt diese Übung auch zur Erheiterung und lockerer Stimmung wie auch gegenseitiger Erinnerung zwischen Hund und Besitzer bei, wenn als Signal das tiefe Durchatmen des Menschen eingeführt wird.

# 7.4 Ökoethologische Therapien

Ökoethologische Therapien umfassen alle jene Maßnahmen, die den Lebensraum, die Beschäftigungsmöglichkeiten und die sozialen Kontakte des Hundes betreffen. Das Ziel ist es, die artspezifischen und individuellen Bedürfnisse des Hundes weitestgehend zu erfüllen. Diese Lösungen dürfen jedoch nicht die Lebensqualität und Sicherheit der Familie und der sozialen Umwelt des Hundes beeinträchtigen, denn sonst wird der Verbleib des Hundes in dieser Familie höchst fraglich sein.

Vor allem was die Beschäftigung – und hier insbesondere die mentale Beschäftigung – des Hundes angeht, gibt es viele Defizite in der modernen Hundehaltung. Ein weiterer Schwerpunkt ist die fehlende oder unzureichende Führung des Hundes – dem Hund fehlt häufig eine klare soziale Struktur, in der der Mensch die Verantwortung und Führung übernimmt. Damit verbunden ist vielfach eine unvorhersehbare, nicht konsistente und missverständliche Kommunikation mit dem Hund.

Diese Fähigkeiten sind oft sehr eng mit der Persönlichkeit, Lebenshaltung und dem Weltbild des Besitzers verbunden. Bei einer Therapie wird man daher immer wieder einmal an menschliche Grenzen stoßen. Es ist nicht Aufgabe des Tierarztes, die Persönlichkeit eines Besitzers oder eine Familienkonstellation zu verändern.

**Merke**

**Die größte Herausforderung in der Therapie ist, das Beste für den Hund und seine Familie unter den gegebenen Bedingungen und Begrenzungen sowie mit dem größtmöglichen Respekt für die Lebenshaltung und Erfahrungen des Klienten zu erreichen!**

## 7.4.1 Kontrollierte Rangeinweisung – Soziale Kommunikation strukturieren

Die Rangeinweisung ist wahrscheinlich die am häufigsten angewendete Maßnahme bei allen Problemen, die bei einem Hund auftauchen können. Obwohl die wenigsten Hunde tatsächlich einen dominanten Status haben, sind diese stereotypen, sogenannten rangkontrollierenden Maßnahmen oft erfolgreich. Der Grund ist nicht die tatsächliche Reduktion des Hundes in seiner Rangposition, sondern eine nunmehr durch standardisierte Regeln klare und eindeutige Kommunikation. Die Ungewissheit durch unvorhersehbare Aktionen wird reduziert und ein ängstlicher Hund wird sich damit besser fühlen. Somit kann eine kontrollierte Rangeinweisung auch bei der falschen Diagnose „Hierarchieproblem" gerechtfertigt sein, wenn die soziale Kommunikation zwischen Hund und Mensch freundlich strukturiert, vorhersehbar und damit eindeutig wird.

**Merke**

**Das Funktionieren dieses Konzepts ist jedoch kein Beweis dafür, dass Mensch und Hund in einer richtigen Hierarchie leben.**

Mit dem Erwähnen des Begriffs Dominanz in der Konsultation oder einer Anleitung zur Rangreduktion kann auch viel Schaden angerichtet werden oder er wurde bereits angerichtet, weil der Besitzer mit Hilfe der unterschiedlichsten Ratschläge seine „Chefposition“ gegenüber dem Hund zu etablieren versuchte.

Das radikale Umstellen und Verändern aller Rituale und vertrauten Gewohnheiten in der Familie kann sowohl für den Hund als auch für die Familienmitglieder größten Stress und Unwohlsein verursachen.

Maßnahmen zur Rangreduktion und Privilegienkontrolle sind letztlich nur der mehr oder weniger authentische Versuch, so etwas wie innere Führungsqualität und Charisma durch äußerliche Verhaltensweisen zu imitieren. Nicht jeder Mensch bringt jene innere Sicherheit, Selbstbewusstsein und Verantwortlichkeit mit, die ihn in den Augen des Hundes zu einer verlässlichen Führungspersönlichkeit machen, der er sich gerne und freiwillig anschließt und folgt. Diese Führungspersönlichkeiten, Mensch oder Hunde, haben gewisse Rechte und Privilegien – nicht weil sie sie erkämpfen oder sie fordern, sondern weil sie ihnen wegen ihrer intrinsischen Qualitäten bereitwillig zugestanden werden. Ein solches Individuum muss seine Privilegien weder besonders verteidigen noch auf Kleinlichkeiten bestehen, weil nichts von seiner Position verloren geht, wenn es großzügig ist.

Die Kontrolle von Privilegien kann Hundebesitzern die äußerlichen Zeichen der Autorität geben, um sich einen Anschein von Führungsqualität zu geben, der nicht durchgehend vorhanden ist. Eine Kopie von charismatischer Führungspersönlichkeit sozusagen, mit der man jedoch nicht allzu intelligente Hunde gut führen kann.

Die kontrollierte Rangeinweisung ist zudem eine diplomatische Vorgehensweise, bei der jegliche Konflikte und Konfrontationen, sowie autoritäres und aggressives Auftreten dem Hund gegenüber vermieden werden.

Bei einer kontrollierten Rangeinweisung werden dem Hund nur diejenigen Privilegien weggenommen,

- die ihm wichtig sind und die er tatsächlich verteidigt.
- die dem Besitzer nicht wichtig sind.

Die Tatsache, dass der Hund im Bett schläft ist noch kein Privileg, wenn der Hund diesen Schlafplatz nicht aggressiv verteidigt oder dem Partner den Zugang zum Bett verwehrt und wenn der Hund das Bett auf Aufforderung hin verlässt. Das Schlafen im Bett zu verbieten kann auch schwierig werden, wenn es dem Besitzer aus den verschiedensten Gründen ausgesprochen viel bedeutet.

Eine stereotype Rangeinweisung wird nicht funktionieren, wenn dem Hund alle möglichen – vermeintlichen – Privilegien weggenommen werden, aber nicht dieses eine, das *er* als verteidigenswertes Privileg betrachtet. Es ist daher sinnvoll, sich vor einer solchen therapeutischen Maßnahme zu fragen, ob dieses Privileg für den Hund tatsächlichen Wert hat, den er verteidigt (▸ **Abb. 7.1**) und welchen Effekt man sich auf die vorhandene Symptomatik erwartet.

Liste der möglichen Privilegien, die im Rahmen einer kontrollierten Rangeinweisung Bedeutung haben können → Hierarchie und Rangordnung (S. 98).

Maßnahmen, die die soziale Ordnung zwischen Hunden regeln, werden nach den ähnlichen Prinzipien ausgewählt. Zunächst werden die für jeden Hund bedeutungsvollen Privilegien identifiziert. Es ist aber nicht immer ganz einfach zu erkennen, welche

▶ **Abb. 7.1** Erhöhte Sitzplätze können, aber müssen kein Privileg sein.

Regeln zwischen den Hunden existieren. Die Kontexte und Auslöser von Konflikten müssen genau beobachtet und analysiert werden. Jede erkennbare Rangordnung zwischen den Hunden sollte mit den therapeutischen Maßnahmen vonseiten des Besitzers unterstützt werden, anstatt eine neue Ordnung zu schaffen oder eine gegebene Rangordnung umzudrehen.

**Merke**

**Die kontrollierte Rangeinweisung ist ein Modell, das sich bewährt hat und funktioniert. Aber es ist bei Weitem nicht das einzige Konzept, mit dem Zusammenleben von Mensch und Hund organisiert werden kann.**

Weitere Wege, um die Kommunikation zwischen Mensch und Hund klarer und vorhersehbarer zu gestalten:

- Immer wiederkehrenden und alltäglichen Handlungen einen Namen geben, die Annäherung an den Hund regelmäßig ankündigen, z. B.
  - *anziehen*, für das Anlegen von Halsband und/oder Leine.
  - *tragen*, wenn der Hund hochgehoben wird.
- Der Besitzer wird angeleitet, seinem Hund **immer** vorher zu sagen, was geschieht, wenn er sich annähert. Dies ist vor allem in eiligen oder stressigen Situationen notwendig, um impulsive defensive Aggression zu vermeiden, weil sich der Hund durch den leicht veränderten Kontext bedroht fühlen kann.
- Sich seiner Körperhaltung und der nonverbalen Signale bewusst werden und diese dann kontrolliert einsetzen, z. B.
  - den Blick abwenden, um dem Hund eindeutig zu signalisieren, dass keinerlei Bedrohung gemeint ist.
  - den Oberkörper gerade halten oder nur seitlich beugen, in die Knie gehen, anstatt über den Hund zu beugen, um den Hund nicht versehentlich zu beengen oder zu bedrohen.

- den Oberkörper so drehen, dass nur eine Schulter auf den Hund zeigt und nicht die ganze Vorderfront.
- sich seiner Position im Raum bewusst sein, wenn der Hund herangerufen oder aus dem Raum geschickt wird, um ihm nicht den Weg zu verstellen oder eine räumliche Enge zu provozieren.
- nicht frontal auf den Hund zugehen, sondern einen leichten Bogen bei der Annäherung andeuten.

  Die meisten dieser nonverbalen Signale können in einer Konsultation vorgeführt oder ausprobiert werden, der Besitzer kann unter Anleitung damit experimentieren und die Reaktionen seines Hundes beobachten.

- Den Hund immer heranrufen, anstatt auf ihn zuzugehen. Das gilt ganz besonders für ängstliche Hunde, die defensiv reagieren, wenn sie sich an einen sicheren Ort zurückgezogen haben. Für alle Kinder im Haushalt und auch Besucher sollte das Heranrufen der einzige Weg sein, mit dem Hund Kontakt aufzunehmen. Am einfachsten ist das zu realisieren, wenn sich die Eltern auch daran halten. In der Konsultation und mit den Eltern gemeinsam den Kindern zeigen, wie sie den Hund erfolgreich heranrufen können.

### 7.4.2 Aggression entschärfen und ablehnen

Bei sozialen Konflikten kann der Hund eine aggressive Interaktion beginnen und der Besitzer lässt sich darauf ein. Eine symmetrische Eskalation von Aggression ist die logische Folge.

Eine andere Möglichkeit ist das Ablehnen oder Entschärfen eines aggressiven Angebots. Niemand ist verpflichtet auf die soziale Aggression seines Hundes einzusteigen. Üblicherweise geht der Hundebesitzer davon aus, dass *er sich das nicht bieten lassen kann*, von seinem Hund angeknurrt zu werden. Er hat Angst, seine Position zu verlieren, wenn er dem folgenden Therapievorschlag nachkommt. Das Gegenteil ist jedoch der Fall: als selbstbewusster und selbstbestimmter Mensch kann er das aggressive Angebot des Hundes klar ignorieren oder sogar lächerlich finden. Andere sehr selbstsichere coole Hunde tun es auch – sie haben es nicht nötig, sich mit so einem unbedeutenden Wicht einzulassen. Angst, etwas zu verlieren – in diesem Falle eine Position – schwächt den Besitzer im Grunde in seinen Reaktionen und somit auch in den Augen seines Hundes.

**Merke**
**Ein abgelehnter Konflikt ist kein verlorener Konflikt!**

- **Aggression ablehnen:** Die aggressive Aktion des Hundes wird klar ignoriert, aktiv wegsehen oder den Raum verlassen. Der Hund gewinnt in dieser Situation nichts. Kognitiv und emotional hat der Besitzer gewonnen, weil er nicht in den Konflikt eingestiegen ist. Für das nächste Mal kann überlegt werden, wie diese Situation in Zukunft a priori vermieden werden kann. Zum Beispiel indem der Zugang zum Sofa oder Bett blockiert wird, der Hund immer eine leichte Leine trägt etc.
- **Aggression entschärfen:** Im nächsten Schritt kann die Aggression nicht nur einfach ignoriert werden, sondern der Besitzer initiiert eine eigene andere Aktivität. Er kann z. B. einen Ball nehmen und mit **sich selbst** ein lustiges Spiel beginnen, bei dem er

Heiterkeit und Freude deutlich zum Ausdruck bringt. Der Hund kann sich dafür interessieren und könnte nach einiger Zeit sogar zum Spiel eingeladen werden. Dann hat der Besitzer gewonnen, er hat nicht reagiert, sondern agiert. Wenn der Hund sich nicht dafür interessiert – auch kein Problem, der Besitzer hat trotzdem gewonnen, weil es keinen Konflikt gab. Alternativ könnte der Besitzer auch zum Kühlschrank gehen und sich unter wohligen Lauten eine schmackhafte Jause bereiten. Wenn sich der Hund anschließt und höflich benimmt, darf er etwas bekommen. Dies wäre dann auch keine Belohnung für sein aggressives Angebot, sondern eine Bestätigung für höfliches *folgsames* Verhalten im wahrsten Sinne des Wortes.

### 7.4.3 Rollenspiel mit dem Hund

Eine der Möglichkeiten sich selbst ohne Aggression zu behaupten, ist ein kleines Rollenspiel mit dem Hund:

Der Besitzer soll sich ungefähr eine Viertelstunde Zeit nehmen und bequem auf dem Sofa sitzen. Irgendwie soll er versuchen die Aufmerksamkeit seines Hundes zu erlangen, ohne ihn aktiv zu sich zu rufen oder mit Futter zu locken, z. B. seltsame Töne von sich geben, in die Hände klatschen etc. Wenn der Hund kommt, soll er ihm über den Rücken auf den Nacken oder die Kruppe sehen, aber nicht ins Gesicht oder in die Augen. Der Blick liegt, ohne starr oder fixiert zu sein, über dem Rücken des Hundes bis dieser den Blick abwendet oder sich entfernt.

Wenn der Besitzer möchte, darf er den Hund, wenn er sich abgewendet hat und geht, zu sich einladen. Der Hund darf, aber muss nicht kommen.

Diese Technik ist eine diplomatische Lösung ohne Drohung oder Zorn, die jedoch eindeutig die eigene Bestimmtheit sichert. Wenn der Besitzer eine aggressive Reaktion des Hundes fürchtet, darf er ihn anbinden, ohne ihn jedoch jemals zu bedrohen!

### 7.4.4 Autonomietraining

Bindung und Ablösung sind zwei komplementäre und lebenswichtige Lernprozesse von sozialen Lebewesen. Mit dem Verlust eines Bezugswesens geht eine Trauerphase einher und es entwickelt sich eine Bindung an ein anderes Bezugswesen. Hunde können neben einer Bindung an Lebewesen auch einen engen Bezug zu Objekten (Stofftiere, Decke etc.), einen vertrauten Ort oder eine tägliche Routine entwickeln. Die Anwesenheit eines Bezugswesens oder -objekts wirkt entspannend und angstlösend. Hunde mit Angststörungen und/oder einer abhängigen Persönlichkeit entwickeln eine übermäßig starke Bindung, ein sekundäres Hyperattachment an einen Menschen oder bestimmte Familienmitglieder. Da es sich beim Hyperattachment vielfach um eine Ko-Produktion zwischen Mensch und Hund handelt, ist eine kognitive Therapie für den Besitzer eine sinnvolle Ergänzung und manchmal sogar Voraussetzung für das Gelingen einer Therapie. Ein Ablösungsprozess muss vom Menschen initiiert werden, damit der Hund mehr Autonomie entwickeln und andere Bindungen aufbauen kann. Ein Besitzer, der überhaupt aufgrund seiner Persönlichkeit oder vorübergehend wegen einer schwierigen Lebensphase (Todesfall, Scheidung etc.) von seinem Hund abhängig ist, wird nicht in der Lage sein, eine Ablösung zu beginnen.

Da es sich beim sekundären Hyperattachment um eine erfolgreiche Strategie des Hundes handelt, mit seiner Angst umzugehen, darf ihm diese Bindung, auch wenn sie Ursache der trennungsbedingten Symptome ist, nicht ohne Weiteres einfach genommen werden. Ohne die Behandlung der zugrunde liegenden Angststörung kann dies zu einer dramatischen Verschlimmerung der Symptome und Verfassung des Hundes führen.

**Merke**
**Bevor eine Ablösung begonnen wird, muss immer zuerst die Angststörung des Hundes behandelt werden!**

Ablösung und Autonomietraining kann in unterschiedliche Maßnahmen unterteilt werden:

- **In Anwesenheit des Besitzers:** Die Initiative zur Ablösung beginnt vorerst, während der Besitzer zu Hause ist. Der Hund wird ausreichend deutlich zurückgewiesen, wenn er Kontakt fordert; es wird ihm verboten, dem Besitzer überall hin zu folgen, wenn er den Raum wechselt. Die Kontaktaufnahme geht vom Besitzer aus, wenn der Hund ruhig und nicht fordernd ist oder auf seinem zugewiesenen Platz liegt. Als eindeutiges Signal, dass der Hund für die nächste Zeitspanne (je nach Hund langsam steigern) nicht die allergeringste Chance auf Kontakt oder Aufmerksamkeit seines Besitzer haben wird, kann ein optisches Signal wie ein umgedrehter Stuhl, ein Regenschirm oder Ähnliches als klassische Konditionierung für diesen emotionalen Zustand eingeführt werden. So lange dieses Zeichen da ist, kann sich der Hund auch gleich zurückziehen, weil es ohnehin keinen Zweck hat, den Kontakt zu versuchen.
- **Abschied und Begrüßung:** Alle Rituale zum Abschied und zur Begrüßung werden abgestellt – das Kommen und Gehen wird so undramatisch und gleichgültig wie möglich gestaltet. Vor dem Weggehen sollte der Hund für 20–30 Minuten völlig ignoriert werden, um jegliche emotionale Überlastung zu verhindern und den Kontrast zwischen An- und Abwesenheit des Besitzers abzuschwächen. Auch wenn es oft sehr schwerfällt wird der Hund beim Heimkommen nicht begrüßt, ganz besonders dann nicht, wenn er sich außergewöhnlich freut und stürmisch begrüßen will. Der Besitzer kommt heim und betrachtet den Hund so lange als nicht vorhanden, bis sich dieser beruhigt hat; dann wird er ohne großes Theater und eher nebensächlich begrüßt. Der Hund wird beim Heimkommen niemals bestraft oder auch nur unfreundlich angesprochen, wenn er etwas zerstört hat oder unsauber war. Beim Saubermachen sollte der Hund nicht anwesend sein, eine gute Musik laufen und der Besitzer die Schäden einfach als Erfahrung akzeptieren. Alles andere ist kontraproduktiv und kann das Problem verschlimmern.
- **Systematische Desensibilisierung:** Hunde lernen durch Beobachtung und Antizipation, wann der Besitzer weggehen wird. Jede einzelne dieser Tätigkeiten vor dem Weggehen – ins Badezimmer gehen, schminken, Schuhe anziehen, Schlüssel nehmen, Jacke anziehen, zusperren, Auto starten (falls es der Hund hören kann) etc. – kann beim Hund den emotionalen Zustand auslösen, der schließlich zu den Symptomen in Abwesenheit des Besitzers führt. Für eine systematische Desensibilisierung werden dieses Handlungen und Signale identifiziert und dann immer wieder in möglichst realistischer Form ausgeführt, ohne dass der Besitzer verschwindet: Schuhe anziehen, Autoschlüssel nehmen, bis zur Eingangstür gehen, umdrehen und im Wohnzimmer auf die Couch setzen. Mit der Zeit verlieren diese Vorzeichen für den

Hund die vorankündigende Wirkung und er bleibt entspannt. Wenn der Besitzer während dieses Trainings seinen Hund auch wieder alleine lässt, weil er arbeiten oder weggehen muss, kann für die Zeit der systematischen Desensibilisierung ein zusätzliches Sicherheitssignal eingeführt werden. Der Besitzer beginnt sein Ritual der Vorbereitung zum Weggehen mit einem Objekt oder Kleidungsstück (Hut, besonderer Schirm etc.), das dem Hund signalisiert, dass es sich nur um die Übung und nicht das wirkliche Weggehen handelt. Er kann dadurch leichter in einem emotional entspannten Zustand bleiben und das Trainingsprogramm lernen. Bleibt der Hund bei den ersten Übungen schon entspannt, wenn sich der Besitzer zum Weggehen bereit macht, kann die Eingangstür geöffnet und von außen geschlossen, eventuell zugesperrt und nach einigen Sekunden wieder geöffnet werden. Diese kurzen Abwesenheiten von einigen Sekunden werden langsam und irregulär gesteigert – 10 Sekunden, 15 Sekunden, 3 Sekunden – bis der Hund einige Minuten, schließlich eine Viertelstunde etc. alleine bleiben kann. Diese systematische Desensibilisierung muss bei den meisten Hunden immer wieder begonnen werden, wenn es eine Veränderung wie einen veränderten Arbeitsplan, Krankenstand, Urlaub oder Besuch gab.

- Ein zusätzliches **Boxentraining** kann bei einigen Hunden das Autonomietraining sehr unterstützen, weil zusätzlich eine Bindung an einen beruhigenden Ort aufgebaut wird, die dem Hund das Alleinsein erleichtert.
- **Beschäftigung:** Futtersuchspiele, Kauspielzeug oder Spielzeug, aus dem sich der Hund sein Futter erarbeiten kann, geben dem Hund eine autonome Beschäftigung während des Alleinseins. Voraussetzung dafür ist eine Behandlung der zugrunde liegenden Angststörung, damit der Hund physisch und psychisch überhaupt in der Lage ist zu fressen.
- **Kleine Hilfen:**
  - Verkleinerung des verfügbaren Raumes
  - Tonaufnahmen von Alltagsgeräuschen und Gesprächen der Familie, Hörbücher oder Nachrichtensender im Radio
  - Zettel an der Tür mit dem Hinweis nicht zu läuten, den Hund nicht anzureden etc.
  - Objekte, die als Vermittler der Bindung wirken wie ein getragenes T-Shirt, Stofftier etc.
  - Pheromontherapie (S. 211)

### 7.4.5 Respekt und Schutz für den Hund – Rote Linie

Respekt für die Rückzugs- und Ruhezonen des Hundes ist eine der grundlegendsten Maßnahmen bei defensiver Aggression innerhalb der Familie. Der Hund soll sich in einen privaten Bereich zurückziehen dürfen, wo er von niemandem – ganz besonders nicht von Kindern, Besuchern oder Fremden – bedrängt oder gestört wird. Auch für die erwachsenen verantwortlichen Familienmitglieder ist es wichtig, den defensiv-aggressiven Hund immer zu sich zu rufen und nicht an seinem Rückzugsort zu bedrängen. Kinder lernen diese sichere Art der Kontaktaufnahme, indem es ihnen von Erwachsenen gezeigt und vorgelebt wird.

Diese Rückzugsorte sollten nicht an wichtigen Durchgangswegen, unmittelbar neben Türen oder anderen störenden Möbeln liegen oder zumindest soweit gesichert sein, dass sich der Hund bei Annäherung nicht bedroht fühlen kann. Zum Beispiel kann ein

Sessel, auf dem der Hund liegt und von dem aus er vorbeigehende Familienmitglieder attackiert, umgedreht werden, sodass der Hund abgeschirmt liegen kann.

Diese Rückzugsbereiche des Hundes können auch mechanisch durch Gitter, Paravent oder Ähnliches abgegrenzt werden. Wo dies nicht einfach möglich ist, kann eine einfache auf den Boden geklebte **rote Linie** aus Isolierband den Bereich des Hundes kennzeichnen. Der Hund kann an diesem Platz angehängt werden – unter der zwingenden Bedingung, dass diese rote Linie **auf gar keinen** Fall und von niemandem (außer den unmittelbar vertrauten und verantwortlichen Familienmitgliedern) überschritten wird. Es sollte eine zusätzliche Sicherheitszone von 50–100 cm zwischen der verfügbaren Leinenlänge und der roten Linie eingeplant werden.

Für unterwegs und bei Besuchen kann anstelle der aufgeklebten roten Linie einfach eine rote Schnur im passenden Abstand aufgelegt werden.

### 7.4.6 Boxentraining

Das Boxentraining ist eine grundlegende Maßnahme, die in sehr vielen Situationen von Vorteil ist:

- Sauberkeitserziehung
- Autonomietraining
- als sicherer Rückzugsraum für den Hund
- bei offensiver und defensiver Aggression im Haus
- im Auto
- auf Reisen
- etc.

Faltbare und unzerstörbare Boxen sind universell einsetzbar und sind sicher für den Hund. Wo immer sich der Hund befindet, hat er seinen vertrauten Raum der Box mit dabei und kann auch in fremder Umgebung entspannter bleiben.

Für Hunde, die in engen Räumen Panik bekommen und freien Raum über sich bevorzugen, sind Boxen nicht gut geeignet. Ob sich ein Hund in einer solchen höhlenähnlichen Struktur wohlfühlt, erkennt man an seinen bevorzugten Rückzugsorten, z. B. unter der Bank, unter dem Tisch oder unter einem Stiegenaufgang.

Der Aufenthalt in der Box soll für den Hund keine Strafe sein, sondern eine Zeit der Ruhe und Entspannung. Dazu muss der Hund langsam an den Aufenthalt in der Box gewöhnt werden und ihn als angenehm erleben.

Einige – frei kombinierbare – Techniken für das Boxentraining:

- Zunächst wird der Hund spielerisch oder mit Futter eingeladen, die offene, mit einer vertrauten Decke eingerichtete Box zu explorieren.
- Sobald der Hund freiwillig hineingeht wird er mit Futter belohnt. Nach einigen Versuchen wird die Tür für einen Moment zugehalten und der Hund bekommt einen Leckerbissen. Die Zeit, in der die Box verschlossen bleibt wird in ganz kleinen Schritten gesteigert.
- Auch außerhalb der Trainingszeiten sollte der Hund immer wieder interessante Leckerbissen oder ein neues Spielzeug finden, die in seiner Box versteckt sind.
- Der Hund kann in der Box gefüttert werden oder von nun an seine Kauknochen oder Ähnliches nur mehr in der Box erhalten.
- Mit Clickertraining die Aufenthaltsdauer in der Box shapen.

Zwei ganz wichtige Grundsätze gelten immer und für jedes Boxentraining:

- **Der Hund kommt niemals aus der Box, wenn er jault, bellt, winselt, an der Türe kratzt oder randaliert.** Einzige Ausnahme: Beim Sauberkeitstraining darf sich der Welpe oder Hund melden, wenn er sich versäubern muss. Das Risiko für Missverständnisse ist hier jedoch groß und jeder durchschnittlich intelligente Hund, weiß schnell, wie er seinen Besitzer manipulieren kann. Viel besser ist es daher, den Aufenthalt zeitlich so zu begrenzen, dass der Hund in jedem Fall durchhalten kann.
- **Der Hund kommt niemals als Strafe in die Box.** Time-out-Strafen (S. 255) sind an einem anderen Ort wie dem Badezimmer, Klo oder einem Vorraum abzusitzen und nicht in der Box, die ein angenehmer privater Ort für den Hund bleiben muss.

### 7.4.7 Spieltherapie

Spiel kann in vielerlei Hinsicht in der Therapie eingesetzt werden. Die Aktivität des Spielens ist primär motiviert, der Hund muss nicht mehr zusätzlich belohnt werden, weil er sich schon mit dem Spiel selbst belohnt. Spiel kann ganz allgemein zur Veränderung einer momentanen aggressiven, frustrierten oder angespannten Emotion eingesetzt werden. Die Spieltechniken und Spielobjekte müssen an jeden Hund und seine individuellen und rassespezifischen Bedürfnisse angepasst werden. Bei Hunden, die wenig Motivation für Beutespiele mitbringen, sind oft Futterspiele geeigneter.

- Ernst zu nehmende Beute bewegt sich **immer** vom Hund weg und nicht auf ihn zu!
- Ein solches Beutespielzeug wird **nie** dem Hund für individuelles Spiel alleine überlassen!
- Spiel ist immer Spiel und soll in einem entspannten freudigen Kontext ohne Druck stattfinden!
- Der Besitzer muss selbst im Spiel aufgehen und begeistert sein, wenn er seinen Hund begeistern will!

Spezielle Situationen, in denen Spiel als Therapie eingesetzt werden kann:

- **Depressive Störungen, kognitive Dysfunktion, alte Hunde:** Der depressive Hund soll durch Spiel wieder Freude bekommen, zur Exploration animiert werden und Selbstbewusstsein gewinnen. Die Spiele sollen so einfach zu bewältigen sein, dass der Hund auf gar keinen Fall frustriert wird. Am Ende des Spiels versucht man den Hund glaubwürdig gewinnen zu lassen und freut sich mit ihm, belohnt ihn großzügig. Beispiele: Einfache Futtersuchspiele, Futter in der rechten oder linken Hand finden, einfache Differenzierungsspiele, Zerrspiele bei denen der Hund gewinnt.
- **Kontrolliertes Spiel zur Förderung der Selbstkontrolle bei jungen Hunden, sehr aktiven Hunden, Hyperaktivitätsstörung, unipolare Störung:** Ziel des Spiels ist eine Verbesserung der Selbstkontrolle, eine physiologische Struktur der Verhaltenssequenz. Die hohe Spielmotivation des Hundes wird genützt, um damit Ruhephasen, Loslassen, Selbstkontrolle und Stillhalten zu belohnen. Das Spiel bleibt nur dann in Gang, wenn sich der Hund an die vorgegebenen Regeln hält wie abwarten, still sitzen, den Ball loslassen. Jede über ein gewisses Maß hinausgehende Erregung führt zum sofortigen Spielabbruch und einer Auszeit, bis sich der Hund wieder beruhigt hat. Der Hund wird nicht physisch gezwungen sich still zu halten, sondern kann sich aus eigener Entscheidung ruhig verhalten. Am Anfang kann mit zwei identischen

Bällen oder Spielobjekten gespielt werden, damit der Hund das Loslassen schneller lernen kann. In weiterer Folge kann der Anspruch langsam gesteigert werden und der Hund muss längere Zeit ruhig warten, den Ball näher heranbringen, bis das Spiel weitergeht. In das Spiel können weitere Übungen zur motorischen und emotionalen Selbstkontrolle eingebaut werden: Kriechen; „toter Hund"; Spielzeug mit der Nase berühren und Kontakt halten bevor er es fassen darf („küssen"); der Hund darf vor ihm, zwischen, auf einer oder beiden Pfoten abgelegtes Futter erst nehmen, wenn das Tabu aufgehoben wurde.

- **Spiel als Entspannung und positive Stimulation für eine Gegenkonditionierung bei unsicheren Hunden, Angststörungen, Deprivationssyndrom:** Spiel kann einen positiv angeregten oder entspannten Kontext schaffen, in dem der Hund in der Lage ist, angstauslösenden Reizen in einer anderen emotionalen Haltung zu begegnen. Im günstigsten Fall kann der Hund einen solchen Reiz aus einer Spiellaune heraus sogar explorieren. Der Hund soll ins Spiel vertieft und engagiert sein, bevor der Reiz (Menschen, andere Hunde, Objekte, Geräusche etc.) in einer abgeschwächten Form präsentiert wird. Der Besitzer soll sich nicht um diesen Reiz oder das Verhalten des Hundes kümmern und im angeregten Spiel bleiben. Wenn der Hund gleichgültig bleibt und sich nicht um den Reiz kümmert wird er belohnt. Andere angstfreie Hunde sind für diese Therapie ganz besonders geeignete Spielpartner.
- **Spiel als Beschäftigung und Ersatz für Jagdverhalten:** Verschiedene Beutespiele ermöglichen dem Hund seine jagdliche Motivation in sozial und umweltverträglicher Form auszuleben. Die Motivation für ein Beuteobjekt kann gezielt aufgebaut werden, indem es möglichst realistisch und vom Besitzer interaktiv durch Bewegung und Geräusche animiert wird. Das Beuteobjekt wird für den Hund interessanter und begehrenswerter, wenn es ihm vom Besitzer für eine Zeitlang (zwei Tage bis eine Woche) vorenthalten wird – der Hund darf seinen Besitzer nur beobachten, wie er mit dieser Beute begeistert spielt. Der Hund soll so aufgeregt sein, dass er von sich selbst aus aktiv wird und mitspielt, ohne dass ihm das Beuteobjekt gezielt angeboten wird.

**Limitierende Faktoren und Risiken einer Spieltherapie:**

- Die Motivation des Hundes zu spielen kann entweder aufgrund individueller oder rassetypischer Eigenschaften oder unangenehmer Erfahrungen begrenzt sein → Wechsel auf andere Motivationen oder kreative Suche nach passendem Spielobjekt oder -typ.
- Physische und psychische Möglichkeiten des Besitzers. Erwachsene Menschen sind es nicht mehr gewohnt und finden es oft lächerlich, ungezwungen und frei von sozialen Mustern mit ihrem Hund zu spielen. Ältere Besitzer, kranke oder behinderte Menschen sind körperlich nicht immer in der Lage mit dem Hund ausgelassen zu spielen → vermehrt auf intelligente Spiele umsteigen und den Hund mit anderen Hunden körperlich toben lassen.
- Übererregung und Verlust der Selbstkontrolle. Zu wildes und wenig kontrolliertes Spiel kann sich nachteilig auf die emotionale Selbstkontrolle auswirken. Vor allem Männer und Kinder haben eine Tendenz, im Spiel mit dem Hund die Grenzen der Erregung zu hoch anzusetzen und der Hund kippt in eine Hyperexzitation oder in Jagdverhalten.

- Austragen von Konflikten und Testen eines potenziellen Gegners: Spiel kann von manchen Hunden dazu verwendet werden, die körperlichen und psychischen Fähigkeiten seines Partners (Hund oder Mensch) zu testen. Aus einem zuerst spielerischen Wettbewerb kann unter ungünstigen Bedingungen ein ernster Konflikt entstehen.
- Medikation: Wenn eine Spieltherapie durchgeführt werden soll, wirkt sich sedierende Medikation negativ aus.

## 7.4.8 Fütterungsmanagement

Über Veränderungen im Fütterungsregime kann die Motivation des Hundes sehr leicht beeinflusst werden. Fressen ist als physiologische Notwendigkeit an der Basis der Bedürfnispyramide von Maslow – der Hund hat also eine grundlegend hohe Motivation an sein Futter zu kommen.

Im durchschnittlichen Hundealltagsleben verbringt ein Hund nur minimale Zeit damit, sein Futter aus der bereitgestellten Schüssel zu fressen. Der gesamte Prozess des Suchens und des Nahrungserwerbs fällt im modernen Hundeleben weg. Seine verbleibende Zeit des Tages muss der Hund mit anderen Aktivitäten ausfüllen, die in manchen Fällen je nach Veranlagung des Hundes zu Problemen führen können.

Das Ziel dieser Therapie ist es, den zeitlichen, physischen und intellektuellen Aufwand des Hundes für den Erwerb seines täglichen Futters zu erhöhen. Der Hund erhält kein Futter mehr oder lediglich symbolische Anteile als Selbstverständlichkeit in der Futterschüssel. Den Großteil seiner Nahrung darf er sich selbst erarbeiten. Jede instrumentelle Gegenkonditionierung funktioniert um vieles schneller, wenn nicht nur für einige Leckerbissen gearbeitet wird, sondern dies für den Hund die **einzige** Möglichkeit ist, an sein Futter zu kommen.

Bei allen diesen Futterspieltechniken kommt es neben dem bestärkenden Effekt des Futters auch auf die lustvollen Aktivitäten des Erwerbens, des Lernens, des Ausprobierens, des Kooperierens an. Allein diese Aktivitäten durchführen zu können ist für den Hund in sich schon belohnend und er wird nicht zum „Leckerli-Einwerf-Objekt" degradiert.

Die Kreativität des Besitzers ist hier außerordentlich gefragt.

**Möglichkeiten der Beschäftigung mit Futter:**

- positive Bestärkung für alle erwünschten Verhaltensweisen
- Clickertraining
- verstecktes Futter im Haus, im Garten oder auf Spaziergängen suchen
- Futterration am Ende einer Fährte deponieren
- Futter aus interaktivem Spielzeug selbst erarbeiten lassen
  - Kong
  - Busy Buddy
  - Nina Ottosson
  - BusterCube
  - mit Futter gefüllte Röhren, Flaschen etc.
  - selbstgebasteltes Futterspielzeug
  - etc.

Die Motivation von Hunden, die sich für Futter nicht besonders interessieren, ergibt sich von alleine, wenn es keine selbstverständlichen Rationen mehr gibt und der Hund wirklich hungrig ist. Bei einzelnen Hunden kann es ausnahmsweise einmal einige Tage dauern, bis sie ausreichend motiviert sind, für ihr Futter kooperativ oder selbstständig zu arbeiten.

**Merke**
**Wichtig: Der Hund erhält seine erforderliche Tagesration auf jeden Fall – nur unter anderen Umständen und Bedingungen als bisher.**

### 7.4.9 Natural Dogmanship®

Im Konzept des von Jan Nijboer entwickelten Natural Dogmanship® wird unter anderem die Technik der interaktiven und kooperativen Futterbeschaffung im Sinne eines simulierten gemeinsamen Jagdausfluges von Mensch und Hund noch weiter ausgebaut.

Der Hund lernt, sich auf diesem Jagdausflug kooperativ und aufmerksam seinem Besitzer gegenüber zu verhalten, weil es für ihn einen wirklichen und existenziellen Sinn hat – das Ziel dieses Ausflugs ist seine Mahlzeit.

Das Futter wird in einem Stoffbeutel (Preydummy), den der Hund nicht selbstständig öffnen kann, verpackt und darf vom Hund apportiert werden. Die Anforderungen an die Kooperation bei der „Jagd" werden ganz individuell an das Können und die Bedürfnisse des Hundes angepasst.

Die üblichen Spaziergänge mit dem Hund sind im Grunde genommen eine Parallelveranstaltung und keine gemeinsame soziale Aktivität von Hund und Besitzer. Der Hund verfolgt auf dem Spaziergang seine Interessen und beschäftigt sich nach eigenem Belieben – im ungünstigen Fall territoriale oder Distanzierungsaggression gegenüber Menschen und/oder anderen Hunden, Verfolgen von Joggern und Radfahrern oder Jagen. Der Besitzer teilt die Interessen des Hundes auf diesem Spaziergang nicht wirklich – im Gegenteil – er ist ständig bemüht, ihn von all diesen unerwünschten Aktivitäten abzuhalten.

Mit dem ernsthaften und konkreten Ziel der Futterbeschaffung auf dem Spaziergang bekommt diese Aktivität von Mensch und Hund einen kleinsten gemeinsamen Nenner, sie wird zur kooperativen sozialen Aktion.

Alle interaktiven Spiele zur Futterbeschaffung und Hundesport lassen sich selbstverständlich auch mit einem Preydummy umsetzen.

### 7.4.10 Beschäftigung

Der Großteil der modernen Familienhunde hat keine wirkliche Beschäftigung, sie sind arbeitslos und wenn nicht körperlich, so auf jeden Fall intellektuell unterfordert. Die ursprünglichen Funktionen, für die der Hund züchterisch selektiert wurde, wie territoriale Aggression, Hütearbeit oder jagdliche Aktivitäten sind beim Familienhund und unter modernen Lebensbedingungen nicht immer erwünscht.

Um das Aktivitätsbedürfnis von Hunden in der Konsultation leichter zu vermitteln, hat sich folgendes Modell bewährt. Einige Aktivitäten, z. B. Jagen, sind natürlich aus mehreren Elementen der verschiedenen Unterkategorien zusammengesetzt. Aus didaktischen Gründen ist die Unterteilung aber trotzdem praktisch:

**Praxis**

Gesamtaktivität ($A_g$) = motorische Aktivität ($A_m$) + Kautätigkeit ($A_k$) + Vokalisation ($A_v$) + intellektuelle Aktivität ($A_i$)

Das gesamte Aktivitätsbedürfnis eines Hundes setzt sich somit aus verschiedenen Unterarten von Aktivität zusammen:

$A_m$ = Laufen, springen, spielen, jagen, graben etc.

$A_k$ = Kauen, nagen, knabbern, lecken etc.

$A_v$ = Bellen, heulen, winseln, jaulen etc.

$A_i$ = Lernen, Zusammenhänge erfassen, Lösungen suchen, differenzieren, Nasenarbeit etc.

**Beispiel:** Wenn ein Hund ein angenommenes Aktivitätsbedürfnis von 7 Stunden pro Tag hätte, könnte er es wie auf ▶ **Abb. 7.2** dargestellt gestalten.

Das bedeutet, dass Aktivitäten einander bis zu einem gewissen Grad ersetzen können. Das gilt ganz besonders für jegliche intellektuelle Aktivität, die für den Hund wesentlich anstrengender, ermüdender und auch befriedigender ist, als drei Stunden ziellos zu joggen oder neben dem Rad zu laufen. Als Richtlinie kann man annehmen, dass intellektuelle Aktivität für den Hund ungefähr um einen Faktor fünf bis zehn ermüdender ist als rein körperliche Aktivitäten.

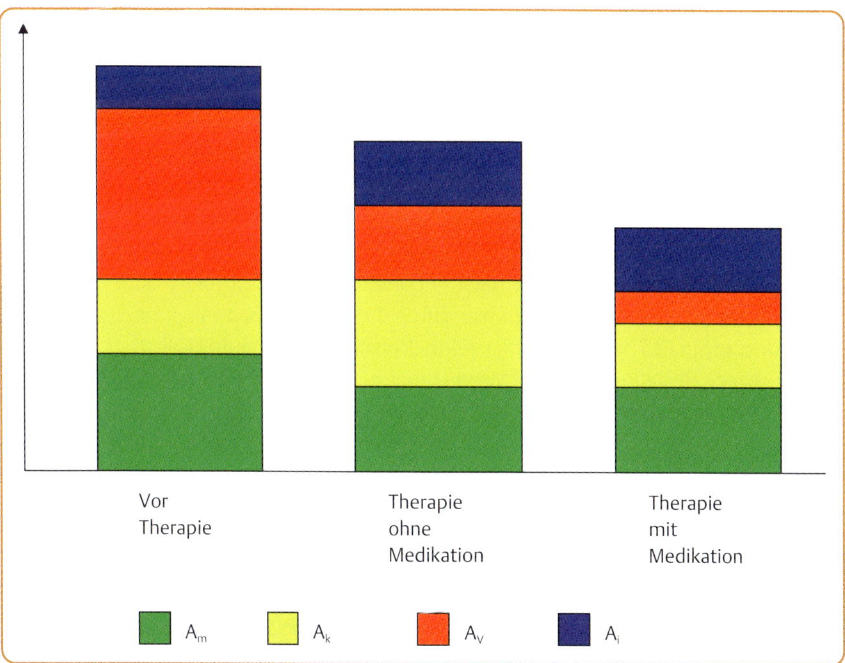


▶ **Abb. 7.2** Beschäftigungsmöglichkeiten.

Somit kann mit relativ wenig Zeitaufwand das Beschäftigungsbedürfnis des Hundes viel besser erfüllt werden, wenn er statt längerer Spaziergänge intellektuell anspruchsvollere Aufgaben bekommt.

Mit entsprechender Medikation kann das allgemeine Aktivitätsbedürfnis des Hundes um rund 30–50% reduziert werden. Bei übertrieben aktiven oder hyperaktiven Hunden ist eine realisierbare Therapie ohne Medikation kaum möglich – die Besitzer wären erschöpft (oder sind es zum Zeitpunkt der Konsultation schon!) lange bevor der Hund in seinen Aktivitätsansprüchen auch nur annähernd befriedigt wäre.

Keine dieser Beschäftigungen erfordert hohe körperliche Fitness oder Sportlichkeit, weder des Hundes noch des Besitzers, und keine besondere Infrastruktur – sie sind in jedem durchschnittlichen Haushalt, Garten oder auf Spaziergängen durchführbar. Ältere Hunde profitieren ganz besonders von diesen mentalen Spielen. Es gibt im Gegensatz zum üblichen Hundesport keine körperlichen Altersgrenzen und gerade die Fähigkeit zur Geruchsarbeit bleibt dem Hund bis ins hohe Alter erhalten, selbst wenn die Geruchswahrnehmung altersbedingt nachlässt.

Mentale Beschäftigungsmöglichkeiten mit Futter → Fütterungsmanagement (S. 229).

Möglichkeiten für andere intellektuelle Aktivitäten:

- **Differenzierungsspiele:** dem Hund die Namen von Objekten, Spielzeug, Handlungen, Orten und Personen beibringen und ihn „arbeiten" lassen; *Hol den roten Ball! Zeige die Leine! Trag die Socken ins Badezimmer!* etc.
- **Nasenarbeit:** Differenzierungsspiele mit Objekten, die den Geruch des Besitzers tragen oder mit bestimmten Gerüchen; Stöbern nach Gegenständen, Fährtenarbeit, Mantrailing
- **Clickertraining** (S. 248): Beschäftigung an sich und gleichzeitig auch eine Technik, um die beiden vorhergehenden Dinge beizubringen

## 7.4.11 Andere Hunde

Unter gewissen Voraussetzungen sind andere Hunde die besten Erzieher und Therapeuten überhaupt. Dazu muss nicht unbedingt ein zweiter Hund in die Familie aufgenommen werden. Ganz im Gegenteil – es kann sogar ein ausgesprochen unkluger Schritt sein, zu einem Hund mit einer psychischen Störung einen zweiten Hund aufzunehmen. Weder Hyperaktivität noch Phobien oder Angstzustände oder trennungsbedingte Symptome verschwinden nur durch die Anwesenheit eines zweiten Hundes. In ungünstigsten Fall hat der Besitzer seine Probleme damit multipliziert.

Gute soziale Beziehungen zu anderen Hunden, Spielfreude oder sogar eine intensive Bindung an einen anderen Hund sind Ressourcen, die eine Therapie unglaublich vereinfachen und beschleunigen können. Hunde begegnen sich einfach auf der gleichen Kommunikationsebene, wenn sie untereinander sind. Es reichen regelmäßige gemeinsame Spaziergänge, Besuche oder Spiele im Garten etc. oder ein gemeinsames Training in ganz bestimmten therapeutisch erwünschten Kontexten.

**Voraussetzungen, Möglichkeiten und Risiken:**

- Der Hund, der als Lehrer und Vorbild agiert, soll ausgesprochen gut sozialisiert sein, eine gute Selbstkontrolle und Selbstbewusstsein, psychische Stabilität, natürliche Autorität und Charisma haben. Hat er zusätzlich eine gute Erziehung und verlässlichen Gehorsam wird er geradezu zum perfekten Lehrer.

- Wenn vom Therapiehund auch körperliche Erziehungsarbeit erwartet wird, sollte er eine entsprechende Größe haben, um in einer Rangelei bestehen zu können.
- Es muss eine gute Bindung zwischen den Hunden bestehen. Erst diese individuelle Bindung, Freundschaft und soziale Anerkennung macht einen Hund zum Vorbild für einen anderen.
- Ein Lehr- oder Therapiehund ist gut einsetzbar bei
  - Welpenspielgruppen,
  - Erziehung von hyperaktiven und/oder dyssozialisierten (jungen) Hunden,
  - Erziehung von pubertierenden Junghunden,
  - Gegenkonditionierung durch Spiel,
  - allen Situationen, die beim Patienten Unsicherheit oder Angst auslösen,
  - Vorzeigen von Übungen oder Aufgaben
  - etc.
- Bei Phobien besteht ein gewisses „Ansteckungsrisiko".
- Der Vorbildhund lehrt auch alle unerwünschten Verhaltensweisen wie Jagen, Distanzierungsaggression, Bellen etc.



## 7.5 Systemische Intervention

Der Tierarzt hat keine wirkliche Ausbildung, um richtige systemische Therapien durchzuführen und die Familie während einer solchen Therapie zu begleiten.

Die einfachste Intervention der Umstrukturierung und Reorganisation der Gruppe ist aber auch für den verhaltensmedizinisch arbeitenden Tierarzt durchführbar. Im Gespräch das Bewusstsein wecken für die Familie als vernetztes System, in dem jeder – auch der Hund – einen bestimmten Platz und eine bestimmte Funktion einnimmt, kann schon für sich alleine therapeutischen Effekt haben (→ kognitive Therapie (S. 213). Einige dieser Umstrukturierungen können schon während der Konsultation mit einer veränderten Sitzordnung vorgezeigt werden. Zeichnungen, in denen die Positionen von Familienmitgliedern zueinander – Eltern, Kinder, Hund – skizziert werden, sind spielerische und unverfängliche Ansätze, Einsichten zu gewinnen und Änderungen auszuprobieren.

- Die räumliche Distanz zwischen den Familienmitgliedern beachten und kontrollieren: Allianz und Zusammengehörigkeit kann nach außen (für den Hund) durch den Abstand der jeweiligen Partner zueinander demonstriert werden.
  - Wenn der Hund versucht sich zwischen Partner zu drängen, soll die Distanz zwischen den beiden Partnern geringer als die Distanz zum Hund sein (▸ Abb. 7.3).
  - Die Distanz zwischen Eltern und Kind soll geringer sein als zum Hund. Bei Konflikten sollen Eltern ganz deutlich ihre Allianz mit dem Kind zeigen, indem sie Körperkontakt mit ihm aufnehmen.
  - Zwei Familienmitglieder können eine Allianz bilden und sich Arm in Arm gegen den Hund stellen, wenn dieser zu einem der beiden aggressiv ist (▸ Abb. 7.4). Der Hund muss in diesem Fall unbedingt einen Ausweg haben und darf nicht in eine Ecke gedrängt oder bedrängt werden!

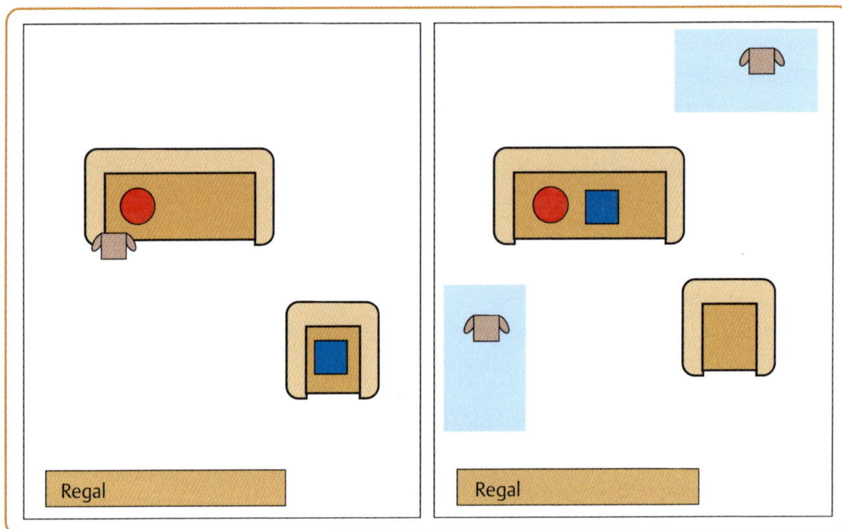


▸ **Abb. 7.3** Spiel mit den Distanzen zwischen Partnern und Hund.

▸ **Abb. 7.4** Ein Dingopaar stellt sich gemeinsam gegen den jungen Rüden und distanziert ihn auf diese Weise.

7.6
# Verhaltenstherapien

## 7.6.1 Allgemeines

Verhaltenstherapien sind alle Interventionen, die den auslösenden Stimulus und/oder die Konsequenzen eines Verhaltens beeinflussen.

Sie sind die praktische Umsetzung der Lerntheorien in den Alltag. Die für die Therapie wesentlichsten Lernprozesse und Begriffe sind:

- Habituation
- klassische Konditionierung

- instrumentelle oder operante Konditionierung
  - Verstärkung
  - Strafe
- soziales Lernen

## Habituation

Die Habituation ist die Fähigkeit zu lernen, auf bestimmte Reize nicht mehr zu reagieren. Mit der wiederholten Präsentation eines Reizes verringert sich die Reaktion darauf relativ dauerhaft. Jedes normale Individuum ist zur Habituation fähig.

## Klassische Konditionierung

Die klassische Konditionierung ist die Verknüpfung eines primär neutralen Stimulus mit einem **unbewussten** biologischen (vegetativen) Vorgang wie z. B. Speichelfluss, Tachykardie, Transpiration etc. aber auch die grundlegenden Emotionen und die Stimmungslage (▸ **Tab. 7.1**).

▸ **Tab. 7.1** Klassische Konditionierung.

| Unbedingter Stimulus | Neutraler Stimulus | Reaktion |
|---|---|---|
| Futterangebot | – | Speichelfluss |
| Futterangebot | Ton | Speichelfluss |
| – | Ton | Speichelfluss |

Der primär „neutrale" Ton wird durch die enge zeitliche Verknüpfung mit einem unbedingten Stimulus „Futterangebot" (der zur automatischen Reaktion „Speichelfluss" führt), zu einem **bedingten** oder **konditionierten Stimulus**, der die gleiche Reaktion „Speichelfluss" auslöst wie der Anblick von Futter.

 Merke

**Stimmung, Emotionen, Wahrnehmungen und vegetative Funktionen unterliegen dem Einfluss der klassischen Konditionierung.**

## Instrumentelle Konditionierung

Die instrumentelle oder operante Konditionierung ist die Verknüpfung bestimmter **bewusster** Handlungen mit einer bestimmten Wirkung auf die Umgebung.

Die Art dieses Effekts hat einen Einfluss auf die Wahrscheinlichkeit des Wiederauftretens dieses bewussten Verhaltens. Die instrumentelle Konditionierung ermöglicht dem Hund gewisse Beziehungen zur Umwelt zu verändern oder zu gestalten.

## Verstärkung

Eine Verstärkung ist ein Reiz, der die Wahrscheinlichkeit erhöht, dass ein Verhalten wieder auftritt. Oder umgekehrt:

**Merke**
**Jeder Effekt, der die Frequenz, Dauer oder Intensität eines Verhaltens steigert, ist eine Verstärkung!**

Es gibt eine weitere Unterteilung in
- Positive Verstärkung (Belohnung): Der Hund **bekommt** etwas Angenehmes, z. B. Futter, Spiel, Freiheit, Entspannung, Explorationsmöglichkeit etc.
- Negative Verstärkung: Ein eventuell zuvor hinzugefügter unangenehmer Reiz wird als Belohnung wieder **entfernt**, z. B. Druck auf die Nase durch ein Kopfhalfter oder Zug am Halsband lässt nach, Druck auf die Kruppe hört auf etc.

## Strafe

Eine Strafe ist ein Reiz, der die Wahrscheinlichkeit verringert, dass ein Verhalten wieder auftritt. Einer Strafe kann der Hund nicht entkommen. Wenn die Strafe vom Hund vorhergesehen und dadurch vermieden werden kann, wird sie zur negativen Verstärkung. Oder umgekehrt:

**Merke**
**Jeder Effekt, der die Frequenz, Dauer oder Intensität eines Verhaltens reduziert, ist eine Strafe!**

Es gibt eine weitere Unterteilung in
- Positive Strafe: Der Hund **erhält** etwas Unangenehmes als Konsequenz seiner Handlung, z. B. körperliche Strafe, Leinenruck, Schreck, Luftstoß, Elektroimpuls etc.
- Negative Strafe: Dem Hund wird etwas Angenehmes **weggenommen**, z. B. Spielabbruch, Auszeit, Stehenbleiben, wenn er an der Leine zieht etc.

Verstärkung oder Strafe beziehen sich somit auf den Effekt, den diese hinzugefügten oder entfernten Reize auf die Frequenz, Dauer oder Intensität des jeweiligen Verhaltens hat. Es ist leicht erkennbar, dass nicht alle Maßnahmen, die der Besitzer als Belohnung oder Strafe ansieht, auch tatsächlich als solche wirken!

Positiv oder negativ bezieht sich auf die Tatsache, ob der Hund als Konsequenz seines Verhaltens etwas bekommt oder ihm etwas weggenommen wird, sei es für ihn angenehm oder unangenehm (▸ Tab. 7.2).

▸ **Tab. 7.2** Verstärkung und Strafe, positiv und negativ.

| Wahrscheinlichkeit, Frequenz, Dauer, Intensität des Verhaltens | Hund bekommt etwas | Hund verliert etwas |
|---|---|---|
| ↑ | positive Verstärkung (R +) | negative Verstärkung (R–) |
| ↓ | positive Strafe (P +) | negative Strafe (P–) |

▶ **Tab. 7.3** Erwartungshaltung des Hundes und der Einfluss auf den Effekt von Verstärkung und Strafe.

| | Mehr als erwartet | Wie erwartet | Weniger als erwartet |
|---|---|---|---|
| Verstärkung | ↑ Jackpot | = | ↓ |
| Strafe | ↓ | = | ↑ |

Wesentlich für die Wirkung als Verstärkung oder Strafe ist auch die jeweilige **Erwartungshaltung** des Hundes (▶ **Tab. 7.3**).

- Wenn sich der Hund eine bessere Belohnung erwartet, als er tatsächlich erhält, wird diese „Belohnung" keine mehr sein, sondern die Frequenz des Verhaltens reduzieren.
- Wenn der Hund genau die Belohnung erhält, die er wartet hat, wird diese Verstärkung das Verhalten stabilisieren und bestätigen, aber nicht mehr weiter fördern.
- Wenn der Hund eine tollere Belohnung erhält, als er erwartet hat, wird diese einen deutlich verstärkenden Einfluss auf das Verhalten haben. Das ist die Wirkung des sogenannten *Jackpots.*
- Wenn der Hund eine geringere Strafe erhält, als er erwartet hat, wird diese keinen minimierenden Effekt auf das vermeintlich bestrafte Verhalten haben.
- Wenn der Hund genau die Strafe erhält, die er erwartet hat, wird diese einen stabilisierenden Einfluss auf das Verhalten haben.
- Wenn der Hund eine heftigere Strafe erhält, als er erwartet hat, wird sich ein tatsächlicher Effekt auf die Frequenz des Verhaltens zeigen.

Für den Hundebesitzer oder Trainer ist diese Erwartungshaltung wichtig, denn je vorhersehbarer die Konsequenzen seines Verhaltens für den Hund werden, desto weniger Effekt oder sogar unerwünschten Effekt haben sie.

**Für die praktische Arbeit gilt:**

- Für einen Hund, der für jede Übung mit denselben Leckerbissen in vorhersehbarer Weise belohnt wird, sind diese oft keine Belohnung mehr. In Situationen, wo der Hund durch andere Reize höher motiviert ist, reicht diese Art der Verstärkung nicht.
- Wenn schon von Anfang an mit sehr hochwertigen Belohnungen gearbeitet wird, bleiben bald keine Steigerungsmöglichkeiten mehr übrig. Besser ist es mit einem hungrigen Hund und Standardleckerbissen oder noch besser Normalfutter zu arbeiten, damit noch wirkliche Überraschungen für den Jackpot oder besonders ablenkende Situationen übrigbleiben.
- Milde Strafen stehen in hoffnungsloser Konkurrenz zu einer hohen Motivation für das unerwünschte Verhalten. Sie sind in Bezug auf die Reduktion dieses Verhaltens völlig wirkungslos oder kontraproduktiv.

## Konstante und variable Verstärkung

In der Anfangsphase eines Übungsaufbaus ist eine konstante Verstärkung notwendig. Der Hund erhält für jedes richtige Verhalten eine Belohnung.

Wenn der Hund die Übung beherrscht, geht man zu einer variablen Verstärkung über. Der Hund erhält nicht mehr jedes Mal, sondern nur mehr jedes zweite, dritte, fünfte, zehnte Mal eine Belohnung in unvorhersehbarer Weise. Auf diese Weise wird das Verhalten langfristig abgesichert. Die Erwartungshaltung des Hundes wird nicht so leicht enttäuscht und gelegentliche Jackpots haben einen enorm motivierenden Einfluss.

## Materielle, soziale oder intrinsische Belohnung

Es gibt immer noch Hundebesitzer und Trainer, die darauf bestehen, dass der Hund eine Übung einfach macht, weil sie es ihm sagen und nicht weil er eine Belohnung erhält.

Das ist nicht realistisch und wäre auch unfair, denn keiner dieser Besitzer oder Trainer würde ohne entsprechendes Entgelt arbeiten!

Es gibt jedoch außer den materiellen Belohnungen wie Futter oder Spiel tatsächlich auch noch andere verstärkende Faktoren für den Hund.

- **Soziale Belohnung:** Eindeutig zum Ausdruck gebrachte positive Emotionen, ehrliches Lob, Freude und Anerkennung können für den Hund eine außerordentliche Bestätigung und mitunter sogar wichtiger als Futter sein. Voraussetzung dafür ist allerdings, dass die Beziehung und Bindung zum Besitzer gut ist.
- **Intrinsische Belohnung:** Die Tatsache, dass ein Hund eine Übung oder Aufgabe beherrscht und weiß, was er zu tun hat, kann für sich allein schon eine Verstärkung sein. Die Ausführung des Verhaltens oder der Übung selbst wird damit zur Belohnung. Dies ist ein guter Grund dem Hund vermeintlich sinnlose Übungen beizubringen, denn alleine das Präsentieren seiner „Kunststücke“ ist für manchen Hund eine Belohnung in sich. In schwierigen Situationen kann die Stimmung durch das Abrufen dieser Übungen in eine positive Entspannung umgeleitet werden. Intrinsische Belohnungen sind auch ein Grund, warum Extinktion nicht in jeder Situation funktioniert (intrinsische Belohnung verhindert Extinktion) und mäßige Strafen (intrinsische Belohnung ist viel größer als die Strafe) nicht ausreichen.

## Bestechung oder Verstärkung?

Ein kleiner, aber feiner Unterschied ist der zwischen Bestechung und Verstärkung und kann bei manchen Hundebesitzern und auch -trainern zu Missverständnissen führen.

Bei der Bestechung wird dem Hund ein Leckerbissen gezeigt oder er wird sogar mit dem Futter in die gewünschte Position manipuliert, z. B. ein Sitz mit einem Leckerbissen, der hinter den Kopf geführt wird, sodass der Hund gar nicht anders kann als zu sich hinzusetzen. Diese Bestechung sollte möglichst rasch wieder abgebaut werden, weil die Übung ansonsten nie verlässlich abgerufen werden kann, wenn gerade kein Futter als Bestechung zur Hand ist.

Die Verstärkung erhält der Hund per definitionem mehr oder weniger unvorhersehbar als Ergebnis oder Konsequenz seiner Handlung.

Grundsätzlich ist es nicht schlecht, mit Bestechungen zu arbeiten – den meisten Hundebesitzern fällt es leichter – wenn man sich der Begrenzungen bewusst ist, die sich ergeben, wenn man den Sprung zur positiven Verstärkung nicht schafft.

### Soziales Lernen

Lernen durch Beobachtung findet statt, wenn ein Tier eine bestimmte Sequenz von Ereignissen bei einem anderen Individuum beobachtet und sein eigenes Verhalten in der Folge beim Vorliegen vergleichbarer Stimuli ändert.

Eine weitere Möglichkeit ist das Lernen durch Nachahmung und die Stimmungsübertragung, die im therapeutischen Alltag ähnlich eingesetzt werden können.

Hunde sind in der Lage, auf diese Art sozial zu lernen.

Eine wichtige Grundlage für soziales Lernen ist eine **Bindung** an das Individuum, von dem gelernt wird – in erster Linie die Hundemutter oder andere erwachsene Hunde. Im späteren Leben Hundefreunde, an die eine enge und respektvolle Bindung besteht. Auch der Mensch oder andere Tiere wie z. B. eine Katze können in bestimmten Situationen für den Hund zum Vorbild werden.

Weitere Voraussetzungen für soziales Lernen sind:

- Aufmerksamkeit
- Erinnerungsvermögen
- motorische Nachahmung
- Motivation

## 7.6.2 Verhaltenstherapeutische Techniken

Wenn man diese beschriebenen Grundlagen und Einzelelemente beherrscht, kann man sie für eine individualisierte Verhaltenstherapie völlig frei und beliebig kombinieren. Alle verhaltenstherapeutischen Techniken setzen sich aus einem oder mehreren dieser Lernprozesse zusammen:

- gezielte Habituation
- kontrollierte Reizüberflutung
- systematische Desensibilisierung
- Gegenkonditionierung
- Clickertraining
- Extinktion
- Strafe
- soziales Lernen

### Gezielte Habituation

Die gezielte Habituation ist die einfachste Form der Verhaltenstherapie, sie erfordert kein spezielles Wissen und nur wenig Aufwand vonseiten des Besitzers.

Habituation ist der Grund, warum auch alleinige anxiolytische Medikation ohne weitere Maßnahmen wirksam sein kann, da der Hund dadurch in einen lernfähigen Zustand versetzt wird. In diesem Zustand findet Habituation wieder statt.

Bei der gezielten Habituation wird einfach sichergestellt, dass sich der Hund einem **milden** angstauslösenden Reiz so lange nicht durch Flucht entziehen kann, bis die emotionalen Reaktionen geringer werden.

**Praktisches Beispiel:**

- Anwesenheit eines Mannes in einem Raum mit dem Hund, der vor Männern Angst hat. Es findet keinerlei Interaktion statt, der Hund wird nicht angesehen, angesprochen oder berührt. Der Mann soll am Anfang nur ruhig im Raum sitzen.
- Der Hund erhält eine anxiolytische Medikation und verbringt seinen Alltag wie bisher, ohne mit besonders angstauslösenden Situationen belastet zu werden.

**Indikation:** Gezielte Habituation kommt vor allem bei milden Phobien, Deprivationssyndrom und Angststörungen zum Einsatz.

**Vorteile:** Kein Wissen, spezielle Technik oder Zeitaufwand nötig.

**Nachteile:** Keine.

## Kontrollierte Reizüberflutung

Der Übergang von der Habituation zur kontrollierten Reizüberflutung ist fließend. Diese ist eine Habituation mit intensiveren und vielfältigeren Reizen, denen der Hund so lange ausgesetzt bleibt, bis eine emotionale Entspannung eintritt. Bis das der Fall ist, und das können viele Stunden sein, befindet sich der Hund in einem mehr oder weniger intensiven Angstzustand mit all seinen vegetativen unangenehmen Auswirkungen und Empfindungen!

Wenn sich der Hund dieser Situation entziehen kann oder aus einem anderen Grund (z. B. weil der Besitzer nicht mehr zusehen kann oder keine Zeit mehr hat) vor dem Erreichen einer Entspannung aus der Situation entfernt wird, kommt es zum gegenteiligen Effekt der Sensibilisierung. Die Symptome werden beim nächsten Mal noch schneller und noch intensiver auftreten (▸ **Abb. 3.31**).

Obwohl die Reizüberflutung in der Humanpsychotherapie vor allem durch die vielfältigen Möglichkeiten der „Virtual Reality“ eine gängige Methode bei der Behandlung von Phobien ist, bleibt ihr Einsatz in der Veterinärpsychiatrie zumindest fraglich. Menschen können sich bewusst für diese extreme emotionale Belastung entscheiden und sich ihr freiwillig aussetzen, weil sie den Sinn dahinter erkennen. Hunde würden vom Menschen in diese Situation gezwungen. Kontrollierte Reizüberflutung ohne begleitende Medikation ist daher unserer Meinung nach tierschutzrelevant.

**Praktisches Beispiel:** Hunde mit Phobien, einem Deprivationssyndrom oder einer Angststörung an einen mäßig belebten Ort – Menschen, Fahrzeuge, andere Hunde, Kinder etc. – bringen und dort so lange bleiben bis der Hund erste Anzeichen einer Entspannung zeigt. Der Besitzer soll sich eine Sitzgelegenheit suchen oder mitbringen, und etwas zu lesen. Er soll sich auf einige Stunden an diesem Ort einstellen. Die Anforderungen in einer zweiten oder dritten Sitzung etwas steigern.

**Indikationen:** Spezifische und multiple Phobien, Deprivationssyndrom, Angststörungen mit überwiegend defizitärer Symptomatik.

**Vorteile:** Bei korrekter Durchführung sehr effektive und rasche Therapie, es muss kein spezifischer Auslöser bekannt sein, daher auch gut bei Angst vor undefinierten und vielfältigen Reizen wie Straßenverkehr, Menschengruppen etc. einsetzbar.

**Nachteile:** Die Gefahr der Sensibilisierung ist bei fehlerhafter Durchführung relativ groß; ohne Medikation tierschutzrelevant; im Freien nur bei schönem und warmem Wetter zu empfehlen; nicht bei Hunden mit aggressiver Symptomatik einsetzen oder nur mit entsprechenden Sicherheitsmaßnahmen.

## Systematische Desensibilisierung

Die systematische Desensibilisierung ist eine gezielte Habituation in einem **entspannten Zustand** durch **schrittweise** Exposition gegenüber einem Reiz mit **langsam steigender Intensität**.

**Merke**
**Der Hund soll bei dieser Technik nie in eine Emotion der Angst kommen, wenn das passiert, war das Vorgehen zu schnell.**

Ein Entspannungszustand wird durch eine dem Hund angenehme Aktivität wie Fressen, Spielen, Streicheln, Massage, Fellpflege etc. oder vor allem sehr einfach auch durch Medikation erreicht.

Ein Reiz kann je nach seiner Natur durch Distanz, Verkleinerung (▸ Abb. 7.5), Bewegungslosigkeit, Reduktion der Intensität, Lautstärke oder Dauer abgeschwächt werden.

Für eine systematische Desensibilisierung muss der auslösende Reiz genau bekannt und definiert sein:

- Ab welcher Distanz oder nach welcher Zeit zeigt der Hund Angst oder aggressives Verhalten vor Menschen, anderen Hunden, Objekten?
- Bei welchem Geräusch und ab welcher Lautstärke zeigt der Hund Angstsymptome?
- Reagiert der Hund auf Geräusche auf Tonträgern wie CD, Fernsehen, Radio?
- Nach welcher Zeit des Körperkontakts reagiert der Hund aggressiv?
- Nach welcher Zeit der direkten Begegnung mit einem anderen Hund reagiert der Hund aggressiv?

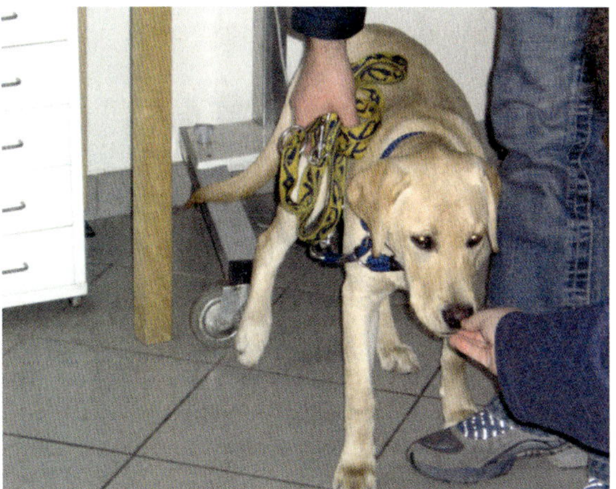

▸ **Abb. 7.5** Reiz abschwächen und Futter anbieten – in der Hocke, mit abgewendetem Blick, geduldig.

Therapeutische Toolbox

Eine weitere Voraussetzung für eine systematische Desensibilisierung ist: der auslösende Reiz muss manipulierbar sein. Einige der auslösenden Reize für eine Gewitterphobie wie Luftdruckabfall, düsterer Himmel, Wind und Regen; oder Bodenvibrationen durch schwere Artillerie, Lawinensprengung oder Donner können nicht kontrolliert und in entsprechend abgeschwächter Form in der Therapie eingesetzt werden.

Desensibilisierungen müssen ein Leben lang immer wieder aufgefrischt werden.

**Praktische Beispiele:**

- Geräusche: Lautstärke reduzieren, Abstand zur Geräuschquelle vergrößern oder das Geräusch dämpfen, spezielle hochwertige Geräusch-CDs für die Therapie benutzen
- Menschen: Abstand halten, unbeweglich bleiben, langsam annähern, Körperhaltung nicht frontal, sondern seitlich, Blick abwenden oder nach oben richten, sitzen etc.
- Hunde: freundliche, unprovokative Hunde, die gut sozialisiert sind, für die Therapie wählen; Abstand vergrößern; symbolischen Schutz zwischen den Hunden nützen wie z. B. Hecken, Bäume, Weingartenzeilen, Autos, Menschenkette; Testhunde abgewendet sitzen, spielen lassen; langsame und keine frontale, sondern bogenförmige oder spiralige Annäherung etc.
- Körperkontakt: Kontaktzeiten beim Streicheln, Kämmen, Bürsten, Föhnen, Untersuchung, Manipulation etc. so kurz halten, dass keine Reaktion ausgelöst wird und sekundenweise verlängern; Berührungen zunächst auf angenehme und weniger sensible Zonen beschränken und nur zentimeterweise in Richtung sensible Zonen vorgehen

**Indikationen:** Spezifische und multiple Phobien, soziale Phobie, Angststörungen, irritative Aggression, Distanzierungsaggression.

**Vorteile:** Sehr effektive und tierschutzgerechte Technik.

**Nachteile:** Zeit- und arbeitsaufwendig für den Besitzer; fehleranfällig bei Ungeduld und ungenauer Instruktion; eine versehentliche weitere Sensibilisierung ist möglich; nicht anwendbar, wenn der auslösende Reiz nicht kontrolliert und/oder manipuliert werden kann.

## Gegenkonditionierung

Bei der Gegenkonditionierung wird ein **unerwünschtes Verhalten** durch ein anderes (oder neues), mit dem unerwünschten inkompatiblen, Verhalten **ersetzt**.

### Klassische Gegenkonditionierung

Die klassische Gegenkonditionierung ist eine Ausbaustufe der systematischen Desensibilisierung. Es wird nicht nur ein entspannter Zustand wie bei der systematischen Desensibilisierung, sondern ganz gezielt eine Assoziation zwischen einem auslösenden Reiz mit einem angenehmen Ereignis hergestellt. Damit stehen nach einiger Zeit die Angst und das angenehme Ereignis in Konkurrenz. Bei weiterem Üben wird der ursprünglich angst- oder aggressionsauslösende Reiz zur freudig erwarteten Ankündigung dieses angenehmen Ereignisses.

▸ **Tab. 7.4** Beispiel für eine klassische Gegenkonditionierung.

| Unbedingter Stimulus | Angstauslösender Reiz | Reaktion |
|---|---|---|
| – | Besucher | Angst |
| Futter | Besucher | Speichelfluss und Hunger |
| – | Besucher | Speichelfluss und Hunger |

**Praktisches Beispiel:** In diesem Beispiel aus ▸ **Tab. 7.4** löst der Besuch von fremden Menschen beim Hund Angst (oder auch Aggression, territoriales Verhalten, unerwünschtes Bellen) aus. Bei der klassischen Gegenkonditionierung wird die Ankunft des Besuchers mit einem besonders begehrten Leckerbissen verknüpft – die vegetativen Reaktionen aufgrund von Angst vor dem Besuch (oder Aggression) und die vegetativen Reaktionen des Stoffwechsels schließen einander aus. Durch konsequente und wiederholte Assoziation des Besuchs mit Futter wird die eine Konditionierung „Besuch → Angstreaktion/Aggression" durch eine neue „Besuch → mmh, es gibt Futter" ersetzt. Der Besuch wird in Zukunft die Ankündigung eines angenehmen Ereignisses, es kommt zur Umkonditionierung der gesamten unbewussten vegetativen Reaktionen in Richtung parasympathikoton (Speichelfluss, Magen- und Darmsekretion etc.) und freudige Emotion statt sympathikoton (Flucht oder Angriff) und angespannte Emotionen.

Als klassische Konditionierung wirkt diese Technik mit der Zeit auf Stimmung, Emotionen, Wahrnehmungen und vegetative Reaktionen.

Voraussetzung für eine gute Gegenkonditionierung ist eine Abschwächung des angst-/aggressionsauslösenden Reizes wie bei der systematischen Desensibilisierung und eine hohe Motivation für den unbedingten Stimulus.

**Indikationen:** Spezifische und multiple Phobien, alle Angststörungen, irritative und territoriale Aggression, Distanzierungsaggression.

**Vorteile:** Sehr effektive und langfristig wirksame Technik.

**Nachteile:** Viele Wiederholungen sind erforderlich, daher sehr zeitaufwendig; gutes Timing erforderlich, genaue Instruktion nötig; Risiko einer versehentlichen weiteren negativen Konditionierung; Risiko einer Verstärkung von unerwünschtem Verhalten bei falschem Timing.

**Grundlagenübung:** Viele Probleme mit aggressivem oder ängstlichem Verhalten stabilisieren sich langfristig durch die automatischen und unbewussten Reaktionen des Besitzers, der schon weiß, was kommen wird. Der Hund natürlich auch; und gegenseitig bestätigen sich beide die Bedeutung dieser Situation, wenn einer einmal nicht zeitgerecht oder intensiv genug reagiert haben sollte.

Typische automatisierte Reaktionen von Besitzern: Leine kürzer nehmen oder straffen, ins Halsband greifen, Muskeln anspannen, Atem anhalten oder erhöhte Atemfrequenz, erhöhter Puls, Schweißausbruch, Schreckäußerungen, potenziellen Reiz fixieren, den Hund mit zitternder Stimme verbal beruhigen oder ihn verwarnen etc. Alle diese Stressreaktionen hat der ungeschulte Mensch nicht unter Kontrolle, ja er nimmt sie noch nicht einmal bewusst wahr. Für den Hund sind diese Anzeichen jedoch Bestätigung im Sinne einer sich selbst erfüllenden Prophezeiung und er macht sich ebenso bereit – meistens für den Angriff, manchmal für die Flucht.

Der Hund weiß natürlich nicht, dass sein Besitzer im Grunde nur wegen seiner für ihn in der Öffentlichkeit unangenehmen oder gefährlichen aggressiven Verhaltensweisen Stress hat.

Dem Besitzer zu erklären, er solle doch einfach entspannt und locker bleiben, wenn sein Hund sich einen Angriff auf einen Passanten überlegt, wird aus den oben genannten Gründen nicht funktionieren!

Eine sehr viel einfachere Lösung, die Emma Parsons vorschlägt: Den Hund auf die Stressreaktionen seines Besitzers positiv konditionieren.

- **1. Schritt:** Der Besitzer soll sich seiner persönlichen Stressreaktionen bewusst werden und sie vorerst einmal körperlich überhaupt wahrnehmen, eventuell auch durch Videoaufnahmen unterstützt.
- **2. Schritt:** Zu Hause in vertrauter Umgebung und in entspannten Situationen diese Stressreaktionen möglichst genau simulieren, indem sich der Besitzer durch Erinnern intensiv in einen solchen Zustand bringt (auch andere stressbeladene Ereignisse, die mit dem Verhalten des Hundes nichts zu tun haben, sind da brauchbar), ohne jedoch die tatsächliche Präsenz des Auslösers. Im Anschluss an diese Reaktionen bekommt der Hund sofort einen Leckerbissen.
  Beispiel: *Huch! Leine straffen, Tasso NEIN! Luft anhalten, Muskeln anspannen > Futter geben.*
- **3. Schritt:** Rund 500-mal oder öfter in unverfänglichen Situationen oder im kontrollierten Rahmen einer systematischen Desensibilisierung wiederholen. Erst dann in potenziell auslösenden Situationen mit nicht zu starkem Gefahrenpotenzial ausprobieren. Anforderungen nur langsam steigern.

Der Hund ist deutlich schneller auf diese Stressreaktionen seines Besitzers als positives Signal umzukonditionieren als dem Besitzer entspannt-lockere Haltung in potenziellen Gefahrensituationen beizubringen. Das ist nämlich so gut wie unmöglich.

### Instrumentelle Gegenkonditionierung

Bei der instrumentellen Gegenkonditionierung wird der Hund positiv verstärkt (belohnt), wenn er statt des unerwünschten Verhaltens ein anderes, erwünschtes zeigt. Dieses neue erwünschte Verhalten soll mit dem unerwünschten unvereinbar sein.

Manchmal muss dem Hund zuerst ein neues Verhalten beigebracht und ausreichend geübt werden, um es dann in Konkurrenz mit dem unerwünschten zu bringen.

Die instrumentelle Gegenkonditionierung ist eine der wichtigsten verhaltenstherapeutischen Techniken. Sie erweitert die Möglichkeiten des Hundes, weil er eine neue Handlungs- oder Reaktionsmöglichkeit zu seinem bisher eingeschränkten oder starren Repertoire dazulernt. Das alte Verhalten wird dadurch jedoch nicht vergessen oder gelöscht, es bleibt ein Leben lang als potenzielle Reaktionsmöglichkeit bestehen.

**Disruptiver Reiz:** Ein Reiz, der gerade ausreicht, um das unerwünschte Verhalten kurz zu unterbrechen und um das neu erlernte gewünschte Verhalten abrufen zu können. Geräusche oder Sprayhalsbänder sind eine sehr präzise und ungefährliche Möglichkeit einen zeitlich korrekten disruptiven Reiz zu setzen.

**Praktische Beispiele:**

- Der Hund lernt je nach Erfordernis eine individuell passende und mit dem unerwünschten Verhalten unvereinbare Übung wie z.B. auf Aufforderung hinsetzen (*sitz*), Blickkontakt mit dem Besitzer zu halten (*watch, look, schau, kuckuck*), mit der Nase die Handfläche zu berühren (*touch, stups*) etc.
- Diese Übung wird ohne Ablenkung zunächst im Haus, dann mit sehr geringer Ablenkung im Garten und auf ruhigen Spaziergängen jeweils 1000x wiederholt.
- Erst wenn diese Übung auch unter mäßiger bis starker Ablenkung absolut perfekt funktioniert, kann sie langsam in den erforderlichen Situationen abgerufen werden. Für die meisten Besitzer ist es empfehlenswert, die Ersatzübung am Anfang noch unter kontrollierten Trainingsbedingungen wie bei der systematischen Desensibilisierung zu üben und sie erst wenn er sicherer ist, im realen täglichen Leben anzuwenden.
- Bei zu frühem Einsatz in der Ernstsituation lernen manche Hunde sehr schnell, das Signal für die neue Übung mit dem Auslöser für das alte unerwünschte Verhalten zu verknüpfen und tricksen damit ihre Besitzer aus. Zum Beispiel wird ein Hund in so einem Fall auf das Signal *watch* nicht mehr seinen Besitzer ansehen, sondern die Umgebung nach einem anderen Hund oder Menschen absuchen. Dann beginnt man am besten eine neue Übung mit einem neuen Signal und setzt es erst dann, wenn es sehr sicher funktioniert, im Alltag ein. Zusätzlich ist es sinnvoll, die Motivation des Hundes durch restriktives Fütterungsmanagement (S.229) zu erhöhen.
- Der Kreativität und Experimentierfreude des Besitzers, Hundes und Tierarztes sind beim Erfinden von Übungen für eine instrumentelle Gegenkonditionierung keine Grenzen gesetzt.

**Indikationen:** Alle unerwünschten Verhaltensweisen, vor allem Aggression.

**Vorteile:** Erweitert die Verhaltensoptionen des Hundes; die Aufmerksamkeit liegt auf dem, was der Hund tun soll und nicht darauf, was er nicht tun soll; sehr vielseitig und ausgesprochen kreativ einsetzbar.

**Nachteile:** Viele Wiederholungen (700–5 000, je nach bisheriger Erfahrung des Hundes) sind erforderlich, daher arbeits- und zeitaufwendige Technik; richtiges Timing erforderlich; Motivation des Hundes kann eine Herausforderung sein; wirkt nur wenn der Besitzer anwesend ist; das alte Verhalten wird nicht gelöscht und steht dem Hund immer noch als alte Gewohnheit, auf die er jederzeit zurückgreifen kann, zur Verfügung.

**Grundlagenübungen:**

- Alle Übungen werden in einer völlig ablenkungsfreien Umgebung – alleine zu Hause, andere Hunde im Haushalt weggesperrt, keine Kinder anwesend etc. – begonnen.
- Das Ausmaß der Ablenkung wird nur ganz langsam, und individuell an den Hund angepasst, gesteigert. Die Übung muss unter den gegebenen Umständen perfekt funktionieren, bevor die Ablenkung erhöht wird.
- Alle diese Übungen können selbstverständlich auch mit Clickertraining beigebracht und geformt werden. Im Clickertraining wird zunächst die Übung fertiggearbeitet und erhält erst zum Schluss ein Signal.

- Die Signale können je nach Geschmack und Vorliebe des Besitzers individuell ausgewählt werden. Sie müssen noch nicht einmal einen besonderen Sinn haben, denn für den Hund ergibt sich dieser ohnehin nur aus dem Zusammenhang der Konditionierung. So kann ein Hund auch ohne Weiteres auf **jedes** beliebige Wort, das – um den Hund nicht zu verwirren – in der Alltagssprache des Besitzers nicht dauernd vorkommt, trainiert werden.
- Ein schlecht konditioniertes oder negativ belegtes Signal kann jederzeit durch ein neues ersetzt und wieder neu aufgebaut werden.
- Für eine instrumentelle Gegenkonditionierung kann und soll natürlich jedes Verhalten, das der Hund bereits anbietet oder lernen kann und das mit dem unerwünschten Verhalten inkompatibel ist, trainiert werden.

**Watch/Look/Schau/Guck/Kuckuck:** Blickkontakt mit dem Besitzer ist ein Verhalten, das viele andere Verhaltensweisen unmöglich macht und ist damit Grundlage vieler Gegenkonditionierungen. Der Hund kann nur entweder eine Bedrohung oder Provokation in Form eines anderen Hundes oder Menschen *oder* seinen Besitzer ansehen. Der Blickkontakt kann entweder mit einem Signal wie *watch, look, schau, guck etc.* durch den Besitzer abgerufen werden, bleibt damit unter Kommando, oder aber durch Verknüpfung mit dem auslösenden Reiz automatisiert werden. Der automatisierte Blickkontakt ist eine der hilfreichsten und vielseitigsten Übungen überhaupt.

**Übungsaufbau:**

- Das Signal für die Übung sagen und mit Futter, das vor die eigene Nase in die Blicklinie zwischen Hund und Besitzer gehalten wird, den Hund zum Blickkontakt bringen. Freundlicher Blick, kein Anstarren, Lächeln, was immer notwendig ist, um die Aufmerksamkeit des Hundes zu erhalten. Nach 1–2 Sekunden mit einem *okay* freigeben und anschließend den Hund mit dem Futter belohnen.
- In kurzer Abfolge hintereinander belohnen, der Hund soll die Gelegenheit haben, möglichst viele Belohnungen zu erhalten.
- An Orten ohne Ablenkung beginnen und die Intensität der Ablenkung ganz langsam steigern. Mit dem Auslöser des Problemverhaltens verknüpfen, indem der Reiz abgeschwächt wird; siehe Kapitel Systematische Desensibilisierung (S. 241). Zum Beispiel: bekannter Hund/Mensch auf Distanz, wenig bedrohlicher Hund/Mensch auf große Entfernung etc.
- Wenn der Hund das Muster erkennt – *anderer Hund/Mensch ist da und es wird gleich ein Signal* watch *kommen und es gibt Futter* – bestehen sehr gute Chancen, dass er bereits automatisch Blickkontakt sucht, obwohl noch gar kein Signal ausgesprochen wurde. Mit diesem ersten selbstständigen Blickkontakt hat sich der Hund einen Jackpot verdient. Diese unerwartete großartige Belohnung ist besonders wichtig, wenn man eine automatische, durch den Reiz ausgelöste, Reaktion anstrebt.
- In möglichst viel verschiedenen Kontexten üben, damit das neue Signal nicht ausschließlich zur Vorankündigung der auslösenden Situation anderer Hund oder anderer Mensch wird, sondern weiterhin vielseitig auch in anderen Kontexten einsetzbar bleibt.
- Die Verstärkungen variabel gestalten, auf reine Sicht- und akustische Signale umstellen, wenn die Übung unter Signalkontrolle bleiben soll.

**Sitz:** *Sitz* beherrschen die meisten Hunde ohnehin. Nicht alle Hunde sind allerdings klar auf das einmalige akustische Signal *sitz* konditioniert. Und nicht alle Hunde sind auch unter Ablenkungen unterschiedlicher Intensität folgsam oder gehorchen nur kurzfristig. Das vor allem deshalb, weil die meisten Hunde von Grund auf lernen, dieses Kommando in eigenem Ermessen aufzuheben und nicht auf eine Auflösung wie *okay* zu warten.

**Übungsaufbau:** Abwarten bis sich der Hund anschickt sich hinzusetzen, *sitz* sagen und sofort belohnen, wenn er sitzt.

Ein *sitz* kann auch durch das Zeigen eines Leckerbissens, der von der Hundenase nach hinten und nur ganz leicht nach oben geführt wird, herbeigeführt werden. Sobald der Hund sich setzen will das *Signal* sagen und wenn er sitzt das Futter geben. Diese Futterbestechung muss natürlich mit der Zeit wieder abgebaut werden, sonst setzt sich der Hund immer nur, wenn er die Belohnung vorher präsentiert bekommt. Noch bevor der Hund selbst aufsteht, ein Signal für die Aufhebung der Übung *sitz* geben, z. B. *okay*.

**Touch/Stups:** *Touch* ist eine Übung, bei der der Hund mit seiner Nase die Handfläche oder Faust oder ein anderes Target mit seiner Nase berührt. *Touch* hält ebenso wie das *watch* den Hund davon ab, etwas anderes Unerwünschtes zu tun. Die erforderliche Nähe und der Körperkontakt zum Besitzer sichern die Lage noch etwas besser ab, als ein Blickkontakt, den der Hund auch auf Distanz zeigen könnte.

**Übungsaufbau:** Futter in die Hand nehmen, sodass diese den Geruch annimmt. Dem Hund die eine Handfläche präsentieren und warten bis er mit der Nase näher kommt und berührt. Wenn er sich anschickt, die Hand zu berühren das *Signal* sagen und sofort wenn er den Kontakt hergestellt hat mit dem Futter, das man in der anderen Hand bereithält, belohnen.

Wenn der Hund, die Übung mit der einen Hand völlig beherrscht, wechselt man die Seiten. Im Alltag ist es praktischer, wenn man flexibel beide Hände und diese in verschiedenen Positionen als Ziel anbieten kann.

**Leave it und take it/lass es/tu's nicht und nimms:** Diese Übung ist in vielen Situationen anwendbar, in denen der Hund von einer Handlung, die er gerade vorhat, abgebracht werden soll: fremdes Futter aufnehmen, kleinen Kindern Kekse aus der Hand nehmen, etwas beschnüffeln, einen Konflikt mit einem anderen Hund beginnen etc.

**Übungsaufbau:** Einen Leckerbissen in die Hand nehmen, dem Hund zeigen, aber die Faust so verschließen, dass er nicht dran kommt. In dem Moment, wo der Hund nach einigen Versuchen das Futter irgendwie zu erreichen, zurückweicht oder wegsieht oder den Abstand vergrößert das *Signal des Gebots* sagen und den Hund sofort mit Futter aus der anderen Hand und dem *Signal zur Erlaubnis* belohnen; also *lass es* wenn er wegsieht und *nimm's* wenn er das Futter bekommt und nehmen darf.

Der zeitliche Abstand zwischen dem Nichtbeachten und dem Nehmen darf langsam vergrößert werden.

Nach einigen Durchgängen die Übung mit am Boden liegendem Futter fortsetzen. Das Futter am Boden eventuell etwas weniger attraktiv gestalten als die Verstärkung, die der Hund aus der Hand für das Nichtbeachten erhält. Nach einigen erfolgreichen Durchgängen darf er zusätzlich auch die Erlaubnis für die Leckerbissen am Boden als Jackpot haben.

Nach und nach auf alle anderen interessanten Objekte, Spielzeuge oder Sozialpartner generalisieren.

**Turn/let's go/oops/rechtsum/wir gehen:** Die rasche Wendung um 180° ist eine praktische Übung, solange eine instrumentelle Gegenkonditionierung noch nicht verlässlich in allen Situationen funktioniert. Es ist eine Möglichkeit, jederzeit und sofort aus einer kritischen Situation zu kommen und unangenehme Konfrontationen zu vermeiden.

**Übungsaufbau:** Mit dem Hund an der losen Leine und einem Leckerbissen in der Hand gehen, den Hund mit dem Leckerbissen vor der Nase, aber ohne Zug an der Leine in eine 180°-Wendung locken. Sobald er die Wendung beginnt das *Signal* sagen und mit dem Futter belohnen. Für die meisten Hunde ist in dieser Situation ein kleines Verfolgungsspiel oder ein kurzer Sprint die bessere Belohnung. Das Futter dient anfangs der Bestechung und kann abgebaut werden, wenn der Hund das Signal und das Bereitmachen seines Besitzers an der Körpersprache kennt. Die Geschwindigkeit der Wendung und die schnelle Entfernung vom Ort der Wendung werden gesteigert. Für den Hund soll der Eindruck von Spaß und Spiel entstehen und er soll sich auf diese unerwarteten kleinen Verfolgungsspiele freuen.

## Clickertraining

Das Clickertraining ist die gezielte Anwendung eines akustischen Signals („click") zur positiven Verstärkung. In der Hundeerziehung und im Training ist Clickertraining im deutschen Sprachraum mittlerweile eine gängige Technik. Das bedeutet, dass viele der in der Verhaltenskonsultation vorgestellten Hunde bereits geclickert werden, was die Behandlung oft erleichtert. Allerdings gibt es auch Besitzer, die dem Clickertraining aus verschiedenen Gründen ablehnend gegenüberstehen.

Das Clickertraining ist nichts anderes als ein leicht und universell einsetzbares Werkzeug, mit dem so gut wie kein Schaden angerichtet werden kann – vom fehlenden Erfolg einmal abgesehen. Nichts verhindert jedoch einen neuen Versuch.

- **Erste Phase: Klassische Konditionierung**
  Ein a priori neutraler Reiz wie das „Click" eines Knackfrosches, Kugelschreibers, Zungenschnalzen etc. wird durch zeitgleiche Futtergaben zum konditionierten Reiz. Nach 20–40 Wiederholungen wird dieser Reiz für den Hund zum symbolischen positiven Verstärker, der ein angenehmes Ereignis – einen Leckerbissen – verspricht. Das Geräusch schafft eine zeitliche Brücke zwischen der korrekten Handlung und der nachfolgenden Belohnung.
- **Zweite Phase: Instrumentelle Konditionierung**
  Nach der Konditionierung kann dieses Geräusch nun als prägnante und punktgenaue positive Bestätigung (symbolische Belohnung) für ein Verhalten und quasi als Vorankündigung oder Versprechen für die nachfolgende materielle Belohnung eingesetzt werden. Der Vorteil ist, dass dieses Geräusch auch auf größere Distanz gut getimt eingesetzt werden kann.

- **Dritte Phase: Shaping**
  Ab nun kann mit diesem Werkzeug praktisch gearbeitet werden. Shaping bedeutet, dass ein bestimmtes Verhalten langsam und schrittweise geformt wird, indem der Hund anfangs bereits für den allerkleinsten richtigen Ansatz der erwünschten Übung ein „Click" erhält. Aus diesen Ansätzen werden nach und nach nur noch die besseren durch Clicken und eine Belohnung selektiert und die weniger guten ignoriert bis die Übung oder Verhaltenssequenz komplett ist. Beispiel: Abwarten bis sich der Hund von alleine hinsetzt – click – Belohnung. Die Fortsetzung: Es wird nur mehr geclickt, wenn sich der Hund sehr schnell oder besonders schön hinsetzt.
- Erst ab diesem Zeitpunkt wird für die Übung ein passendes **Signalwort** eingeführt. Dieses Signal – der Name dieser Übung – wird nun unmittelbar vor der jetzt schon verlässlich durchgeführten Übung (oder häufig schon durch ein Hand- oder Körperzeichen initiiert) gesagt: Signal *sitz* – Hund setzt sich – click – Belohnung.

**Ein paar Grundsätze:**

- Auf jedes Click folgt immer eine Belohnung.
- Ein Click markiert die erwünschte Handlung vergleichbar einem Schnappschuss.
- Ein Click beendet die Übung; es kann eine neue Sequenz begonnen werden.

Familien, die mit dem Clickertraining für eine Therapie neu beginnen, bekommen vorerst ein kleines Trainingspaket mit auf den Weg:

- **Timingübung:** Es werden mindestens zwei Spielpartner benötigt. Ein Spielpartner „Hund" hält ein kleines Objekt (Münze, Stein) in der Hand und lässt es unauffällig aus Sitzhöhe zu Boden fallen, der Spielpartner „Trainer" muss clicken, bevor das Objekt am Boden ist. Den Abstand zunehmend verringern und die Münze nur mehr aus geringer Höhe auf eine Tischplatte fallen lassen.
- **Selbsterfahrung:** Jeder, der seinen Hund clickert, sollte diese Erfahrung mindestens einmal gemacht haben! Besonders gut als Spiel für die ganze Familie geeignet. Es werden wieder mindestens zwei Spielpartner benötigt. Ein Spielpartner „Hund" verlässt den Raum während die übrigen Familienmitglieder eine einfache Übung auswählen, die sie dem „Hund" beibringen wollen. Ein Spielpartner „Trainer" darf clickern, der Rest der Familie nur still beobachten. Der „Hund" kommt in den Raum, weiß noch nicht, was von ihm erwartet wird und kann sich nur am Clicken seines „Trainers" orientieren. Es wird während der Übung nicht gesprochen, individuelle Belohnungen wie Gummibärchen, Kekse oder Ähnliches, die nach jedem Click zunächst in einer Schüssel landen und zum Schluss übergeben werden, können ausgehandelt werden.
- Die **erste Übung mit dem Hund:** Als erste Aufgabe sollten Besitzer mit ihrem Hund eine völlig unsinnige und unwichtige Übung trainieren, z. B. *schütteln* (im Prinzip nicht ganz so unbrauchbar, wenn man den Hund nach dem Baden oder Schwimmen noch auf Distanz zum Schütteln auffordern kann) oder *Pfote geben, Gimme five, Erdmännchen, sich strecken, Spielaufforderungshaltung, gähnen, im Kreis drehen, toter Hund etc.* Mit dieser – aus der Sicht der unmittelbaren Therapie – unnötigen Übung lernt der Besitzer den Umgang mit dem Werkzeug Clicker, sein Hund lernt diese für ihn oft noch neue Art zu lernen kennen und beide haben Spaß, was der Beziehung

gut tut. Außerdem verhindert man Frustration und Misserfolg, weil die Erwartungshaltung und die Ansprüche nicht zu hoch sind.
- Erst wenn die Familie diese Übung mit dem Hund in der nächsten Konsultation präsentieren kann, geht es an die richtige Arbeit.

Interessant und für die Therapie bedeutsam ist, dass mit dem Clickertraining nicht nur im Sinne einer instrumentellen Konditionierung, sondern natürlich gleichermaßen auf der unbewussten, emotionalen und vegetativen Ebene einer **klassischen Konditionierung** gearbeitet wird. So kann man mit dem Clicker mit etwas Erfahrung auch einen *peaceful state of mind* [8], das heißt eine entspannte relaxte Lebenshaltung bestätigen. Der Hund wird in diesem Fall für **jedes** Verhalten, das nicht das Problemverhalten ist, aber dafür entspannt ist, geclickt und belohnt.

**Indikationen:** Extrem vielseitig einsetzbar für Erziehung, Spaß und alle unerwünschten Verhaltensweisen.

**Vorteile:** Einfach zu erlernen; wenig nachteilige Folgen bei falschem Einsatz; stimmungs- und personenunabhängige Belohnung; Belohnung auf Distanz ist sehr gut möglich, eröffnet neue Kommunikationsebene für die Mensch-Tier-Beziehung; macht Spaß.

**Nachteile:** Eher zeitaufwendig.

## Non-Reward-Marker

Eine kleine Ergänzung zum positiven Verstärkungssignal des Clickers ist der Non-Reward-Marker (NRM). Dieses Signal – z. B. ein einfaches lautmalerisches nein wie *nnnhh* oder *nn-nn* – reicht aus, um dem Hund mitzuteilen: *Das, was du gerade machst, bringt dir rein gar nichts, versuch doch was anderes.* Dieses relativ milde, aber doch negative Hilfswerkzeug hat bei einem regelmäßig positiv verstärkten Hund ganz überraschende Effekte.

Konditioniert wird der NRM, indem man dem Hund ein Futter hinhält, aber nicht gibt und das entsprechende Signal *nnnhh* oder *nn-nn* sagt. Nach einigen Versuchen wird sich der Hund frustriert abwenden. Diese Frustration ist nun mit dem NRM-Signal klassisch konditioniert.

Die Kombination eines symbolischen positiven Verstärkers mit einem NRM entspricht unserem alten Kinderspiel kalt–warm. Die Informationen werden für den Hund kontrastreicher. Dennoch sollte der NRM nicht im Übermaß und **nicht als Korrekturwort** eingesetzt werden!

Ein NRM kann selbstverständlich mit jeder anderen positiv verstärkenden Technik und nicht nur mit dem Clickertraining kombiniert eingesetzt werden.

Eine alternative Möglichkeit für den Einsatz eines NRM sind die **Fisher Discs** oder jedes andere charakteristische Geräusch, das entsprechend kontrolliert und gezielt produziert werden kann.

Der Hund wird mit dem Geräusch dieser Messingscheiben auf ein Gefühl der Frustration klassisch konditioniert:

- Der Hund erhält Futter aus der Hand mit der Aufforderung *nimms.*
- Das Futter wird mit der Hand Richtung Boden gebracht, aber nicht losgelassen. Wenn sich der Hund dafür interessiert, fallen die Discs zu Boden und das Futter verschwindet. Es geht nicht darum, den Hund mit dem Geräusch zu erschrecken, sondern nur das Vorhandensein dieses Signals.
- Das Futter wird auf den Boden gelegt und so gesichert oder bewacht, dass es der Hund ganz sicher nicht nehmen kann. Die Discs fallen zu Boden, sobald er es nehmen will und das Futter verschwindet.
- Nach einigen wenigen Versuchen wird sich der Hund frustriert abwenden, wenn das Futter am Boden liegt und erst gar keinen Versuch mehr unternehmen, es zu erreichen, weil es ohnehin sinnlos ist.
- Das Geräusch der Discs ist nun mit diesem Gefühl der Aussichtslosigkeit klassisch konditioniert.

Das Geräusch der Discs kann nun auch in anderen Kontexten eingesetzt werden, um den Hund von einem Verhalten abzuhalten. Voraussetzung für einen erfolgreichen Einsatz ist, dass sich der Hund noch in der ersten Phase der Verhaltenssequenz befindet und noch nicht zur Aktion übergegangen ist, also noch in der Vorbereitung oder Planung eines Verhaltens befindet. Wenn der Hund trotz des NRM sein Verhalten ausführen kann, geht die klassische Konditionierung wieder verloren.

**Indikationen:** Einfach einsetzbar bei unerwünschten Verhaltensweisen bis zum Jagdverhalten, auch in Kombination mit positiver Verstärkung.

**Vorteile:** Einfach zu konditionieren, sehr effektiv, liefert dem Hund verwertbare Information; wenig nachteilige Folgen für den Hund bei falschem Einsatz; stimmungs- und personenunabhängiger Einsatz möglich.

**Nachteile:** Sehr achtsamer Umgang erforderlich, um das Geräusch nicht versehentlich zu produzieren; genaues Erkennen der Anfangsphase eines Verhaltens für das richtige Timing ist grundlegend, Einsatz in Anwesenheit anderer auf das gleiche Geräusch konditionierter Hunde nicht möglich.

## Extinktion

Neben angenehmen und unangenehmen Konsequenzen kann ein Verhalten auch neutrale Effekte für den Hund haben. In diesem Fall sinkt die Wahrscheinlichkeit, dass dieses Verhalten in Zukunft wieder auftritt. Wenn dieses Verhalten bisher angenehme Effekte hatte, wird es zuvor allerdings für eine kurze Phase von bis zu zehn Tagen sehr viel intensiver.

Praktisch bedeutet Extinktion komplettes Ignorieren des Hundes:

- nicht ansehen
- nicht anreden
- nicht berühren
- noch nicht einmal an ihn denken

Die größte Schwierigkeit bei der Extinktion ist die versehentliche und zufällige Belohnung (variable Verstärkung), die langfristig einen extrem stabilisierenden Effekt auf das unerwünschte Verhalten hat.

Am besten funktioniert Extinktion, wenn sie mit der Verstärkung erwünschten Verhaltens kombiniert wird.

**Praktische Beispiele:**

- Sich sofort wortlos wegdrehen, wenn der Hund hochspringt. Sofort den Kontakt mit ihm aufnehmen und begrüßen, wenn vier Pfoten am Boden sind.
- Aufstehen und/oder wegdrehen, wenn der Hund aufdringlich ist und Kontakt fordert. Sofort auf ihn reagieren, wenn er höflich Abstand hält oder abwartend sitzt (= *bitte* sagt).
- Betteln und Fordern aller Art ist deshalb so ein stabiles Verhalten, weil die meisten Besitzer schon automatisch und völlig unbewusst die Rituale, die sie mit ihrem Hund entwickelt haben, aufrechterhalten. Der erste Schritt zur Extinktion dieser aufmerksamkeitssuchenden Rituale und Verhaltensweisen ist die kognitive (Verhaltens-)Therapie für den Besitzer, der sich seiner automatischen Reaktionen und damit Belohnungen für den Hund zuerst bewusst werden muss, bevor er sie ändern kann.

**Indikationen:** Extinktion eignet sich vor allem für soziale Interaktionen, die vom Besitzer versehentlich belohnt werden, sehr gut geeignet für die Welpen- und Junghundeerziehung.

**Vorteile:** Einfache und sehr effektive Technik.

**Nachteile:** Alle Aktivitäten, die für den Hund selbstbelohnend sind oder deren positiven Effekte vom Besitzer nicht kontrolliert werden können, entziehen sich dieser Technik (Jagdverhalten, Aggression, Bellen).

## Strafe

Eine Strafe ist ein Reiz, der bewirkt, dass ein Verhalten in Frequenz, Dauer oder Intensität reduziert wird.

**Charakteristika von Strafe:**

- Der Hund lernt durch Strafe keine neuen Verhaltensweisen.
- Strafe muss zeitgerecht möglichst am Beginn oder auf jeden Fall noch während des Verhaltens erfolgen.
- Strafe muss konsequent und systematisch angewendet werden, um wirksam zu sein.
- Es wird ein Verhalten des Hundes, aber nicht der Hund bestraft.

Der Begriff der Strafe wird vom Besitzer üblicherweise mit einer moralischen Dimension verbunden, die jedoch mit dem lerntheoretischen Begriff der Strafe nichts zu tun hat.

Diese Implikation von Moral, Gerechtigkeit und sogar Rache oder Vergeltung hat negative Auswirkungen auf die Mensch-Hund-Beziehung, weil sich persönliche Emotionen wie Zorn, Wut, Ärger, Frustration und Enttäuschung mit den Handlungen mischen. Es wird der Hund als Persönlichkeit und nicht eine seiner Aktionen bestraft. Die meisten von Besitzern durchgeführten Korrekturen und Bestrafungen sind zwar vom menschlichen Standpunkt aus verständlich, aber im günstigsten Fall wirkungslos, im schlechteren anxiogen.

Strafe ist immer noch in vielen Kreisen eine gängige Methode der Hundeausbildung und fallweise auch in der Therapie. In der Konsultation werden oft Hunde vorgestellt, bei denen diese repressiven Erziehungstechniken erfolglos waren oder Schaden verursacht haben.

Im Gegensatz zu Katzen können bei Hunden diese strafbetonten Techniken jedoch durchaus zum Erfolg führen – oder zumindest zu einem vom Besitzer erwünschten Effekt.

Die andere extrem gegensätzliche Haltung, die jede Strafe beim Hund vollkommen ablehnt und nur positive Verstärkung fordert, ist nicht für jeden Hund realistisch.

Strafe und positive Verstärkung sind die beiden Teile des Yin und Yang, richtig betrachtet und angewendet sind beide moralisch neutrale Erfahrungen im Leben und dienen gleichermaßen der verbesserten Anpassung in der sozialen und physischen Umwelt. Der Hund hat ein Recht, den gesamten Rahmen und nicht nur die eine Begrenzung kennen zu lernen, es würde ihm eine wichtige Information für sein Handeln und Leben entzogen, wenn alles nur – völlig natur- und lebensfremd – positive Konsequenzen hätte.

Eine Strafe muss nicht schmerzhaft sein, es reicht, wenn sie ein plötzliches, unangenehmes, mit Schreck oder Furcht verbundenes Erlebnis darstellt.

**Merke**
**Auch Hunde dürfen unangenehme oder negative Erfahrungen als direkte Konsequenzen ihrer Handlungen erleben.**

**Voraussetzungen für den Einsatz von Strafe:**

- Der Hund sollte eine alternative Verhaltensmöglichkeit in seinem Repertoire haben.
- Es gibt keine bessere und ebenso effektive Möglichkeit das gewünschte Ziel zu erreichen.
- Strafe ist möglichst sparsam einzusetzen – sie sollte sich selbst unnötig machen.
- Strafe soll so intensiv wie nötig sein, um das Verhalten zu stoppen; aber nicht intensiver als unbedingt notwendig, um nicht in Missbrauch auszuarten. Langsame Steigerung der Intensität von Strafen macht sie unwirksam, weil sich der Hund daran gewöhnt.
- Der Hund wird am Beginn des Verhaltens, oder noch besser, wenn er daran denkt, bestraft. Je früher die Strafe eingesetzt wird, desto mäßiger kann sie, im Vergleich zum Einsatz am Ende der Verhaltenssequenz, ausfallen.

Die Notwendigkeit des optimalen Timings und der richtigen Intensität im kontextuell richtigen Moment macht den Einsatz der Strafe ausgesprochen schwierig, obwohl sie grundsätzlich eine gute Technik sein kann.

**Vorsicht**

**Da der unsachliche und fehlerhafte Einsatz von Strafe wirklich nachteilige und sogar gefährliche Folgen für Hund und/oder Besitzer haben kann, ist die generelle Anwendung in der Therapie aus rechtlichen und fachlichen Gründen nicht sehr zu empfehlen.**

## Direkte oder interaktive Strafe

Der Hund wird direkt und unmittelbar vom Besitzer bestraft. Diese Form der Strafe kann enorm wirksam sein, wenn sie emotionslos, zeitgerecht und mit spontaner Selbstverständlichkeit, gleichsam reflexartig, erfolgt. Da ist z. B. der viermonatige Jagdhund, der das erste Mal in seinem Leben glaubt, ein neben ihm im Auto transportiertes erlegtes Reh als *seines* verteidigen zu müssen. Eine spontane Ohrfeige seines Besitzers erledigt dieses Thema lebenslänglich.

Das Problem ist, dass diese Strafen nicht wirklich als Therapieanweisungen angeordnet werden können, weil sie dadurch dem Paradox *Sei spontan* zum Opfer fallen. Auch sind sie nicht mehr angebracht, wenn der Hund seit Monaten den Platz am Sofa erfolgreich knurrend verteidigt hat und bereit ist, seine eingesetzten Mittel zu steigern. Jeder Sekundenbruchteil des Überlegens – *soll ich oder soll ich nicht* – ist zu lange, jede Unsicherheit oder noch so kleine Ängstlichkeit macht diese Maßnahme gefährlich. Da die Strafe direkt durch den Besitzer ausgeführt wird besteht natürlich auch ein Risiko, dass sie die Beziehung stört oder anxiogen wirkt.

Im Nachhinein können diese Strafen – sofern sie wirksam waren – aber durch den Tierarzt doch autorisiert werden.

Interaktive Strafen, wie sie typischerweise von Besitzern versucht wurden:

- akustisch durch lautes Zusammenschimpfen
- laute Ohrfeige mit der flachen Hand im vorderen Körperdrittel
- von oben über den Fang fassen
- Erfassen und fixieren des Hundes an einer Hautfalte am Hals
- Erfassen und niederdrücken des Hundes am Boden

### Indikationen für interaktive Strafen:

- Sozialer Kontext: Eine Überschreitung persönlicher Grenzen darf auch persönlich sanktioniert werden.
- Es gibt tatsächlich kaum Situationen, in denen eine direkte Strafe sowohl gefahrlos als auch sinnvoll als Therapie empfohlen werden kann.

## Direkte Strafen auf Distanz

Diese nur vermeintlich anonymen Strafen können vom Hund sehr schnell auf seinen Besitzer zurückgeführt werden. Nichtsdestotrotz können sie den Einflussbereich erweitern und dem Hund auch auf einige Distanz die unangenehmen Konsequenzen seines Verhaltens vermitteln – wenn das Timing richtig ist.

Möglichkeiten der Strafe auf Distanz:

- scharfer Strahl einer Spritzpistole
- Gartenschlauch
- Wurfkette oder anderer Gegenstand, der den Hund nicht verletzen kann

- für junge oder leicht beeindruckbare Hunde: ein zusammengeknäueltes Handtuch oder Decke auf den Hund werfen

### Direkte und soziale Strafe

Der Einsatz körperlicher direkter Strafen ist beim erwachsenen Hund oft viel zu gefährlich und auch nicht wirklich adäquat. Sehr viel wirksamer ist hier die soziale Strafe, bei der der Hund aus dem Sozialverband zeitlich befristet ausgeschlossen oder distanziert wird.

Die direkte soziale Strafe ist wie auch die körperliche Strafe vor allem für Grenzüberschreitungen im sozialen Kontext einsetzbar. Für Hunde, denen der Sozialkontakt mit Menschen nichts oder nicht sehr viel bedeutet, ist sie sinnlos, z. B. Straßenhunde; Hunde mit genug alternativen Sozialkontakten im Rudel etc.

Möglichkeiten der sozialen Strafe:

- **Time out:** Der Hund wird sofort, wenn er Ansätze des Verhalten zeigt, mit einem Signal wie *time out* (*Auszeit, genug, Schnitt*) von seiner Grenzüberschreitung informiert, wortlos an Halsband oder Leine etwas unangenehm festgehalten (als Überbrückung für die zeitliche Verzögerung wirksam) und so schnell wie möglich in einen anderen Raum gebracht. Dieser Raum sollte dem Hund möglichst keine Freude machen und auch keine Abwechslung bieten – z. B. beleuchtetes Bad, WC, Vorraum, Garage. Falls nötig mit der Leine so fixieren, dass der Hund noch bequem stehen oder sitzen kann. Die Dauer eines time out beträgt zwischen 30 und 120 Sekunden. Dann beginnt jede Interaktion mit dem Hund völlig neu und freundlich, ohne nachtragend zu sein.
  Der Hund kann auch nur auf größere Distanz, z. B. auf dem Trainingsgelände, für die Dauer des Time out angehängt oder fixiert werden.

> **Merke**
> **Wichtig: Der persönliche Rückzugsplatz oder die Box des Hundes darf nie als Raum für ein Time out benützt werden! Das soll eine Strafe sein und die mühselig erarbeitete positive Verknüpfung mit der Box ist dahin, wenn sie als Strafraum verwendet wird.**

- **Distanzierung:** Der erwachsene Hund kann in diesem Fall auch ausnahmsweise im Anschluss an ein Verhalten bestraft werden. Beim unerlaubten Entfernen von der sozialen Gruppe und Nichtbefolgen des Rückrufs (z. B. ein Jagdausflug), wird der Hund bei der Rückkehr nicht gelobt, aber auch nicht interaktiv bestraft, sondern einfach nur für 1–3 Minuten ignoriert und sogar auf einige Meter distanziert, wenn er Kontakt aufnehmen will. Wer sich unerlaubt von der sozialen Gruppe entfernt, muss mit diesem Ausschluss rechnen; für ein soziales und kooperatives Lebewesen ist diese Strafe klar verständlich und vermittelt im Grunde lebenswichtige Regeln. Nach der Phase der Distanzierung beginnt der Kontakt mit dem Hund völlig neu und freundlich, ohne nachtragend zu sein.

### Symbolische Strafe

Um den Einsatz von tatsächlicher physischer Strafe auf ein Minimum zu reduzieren ist die klassische Konditionierung mit einem Signal wie *nein!, (aus!, stopp!)*, das dann als sekundäre Strafe wirkt, sinnvoll.

Am besten funktioniert diese Technik beim Junghund.

- Der Junghund, wird in einer völlig unerwarteten Situation (er tut nichts Unerlaubtes) mit einem scharfen *nein!* angesprochen und sogleich von hinten mit einem großen Handtuchknäuel beworfen. Unmittelbar danach wird der Junghund freudig herangerufen und zu einem Spiel eingeladen. Dieses Schreckerlebnis ist im Allgemeinen eindrucksvoll genug, um für ihn weiterhin *nein!* als höchst unangenehme Erfahrung zu verankern. In Zukunft reicht ein *nein!*, wenn es nicht durch zu intensiven Einsatz einer Inflation unterliegt, aus, um ihn zu maßregeln.
- Der liegende Junghund bekommt ein Futter vor die Pfoten gelegt und darf es auf gar keinen Fall nehmen. Man sagt das Korrekturwort zwar leise, aber ganz eindeutig so, dass der Hund den ernsten Sinn schon vom Tonfall her deuten kann. Wenn er das Futter trotzdem nehmen will, wird er mit aller Deutlichkeit aber dennoch der Persönlichkeit des Junghundes angepasst, gemaßregelt – mit der Hand an die Nase stupsen bis zur eindeutigen Ohrfeige. Wenn der Junghund einige Sekunden Abstand hält, bekommt er mit *nimm's* die Erlaubnis zu fressen. Als sekundäre Strafe eingesetzt hat dieses Wort klaren Verbotscharakter im Gegensatz zur Übung Leave it (S. 247) die eher ein Gebot ist.
- Jede andere Strafe kann mit einem Signal, z. B. einem Wort oder auch Geruch wie bei einer anonymen Strafe (S. 256), verknüpft werden, das die Strafe ankündigt und dem Hund gestattet seine Pläne nochmals zu überdenken und eine andere Entscheidung zu treffen.

Die symbolische Strafe macht dem Hund die Folgen seines Verhaltens vorhersehbar und vermeidbar und wird dadurch genaugenommen zur negativen Verstärkung.

### Anonyme Strafe oder Strafe auf Distanz

Der Hund wird unmittelbar ohne für ihn erkennbare Beziehung zum Besitzer bestraft. Wirklich anonyme Strafen sollen unabhängig vom Besitzer wirken. Der aversive Effekt ergibt sich für den Hund aus der Situation, seinem Verhalten oder dem Kontext.

Beispiele sind:

- Gespannte umgedrehte Mausefallen: Für leicht zu beeindruckende Hunde sind sie durch ihren Überraschungseffekt wirksam; intelligente Hunde spielen damit.
- Fallkonstruktionen: Auf Anrichten oder Tischen kann eine dünne Platte mit lauten Geräusche verursachenden Objekten (Aludosen mit Kiesel gefüllt etc.) aufgelegt werden, die abkippen, sobald der Hund darauf landet. Leere Kartons, die auf dem Hund landen, ihn aber nicht verletzen können. Alle diese Konstruktionen müssen einige Zeit aufgebaut sein, bevor sie scharf gemacht werden, da der Hund ansonsten die An- beziehungsweise Abwesenheit dieser Konstruktion mit dem vorhandenen oder nicht vorhandenen Effekt in Verbindung bringen kann.
- Jede andere Art von Geräuschfallen, die der Hund selber auslöst.
- Jede Geräusch- oder Schreckfalle kann mit einem typischen Geruch als Signal kombiniert werden: spezielles Reinigungsmittel, ätherische Öle etc. Da der Hund den gesamten Kontext erfasst und abspeichert, kann dieser Geruch auch in anderen Situationen eingesetzt werden, wenn es gar keine Falle gibt.
- Durch Bewegungsmelder ausgelöstes Spray (SssCat): Der Bewegungsmelder gibt einen Warnton ab, sobald sich der Hund innerhalb der Tabuzone befindet und anschließend einen zischenden Stoß mit Druckluft. Nach einiger Zeit reicht der Warnton, um den Hund fernzuhalten.

- Sprayhalsband, das durch die Annäherung an einen Sender, der eine Tabuzone begrenzt, ausgelöst wird. Dasselbe Prinzip wie vorhin beschrieben, nur trägt der Hund ein Halsband mit Empfänger, das den Sprühstoß nach dem Warnton abgibt, wenn er sich der Tabuzone annähert.
- Sprayhalsband (MasterPlus), das durch den Besitzer mit einer Fernbedienung ausgelöst wird. Im Grunde genommen handelt es sich für die meisten Hunde nur um einen disruptiven Reiz, der sie in ihrem momentanen Verhalten kurz unterbricht. Ohne weitere Intervention durch den Besitzer setzen sie dieses Verhalten wieder fort. Es gibt jedoch Hunde, für die der unerwartete Luftstoß ans Kinn ausreichend aversiv ist, um als Strafe zu wirken.
- Sprayhalsband (Aboistop), das durch Bellen vom Hund selbst ausgelöst wird. Voraussetzung für die Anwendung ist eine genaue Abklärung und nach Möglichkeit Motivation des Verhaltens. Alle Kriterien für den Einsatz von Strafe (S. 236) vor der Anwendung beachten!

**Indikationen:** Auch für die anonyme Strafe gilt das bisher zum Thema Strafe ausgeführte: Strafen sollten nur begrenzt bei unerwünschten Verhaltensweisen und nur im Zusammenhang mit anderen therapeutischen Strategien wie z. B. einer instrumentellen Gegenkonditionierung eingesetzt werden. Fehlerhaft eingesetzte Strafen wirken häufig anxiogen und sind für die Therapie psychischer Störungen ungeeignet, da der Hund keine Gelegenheit hat, neue und besser angepasste Verhaltensweisen zu finden, die ihn wieder in ein psychisches Gleichgewicht bringen.

## Lernen durch Beobachtung

In bestimmten Fällen kann ein anderer Hund einen therapeutischen Effekt auf einen psychisch kranken Hund haben. Diese Therapie wirkt nur, wenn es eine gute Bindung zwischen den beiden Hunden gibt. Der als Vorbild agierende Hund sollte möglichst gut auf Menschen und Hunde sozialisiert sein, ausgeglichen sein, eine gute Selbstkontrolle und einen guten Gehorsam haben. Jagdlich ambitionierte Hunde eignen sich nur unter kontrollierten Bedingungen für die Therapie eines anderen Hundes.

Gemeinsame Spaziergänge oder gemeinsames Spiel sind eine ideale Möglichkeit, einen Hund von den sozialen Fähigkeiten eines anderen Hundes profitieren zu lassen. Die gute soziale Bindung an andere Hunde kann bei einem schlecht auf Menschen sozialisierten Hund eine der wichtigsten Ressourcen sein. Die Aufnahme eines zweiten Hundes in den eigenen Haushalt sollte in solchen Fällen trotzdem sehr gut überlegt werden.

**Indikationen:** Deprivationssyndrom, Phobien, soziale Phobien vor Menschen oder Hunden.

**Vorteile:** Wenn die Hunde sich gut verstehen, erstaunlich rascher Lerneffekt bei wenig Aufwand.

**Nachteile:** Hunde lernen auch unerwünschtes Verhalten sehr schnell von ihrem Vorbild, z. B. gemeinsames Jagen; Phobien können eventuell „ansteckend" sein; passender Hund muss vorhanden sein, Abhängigkeit von dessen Besitzer.

## 7.7 Sonstige Maßnahmen und Hilfsmittel

### 7.7.1 Halsband und Leinen

Halsband und Leine dienen einerseits der Kommunikation mit dem Hund und andererseits sollen sie den Hund sichern und ihn damit selbst und seine Umwelt schützen.

Damit tatsächlich Kommunikation über Halsband und Leine stattfinden kann, dürfen diese nicht unter Zug sein, das Halsband muss leicht anliegen, darf nicht in festgezogener Position bleiben – und die Einwirkung sollte so zart wie mit Zügeln am Gebiss eines Pferdes sein. Beides ist in Wahrheit mehr Wunsch als Realität. Mehr Druck verursacht hier wie dort nur einen entsprechend stärkeren Gegendruck.

Ein gut sitzendes Halsband und eine fixe (!) Leine sind die wichtigste Grundlage für ein sicheres Führen des Hundes, ein an durchhängender kurzer Leine – nicht unbedingt bei Fuß – gehender Hund sollte eigentlich eine Selbstverständlichkeit sein ...

- **Ausziehleinen:** Ausziehleinen (Flexileine) sind die beste und sicherste Methode, um einem Hund das Ziehen an der Leine beizubringen. Sie bringen dem Hund nicht so viel Freiheit und Lebensqualität, der sozialen Umwelt nur eine Illusion von Sicherheit, sodass der Preis des ständig an der Leine ziehenden Hundes viel zu hoch ist.
- **Schleppleine:** Die 5–20-Meter-Schleppleine ist im Gegensatz zur Ausziehleine ein sehr brauchbares Hilfsmittel im Training. Der Hund lernt einen bestimmten Radius kennen und gewöhnt sich durch konsequentes Training daran in der Nähe seines Besitzers zu bleiben. Hunde, die sehr impulsiv losstarten, sollten wegen des Verletzungsrisikos eher an einem Brustgeschirr als am Halsband mit der Schleppleine geführt werden, obwohl sich damit natürlich der Besitzer einer größeren Gefahr aussetzt. Die Schleppleine kann über einen Zeitraum von einigen Monaten bis zu eineinhalb Jahren durch Kürzen in 10 cm Schritten wieder abgebaut werden.
- **Zimmerleine:** Um Hunde in der Wohnung leichter dirigieren zu können, ist eine leichte, 2 Meter lange Schleppleine sinnvoll. Vor allem defensiv aggressive Hunde können auf diese Weise ohne direkten Körperkontakt und auf größere Distanz gehandhabt werden.
- **Legleader:** Diese spezielle Leine wird am Gürtel und am Oberschenkel befestigt und gewährt eine sehr sichere und stabile Führung des Hundes ohne dass der Besitzer mit den Händen auf ihn einwirkt (▸ **Abb. 7.6**). Automatisch alarmierende Stressreaktionen durch den Besitzer (S. 243) in Krisensituationen können so verhindert werden. Das Ziel, eine neue und feinere kommunikative Verbindung mit dem Hund über Halsband und Leine aufzubauen wird erreichbar.

### 7.7.2 Maulkorb

Neben Halsband und Leine ist der Maulkorb sicher das zweitwichtigste technische Hilfsmittel für die Kontrolle des Hundes, und das gilt nicht nur für den öffentlichen Bereich. Auch in der Wohnung kann der Hund aus Sicherheitsgründen in bestimmten Situationen oder – in seltenen Einzelfällen dauernd – einen Maulkorb tragen. Das Tragen eines Maulkorbs schützt aber nicht nur die soziale Umwelt des Hundes, sondern auch den Hund selbst. Insbesondere Besitzer, die abgeneigt reagieren, weil ihr Hund doch nicht *so* gefährlich (dafür aber mit Maulkorb „arm“) sei, sollen darüber aufgeklärt werden.

▶ **Abb. 7.6** Legleader – die Leine ist am Oberschenkel und Gürtel befestigt.

Der Maulkorb – vor allem der mit Neonfarben deutlich gekennzeichnete – schützt den Hund vor Annäherung und unerwünschter Kontaktaufnahme durch Menschen. Nur sehr wenige Menschen verspüren ein dringendes Bedürfnis, einen Hund mit Maulkorb zu streicheln – der Hund lernt, dass er in Ruhe gelassen wird, wenn er einen Maulkorb trägt.

**Merke**
**Für jeden aggressiven Hund, egal ob innerhalb oder außerhalb der Familie, ist das Maulkorbtraining eine obligate Maßnahme in der therapeutischen Strategie!**

- **Nylonmuzzles:** Sind nur für den kurzfristigen, im Sommer sehr kurzfristigen, Einsatz gedacht, da der Hund nicht mehr hecheln kann. Nicht für alle Hunderassen geeignet.
- **Fangschlinge:** Nur für den kurzfristigen, im Sommer sehr kurzfristigen, Einsatz, da der Hund am Hecheln gehindert wird. Kann in der Praxis im Rahmen der Untersuchung auch als negative Verstärkung eingesetzt werden. Hält sich der Hund ruhig und kooperativ, wird der Druck weniger, widersetzt er sich, erhöht man den Druck kurzfristig dosiert durch Eindrehen der Schlinge an der Kreuzungsstelle im Kieferwinkel.
- **Maulkorb:** Kunststoff, Leder oder Metall (▶ **Abb. 7.7**). Der Maulkorb sollte den Hund so wenig wie möglich behindern und die Gabe von Futter entweder von vorne oder seitlich ermöglichen. Der Hund soll mit dem Maulkorb ganz normal hecheln und auch trinken können. Das gilt ganz besonders, wenn der Hund den Maulkorb ständig und auch zu Hause trägt. Der Maulkorb muss so befestigt sein, dass ihn der Hund unter gar keinen Umständen selbst entfernen kann! Eventuell den Befestigungsriemen zusätzlich durch das Halsband ziehen.

**Maulkorbtraining:**

- Den Hund nüchtern lassen und im Maulkorb Futter anbieten, der Hund soll dabei seinen Fang aktiv und selbst in den Maulkorb stecken.

▶ **Abb. 7.7** Luftiger, aber schlecht sitzender Maulkorb.

- Die Zeit mit dem Fang im Maulkorb wird langsam verlängert, der Hund bekommt Futter von vorn oder von der Seite hineingeworfen, während er den Fang drinnen behält.
- Der Riemen wird zugehalten, aber noch nicht verschlossen, der Hund bekommt in Abständen immer wieder Futter in den Maulkorb gesteckt.
- Mit Leberpastete, Streichkäse oder Butter im Maulkorb ist der Hund für längere Zeit beschäftigt und der Riemen wird geschlossen.
- Die Zeit wird schrittweise verlängert, wenn der Hund mit den Pfoten den Maulkorb entfernen will, wird er mit Futter oder Aktivität abgelenkt.
- Sobald er sich kooperativ und ruhig verhält wird der Maulkorb entfernt; solange sich der Hund in irgendeiner Weise gegen den Maulkorb wehrt bleibt er oben!

### 7.7.3 Kopfhalfter

Den Hund mit Kopfhalfter zu führen verbessert die mechanischen und kommunikativen Einwirkungsmöglichkeiten für den Besitzer. Besonders für große und impulsive Hunde stellen Kopfhalfter eine wesentliche Erleichterung dar. Grundsätzlich sollten Hunde an das Tragen eines Kopfhalfters langsam gewöhnt werden. Der Prozess der Gewöhnung ist im Prinzip der Gleiche wie beim Maulkorbtraining. Ein für die meisten Besitzer leicht verständlicher Vergleich ist das Tragen einer Brille – auch Menschen müssen sich erst daran gewöhnen und nach einiger Zeit bemerkt ein Brillenträger nicht einmal mehr, dass er eine trägt.

> **Vorsicht**
> **Hunde mit Kopfhalfter dürfen nie an einer langen Leine geführt werden – es kann zu Muskelzerrungen und Halswirbelfrakturen kommen, wenn der Kopf aus dem schnellen Lauf herumgerissen wird. Am Kopfhalfter darf auch nicht, wie häufig am Halsband üblich ruckartig angezogen oder konstanter Zug ausgeübt werden.**

Es gibt unterschiedliche Typen von Kopfhalftern.

- **Gentle Leader:** Der Gentle Leader (▸ **Abb. 7.8**) liegt sowohl am Fang als auch am Hinterkopf straff an, die Schlinge über dem Fang hat einen kleinen Spielraum von der Nasenwurzel bis zum Beginn des Nasenspiegels. Durch diese Konstellation erfährt der Hund einerseits einen für ihn intuitiv verständlichen Druck auf den Fang und andererseits Druck auf den Hinterkopf. Nichts davon ist schmerzhaft, aber der Hund neigt dazu, sich gegen den Druck zu lehnen – also nicht mehr wie bisher nach vorne, weil der Druck vom Halsband ihn dazu veranlasst, sondern nach hinten, weil der Druck des Nackenriemens vom Gentle Leader da ist. Der Gentle Leader kann einfach und mit einer Leine geführt werden. Der Gentle Leader kann jederzeit mit einem Handgriff in ein Halsband verwandelt werden.
- **Follow Me:** Ähnlich wie der Gentle Leader.
- **Halti:** Das Halti (▸ **Abb. 7.9**) ähnelt eher einem Pferdehalfter und liegt ziemlich lose und locker am Hundekopf, wodurch es sehr leicht verrutscht. Mit dem Halti kann vor allem die Blickrichtung des Hundes beeinflusst werden. Ein Halti muss mit zwei Leinen – eine am normalen Halsband, eine am Kopfhalfter – geführt werden, was ein bisschen mehr Koordinationsfähigkeit beim Besitzer erfordert.

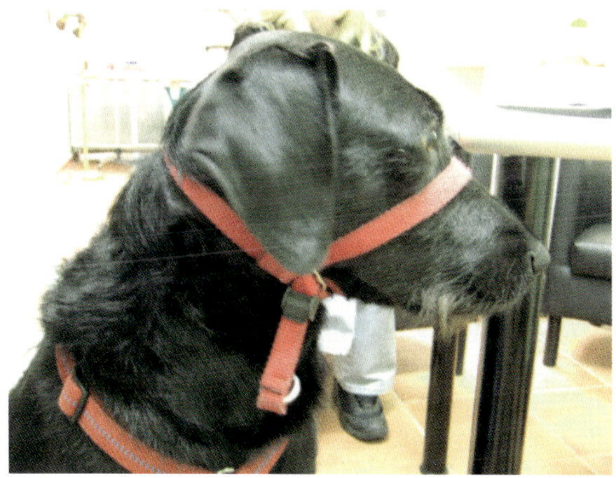

▸ **Abb. 7.8** Gentle Leader – am Hinterkopf und dem Fang anliegend.

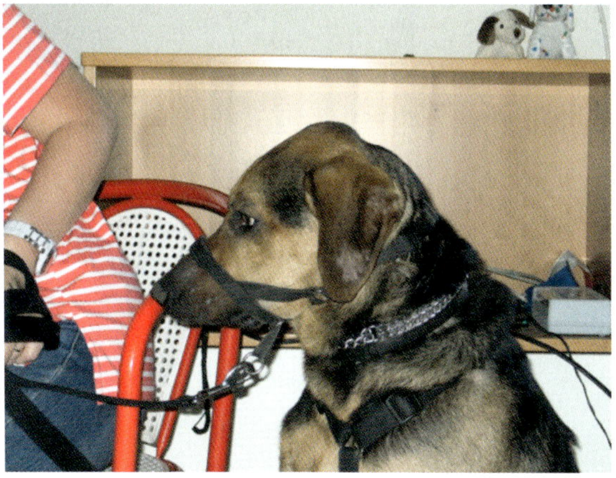

▸ **Abb. 7.9** Halti – ähnlich einem Pferdehalfter lose am Kopf.

### 7.7.4 Calming Cap®

Calming Cap® ist ein neues Hilfsmittel für die Behandlung von Hunden mit Verhaltensstörungen. Es ist eine Maske aus einem durchscheinenden, weichen textilen Material, das visuelle Reize für den Hund reduziert, ohne seine Sicht massiv zu beeinträchtigen. Das Calming Cap® wird (vergleichbar dem Prinzip einer Falkenhaube) von vorn über den Fang bis über die Augen gezogen und an der Ober- und Unterseite am Halsband mit Klettverschlüssen befestigt. Wie an alle anderen Hilfsmittel muss der Hund auch hier langsam an das Tragen gewöhnt werden.

Das Filtern optischer Außenreize kann bei leicht erregbaren, gestressten und ängstlichen Hunden Verhaltensreaktionen reduzieren und Verhaltenstherapien unterstützen oder in kurzfristigen Stress-Situationen den Hund beruhigen.

Obwohl das Calming Cap® erst kürzlich auf dem amerikanischen Markt eingeführt wurde und wir noch über keine eigenen Erfahrungen berichten können, scheint das Konzept für einige Hunde vielversprechend zu sein.

**Mögliche Indikationen:** Hunde, die intensiv auf optische Reize und Bewegungen reagieren; Unruhe im Auto; Unterstützung einer systematischen Desensibilisierung gegenüber optischen Reizen.

### 7.7.5 Thundershirt®

Das Thundershirt® (▸ **Abb. 7.10**) ist ein einem Hundemantel ähnliches enganliegendes T-Shirt, das mittels Klettverschlüssen individuell straff angezogen werden kann und Druck auf den Körper des Hundes ausübt. Dieser flächige Druck verbessert bei Hunden offensichtlich das Befinden und reduziert Stress-Symptome wie Tachykardie oder Hypervigilanz.

Eine vorhergehende klassische Konditionierung mit einem entspannten Wohlgefühl, allenfalls auch mit Gerüchen, z. B. Lavendel, ist sinnvoll, obwohl sie keine unbedingte Voraussetzung für den Einsatz des Thundershirts® ist.

Das Thundershirt® ist insbesondere für den situativen Einsatz bei Phobien, z. B. Gewitter, Silvester oder Autofahren gut einsetzbar, entweder als einzige Maßnahme oder in Kombination mit anderen Therapien wie Medikation.

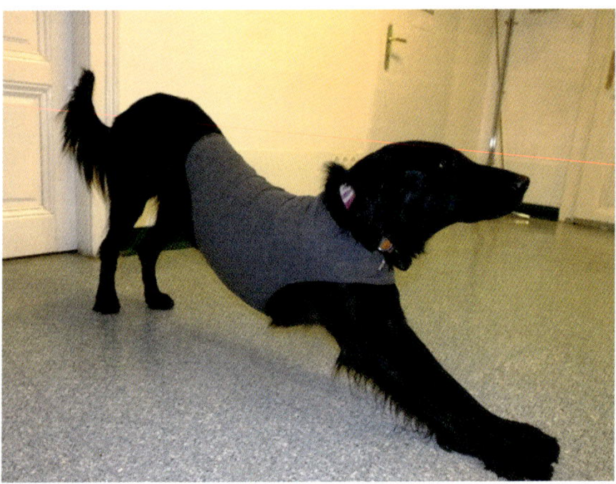

▸ **Abb. 7.10** Thundershirt® – hier auch mit einem entspannenden Strecken, das ohne Weiteres positiv bestärkt werden kann.

## 7.8 Komplementäre Therapien

Unter dieses Kapitel fallen alle Maßnahmen, die in keine der anderen Kategorien einzuordnen sind.

Die meisten Besitzer haben schon alle möglichen Lösungen versucht, die ihnen von Freunden, Nachbarn, Hundetrainern oder in Internetforen vorgeschlagen wurden, bis sie in die Konsultation kommen. Dabei waren fast immer auch komplementärmedizinische Therapien wie Bach-Blüten, Homöopathie, TCM, Edelsteine, Reiki, Tierkommunikatoren etc.

Auch wenn man kein Anhänger dieser Therapieansätze ist, sollten diese Versuche von Besitzern nicht abgewertet oder lächerlich gemacht werden. Das Risiko, dass die therapeutische Bindung oder das Vertrauen verloren gehen ist sehr groß und spätestens, wenn die ersten eigenen therapeutischen Strategien nicht gleich den erwarteten Erfolg bringen, hat man diesen Besitzer verloren.

Es ist daher sinnvoll und empfehlenswert, diese Behandlungsmethoden zumindest zu akzeptieren oder zu tolerieren, wenn man sie nicht aktiv unterstützen oder vorschlagen will.

Die Bezeichnung „komplementär" bedeutet, dass diese Techniken als Ergänzung und nicht als Ersatz angewendet werden. Die Voraussetzung ist natürlich – wie bei jeder anderen Therapie auch – dass eine entsprechende Diagnose gestellt wurde und die Anwendung und Wahl der Mittel adquat ist. Der oberste Grundsatz ist und bleibt: Nihil nocere! Ob man es Placeboeffekt oder energetische Therapie nennt spielt letztlich keine Rolle, solange das angestrebte Therapieziel für den Hund und seine Familie erreicht wird.

Die Mensch-Tier-Beziehung ist auch sehr vielschichtig und reicht bis weit jenseits des für die aktuelle Wissenschaft Erfassbaren. Kein noch so guter und erfahrener Therapeut kann jemals wirklich *wissen*, was für seinen Patienten oder seine Familie das Beste ist ...

### 7.8.1 Homöopathie

Die Homöopathie erfasst das gesamte Symptomenbild und Wesen eines Individuums einschließlich der psychischen Verfassung und eignet sich daher sehr gut für die Behandlung psychischer Störungen. Voraussetzung ist eine entsprechend korrekte Repertorisierung, es gibt jedoch auch in der Homöopathie einige sogenannte „bewährte Indikationen".

Bei aggressiver Symptomatik ist, in Abhängigkeit von der Gefährlichkeit des Hundes, auch wegen einer möglichen Erstverschlimmerung, von der Homöopathie eher abzuraten.

Hunde mit chronischen Angstzuständen und depressiven Störungen können unter Umständen sehr gut auf homöopathische Heilmittel ansprechen.

Die homöopathische Konsultation an sich hat – ebenso wie die verhaltensmedizinische Konsultation – schon für sich alleine einen nicht zu unterschätzenden therapeutischen Effekt.

### 7.8.2 Bach-Blüten

Ebenso wie die Homöopathie wurden auch Bach-Blüten von den meisten Besitzern mit mehr oder weniger Erfolg ausprobiert, bevor sie in die Konsultation kommen. Es gibt verschiedene Möglichkeiten, die passenden Bach-Blüten auszuwählen: Fragebögen, genaue Analyse, Kinesiologie etc.

Die einfachste und überraschend effektive Methode ist, die Person aus der Familie mit der intensivsten Verbindung zum Hund die Bach-Blüten in Stellvertretung für seinen Hund aus dem Kartenset oder dem gesamten Satz intuitiv wählen oder ziehen zu lassen. Die Schnittstelle zwischen Mensch und Hund ist so innig, dass – aus einer ganzheitlicheren Sicht – jedes Problem des Hundes auch etwas mit seinem Besitzer und umgekehrt zu tun hat. Das mit der stellvertretenden Auswahl der Bach-Blüten für den Hund vermittelte Gefühl von Verantwortung oder „etwas für den Hund tun zu dürfen" verbessert die Stimmung und wirkt entspannend auf die Beziehung. Bereits das folgende Vorlesen oder Besprechen der Charakteristika der gewählten Bach-Blüten verändert die Wahrnehmung und Einsicht in die eigene Verfassung und in die des Hundes (→ kognitive Therapie).

Vor allem akute Zustände nach traumatischen Erlebnissen wie Unfälle, Verlust eines Partners, etc. sprechen in unserer Erfahrung (innerhalb von Stunden!) sehr gut auf die Behandlung mit Bach-Blüten an.

Bach-Blüten können direkt eingegeben, über das Futter oder Trinkwasser gegeben werden oder auch ins Fell gestreichelt werden.

### 7.8.3 Traditionelle Chinesische Medizin

Die Traditionelle Chinesische Medizin (TCM) bietet mit ihrem völlig andersartigen und ganzheitlichen Verständnis von Gesundheit und Krankheitsentstehung für denjenigen, der sich eingehend damit beschäftigt, viele Ansätze zur Therapie. Insbesondere eine Umstellung der Fütterung nach den Prinzipien der fünf Elemente mit kühlenden, neutralen oder hitzenden Futtermitteln kann bei der Therapie der psychischen Verfassung hilfreich sein. Daneben können auch noch Kräutermischungen und Akupunktur zur Anwendung kommen.

### 7.8.4 TellingtonTTouch und Massage

Die Technik des TellingtonTTouch wurde von Linda Tellington aus der Feldenkrais-Methode zur Anwendung am Pferd und später auch am Hund entwickelt. Durch besondere Berührungen und Bewegungen werden Zellen und Nervenbahnen stimuliert, Selbstheilungsmechanismen und vor allem Lernfähigkeiten aktiviert. Diese Berührungen kann jeder Besitzer, der offen und einfühlsam ist, leicht anwenden.

Körperbandagen sind eine weitere Technik von Linda Tellington, die dem Hund helfen können, seine Körperwahrnehmung in der Bewegung oder bei bestimmten Übungen zu intensivieren. Das knappe Anliegen der Körperbandagen scheint dem Hund (ähnlich wie autistischen Menschen) ein sichereres Körpergefühl zu vermitteln. Insbesondere hektische, unruhige Hunde und solche, die kein gutes Körperbewusstsein haben, profitieren von dieser Technik.

Auch tiefe oder oberflächliche Massagen wirken auf ängstliche oder auch hyperaktive Hunde außerordentlich positiv. Das angenehme Entspannungsgefühl, das der Hund während einer Massage erlebt, kann mit einem Signal klassisch konditioniert (z. B. *Ist das schöööün*) und damit verankert werden. In einer angespannten Situation kann im Hund das Gefühl der Entspannung ausgelöst werden, indem man ihn an einer bestimmten Stelle berührt und das Signal gibt.

## 7.9 Chirurgische Maßnahmen

### 7.9.1 Kastration

Die Kastration ist eine geeignete Methode um Verhaltensweisen, die **im Zusammenhang mit dem Sexualverhalten stehen**, zu beeinflussen. Für sich alleine ist die Kastration keine Therapie von Verhaltensproblemen oder psychischen Störungen; in manchen Fällen und vor allem, wenn sie rechtzeitig erfolgt, kann sie jedoch andere therapeutische Maßnahmen ergänzen oder erleichtern.

Für Rüden sind das in erster Linie alle sexuellen Verhaltensweisen im engeren Sinne wie sexuell motiviertes Aufreiten (beim Menschen, anderen Hunden, Objekten), Masturbation, Streunen auf der Suche nach Hündinnen, Dysorexie, aber auch Harnmarkieren.

Aggressives Verhalten kann nicht pauschal mit Kastration beeinflusst oder behandelt werden. Obwohl Testosteron unzweifelhaft einen Einfluss auf die Reaktivität und Intensität hat, darf der Einfluss des Lernens nicht vernachlässigt werden.

Eine frühzeitige – präpubertäre – Kastration könnte theoretisch einige Formen der Aggression im erwünschten positiven Sinne beeinflussen, weil die durch Sexualhormone bedingte Sensibilisierung am präsynaptischen Dopaminrezeptor ausbleibt.

Aggression gegenüber anderen Rüden wird durch Kastration deutlich reduziert.

Bei einzelnen Rüden verändern sich die Pheromone (Veränderung der Pheromonvorstufen in Kombination mit einer Veränderung der Bakterienflora) an den Genitalschleimhäuten grundlegend, sodass sie von anderen Rüden als über die Maßen sexuell attraktiv, zum Teil noch mehr als eine läufige Hündin, angesehen werden. Für Rüden mit einer sozialen Phobie gegenüber anderen Hunden kann sich diese andauernde sexuelle Belästigung als sehr nachteilig erweisen und ist nicht wieder rückgängig zu machen.

Auch bei der Hündin ist die Kastration zur Beeinflussung von Verhalten im Zusammenhang mit dem Zyklus eine Möglichkeit: Masturbation, maternale Aggression während der Scheinträchtigkeitsphase, starke Stimmungsschwankungen im Verlauf des Zyklus, unipolare Störungen.

Eine Kastration macht einen Hund nicht zum sexuell neutralen Wesen; auch nach einer Kastration werden noch Sexualhormone gebildet. Von Gehirnzellen werden sogenannte Neurosteroide synthetisiert, die auch nach der Kastration wirksam bleiben.

In den meisten Fällen ist es sinnvoll, vor einer endgültigen chirurgischen Kastration ein GnRH-Implantat (Suprelorin®) einzusetzen, um den Effekt zu beurteilen.

### 7.9.2 Schwanzamputation

Die Schwanzamputation oder Teilamputation wird manchmal als therapeutische Option bei Kreisläufern, die ihren Schwanz fangen oder beißen in Erwägung gezogen. Eine durch Automutilation schwer verletzte Rute erfordert natürlich chirurgische Versorgung und in einigen Fällen auch die teilweise Amputation. Diese ist aber als prinzipieller Therapieansatz – wenn es keinen Schwanz mehr gibt, wird der Hund auch keine Symptomatik mehr zeigen – nicht angezeigt! Die Ursache repetitiver und obsessiv-kompulsiver Störungen liegt entweder zentral im Transmitterstoffwechsel im Gehirn und oder auch als Schmerzsymptomatik in der Peripherie. Somit sind diese Störungen durch reine Amputation auch nicht dauerhaft zu behandeln.

### 7.9.3 Disarming und Debarking

Als Alternative zur Euthanasie könnten bei aggressiven Hunden die **Canini extrahiert** oder **fachgerecht gekürzt** („Disarming“) werden (▸ **Abb. 7.11**), um das Risiko für schwere Verletzungen von Menschen zu reduzieren. Die Stimmung und Gesamthaltung von ängstlichen oder besorgten Menschen kann sich dadurch entspannen und die Kommunikation mit dem Hund wird besser.

Auch einzig als Alternative zur Euthanasie des Hundes könnten in ganz spezifischen Einzelfällen stereotypen Bellens die **Stimmbänder durchtrennt** werden („Debarking“). Die Lebensqualität des Hundes wird durch diese Operation nicht wirklich beeinträchtigt, die des Besitzers (durch Sicherung seiner Wohnmöglichkeit!) und seiner sozialen Umwelt kann sich schlagartig unglaublich verbessern. Diese chirurgische Maßnahme ist nach dem Tierschutzgesetz verboten – eine medizinische Indikation ergibt sich aus einer korrekten verhaltensmedizinischen Abklärung.

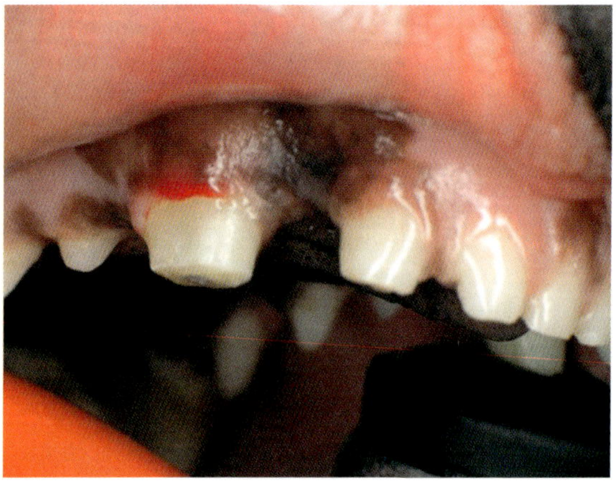

▸ **Abb. 7.11** Disarming.

## 7.10 Platzwechsel

Grundsätzlich sollte das oberste Ziel jeder therapeutischen Intervention der Verbleib des Hundes in seiner Familie sein. Es gibt allerdings Fälle, wo dies von der Familie nicht gewünscht wird. Dann kann unser Bemühen um sein Bleiben im System weder im Sinne des Hundes, den wir in der Konsultation auch vertreten, noch im Interesse seiner Familie sein. Ein Platzwechsel ist in diesen Fällen eine Therapie für den Hund und/oder die Familie.

Die Lebensbedingungen und die sozialen Kontakte sind für den Hund essenziell. Wenn diese Faktoren alleiniger oder überwiegender Grund für die psychische Störung sind, kann ein Platzwechsel eine therapeutische Option sein.

Die reine Veränderung der Lebensbedingungen ist trotzdem kein wunderbares Allheilmittel für alle Probleme – die meisten Hunde mit Verhaltensstörungen erreichen durch die alleinige Tatsache eines Platzwechsels ohne weitere Behandlung kein psychisches Gleichgewicht. Vielmehr beginnen sie ohne entsprechende Therapie oft nach einer Phase der Eingewöhnung von 3–8 Wochen wieder mit ihren gewohnten Verhaltensstrategien, die die bisherige Familie zur Abgabe veranlasst haben.

Theoretisch könnten sehr viele Hunde vermittelt werden, wenn es für sie einen noch besser motivierten und kompetenteren Besitzer gäbe, der einen Hund mit einer psychischen Störung haben möchte. Je schwerwiegender die Verhaltenspathologie des Hundes ist, desto höhere Ansprüche wären an den neuen Platz zu stellen (▶ Abb. 7.12).

In Wirklichkeit ist jedoch die Zahl der verfügbaren Plätze, wo ein verhaltensauffälliger, psychisch kranker oder gefährlicher Hund mit mehr Zeit, mehr Motivation, grö-

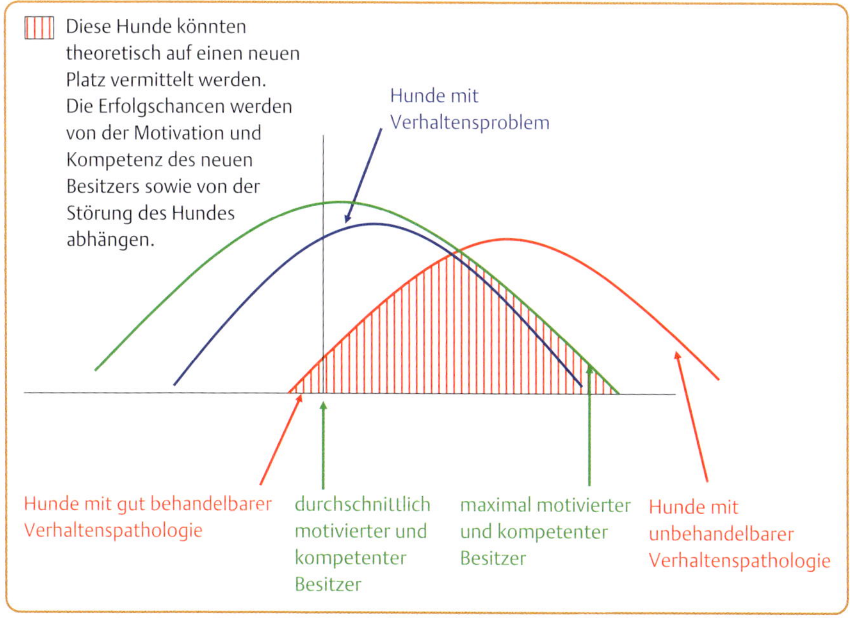


▶ **Abb. 7.12** Gauß-Verteilung Hundebesitzer und Hunde mit Verhaltenspathologie.

ßerer Kompetenz und besseren finanziellen und infrastrukturellen Möglichkeiten als in seiner aktuellen Familie betreut werden kann, extrem klein.

Das Abgeben des Hundes im Tierheim, in der Hoffnung, irgendjemand würde sich seiner schon erbarmen und ihm einen Platz geben, ist keine ehrliche Umplatzierung.

## 7.11 Euthanasie

Die Euthanasie als letzte Möglichkeit kann grundsätzlich als Therapie angesehen werden. Aus der systemischen Sicht ist die Euthanasie eine Therapie, wenn dadurch im familiären System wieder eine Homöostase erreicht werden kann. Die Euthanasie ist auch eine Therapie des Individuums Hund, wenn seine psychische Störung nicht so behandelt werden kann, dass neben dem körperlichen auch sein psychisches Wohlbefinden erreicht werden kann. Psychische Erkrankungen verursachen dem Hund erhebliches Leiden und bei fehlenden oder unzureichenden Behandlungsmöglichkeiten besteht eine **medizinische Indikation** für die Euthanasie.

Das gilt ganz besonders für

- gefährliche Hunde mit offensiver, unvorhersehbarer und unkontrollierter/unkontrollierbarer Aggression.
- Hunde, die Jagdverhalten gegenüber Menschen zeigen.
- Hunde mit schweren Angststörungen.
- Hunde mit schweren repetitiven Störungen.
- Hunde mit schweren Persönlichkeitsstörungen.

Die Euthanasie ist die bessere Alternative zur sozial isolierten, tierquälerischen lebenslänglichen Einzelhaft im Tierheim. Es liegt jedoch an jedem Tierarzt seiner Ethik entsprechend zu beraten und zu entscheiden.

Bei der Entscheidung für eine Euthanasie sollte es grundsätzlich ein Einverständnis aller erwachsenen Familienmitglieder geben. Damit verbunden ist auch die Übernahme der vollen Verantwortung. Kinder haben eine Tendenz, sich schuldig zu fühlen und versuchen die Harmonie in der Familie durch Übernahme der Last wiederherzustellen, wenn dieser Entscheidungsprozess auf sie abgewälzt und die Verantwortung von den Eltern abgeschoben wird: *Wir wollen nicht, dass du noch einmal von Bella gebissen wirst ... /Harro hat ein Problem und deswegen ist es besser, er wird eingeschläfert ...* Aus systemischer Sicht sollte außerdem unbedingt bedacht werden: Je intensiver die Bindung des Kindes an den Hund, desto leichter identifiziert es sich mit dem Hund, der wegen eines „Problems“ getötet wurde!

Die einzige Begründung für die Euthanasie ist daher das Leiden des Hundes: *Er leidet und kann nicht behandelt werden; der Hund leidet, weil er nicht verstehen und kommunizieren kann; er leidet, weil er seine Bedürfnisse nicht erfüllen und sein Leben nicht genießen kann.*

# 8 Diagnostische Kriterien der wichtigsten psychischen Störungen

Sabine Schroll, Joël Dehasse

## 8.1 Allgemeines

Das Zusammenfassen von mehreren charakteristischen Symptomen zu einer definierten pathologischen Einheit – **Disorder** – ist die Voraussetzung für eine vergleichbare und kommunizierbare Diagnose.

Das bedeutet keineswegs, dass symptomatische Diagnosen und Therapien weniger effektiv sind – es sollte lediglich der medizinische Zugang in der Verhaltensmedizin etwas umfassender und ganzheitlicher werden.

Ein Patient mit Diabetes z. B. kann aufgrund so verschiedener Symptome wie Polydipsie, Polyurie, Mattigkeit, Gewichtsverlust oder Linsentrübung vorgestellt werden, und in jedem Fall wird er unabhängig vom iatrotropen Problem nicht nur symptomatisch, sondern als Diabetespatient diagnostiziert und behandelt. Mit der Diagnose „Diabetes mellitus“ kann das Krankheitsbild ganz einfach und in seiner Gesamtheit kommuniziert werden, jeder Kollege hat eine Vorstellung des Krankheitsbildes und verschiedene Therapieansätze wie Kastration (bei der Hündin), diätetische Maßnahmen und Gewichtsreduktion, orale Antidiabetika oder Insulininjektion können diskutiert und verglichen werden.

Nach denselben medizinischen Prinzipien kann für einen mit den Symptomen defensive Aggression, Pfotenlecken oder Unsauberkeit vorgestellten Hund die Diagnose „generalisierte Angststörung“ gestellt und eine dem gesamten Krankheitsbild und der zugrunde liegenden Verfassung des Hundes entsprechende Therapie gewählt werden. Ein Kollege, der das Bild dieser Störung kennt, wird ohne ausgedehnte Schilderungen wissen, worum es sich handelt.

## 8.2 Entwicklungsbedingte Störungen

Dieser Abschnitt ist den Störungen gewidmet, die üblicherweise im Welpen- und Junghundealter beginnen, selbst wenn sie bis ins Erwachsenenalter des Hundes bestehen bleiben. Diese Klassifikation ist konventionell und didaktisch; sie enthält Störungen mit unterschiedlichen pathologischen Zuständen.

### 8.2.1 Hyperaktivitätsstörung

Die Hyperaktivitätsstörung besteht aus drei erforderlichen Elementen: einem Hyperzustand, fehlender Bewegungskontrolle und einer verminderten Endphase einer Verhaltenssequenz.

## Diagnostische Kriterien

- Eine Verhaltensstörung junger Hunde, die vor dem 4. Lebensmonat beginnt und durch objektive Anzeichen von Nervosität, Unruhe, Hyperaktivität und fehlender Bewegungskontrolle, die meiste Zeit, praktisch täglich, charakterisiert ist:
  - Insgesamt erhöhte Bewegungsaktivität (Hyperaktivität) im Vergleich zur Aktivität, die man von einem Junghund dieses Alters und Rassetyps erwarten würde: Läuft, springt hoch, versucht auf Möbel zu klettern, spielt, rempelt rücksichtslos Menschen und Objekte an, vokalisiert etc.
  - Desorganisation der motorischen Aktivität: Bewegt sich von einem Platz zum anderen, exploriert unvollständig, oberflächlich und hektisch, wiederholt dieselben Dinge, stürzt sich auf die Futterschüssel bevor sie auf dem Boden steht, frisst extrem schnell etc.
  - Bewegungsaktivität findet nur schwer ein Ende: Verlängertes Spiel, was besonders beim Spielen mit anderen ausgeglichenen Hunden auffällt (z. B. in der Welpenspielgruppe), die aufhören können, um sich auszuruhen.
  - Hypervigilanz: Beobachtet alles und dauernd, in verschiedenen Umgebungen (z. B. während der Konsultation), ebenso wie in vertrauter Umgebung.
  - Hyperreaktivität: „On the go", bei der geringsten Aufforderung immer bereit zur Aktivität; reagiert auf die geringste, selbst alltägliche, Stimulation aus der Umwelt.
  - Hyperexzitation: Wird leicht übererregt und kann sich nicht mehr selbst kontrollieren, springt Menschen an, rennt in Hindernisse (Möbel, Bäume), wird grob und beißt im Spiel, reißt an der Kleidung, läuft in Kreisen oder jagt seinen Schwanz bis zur Stereotypie, Aggression (gegenüber anderen oder sich selbst).
  - Ablenkbarkeit und Zerstreutheit: Wenig ausdauernd bei der gleichen Aktivität, wechselt die Aktivität bei der geringsten Ablenkung, der typische „Störenfried" im Hundekurs.
  - Hyposomnie: Allgemein verminderte Schlafdauer im Vergleich zu dem, was man von einem Hund des gleichen Alters, Rassetyps und ähnlichen Lebensumständen erwarten würde.
  - Mangelnde psychomotorische Kontrolle: Soziales Spiel und Interaktionen mit Spielpartnern führen oft zum Rückzug des Partners und/oder Verletzungen – rücksichtsloses Anrempeln, Zwicken, Beißen, Kratzen; Zerstören von Spielzeug, Hundedecke, Möbeln etc.
  - Mangelnde emotionale Kontrolle: Leichter Übergang vom Spiel zu ernster Aggression oder Jagdverhalten, insbesondere wenn der Hund (körperlich) zurechtgewiesen oder festgehalten wird.
- Diese Verhaltensweisen sind nicht die Folge von Hypostimulation durch die Umwelt, von Bewegungsmangel, von Mangel an Aufmerksamkeit und Interaktion mit dem Besitzer.

## Ätiologie

Man kennt zwei übliche Ursachen dieser Störung:

- Genetische Ursache: Die Störung tritt auch bei Geschwistern, Vorfahren und bei Nachkommen auf.

- Ontogenetische Ursache: Der Welpe hat keine regulierende Erziehung durch seine Mutter, einen anderen erziehenden erwachsenen Hund oder einen kompetenten Menschen erhalten. Diese Hypothese bleibt noch, obwohl oft beobachtet und sehr wahrscheinlich, zu bestätigen.

### Evolution

Es gibt spontane Besserungen; der Junghund entwickelt im Allgemeinen eine impulsive Persönlichkeitsstörung, eine Angststörung, repetitive Störungen und/oder Hyperaggression.

## 8.2.2 Deprivationssyndrom

### Diagnostische Kriterien

- Eine Verhaltensstörung junger Hunde, die vor dem 4. Lebensmonat beginnt und durch objektive Anzeichen von Angst charakterisiert ist, die meiste Zeit, praktisch täglich, wenn das Tier mit einer komplexeren Umwelt (verglichen mit dem Milieu während seiner Entwicklung) konfrontiert wird (▶ Abb. 8.1).
- Der Junghund wurde während eines wesentlichen Teils seiner primären Sozialisationsperiode (3.–12. Woche) in einer hypostimulierenden Umwelt (verglichen mit seinem aktuellen Lebensmilieu als jugendlicher oder erwachsener Hund) aufgezogen.
- Die klinischen Manifestationen können drei pathologischen Zuständen zugeteilt werden (Typ spezifizieren):
  - Phobie (S. 274)
  - Angststörung (S. 273)
  - Depression (S. 279)
- Die Verhaltenssymptome sind nicht die direkte Folge von ungeeigneten Interaktionen mit dem Besitzer (Misshandlung) oder einem Mangel an Bewegung und Erziehung.

▶ **Abb. 8.1** Deprivationssyndrom – Inhibition und Fluchtversuche außerhalb der Wohnung.

Diese Beschreibung ist frei nach Pageat adaptiert. Es sollte bedacht werden, dass die Beschreibung und Definition dieser Störung nicht validiert ist, das heißt niemand weiß, wie viele in einer deprivierten Umwelt aufgezogenen Welpen diese Störung tatsächlich entwickeln.

### Ätiologie

Die Ursache der Störung ist die fehlende Stimulation in der frühen Entwicklungsphase mit der Folge einer mangelhaften Gehirnentwicklung. Eine genetische Prädisposition ist nie auszuschließen, verschiedene im gleichen Milieu aufgezogene Welpen entwickeln nicht alle im selben Ausmaß ein Deprivationssyndrom.

### Evolution

Nur geringgradige Fälle von deprivationsbedingter Phobie können sich in einem vorteilhaften Milieu zur Heilung entwickeln; alle anderen Fälle bleiben im Lauf der Zeit entweder stabil oder entwickeln sich zu schwerwiegenderen Angststörungen, sehr oft mit instrumentalisierter Distanzierungsaggression.

## 8.2.3 Trennungsangst

Den Vorschlägen von Pageat und dem DSM IV folgend ist die Trennungsangst hier unter den entwicklungsbedingten Störungen eingeordnet. Die Störung scheint in einem engen Zusammenhang mit der Entwicklung von Bindung (Attachment) und Ablösung zu stehen.

Eine abhängige Persönlichkeit (S. 285) macht einen Hund empfänglicher für diese entwicklungsbedingte Störung. Die Symptome sind entweder eher einer Phobie oder einem Angstzustand zuzuordnen.

### Diagnostische Kriterien

- Hunde mit Trennungsangst zeigen ihrer Entwicklung gemäß unangepasste und exzessive Angst, wenn sie von ihrer/n Bezugsperson(en) getrennt sind. Die Störung beginnt in der späten Jugend- oder Pubertätsphase und manifestiert sich als wiederkehrender exzessiver Stress immer, wenn der Hund von seiner wichtigsten Bezugsperson getrennt wird oder eine Trennung vorausahnt.
- Folgende Symptome können auftreten:
  - Agitation, rastlose Exploration der Umgebung, Kratzen an Möbeln und/oder an den Türen, Fenstern; Destruktion von Objekten
  - Vokalisieren von leisem Wimmern über Bellen zu Heulen
  - autonome Reaktionen wie emotional bedingte Miktion oder Defäkation, Salivation, Erbrechen
  - Koprophagie im Anschluss an die Defäkation
  - substitutive Aktivitäten wie sich selbst belecken oder benagen
  - Inhibition aller Aktivitäten, bewegungsloses Liegen, kein Fressen oder Trinken, solange der Hund alleine ist

- Es gibt Anzeichen von Hyperattachment wie:
  - an den Besitzern kleben, überall hin nachfolgen (im Haus, in jeden Raum), Suche nach Körperkontakt; Hyperattachment vielfach beiderseitig
  - Abschiedsrituale: Hypervigilanz und Stress bei den ersten vermuteten Zeichen von Abschied
  - Begrüßungsrituale: begrüßt seine Bezugsperson bei jeder Rückkehr exzessiv, beschwichtigende oder submissive Körperhaltungen, wenn Strafen oder nur Verstimmtheit vorausgeahnt werden
  - Exploration der Umgebung nur in engem Kontakt mit der Bezugsperson, oft in einem sternförmigen Muster mit kurzem Entfernen und rascher Rückkehr
- Anzeichen für infantiles Verhalten wie:
  - sozialer Kontakt mit der Bezugsperson in oraler Form mit Benagen, Belecken
  - übermäßig häufige und unangepasste Spielaufforderungen
  - fehlende hohe (dominante) Haltungen und auffallend häufig beschwichtigende und niedrige (submissive) Haltungen
- Die veränderten Verhaltensweisen sind nicht die Folge von fehlender Aufmerksamkeit durch den Besitzer, fehlender Bewegung oder Training oder die direkte Folge einer physischen Erkrankung.
- Typ spezifizieren:
  - früher Beginn vor der Pubertät
  - An- oder Abwesenheit von infantilen Symptomen
  - definieren, ob Angstzustand oder Phobie

### Ätiologie

Genetische Faktoren, wie eine abhängige Persönlichkeit. Fehlende oder unvollständige Ablösung von der primären Bezugsperson in der späten Jugend und Pubertät und keine Erweiterung der Bindung an andere Bezugswesen und die Umwelt.

Traumatische Erlebnisse bei entsprechend disponierten Junghunden.

### Evolution

Stabil im Lauf der Zeit, kaum spontane Besserungen. Einige scheinbare Besserungen sind auf eine Evolution in Richtung Inhibition zurückzuführen, die weniger auffällig ist und für den Besitzer keinen Schaden verursacht.

## 8.3 Angststörungen

Angststörungen sind durch Verhaltensweisen der Selbstverteidigung (Meideverhalten, Flucht, defensive Aggression, Immobilität, Beschwichtigung) kombiniert mit neurovegetativer Hyperreaktivität, Hypervigilanz und/oder substitutiven Aktivitäten charakterisiert.

Unter den Angststörungen werden unter anderem die Phobien, die generalisierte Angststörung und spezifische Angststörungen gruppiert.

Zwangsstörungen werden im Abschnitt über die repetitiven Störungen (S. 280) beschrieben. Im humanmedizinischen Referenzwerk „Diagnostisches und Statistisches Manual Psychischer Störungen DSM IV“ werden sie unter den Angststörungen eingeordnet.

## 8.3.1 Einfache Phobie

Es handelt sich um Angst in Anwesenheit eines objektivierbaren Stimulus, der a priori nicht gefährlich ist, ohne Habituation bei wiederholter Exposition. Die Verhaltensweisen der Angst sind typischerweise die *4 F* – aus dem Englischen *fight, flight, freeze & flirt*, wobei der letzte Begriff für Beschwichtigung steht.

### Diagnostische Kriterien

- Pathologische und immer wieder durch die Anwesenheit oder Antizipation eines spezifischen Stimulus (Individuum, Objekt oder Situation) ausgelöste, deutliche Angst, die gegenüber dem Habituationsprozess (durch wiederholte Exposition) resistent ist.
- Die Konfrontation mit dem phobieauslösenden Stimulus ruft ein unmittelbares Angstverhalten hervor, das sich in Form von Immobilisation (Inhibition), Annähern (und Festklammern) an Bezugspersonen (Besitzern), verzweifeltem Vokalisieren, frenetischen Fluchtversuchen, Beschwichtigung, Angstaggression oder substitutiven Aktivitäten zeigt.
- Die Angst ist exzessiv und nicht an die reale vom Stimulus ausgehende Gefahr angepasst.
- Die phobieauslösende Situation wird entweder vermieden oder mit intensiver Verzweiflung ertragen.
- Spezifieren des Typs (der Kategorie) des Stimulus:
  - Geräusche: Explosionen, Schüsse, Gewitter, Feuerwerk, Luftkompressor etc.
  - Menschen: Kinder, Erwachsene, Frauen, Männer etc.
  - Objekte: Autos, Lastwagen, Staubsauger, Heißluftballon, Seilbahn etc.
  - Tiere: Spezifieren der Tierart, Katzen, Hunde, Pferde, Fluginsekten etc.
  - Situationen: Transport im Auto oder öffentlichen Verkehrsmitteln, bestimmte Böden, Tierarztbesuch, Alleinsein etc.
  - andere: Vibrationen etc.; den auslösenden Stimulus spezifizieren
  - Generalisation: Die Angst weitet sich auf immer mehr Stimuli aus, die dem ursprünglichen ähnlich sind. Durch Antizipation weitet sich die Angst auf Situationen aus, die mit dem auslösenden Stimulus assoziiert sein können. Zum Beispiel: Luftdruckabfall, Himmel verdunkelt sich vor einem Gewitter, Wind und Regen bei einer Gewitterphobie.

### Ätiologie

- Phylogenetisch: Der Hund kann eine genetische Prädisposition für Angststörungen mitbringen.
- Ontogenetisch aufgrund eines Deprivationssyndroms, eines psychischen Traumas etc.

### Evolution

Oft bleibt die Phobie stabil, manchmal unterliegt sie einem Prozess der Generalisation. Da sie oft andere Angststörungen (generalisierte Angststörung) oder eine affektive Störung (Depression) begleitet, ist nicht leicht festzustellen, welche Störung sich primär verschlechtert.



## 8.3.2 Multiple Phobien

Die Störung besteht aus mehreren durch Stimuli aus unterschiedlichen Kategorien ausgelöste Phobien.

Die diagnostischen Kriterien sind die Gleichen wie für die Einfache Phobie, aber es gibt mehr als eine auslösende Kategorie von Stimuli. Multiple Phobien können sich in eine generalisierte Angststörung entwickeln oder damit kombiniert auftreten.

## 8.3.3 Generalisierte Angststörung

Verhaltensweisen der übermäßigen Angst und/oder häufigen Antizipation, die nicht durch einen identifizierbaren und wiederholten Stimulus ausgelöst werden.

### Diagnostische Kriterien

Mehrere der folgenden Anzeichen müssen anwesend sein:

- Verhaltensweisen zur Verteidigung wie Immobilisation (Inhibition), Meideverhalten, Flucht, Distanzierung, defensive Aggression (Distanzierungsaggression, irritative Aggression, Angstaggression)
- Anzeichen von Verzweiflung wie Vokalisieren oder Anklammern an eine Bezugsperson (wie den Besitzer)
- neurovegetative Hyperreaktivität wie Transpiration (Pfoten), Miosis oder Mydriasis, Speicheln, Tränenfluss, Tachypnoe, Hecheln, Tachykardie, Haarausfall, Hautschuppen, emotional bedingter Harn- und/oder Kotabsatz, Entleeren der Analbeutel
- Hypervigilanz wie dauerndes Beobachten, Aufschrecken beim geringsten Reiz
- Schüchternheit, Misstrauen
- Substitutive Aktivitäten wie Pfoten lecken, Nägelkauen, Fressen, Umherwandern etc.
- Unsauberkeit
- Harnmarkieren im Haus
- Modifikation in Frequenz, Intensität oder sozialem Kontext der Fressgewohnheiten, wie Fressen nur bei Nacht, nur alleine, nur in Anwesenheit des Besitzers
- Veränderung der Schlafgewohnheiten, wie Schlafen an entlegenen, versteckten Plätzen

### Ätiologie und Pathogenese

Multifaktoriell – genetische und entwicklungsbedingte Faktoren.

### Evolution

Die generalisierte Angststörung ist stabil im Lauf der Zeit. Oft begleitet sie oder entwickelt sind in eine depressive Störung oder eine instrumentalisierte Distanzierungsaggression. Körperliche Symptome wie chronischer Durchfall, Erbrechen und Leckdermatitis sind zu beobachten.

## 8.3.4 Angststörung aufgrund von Deritualisation

Eine Angststörung aufgrund von Deritualisation kann beobachtet werden, wenn ein Hund seine beruhigenden sozialen Rituale verloren hat, z. B. wenn sich seine soziale Gruppe verändert, oder er seinen Platz verloren hat. Für Hunde sind dies insbesondere Kommunikationsrituale.

### Diagnostische Kriterien

- Es gibt deutliche Symptome der Angst oder Ängstlichkeit, wie sie bei der generalisierten Angststörung beschrieben wurden.
- Die Symptome sind aufgetaucht (oder haben sich verschlimmert) nachdem der Hund mit einer Veränderung der Bedeutung seiner beruhigenden Rituale, besonders einer Veränderung seiner sozialen Gruppe, konfrontiert war.
  - Veränderungen in der Familie, Besitzerwechsel, Adoption aus dem Tierheim, sehr radikale Anweisungen zur Verhaltensänderung in der Therapie wie z. B. eine stereotype Rangeinweisung etc.
- Das Verhalten ist gekennzeichnet durch Rückzug, soziale Interaktionen werden zurückgewiesen und/oder gar nicht erst aufgenommen. Je nach Persönlichkeit reagiert der Hund eher aggressiv oder inhibiert.
- Es gibt eine Zunahme eines oder mehrerer der folgenden Symptome:
  - defensive Aggression wie Distanzierungsaggression, irritative Aggression oder Angstaggression, wenn man sich dem Hund nähert oder ihn berührt
  - Leckdermatitis.
  - vegetative Reaktionen, wenn man sich dem Hund nähert oder ihn berührt
  - ambivalente Kommunikationssignale
  - Vokalisieren
  - Unsauberkeit
  - destruktives Verhalten
  - Stereotypien
- Die Symptome sind nicht durch eine andere Störung wie z. B. eine Phobie, Deprivationssyndrom, kognitive Dysfunktion besser zu erklären.
- Die Symptome sind keine Folge einer organischen Erkrankung oder von Misshandlung.

### Ätiologie

Verlust der beruhigenden Kommunikationsrituale bei vermutlich entsprechend disponierten Individuen.

### Evolution

Spontane Heilung ist häufig, durch Habituation und Wieder-Ritualisierung unter den neuen Bedingungen.

Andere Fälle entwickeln sich in Richtung generalisierte Angststörung, instrumentalisierte Aggression oder aber auch in ein Hyperattachment mit trennungsbedingten Symptomen.

## 8.3.5 Sekundäres Hyperattachment

Ein sekundäres Hyperattachment ist ein kompensatorischer Mechanismus (*coping strategy*), der dem Hund hilft, sein emotionales Gleichgewicht zu erhalten. Dieses Hyperattachment hat immer eine andere Störung als Grundlage wie eine Angststörung oder auch depressive Störungen.

Die Symptome des sekundären Hyperattachment sind der Trennungsangst (S. 272) ähnlich.

### Diagnostische Kriterien

- Die Symptome treten nicht unbedingt bei jeder Trennung, sondern manchmal scheinbar zufällig und unregelmäßig auf. Gewohnte und regelmäßige berufsbedingte Abwesenheit wird eventuell ertragen, Trennungen außerhalb dieser gewohnten Zeiten führen zu Symptomen.
- Produktive Symptome wie
  - Destruktion von Einrichtung und Objekten, manchmal Türen
  - emotional bedingte Miktion und Defäkation, eventuell weicher oder Durchfallkot
  - Vokalisieren, zeitweilig oder durchgehend während der gesamten Abwesenheit, Bellen oder Heulen
  - Beruhigung des Hundes durch die Anwesenheit irgendeiner Person
- Während der Anwesenheit des Besitzers sind folgende Symptome zu beobachten:
  - Kleben am Besitzer, überall hin nachfolgen, fordern von Aufmerksamkeit
  - Physischer Kontakt ist nicht unbedingt erforderlich, der Hund kann auch alleine im Garten oder einem anderen Raum bleiben, wenn er weiß, dass jemand anwesend ist und bleibt. Es reicht aus, wenn er weiß, dass er nicht alleine ist.
- Alle Symptome der zugrunde liegenden Störung, in der Regel eine Angststörung, können auftreten.
- Ein sekundäres Hyperattachement kann mit allen anderen Störungen kombiniert auftreten.

### Ätiologie

Der Hund kompensiert mit dem sekundären Hyperattachment seine Unfähigkeit, die Informationen aus der sozialen und unbelebten Umwelt zu verarbeiten und in einem emotionalen Gleichgewichtszustand zu bleiben. Jede Veränderung oder Deritualisation und traumatische Erlebnisse können zu einem vorübergehenden sekundären Hyperattachment führen.

Eine abhängige Persönlichkeit bewirkt eine besondere Disposition für diese Störung.

### Evolution

Abhängig von der zugrunde liegenden Störung entweder stabil im Lauf der Zeit oder spontane Besserung. Manche scheinbare Besserungen können auf eine zunehmende Inhibition des Hundes zurückgeführt werden.

## 8.4 Affektive Störungen

Affektive Störungen sind durch wiederkehrende Episoden oder einen permanenten Zustand einer pathologischen Stimmungslage charakterisiert.

Die Stimmungslage ist als lang dauernder emotionaler Zustand definiert, der Emotionen, Wahrnehmung und Kognition sowie Verhaltensreaktionen modifiziert. Pathologische Stimmungen sind der depressive Zustand, der Hyperzustand und Gereiztheit. Der Angstzustand ist auch eine pathologische Stimmungslage und ist unter dem eigenen Abschnitt Angststörungen behandelt.

Dieser Abschnitt behandelt die Depression, die unipolare Störung und das akute posttraumatische Stress-Syndrom.

### 8.4.1 Akutes posttraumatisches Stress-Syndrom

Diese hypothyme Störung (Inhibitionszustand, Versteinerung) ist frei nach dem DSM IV adaptiert. Es gibt die gleichen auslösenden Ereignisse wie beim Menschen, aber es fehlen möglicherweise einige kognitive Aspekte der menschlichen psychischen Störung (oder zumindest wissen wir nichts davon).

Eine verwandte Störung wurde von Pageat unter dem Namen Reaktive Depression (eine Terminologie, die in der Humanpsychiatrie nicht existiert) beschrieben.

#### Diagnostische Kriterien

- Der Hund war einem traumatischen Ereignis wie dem Verlust eines Bezugswesens (Mensch, Hundemutter oder befreundeter Hund, anderes Tier), einer intensiven Angst, einem Zustand der Hilflosigkeit, einer schweren Erkrankung, Unfall oder Operation etc. mit oder ohne physisches Trauma ausgesetzt.
- Diese Störung ist durch praktisch andauernde objektive Anzeichen der Hypothymie charakterisiert, das heißt defizitäre Symptome:
  - fehlende emotionale Reaktionen, affektive Ablösung, mangelndes Interesse für Reize aus der Umwelt und übliche Aktivitäten
  - Hypovigilanz, Reduktion des Bewusstseins (der Wahrnehmung) für die Umwelt.
  - Appetitverlust (Hyporexie, Anorexie, Hypodipsie) und Gewichtsverlust
  - Hypersomnie und/oder Dekubitus
  - lokomotorische Inhibition, Reduktion der explorativen Verhaltensweisen
- Die Störung ist spezifizierbar, je nachdem ob sie
  - als Antwort auf eine identifizierbare Stress-Situation auftritt.
  - ohne identifizierbaren Stress auftritt.
- Die veränderten Verhaltensweisen sind nicht die direkte Folge einer noch bestehenden körperlichen Störung.

### Ätiologie

Psychisches und/oder physisches Trauma.

### Evolution

Spontane Heilung innerhalb von 3–6 Wochen oder Evolution in einen längerdauernden depressiven Zustand.

Das Mortalitätsrisiko ist vor allem bei Welpen und Zwerghunden hoch, wenn die Hypo- oder Anorexie nicht intensiv behandelt wird.

## 8.4.2 Depressive Störung

Die Depression ist kein Zustand der Erstarrung, sondern ein hyperthymer Zustand, das heißt er verursacht Reizbarkeit und Anhedonie (Verlust von Freude), Verlust von Motivation und Entscheidungskraft.

### Diagnostische Kriterien

- Diese Störung ist durch identifizierbare Anzeichen die meiste Zeit, praktisch täglich, für mindestens eine Woche charakterisiert:
  - reizbare und/oder deprimierte Stimmung (niedrige Haltung, fehlende Anzeichen von Freude oder Spiel etc.)
  - Reduktion von Interesse und/oder Freude an den meisten Aktivitäten (Anhedonie)
  - Reduktion oder Erhöhung von Appetit und/oder Gewicht bis zur Adipositas
  - Insomnie oder Hypersomnie
  - psychomotorische Agitiertheit oder Inhibition
  - Müdigkeit
- Die veränderten Verhaltensweisen sind nicht die direkte Folge von Effekten einer Substanz (wie einer Medikation) oder einer organischen Erkrankung.
- Spezifizieren des Typs:
  - reizbare Stimmung
  - depressive (anhedonische) Stimmung

### Ätiologie

Multifaktoriell.

### Evolution

Im Allgemeinen ziemlich stabiler Zustand.

## 8.4.3 Unipolare Störung

Hyperthyme Störung mit Erregung und erhöhter Spannung, die oft von Aggressivität begleitet wird.

### Diagnostische Kriterien

- abgegrenzte Periode einer abnormalen überspannten oder reizbaren Hyperstimmung, die von einigen Tagen bis zu einigen Wochen dauert, alternierend mit einer Phase normaler Stimmung
- Die Hyperstimmung ist durch praktisch die ganze Zeit, das heißt täglich, für mindestens eine Woche andauernde identifizierbare Anzeichen charakterisiert:
  - Hyposomnie (Reduktion des Schlafbedürfnisses)
  - psychomotorische Agitiertheit, verglichen mit der üblichen motorischen Aktivität des Hundes, wie Umherwandern, Laufen, Springen, brutales Spielen, Vokalisieren etc.
  - Hypervigilanz wie dauerndes Beobachten von jedem Stimulus etc.
  - Hyperexzitation; ist bereit beim geringsten Reiz zu starten, „on the go“
  - Hyperreaktivität; reagiert auf den geringsten Reiz übertrieben, z. B. mit Bellen
  - erhöhte Ablenkbarkeit und Zerstreutheit
  - Beginn der Hyperphase kann mit Mydriasis verbunden sein
- Andere Anzeichen wie
  - Aggression (offensiv), die durch den trivialsten Stimulus ausgelöst wird
  - repetitive oder obsessiv-kompulsive Verhaltensweisen wie z. B. Kreislaufen, Bellen, Schatten fangen etc.
  - unsystematischer oder verringerter Gehorsam gegenüber korrekt erlernten Signalen
  - Perioden der körperlichen Starrheit (Immobilität) und fixiertes Starren von mehr als 10 Sekunden auf keinen spezifischen Reiz, z. B. eine Wand, den Boden oder die Decke
- Spezifizieren des Typs:
  - Zusammenhang mit Scheinträchtigkeit
  - saisonales Muster, wie z. B. im Frühjahr
  - mit oder ohne komplette Remission zwischen den Hyperphasen
  - mit oder ohne Hyperaktivitätsstörung

## 8.5 Repetitive Verhaltensweisen

Dieser Abschnitt betrifft repetitive Verhaltensweisen wie stereotype Aktivitäten oder Stereotypien und obsessiv-kompulsive Störungen. Wenn das repetitive Verhalten Symptom einer anderen Störung ist, wird es hier nicht aufgenommen. Wenn repetitive Verhaltensweisen unangepasst und stereotyp sind, wenn sie praktisch alleine auftreten und/oder das klinische Bild dominieren, wenn der Hund sie nicht spontan stoppen kann, werden sie als Stereotypien definiert.

Das Tier erscheint durch eine innere Motivation, einen Drive, gezwungen, eine Handlung auszuführen und dieses Verhalten immer wieder zu wiederholen, ohne es in der Sequenz, der Struktur, der Funktion oder der Dauer den Umweltreizen anzupassen.

Der in der Humanpsychiatrie beschriebene obsessive (kognitive) Aspekt ist in der Veterinär-Verhaltensmedizin nicht zu analysieren, aber für die Diagnose einer obsessiv-kompulsiven Störung nicht unbedingt erforderlich.

Bei Anzeichen von Angst (oder Ängstlichkeit) spricht nichts dagegen, diese Störung in die Gruppe der Angststörungen einzureihen, wie es im DSM IV geschieht.

### 8.5.1 Diagnostische Kriterien

- häufige, exzessive und stereotype Verhaltensweisen (wie in der Luft oder am Boden schlecken, Pfoten oder Flanken belecken, im Kreis laufen, umherwandern, Schwanz jagen, vokalisieren, nichtexistierende Fliegen oder Mäuse jagen, Krallen benagen, Schatten oder Lichtreflexe jagen), die nicht durch die Suche nach Aufmerksamkeit (ritualisiertes aufmerksamkeitssuchendes Verhalten) ausgelöst werden
- Die repetitiven Verhaltensweisen beanspruchen viel Zeit (mehrere Stunden pro Tag) und interferieren wesentlich mit den normalen Aktivitäten und sozialen Kontakten des Hundes.
- Spezifizieren des Typs:
  - Körperpflege, wie Pfoten, Bauch oder Flanken belecken, Nägel beißen, Fell kauen und/oder Haare fressen
  - lokomotorischer Typ, wie sich um sich selbst drehen, den eigenen Schwanz verfolgen und/oder fangen und beißen, umherwandern, in Kreisen laufen
  - alimentärer Typ, wie Böden oder Objekte belecken
  - Vokalisation, wie monotones Bellen, Winseln
  - halluzinatorischer Typ, wie nichtexistente Fliegen oder Mäuse jagen, Schatten oder Lichtreflexe jagen
  - anderer Typ, z. B. aggressiv gegenüber Hunden
- Es besteht grundsätzlich ein fließender Übergang zwischen stereotypen Bewegungsstörungen und der obsessiv-kompulsiven Störung.
- Unterscheidung in:
  - **Stereotype Bewegungsstörung:** Die Verhaltensweisen sind einfache und nichtfunktionale Bewegungs- oder Vokalisationsmuster, die deutlich mit den normalen Aktivitäten interferieren oder zur Selbstbeschädigung führen. Beispiele: Schwanz jagen, Vokalisieren.
  - **Obsessiv-kompulsive Störung:** Die Verhaltensweisen sind komplexere Handlungsmuster, die offensichtlich mit kognitiven Prozessen in Verbindung stehen, wie dem aktiven Aufsuchen eines bestimmten Ortes, Suche oder Provokation bestimmter Kontexte und Situationen. Die Themen der Störungen aus dem obsessiv-kompulsiven Spektrum sind häufig überlebenswichtige Funktionen aus dem Jagdverhalten oder Komfortverhalten. Beispiel: Schatten oder Lichtreflexe jagen, bestimmte Objekte wie Bälle, Stöcke, Steine oder Aludosen suchen, dauernd herumtragen oder zerbeißen.

### 8.5.2 Ätiologie

Wenig bekannt.

Spiele mit Laserpointer und Lichtreflexen können bei disponierten Individuen auslösend wirken.

Substitutive Aktivitäten oder Kommunikationsrituale können ihre adaptive Funktion verlieren und sich bei genetisch disponierten Individuen in stereotype Bewegungsstörungen entwickeln.

Obsessiv-kompulsive Störungen können mit der Zeit weniger komplex und instrumentalisiert, somit in Folge zur stereotypen Bewegungsstörung werden.

Genetische Grundlagen müssen bei vielen Hunden, vor allem beim Deutschen Schäfer, Bullterrier, Rottweiler, Dobermann, Border Collie, Jack Russel Terrier etc. in Betracht gezogen werden.

### 8.5.3 Evolution

Im Allgemeinen eine stabile Störung, die Dauer und Intensität des repetitiven Verhaltens kann sich vergrößern oder sehr selten verringern.

## 8.6 Kognitive Störungen

Kognitive Störungen (des Intellekts, der Informationsverarbeitung) müssen mit der Vorgeschichte des Hundes in ipsativer Form evaluiert werden. Die kognitive Funktion beim Hund zu testen ist schwierig, denn es gibt für diesen Bereich noch keine validierten Tests.

### 8.6.1 Kognitive Dysfunktion

Diese beim Hund unter dem Namen Involutionsdepression und Konfusionssyndrom von Pageat, und in der amerikanischen Literatur unter dem Namen kognitive Dysfunktion beschriebene Störung ist nichts anderes als eine senile Demenz im Sinne der Humanpsychiatrie. Die Demenz ist ein kognitiver Verfall. Am Beginn der Demenz können die Anzeichen diskret und vorübergehend sein.

#### Diagnostische Kriterien

- Diese Störung bei Hunden im mittleren und höheren Alter ist durch die meiste Zeit, praktisch täglich, seit mindestens einem Monat andauernde identifizierbare Anzeichen der Beeinträchtigung der kognitiven Funktionen mit den folgenden Symptomen charakterisiert:
  - räumliche Desorientiertheit wie Schwierigkeit oder Unfähigkeit seinen Platz oder den richtigen Ausgang aus einem Raum oder dem Haus zu finden; an der falschen Seite der Tür stehen (▶ **Abb. 8.2**), sich verirren und beim Nachbarn vor der Tür stehen, einen für die eigene Körpergröße viel zu kleinen Durchgang wählen und hartnäckig darauf bestehen
  - zeitliche Desorientiertheit wie Veränderung des Tag-Nacht-Aktivitätsmusters (ohne Veränderungen im Schlafzyklus und der Schlafdauer)
  - Störung von Gewohnheiten und Routineaktivitäten wie Spaziergängen oder Unsauberkeit
  - Störung des Gedächtnisses wie z. B. wiederholte Exploration von Objekten oder Personen, neuerliches Erwarten von Futter einige Minuten nach der Mahlzeit
  - Störung im symbolischen Erkennen wie Verlust von erwarteten Verhaltensweisen oder das Auftreten von unerwarteten Verhaltensweisen gegenüber gut bekannten Personen oder Objekten, kein Wiedererkennen von Personen oder Objekten

▶ **Abb. 8.2** An der falschen Seite der Tür stehen und warten. (Foto: Isabelle Hengrave)



- Störung im Konzept der Objektpermanenz wie das fehlende Interesse an einem Objekt, das aus dem Blickfeld verschwunden ist (verstecktes Spielzeug)
- Störung der Lernfähigkeit, der sozialen Kompetenzen und/oder sozialen Interaktionen, z. B. Verlust mancher erlernter Verhaltensweisen, Vergessen von Signalen, Reduktion der Motivation und Konzentrationsfähigkeit, Aggression

- Es kann dabei zusätzliche Symptome geben wie:
  - Anzeichen von Verwirrung wie z. B. planloses Umhergehen und Stehenbleiben, als wenn das Ziel vergessen wäre
  - ambivalente Verhaltensweisen wie Knurren, wenn der Hund gestreichelt wird.
  - infantile Verhaltensweisen wie orale Exploration
  - repetitive oder stereotype Verhaltensweisen, wie Umherwandern, Vokalisieren, vor allem nachts
  - Stumpfsinnigkeit wie z. B. Schwierigkeiten bei, oder Verlangsamung der Reaktion auf einfache Signale wie den eigenen Namen oder Sitz
  - Störung der Sphinkterfunktion wie z. B. Eliminieren im unmittelbaren Moment des physiologischen Bedürfnisses, egal an welchem Ort, Enuresis und/ oder Enkopresis
  - Anfälle von Panikattacken
  - fehlendes Spiel
- Spezifizieren des Typs:
  - plötzlicher oder langsamer (progressiver) Beginn
  - früher oder später Beginn

  - von einer affektiven Störung, wie z. B. einer chronischen Depression, Angststörung oder einem Hyperzustand begleitet
  - Beginn mit einer spezifischen Erkrankung, einem physischen oder psychischen Trauma, einer Narkose, einer neurologischen oder endokrinen Störung, Verlust einer sozialen Position oder regulären Aktivität (Arbeits-, Sporthund) verbunden
- Die gestörten Verhaltensweisen sind keine Folge einer primär sensorischen Störung (z. B. Taubheit, Blindheit) oder organischen Erkrankung.

### Ätiologie

Neurologisch-kognitive Störung, Degeneration im Zentralnervensystem.

### Evolution

Progressive Verschlechterung, die im Allgemeinen von affektiven Störungen begleitet wird.

## 8.7 Störung der sozialen Organisation

### 8.7.1 Hierarchiebezogene Störung

Die Störung der sozialen Organisation ist keine individuelle Störung – obwohl sie zu einer individuellen Störung des Hundes führen kann –, sondern genau genommen eine Störung im sozialen System und in der Kommunikation zwischen Hunden oder zwischen Menschen und Hunden.

### Diagnostische Kriterien

- häufiger oder übertriebener Zugang zu dominanten Privilegien wie Zugang oder Kontrolle des Zugangs
  - zu Futter oder Futterplätzen
  - zu der Auswahl von Ruhe- und Schlafplätzen
  - zu sozialer Aufmerksamkeit, Interaktion und Allianz
  - Spiel und anderen individuellen Initiativen
  - Kommen und Gehen von Mitgliedern der Gruppe oder Fremden
  - zu sexuellen Kontakten
  - zur Welpenaufzucht
  - etc.
- häufiges oder übertriebenes Demonstrieren von mindestens 3 dominanten Haltungen (hohe Körperhaltung, Aufreiten, Pfote auf den Widerrist legen etc.) und Verhaltensweisen (Harn markieren in Anwesenheit anderer, Kot an gut sichtbaren Stellen deponieren, Weg verstellen etc.) und seltenes Zeigen von beschwichtigenden oder submissiven Verhaltensweisen
- Das Verhalten interferiert deutlich mit dem Alltag, den Beschäftigungen und den sozialen Aktivitäten des Hundes und der Familie.

- Das Verhalten wird nicht durch eine andere Störung wie eine generalisierte Angststörung, eine Hyperaktivitätsstörung, eine unipolare Störung oder eine dyssoziale Persönlichkeitsstörung besser erklärt und ist nicht die Folge einer Medikation oder einer allgemeinen physischen Erkrankung.
- Typ spezifizieren:
  - aggressiver Typ: häufiges oder übertriebenes Zeigen von kompetitiver, irritativer und/oder territorialer Aggression
  - hyperaggressiver Typ: häufiges oder übertriebenes Zeigen von sekundärer Hyperaggression
  - Typ maternale Aggression: häufiges oder übertriebenes Zeigen von maternaler Aggression wenn Welpen oder Ersatzobjekte anwesend sind, Kidnappen von Welpen oder Kindern und Aggression gegenüber deren Mutter; Spezifizieren, ob Welpenaufzucht oder Scheinträchtigkeit
  - aufmerksamkeitssuchender Typ: häufiges oder übertriebenes Zeigen von aufmerksamkeitssuchendem und manipulierendem Verhalten
  - destruktiver Typ: häufiges oder übertriebenes Zeigen von destruktivem Verhalten gegen Einrichtung oder Objekte an den Orten, wo der Hund andere Mitglieder der Familie weggehen sieht
- Präzisieren, ob die Störung zwischen den Hunden im Haushalt oder zwischen Menschen und Hunden in der Familie auftritt

## 8.8 Persönlichkeitsstörungen

Dieser Abschnitt enthält Persönlichkeitsstörungen, die als schlecht angepasste oder unangepasste, invasive und unflexible (wenig modifizierbare) Verhaltensmuster definiert werden, die zu einem Verlust der Homöostase und/oder schweren Interferenzen mit den normalen sozialen Aktivitäten führen.

### 8.8.1 Abhängige Persönlichkeitsstörung

#### Diagnostische Kriterien

- Ein durchgehendes Muster von Hyperattachment und Angst bei Trennung von der Bezugsperson oder völligem Alleinsein, das mit der Pubertät oder im frühen Erwachsenenalter beginnt mit einigen der folgenden Symptome:
  - folgt anderen (dem Besitzer) überall hin (im Haus ...), scheint durch die Anwesenheit von anderen beruhigt zu werden
  - klammert sich an den Besitzer oder andere Menschen oder Tiere, sucht ständig Körperkontakt
  - zeigt Stressanzeichen, wenn er alleine gelassen wird, kann aber durch die Anwesenheit von irgendjemand beruhigt werden
- Es kann zusätzlich alle Anzeichen einer generalisierten Angststörung (S. 275) geben; trennungsbedingte Symptome aufgrund eines sekundären Hyperattachment (S. 277) sind dadurch wahrscheinlich.

## 8.8.2 Dyssoziale Persönlichkeitsstörung

Der Hund besitzt sehr hochentwickelte Fähigkeiten für soziale Kommunikation innerhalb der eigenen Art und mit dem Menschen. Ein Mangel sozialer Fähigkeiten aufgrund genetischer und entwicklungsbedingter Defizite kann sich in einer durchgehenden dyssozialen Persönlichkeit zeigen.

### Diagnostische Kriterien

- Ein durchgehendes Muster von Unfähigkeit zur Kommunikation mit sozial beschwichtigenden und submissiven Ritualen bei Hunden über 3 Monaten, mit den folgenden Symptomen:
  - Abwesenheit von beschwichtigenden und submissiven Haltungen
  - Abwesenheit von Futterrangordnung
  - Reizbarkeit und Aggressivität, Drohung und Angriff sind bei der kompetitiven und irritativen Aggressionssequenz gleichzeitig
  - unkontrolliertes Zubeißen
  - Intoleranz gegenüber Zwang und Manipulation
  - impulsive Reaktionen (überreaktiv, überschießend, heftig)
- spezifizieren, ob
  - unspezifisch und gegenüber Hunden und Menschen gezeigt
  - spezifisch gegenüber Menschen
  - spezifisch gegenüber Hunden
  - Handaufzucht
- Die dyssoziale Störung tritt nicht ausschließlich im Verlauf einer anderen Störung wie einer unipolaren Hyperepisode auf.
- Diese Verhaltensweisen werden durch eine andere Störung wie Hyperaktivitätsstörung, unipolare Störung, Angststörungen nicht besser erklärt und sind nicht die Folge der direkten Effekte einer Substanz (wie einer Medikation) oder einer allgemeinen medizinischen Störung.

### Ätiologie

Die Störung kann durch die Abwesenheit der Mutter (oder eines anderen erwachsenen Hundes oder Ersatzlehrers) und fehlende Erziehung vor der 12. Woche verursacht werden.

Genetische Faktoren sind wahrscheinlich.

### Evolution

Hunde mit einer dyssozialen Persönlichkeitsstörung entwickeln sehr leicht sekundäre Hyperaggression und können gefährlich sein, insbesondere, wenn sie groß sind.

## 8.8.3 Impulsive Persönlichkeitsstörung

Diese Störung betont die Geschwindigkeit der Verhaltensreaktionen des Hundes.

## Diagnostische Kriterien

- Diese Störung wird durch die meiste Zeit andauernde, praktisch täglich auftretende, objektive Anzeichen von Impulsivität charakterisiert:
  - Zeigt oft unangepasste aggressive Impulse, die in einer aggressiven Attacke ohne oder mit minimaler Drohphase (daher unvorhersehbar) enden und Schwierigkeiten, das Zubeißen zu kontrollieren.
  - Reagiert oft auf die geringste Stimulation bevor er fähig ist, die Intensität der Antwort an die Situation anzupassen.
  - Hat oft Schwierigkeiten zu warten, bis er an der Reihe ist (stürzt sich auf die Futterschüssel, bevor sie am Boden ist; schnappt sich Futter rücksichtslos aus der Hand).
  - Unterbricht die Aktivitäten anderer oder ist invasiv (z. B. bei Spielen).
  - Scheint oft unfähig, die Erregung zu kontrollieren, wird übererregt, was zu unkontrollierter Aggression oder stereotypen Bewegungsstörungen führt.
- Die Geschwindigkeit der (aggressiven) Antwort steht in keinem Verhältnis zum auslösenden Reiz oder psychischen Stressor.
- Das Verhalten interferiert deutlich mit dem Alltag, den Beschäftigungen und den sozialen Aktivitäten des Hundes.
- Diese Verhaltensweisen werden durch eine andere Störung wie Hyperaktivitätsstörung, unipolare Störung, Angststörungen nicht besser erklärt und sind nicht die Folge der direkten Effekte einer Substanz (wie einer Medikation) oder einer allgemeinen medizinischen Störung.

## Ätiologie

Unklar, vermutlich sind genetische Faktoren beteiligt.

## Evolution

Hunde mit einer impulsiven Persönlichkeitsstörung entwickeln sehr leicht sekundäre Hyperaggression und können gefährlich sein, insbesondere, wenn sie groß sind.

# 9 Stressarmes Handling in der Praxis

Sabine Schroll, Joël Dehasse

## 9.1 Allgemeines

Tierarztbesuche sind für viele Hunde ein stressreiches, im schlimmsten Fall sogar traumatisierendes Ereignis. Ein wichtiger Beitrag der Verhaltensmedizin für die Allgemeinpraxis ist der hundefreundliche und stressreduzierte Umgang in der alltäglichen Arbeit. Die Grundlage für eine vertrauensvolle oder zumindest tragfähige Geschäftsbeziehung zum Hund als Patienten ist das Verständnis seiner Ausdrucksweisen.

Der überwiegende Großteil der als schwierige Patienten eingestuften Hunde zeigt Angstsymptome – entweder in der eher produktiven Form von Hektik, Abwehr und defensiver Aggression oder eher passiv und inhibiert durch Vermeidung, Erstarren oder vergeblichen Fluchtversuchen.

Weder die eine noch die andere Version ist guter medizinischer Arbeit förderlich und endet nur allzu oft in Zwangsmaßnahmen, die das emotionale Befinden des Hundes und die nächsten Besuche weiterhin verschlechtern. Im schlechtesten Fall wirken sich Zwangsmaßnahmen auch nachteilig auf die Beziehung zum Besitzer zu Hause aus und der Hund generalisiert defensive Aggression auf andere Kontexte im Alltag.

## 9.2 Ausdrucksverhalten verstehen

Der erste Schritt zum sogenannten Low Stress Handling ist, die ersten subtilen und leisen Anzeichen von Stress und Angst zu erkennen (▸ **Abb. 9.1**). Neben dem aktiven Beobachten der Mimik und Aktivitäten des Hundes hilft hier auch ganz einfach Empathie. Die Vorstellung, wie sich ein Hund im typischen Kontext einer tierärztlichen Praxis oder Klinik fühlt, ist schon extrem hilfreich, den weiteren Umgang weniger konfrontativ zu gestalten.

Einige mehr oder weniger subtile Zeichen, die auf Stress in der Praxis deuten:

- Kopf und Hals senken
- niedrige Körperhaltung
- in die Mitteldistanz starren und Blickkontakt vermeiden
- Gähnen
- Schmatzen und Lippen belecken
- Salivation
- Kopfschütteln
- Hypervigilanz und ständiges Scannen mit Augen und Ohren
- Herumtrippeln
- langsamere oder hektischere Bewegungen als normal
- Mydriase

- veränderter Tonus der mimischen Muskulatur mit einem besorgten Gesichtsausdruck
- wechselndes Heben der Augenbrauen
- Sclera wird sichtbar – sogenanntes Walauge
- sich schlafend oder müde stellen
- Winseln, Fiepen

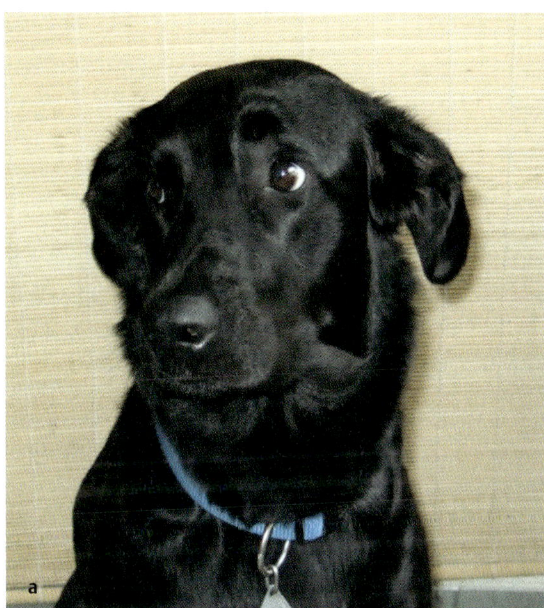

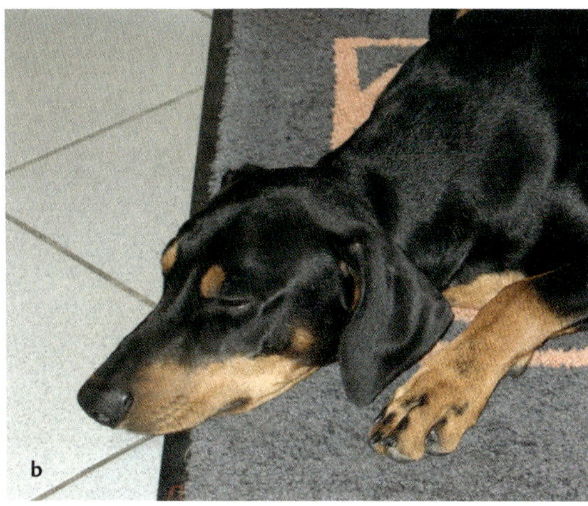

▶ **Abb. 9.1** Die Mimik und das Ausdrucksverhalten von Hunden zu verstehen, ist eine wesentliche Grundlage für stressarmen Umgang in der Praxis.
a Erste Anzeichen von Unsicherheit.
b Sich in sich zurückziehen und dösen kann auch ein Zeichen von Stress sein.

## 9.3 Ursachen für Stress und Angst in der Praxis

Neben äußeren, durch die Praxis bedingten Faktoren bringen auch Hund und Besitzer ihre Probleme mit in die Praxis.

Manche angstauslösenden Faktoren lassen sich durch einfache organisatorische Maßnahmen reduzieren:

- Terminvereinbarung und kurze Wartezeiten
- Sichtschutz im Wartezimmer
- entspannendes Geruchsambiente schaffen – Adaptil-Verdampfer, PetRemedy-Verdampfer, regelmäßiges Lüften und Entfernen von Abfällen
- Geräuschpegel reduzieren

Während der Hund in der Sozialisationsphase von 3 Wochen bis 3 Monate noch aufgeschlossen und neugierig lernt, verliert sich diese Offenheit in der weiteren Entwicklung bei vielen Hunden und weicht einer mehr oder weniger ausgeprägten Neophobie. Diese Neophobie erhöht die Aufmerksamkeit und Erregung, wodurch alle einwirkenden Reize aus der Umwelt im Sinne einer Dishabituation deutlicher wahrgenommen werden. Es kommt gewissermassen zu einer Potenzierung von Reizen, die für sich alleine nicht stark sein müssen, in der Summe aber Stress und Angst intensivieren.

Die aus der Sicht des Menschen angenommene „Normalität" von Reizen wie Objekten, geringfügig verändertem Aussehen, Handlungen am Hund oder Körperhaltungen erschweren manchmal das Verständnis für die scheinbar übertriebenen Reaktionen des Hundes.

Vielfach entwickelt sich im Rahmen einer Untersuchung auch nur ein situatives Vertrauen, das jedoch nicht belastbar ist und sofort verloren geht, wenn man sich einmal vom Hund wegbewegt hat, um gleich darauf wieder Kontakt aufzunehmen.

## 9.4 Stressarmes Handling

Vielfach sind der Zeitraum und die Art und Weise, wie Fluchtdistanz, kritische Distanz, persönliche Distanz und die maximal invasive „Veterinärdistanz" des Hundes unterschritten werden, entscheidend für die Kooperation. Mit wenigen einfachen Veränderungen im Umgang kann der Praxisbesuch für viele Hunde deutlich stressärmer werden (▶ **Abb. 9.2**).

- Den Hund im Untersuchungsraum für einige Minuten ankommen lassen und nicht unmittelbar und direkt kontaktieren.
- Den Hund zunächst eher nebenher betrachten.
- Bewegungsspielraum begrenzen bei Hunden, die hektisch herumlaufen – mehr Bewegung erhöht die Erregung.
- Seitlich statt frontal an den Hund annähern, auf die eigene Körpersprache – z. B. Stellung der Schultern, Blickrichtung oder Oberkörperneigung – achten.
- Untersuchung an den öffentlichen Zonen beginnen und erst nach und nach an die intimeren Zonen annähern.

► **Abb. 9.2** Stressarmes Handling – Handtücher sind nicht nur bei der Katze, sondern auch bei kleinen und kurznasigen Hunden sehr hilfreich.

- Der Hund soll nie die Anlehnung oder den Boden unter den Füßen verlieren.
- Mit Druck anstelle von Zug arbeiten – z. B. um Pfoten zu untersuchen oder den Hund für eine Manipulation zu lagern.
- Positionsveränderungen Schritt für Schritt verlangen und dem Hund zwischendurch einige Sekunden Zeit lassen, um sich zu sammeln und zu erkennen, dass nichts passiert.
- Einige Punkte des Untersuchungsgangs ritualisieren, sodass dieser vorhersehbar wird – auch für kurze Kontrollen, die das eigentlich nicht erfordern.
- Für den Hund ein eindeutiges „Fertig“-Signal einführen – ab diesem Zeitpunkt ist die Visite abgeschlossen, selbst wenn dem Besitzer noch etwas einfällt. Hier ist eher der Tierarzt dem ängstlichen Hund in der Pflicht, das Vertrauen nicht zu missbrauchen.
- Pausen machen und fröhliche Stimmung, Lachen und Heiterkeit verbreiten, wenn sich Spannung aufbaut.
- Im Zweifel und vor allem im Hinblick auf zukünftige Behandlungen eher sedieren als Zwangsmaßnahmen anwenden.

## 9.5 Möglichkeiten der präventiven Medikation

Für sehr ängstliche, gestresste und defensiv aggressive Hunde ist es sinnvoller, bereits vor dem Tierarztbesuch oder im Wartezimmer psychoaktive Substanzen zum Einsatz zu bringen.

- Alpha-Casozepin: 1–2 Stunden vor dem Tierarztbesuch 45–90 mg/kg
- Trazodon (S. 194)
- Gabapentin (S. 201)
- Azaperon (S. 200)

## 9.6 Vorbeuge

Die wichtigste vorbeugende Maßnahme ist die umfassende Sozialisation des Hundes auf die Praxis und tierärztliche Manipulationen. Welpen und Junghunde sollten regelmäßig zu Sozialisierungsbesuchen in die Praxis eingeladen werden – Gewichtskontrolle und ein einfacher Untersuchungsgang (den auch die TFA machen kann) sind kein großer Aufwand und schaffen Vertrautheit in einer Lebensphase, die sich durch Wiederholung in das Erwachsenenleben stabilisieren lässt.

Bei ängstlichen Hunden ist besondere Achtsamkeit gegenüber allen traumatisierenden Erlebnissen gefordert. Dazu zählen insbesondere die Einschlaf- und Aufwachphase aus einer Narkose ohne den Besitzer; schmerzhafte Manipulationen, selbst wenn sie nur sehr kurz dauern und scheinbar lächerlich wirken.

# 10 Erziehung, Training, Verhaltenstherapie oder Verhaltensmedizin?

Sabine Schroll, Joël Dehasse

## 10.1 Allgemeines

Eine wichtige Überlegung ist, in welcher Position sich der verhaltensmedizinisch tätige Tierarzt in Bezug auf Hundeschulen, Hundetrainer, Erziehungsberater, Hundecoaches oder Hundepsychologen usw. befindet. Diese eigene fachliche Position zu finden, wird natürlich immer eine individuelle Frage von persönlicher Erfahrung und Vorlieben bleiben. Doch die Verhaltensmedizin an sich hat eine sehr klare Position, selbst wenn es natürlich aus verschiedenen Gründen Überschneidungen geben kann.

## 10.2 Erziehung

Mit Erziehung soll ein Hund all jene Dinge lernen, die es ihm erleichtern, im menschlichen Alltag besser zurechtzukommen und ein gewisses Verständnis für seine Umwelt zu entwickeln. Aus menschlicher Sicht hilft Erziehung natürlich auch, das Zusammenleben zwischen zwei grundverschiedenen Arten erfreulich, nach gewissen Regeln und vor allem sicher für alle Beteiligten zu gestalten. Durch Erziehung kann aus einem Hund kein Nicht-Hund gemacht werden – die Grenzen sind durch ethologische Grundlagen vorgegeben.

Hunde-Erziehung muss nicht zwingend in einem organisierten Rahmen stattfinden und in Hundeschulen wird bei der Ausbildung vielfach noch immer zu viel Wert auf Unterordnungsarbeit gelegt anstelle von pragmatischer Alltagstauglichkeit für das Familienleben mit Hund. Erziehung von normalen – also sich physiologisch verhaltenden – Hunden ist ein Tätigkeitsbereich von gut ausgebildeten Trainern, Erziehungsberatern, Coaches.

Wenn diese Erziehung eines Hundes nicht funktioniert, muss man sich fragen:

- Ist die angewendete Technik falsch – grundsätzlich oder für diesen Hund?
- Wird die Information für den Hund verständlich kommuniziert?
- Ist die Erwartungshaltung falsch, z. B. weil der Hund noch jung und leicht ablenkbar ist?
- **Hat der Hund ein gesundheitliches Problem oder eine psychische Störung?**

Die Aufgabe der Verhaltensmedizin liegt hier vor allem in der wirklich frühzeitigen Diagnose und Therapie von psychischen Störungen. In diesem Sinne gehören zur Prävention unbedingt auch die Beratung des Hundebesitzers bei Fragen zu hundegerechter Ausbildung und ein Standpunkt, der sich unabhängig von individuell benannten Methoden an den wissenschaftlichen Prinzipien des Lernens orientiert.

## 10.3 Training

Im Training erlernt und übt der Hund körperliche und/oder kognitive Fähigkeiten. Beispiele für körperliches Training sind Windhunde, die einerseits große Schnelligkeit entwickeln, andererseits aber diese Kraft auch kontrollieren lernen müssen, sowie Schlittenhunde, die Kraft und körperliche Ausdauer trainieren müssen.

Kognitives Training ist z. B. jede Art von Geruchsarbeit, bei der Hunde ihre Datenbasis zur Geruchserkennung und -differenzierung ständig ausbauen, sowie das Erlernen von zahlreichen Begriffen und Tätigkeiten. Kombinationen aus kognitivem und körperlichem Training sind moderne Hundesportarten wie Hütearbeit, Agility, Dog-Dance oder auch Mantrailing.

Hundetraining dient einerseits der Ausbildung von Arbeits-, Sport- und Diensthunden, andererseits kann es auch einfach gemeinsame Beschäftigung mit dem Menschen und Unterhaltungsprogramm für den Hund sein.

Training ist im Allgemeinen ein Tätigkeitsbereich von spezialisierten Trainern.

## 10.4 Verhaltenstherapie

Hier ist das vorrangige Ziel, einen psychisch unausgeglichenen oder kranken Hund durch lerntheoretisch basierte Verhaltenstherapien im engeren Sinne wieder in einen weitgehend ausgeglichenen Wohlfühlzustand zu bringen. Es sind weder der unbedingte Gehorsam noch der sportliche Erfolg von Bedeutung, sondern einzig und allein die tragfähige Beziehung zum Menschen, Sicherheit im Alltag und Wohlbefinden des Hundes. Voraussetzung für eine erfolgreiche Verhaltenstherapie im eigentlichen Sinne ist die Lern- und Aufnahmefähigkeit des Hundes.

Verhaltenstherapie ist ein Tätigkeitsbereich von Verhaltensmedizinern oder entsprechend ausgebildeten Hunde-Verhaltenstherapeuten – vorzugsweise in Zusammenarbeit mit Verhaltensmedizinern. In Österreich ist dies ein durch das Tierärztegesetz geregelter Tätigkeitsbereich von Tierärzten, da es sich nicht mehr um gesunde Hunde handelt.

## 10.5 Verhaltensmedizin

Die Verhaltensmedizin befasst sich vorrangig mit körperlich und/oder psychisch beeinträchtigten Hunden, die nicht einer Erziehung, sondern tatsächlich einer mehr oder weniger umfassenden Behandlung bedürfen. Die kognitiven Voraussetzungen für eine Verhaltenstherapie im engeren Sinne können in vielen Fällen erst durch den ganzheitlichen und medizinischen Zugang der Verhaltensmedizin geschaffen werden. Die Diagnose von körperlichen Erkrankungen erfolgt oft auch unter Zuhilfenahme ethologischer Grundlagen, z. B. hinsichtlich der vielfältigen Symptome von Schmerz – denn die Gesundheit des Organismus ist das allen anderen übergeordnete psychobiologische

Element. Medikation ist nach wie vor eine der effektivsten Maßnahmen, um die Stimmungslage des Hundes so zu beeinflussen, dass seine Erregungslage kognitive Fähigkeiten – also Lernen – überhaupt erlaubt. Wann immer also Erziehung, Training oder Verhaltenstherapie nicht funktionieren, liegt es nahe, den Hund aus verhaltensmedizinischer Sicht zu betrachten und nicht nur an den nächsten Trainer zu verweisen.

Verhaltensmedizin ist der Tätigkeitsbereich des entsprechend ausgebildeten praktischen oder spezialisierten Tierarztes.

Allen diesen Arbeitsbereichen gemeinsam sind die wissenschaftlichen Grundlagen des Lernens – Lernen findet für den Hund im Rahmen eines Erziehungskurses über die gleichen Mechanismen statt wie bei einer Verhaltenstherapie – nur die Umstände und Zielsetzungen sind andere. Als verhaltensmedizinischer Tierarzt kann, aber muss man keine Hundeschule oder Trainingscenter betreiben – dies ist ein erweitertes Angebot, aber keine Voraussetzung für die Verhaltensmedizin. Schon aus zeitlichen, finanziellen und ressourcentechnischen Gründen ist eine Empfehlung oder auch Zusammenarbeit mit gut ausgebildeten Hundetrainern hier viel sinnvoller – sofern der Besitzer dies wünscht oder auch braucht.

Für den verhaltensmedizinisch tätigen Tierarzt ist es daher nicht wichtig, eine einzelne spezielle Methode oder eine der zahlreichen Hundeerziehungsphilosophien als einzig richtige zu vertreten oder zu empfehlen. Bei jeder Methode – wie sie auch immer heißen mag – ist das einzig Wesentliche, zu erkennen, ob die folgenden Grundprinzipien eingehalten werden:

- artgerechter, dem individuellen Hund angemessener und verständlicher Zugang
- folgt wissenschaftlichen Prinzipien des Lernens
- Hunde werden als Freunde, Familienmitglieder, Arbeitsgefährten oder Helfer betrachtet und nicht als Gehorchmaschinen
- Dominanz wird allenfalls als das natürliche *Ergebnis* von Lernen und Kognition angesehen und nicht als das *Mittel*, das es bewirkt
- Spaß und Leichtigkeit beim Lernen für Hund und Mensch

Im Sinne einer Prävention von Problemen, die durch nicht hundegerechte Erziehung entstehen, können allgemeine Empfehlungen an Besitzer gegeben werden:

- Die Bedürfnisse des Hundes sollen umfassend respektiert und sein Aktivitätsbedürfnis befriedigt werden.
- Alle erwünschten Verhaltensweisen werden gefördert und belohnt.
- Alle störenden Verhaltensweisen werden verändert, indem man dem Hund alternatives Verhalten beibringt.
- Hohe Erregung vermeiden oder reduzieren (z. B. durch Medikation), um Lernen zu verbessern.
- Genexpression kann durch längerfristige Medikation beeinflusst werden.
- Alle Techniken, die strafen, Schmerzen, Angst oder Stress auslösen, sind zu vermeiden.
- Modelle von Hierarchie oder Dominanz, wie sie von Machismo-betonten Trainern praktiziert werden, sind zu vermeiden (▸ **Abb. 10.1**).

▸ **Abb. 10.1** Inadäquate und unfreundliche Methoden verunsichern Hunde. Hier zeigt sich dies durch niedrige Körperhaltung, nach hinten gezogene Ohren und Lefzen, sichtbare Sclera und gerunzelte Augenbrauen.

# 11 Prävention und allgemeine Fragen in der Beratung

Sabine Schroll, Joël Dehasse

In der allgemeinmedizinischen Praxis tauchen immer wieder Fragen zu speziellen Themen auf. Diese kurzen Beratungen sind eine gute Möglichkeit, in die Verhaltensmedizin einzusteigen und sich in der Technik der Konsultation zu üben. Außerdem tragen diese für den Klienten persönlich wichtigen Leistungen ganz erheblich zur Kundenbindung und zur Anerkennung der fachlichen sowie menschlichen Kompetenz bei.

Einige Aspekte der Prävention sind auch schon im Rahmen der Pubertätskonsultationen (S. 31) und bei der Entwicklung des Hundes (S. 44) beschrieben.

## 11.1 Hund und Kind

Fragen zum Thema Hund und Kind gehören zu den häufigsten in der Routinepraxis.

Einerseits sind es immer öfter und – erfreulicherweise – Anfragen, wie zukünftige Probleme und Gefahren verhindert werden können, wenn ein Baby erwartet wird oder ein Hund in die Familie mit Kindern aufgenommen wird (▸ **Abb. 11.1**).

Andererseits beschäftigen sich Besitzer leider oft erst nach den ersten aggressiven Verhaltensweisen des Hundes oder wenn das Kind gebissen wurde mit diesem Thema. Nicht selten wird dann auch gleich im ersten emotionalen Aufruhr die sofortige Euthanasie des Hundes gefordert. In diesem Fall sind sowohl die fachliche Kompetenz des Tierarztes für die gründliche verhaltensmedizinische Abklärung und Gefährlichkeitsbeurteilung des Hundes (S. 127) als auch Menschlichkeit und Empathie in höchstem Maße gefordert.

▸ **Abb. 11.1** Kinder in die Konsultation integrieren.

**Merke**

**Als oberste Grundsätze gelten immer und für alle Beratungen zum Thema Hund und Kind:**

- **Hund und Kind niemals ohne Aufsicht lassen!**
- **Es gibt keinen Hund, der nicht beißt, es sei denn er ist aus Stoff oder tot!**
- **Der Vertrauensgrundsatz gilt weder für Kinder noch für Hunde!**
- **Hunde sind keine Babysitter!**

Einer von beiden, entweder Hund oder Kind, muss immer unter Kontrolle sein – egal ob es sich nur um einen kurzen Moment am Telefon oder einen Gang zur Toilette oder in die Waschküche handelt.

Hund und Kind im Wohnzimmer nebeneinander spielen zu lassen, während man selbst liest oder fernsieht, ist **keine Aufsicht**!

Die weitaus meisten Unfälle mit Hunden und Kindern passieren, wenn die beiden – *nur ganz kurz* – alleine gelassen werden oder nicht beaufsichtigt werden.

Auch extrem gut sozialisierte und tolerante Hunde haben ein Recht auf ihre körperliche Unversehrtheit und können sich im Falle des Falles verteidigen.

Selbst ausgesprochen kinderfreundliche Hunde können sich einen erzieherischen Job aneignen und ein lästiges Kind mit bester Absicht wie einen zudringlichen Welpen oder einen Junghund maßregeln. Leider kann auch diese sehr kontrollierte, vom Hund angedrohte und für die Welpenerziehung typische Zurechtweisung zu schweren Verletzungen im zarten Gesicht eines Kindes führen.

Nicht nur aggressive, sondern auch hyperaktive Hunde stellen mit ihrer Ungestümheit eine Gefahr für Kinder dar – Kleinkinder werden einfach umgewedelt, zerkratzt, umgerannt oder können Treppen hinunterstürzen.

### 11.1.1 Hund ist zuerst da – Kind wird erwartet

In der heutigen Zeit ist es vielfach üblich, dass Frauen oder Paare zunächst einen Hund haben und erst einige Jahre später eine Familie mit Kindern gründen. In dieser Zeit kann der Hund manchmal den Platz eines Kindes einnehmen. Die Haltung dem Hund gegenüber kann nach der Geburt eines Kindes von deutlich ablehnend über ängstlich bis zu einer ganz selbstverständlichen, natürlichen oder sogar sorglosen Integration in die Familie reichen.

Ein schlechtes Gewissen von Müttern ist fast immer da, wenn der Hund bisher eine ganz besonders wichtige Position im Leben hatte, da sich nun die Prioritäten zugunsten des Kindes verschoben haben. Diese Schuldgefühle führen zu möglicherweise kontraproduktiven Handlungen, indem der Hund immer dann ganz besondere Zuwendung bekommt, wenn das Baby schläft und endlich Zeit für ihn da ist.

Alle diese Punkte gelten sinngemäß natürlich auch für Großeltern, die einen Hund besitzen und ihre Enkel zu Besuch haben oder betreuen.

- Abklären, ob der Hund auf Säuglinge und Kleinkinder sozialisiert ist und sie nicht als potenzielle Beute betrachtet!
- Es ist eine normale und natürliche Sache, dass ein Baby einen anderen emotionalen Platz als der Hund einnimmt, auch wenn dieser bisher so wichtig wie ein Kind war. Schlechtes Gewissen und Handlungen, die aus Schuldgefühlen erstehen, verwirren den Hund noch mehr und schaffen Probleme.

- Grundsätzlich sollten alle Veränderungen in den Alltagsregeln oder im Wohnraum wie Einrichtung von Tabuzonen im Bett, Kinderzimmer oder Sofa bereits einige Monate vor der Geburt eines Kindes eingeführt werden.
- Bei Aktivitäten mit dem Kind gibt es auch Aktivität und Aufmerksamkeit für den Hund. Das kann entweder über Futter (z. B. Breireste oder besondere Leckerbissen, Fütterung), über Aufmerksamkeit (z. B. Hund darf in Körperkontakt liegen beim Stillen, Streicheln, Ansehen, Anreden etc.) oder über Spiel (z. B. Mutter spielt mit dem Kind und der Vater spielt mit dem Hund, Spaziergänge, Suchspiele, mentales Training und Übungen trainieren etc.) geschehen.
- Wenn das Kind nicht anwesend oder schlafend ist, gibt es für den Hund keine soziale Zuwendung. Diese Zeit gehört den Eltern.
- Für ängstliche und mangelhaft auf Kinder sozialisierte Hunde frühzeitig mit einer systematischen Desensibilisierung und/oder klassischen Gegenkonditionierung (S. 242) z. B. mit Hilfe von Geräusch-CDs oder unter entsprechenden Sicherheitsmaßnahmen mit Kindern von Verwandten oder Freunden beginnen.
- Einen sicheren Rückzugsort für den Hund mit einer roten Linie schaffen. Der Bereich jenseits davon ist für das Kind tabu und darf nicht überschritten werden. In den meisten Fällen ist es schneller, effektiver und sicherer, einem Kind die entsprechenden Grenzen und den Respekt für den Hund beizubringen, als einen älteren ängstlichen Hund an die Zudringlichkeit von Kindern zu gewöhnen. Die überlegte unmissverständliche Zurechtweisung und Maßregelung eines Kindes durch die Eltern ist allemal sicherer, als wenn der Hund gezwungen ist, zu seinen Mitteln zu greifen.
- Alternativ können Kindergitter und andere Abgrenzungen in der Wohnung und im Garten angebracht werden.
- Die fehlende körperliche Aktivität (Spaziergang mit Kleinkind!) kann zumindest teilweise durch mentale Aktivität ersetzt werden; dazu das Kapitel Beschäftigung (S. 230).
- Maulkorbtraining frühzeitig beginnen.
- Ganz besondere Vorsicht ist bei hyperaktiven Kindern oder der Kombination hyperaktiver Hund **und** hyperaktives Kind angebracht.

### 11.1.2 Kind(er) sind da – es soll ein Hund ins Haus kommen!

Eine zweite typische Situation ist die junge Familie mit Kindern, die ins Haus übersiedelt und nun einen Hund haben möchte. *Einen Golden Retriever natürlich …*, weil man findet ihn so hübsch und hat gehört, dass er *ein idealer Hund für die Familie* ist.

**! Merke**
**Es gibt keine Hunderasse, die als idealer Familienhund bezeichnet werden kann.**

Entscheidend für die Familieneignung sind vielmehr
- eine **außerordentlich** gute Sozialisierung gegenüber Kindern und allen Umweltreizen, die in einem lebhaften Kinderhaushalt auftreten können.
- psychisch gesunde, ausgeglichene und tolerante Elterntiere.
- der (ursprüngliche) Verwendungszweck, für den eine Hunderasse selektiert wurde.
- bis zu einem gewissen Grad die körperliche Größe.
- Hündinnen sind in der Regel leichter und unkomplizierter in der Familie zu halten und sind unter Umständen die bessere Wahl.

- Je intelligenter und reaktiver ein Hund ist, desto anspruchsvoller wird seine Haltung. Und zwar ganz besonders was die Beschäftigung betrifft. Hat solch ein Hund keine auslastende und befriedigende Beschäftigung, sucht er sich einen Aufgabenbereich. In einer durchschnittlichen Familie ist sogar ein wenig lebhafter und etwas träger Hund oft **unter**beschäftigt.
- Die Größe und das Gewicht sind ein Kriterium, wenn Kinder mit dem Hund spielen, spazieren gehen wollen (oder sollen) und dem Hund körperlich nicht gewachsen sind. Das ideale Gewichtslimit könnte man daher gut bei 15–20 kg empfehlen – das muss jedoch nicht als absolute Regel gelten.

### 11.1.3 Besondere Altersphasen von Kindern und die Risiken

- **Säugling bis 8–12 Monate:** Jagdverhalten durch nicht oder nicht ausreichend sozialisierte Hunde! Tödliches Risiko.
- **8–24 Monate:** Erste und mehr oder weniger unkontrollierte Mobilität. Hunde haben eine enorme Anziehungskraft für Kinder in diesem Alter und werden bis in die letzten Winkel verfolgt. Risiko für defensive Aggressionen wie irritative Aggression, schmerzbedingte Aggression oder Angstaggression, Jagdverhalten.
- **2–5 Jahre:** *Nein* und andere Verbote werden just missachtet, die Grenzen und Konsequenzen auszuloten ist **die** Herausforderung. Kinder beginnen mit Hunden zu spielen, erforschen den Hund mit seinen Körperöffnungen und drängen sich Hunden bei der Fütterung und an Ruheplätzen auf, um ihn *liebzuhaben*. Risiko für erzieherische Aggression, kompetitive Aggression, irritative Aggression, schmerzbedingte Aggression oder Angstaggression, Jagdverhalten.
- **5–10 Jahre:** Kinder beginnen Erwachsene nachzuahmen und versuchen den Hund zu kommandieren. Ähnliche Risiken im Spiel wie bei jüngeren Kindern. In Einzelfällen sind Bosheitsakte und Quälereien gegenüber dem Hund möglich. Buben sind deutlich gefährdeter, gebissen zu werden. Risiken wie in der vorhergehenden Altersphase.
- **Pubertät:** Während der Pubertät lässt das große Interesse für den Hund in vielen Fällen nach, andere Aktivitäten werden wichtiger. Buben in der Pubertät neigen eher dazu, Hunde zu provozieren. Durch die ansteigende Hormon- und damit Pheromonproduktion werden sie unter Umständen von Rüden in der Familie als Konkurrenten interpretiert. Erhöhtes Risiko für kompetitive Aggression. Mädchen suchen eher den physischen Kontakt mit Hunden und sind am sozialen Kontakt mit dem eigenen Hund (und auch fremden Hunden interessiert). Risiko für irritative Aggression und auch kompetitive Aggression. Durch die Produktion von Sexualhormonen können Mädchen für Rüden sexuell attraktiv werden.

## 11.2 Hund und Katze

Das Zusammenleben von Hund und Katze ist in der Regel kein Problem, wenn sowohl der Hund als auch die Katze auf die jeweilige andere Art sozialisiert ist und sie daher miteinander kommunizieren können.

- Hunde, die Katzen schon gejagt und getötet haben, nicht sozialisiert sind, können nicht im selben Haushalt mit Katzen leben, ohne dass diese einer ständigen Lebensgefahr ausgesetzt sind.
- Auch auf Katzen sozialisierte Hunde können diese immer noch jagen, wenn
  - sie draußen sind.
  - sie davonlaufen.
  - sie nicht zur eigenen Familie gehören.

Beim Zusammenführen und Kennenlernen sollte der Hund mit einer Leine gesichert werden und die Katze im Raum Zufluchtmöglichkeiten haben. Sozusagen zweisprachige Katzen erkennen an einem Hund sofort, ob dieser auch zumindest den Grundwortschatz „Katze“ zur höflichen Kommunikation beherrscht. Umgekehrt erkennen zweisprachig aufgewachsene Hunde, wenn eine Katze keinen Kontakt wünscht. Wenn entsprechend sozialisierte Katzen in der Praxis zur Verfügung stehen, können sie gut in die Konsultation einbezogen und um ihre „Meinung“ gefragt werden.

## 11.3 Auswahl eines Hundes

Erfreulicherweise immer öfter erkundigen sich Klienten nach dem für sie idealen Hund oder nach den Auswahlkriterien, die sie bei der Wahl eines Hundes berücksichtigen sollten.

Je selbstverständlicher und offensichtlicher dieser Service in der Tierarztpraxis angeboten wird, desto mehr können wir hoffen, dass in Zukunft nicht nur die Anschaffung eines Autos von allen Seiten betrachtet und reiflich überlegt wird.

### 11.3.1 Kriterien, die in der Beratung angesprochen werden können

Einige ethologische Grundlagen zu kennen und zu respektieren ist eine unerlässliche Grundlage für eine den Hund, den Besitzer und die Gesellschaft zufriedenstellende Hundehaltung.

- **Hunde sind Raubtiere**. Immer noch. Auch wenn die Domestikation und die Sozialisation das friedliche Zusammenleben seit Jahrtausenden ermöglicht, bleibt der Hund dennoch ein Raubtier.
- **Hunde sind soziale Lebewesen**. Für einen Hund ist es schlimm, alleine, ohne Beschäftigung und ohne jeglichen Sozialkontakt zu sein. Natürlich sind mit etwas Aufwand die meisten Hunde in der Lage, das Alleinsein zu erlernen (oder wieder zu lernen), aber es entspricht letztlich nicht ihrem Naturell.
- **Hunde brauchen Bewegung**. Laufen ist, in Abhängigkeit von den individuellen und körperlichen Möglichkeiten, für den Hund ein Grundbedürfnis.

Ganz ehrlich betrachtet, müsste für manche Menschen an diesem Punkt in der Konsultation die Empfehlung lauten: *Nehmen Sie sich einen Stoffhund.*

- Was kann ich meinem Hund bieten?
  - Familienanschluss

  - gemeinsame soziale Aktivität
  - klare und konsistente Kommunikation
  - Bewegung
- Welche Bedeutung und welchen Einfluss hat die **Größe** aus tierärztlicher Sicht?
  - **Kosten:** Futterkosten, die häufig über die mangelnde Qualität wieder vermeintlich eingespart werden. Medikamentenkosten – insbesondere für längerfristige Therapien.
  - **Raumbedarf:** Hunde haben einen wesentlich intensiveren Stoffwechsel als Menschen. Sie benötigen daher je nach ihrer Größe den gleichen Raum wie ein großer beziehungsweise kleiner Mensch. Das gilt auch für den sicheren Transport im Auto – ein großer Hund benötigt einen ganzen eigenen Platz im Auto. Ist sein Platz die Rückbank, wird es nur wenig Mitfahrer geben, die sich nach einer herbstlichen Tour durch den Matsch den Platz mit einem großen Hund teilen wollen.
  - **Geruch:** Ein großer Hund riecht intensiver. Bedingt durch den rascheren Stoffwechsel und die absolut größere Oberfläche kann der Geruch eines großen Hundes von extrem intensiv bis unerträglich werden. Und das kann auch für den gut gepflegten Hund gelten, vor allem im Sommer. Kleine Hunde können zur Reinigung kurz in die Dusche oder die Badewanne gestellt werden. Medizinisch notwendige Badebehandlungen beim großen Hund können zur Herausforderung werden.
  - **Management und Erziehung:** Wenn die Leinenführigkeit beim kleinen Hund oft vernachlässigt wird, so ist sie beim großen Hund unerlässlich. Ein großer Hund hat ein größeres Risiko wegen Aggression euthanasiert zu werden als ein kleiner.
  - **Bewegungsbedarf:** Ganz generell kann man sagen, dass große Hunde einen deutlich geringeren Bewegungsbedarf haben als kleine. Nach einem ausgedehnten Spaziergang legt sich der Neufundländer oder Berner Sennenhund gemütlich auf seinen Platz und ruht, während der Zwergpinscher oder Jack Russel Terrier noch immer zum Spielen aufgelegt sind oder nur eine kurze Pause benötigen, um wieder fit und einsatzbereit zu sein.
- Welche Bedeutung und welchen Einfluss hat der **Felltyp** aus tierärztlicher Sicht:
  - **Haarausfall:** Kurzhaarige Hunde haaren bedeutend mehr als langhaarige. Das lange Haar hat einen längeren Lebenszyklus; das Wachstum bis es ausfällt dauert länger. Der kurzhaarige Hund erneuert sein Fell rascher – die Haare sind schnell ausgewachsen und werden entsprechend häufiger gewechselt. Zusätzlich sind kurze Stichelhaare mit Abstand am schwierigsten zu entfernen.
  - **Haarwechsel:** Der saisonale Haarwechsel gilt fast nur für Hunde, die den Witterungsbedingungen längerfristig ausgesetzt sind – das heißt für draußen lebende Hunde. In der Wohnung lebende Hunde wechseln das ganze Jahr über, eventuell mit Schwerpunkten im Herbst und Winter, sowie sechs bis zwölf Wochen nach Erkrankungen und Stresssituationen.
  - **Pflegeaufwand:** Bei manchen Rassen muss das Haarkleid getrimmt oder geschoren werden. Damit der Westie so weiß und niedlich wie in der Fernsehwerbung aussieht, muss er regelmäßig getrimmt werden. Bei drahthaarigen Rassen, die getrimmt werden müssen, dient dies nicht nur der Kosmetik, sondern auch der Hautpflege – unerträglicher Juckreiz ist die unweigerliche Folge, wenn die Fellpflege vernachlässigt wird. Langhaarige Rassen, die nicht regelmäßig gekämmt

werden, leiden erheblich unter ihrem verfilzten Fell und sollten in solchen Fällen regelmäßig geschoren werden.
 - **Lange Haare** im Gesicht beeinträchtigen die Wahrnehmung der betroffenen Hunde ganz enorm und defensive Aggression kann die Folge sein. Alle Haare, die das Gesichtsfeld des Hundes beeinträchtigen, sollten unabhängig vom Rassestandard entweder regelmäßig gekürzt oder aus dem Gesicht gekämmt und mit Haargummi, Spange, Masche oder Haargel befestigt werden.
- **Modehunde:** Modeerscheinungen tragen zu einem völlig verfälschten Bild des Hundes oder einer bestimmten Rasse bei. In der Beratung sind diese unrealistischen Fantasiebilder manchmal nur schwer zurechtzurücken und wenige Tage nach einer solchen Beratung taucht der frischgebackene Retrieverbesitzer mit stolz geschwellter Brust und einem völlig verstörten 16-Wochen-Junghund in der Praxis auf – *Sehen Sie mal, wir haben ihn ganz günstig bekommen, er war der letzte Welpe der noch übrig war …*
  - Mit der Attraktivität einer Rasse steigt die Nachfrage und in weiterer Folge das Angebot. Hunde dieser Rassen werden allzu oft als Konsum- und Wegwerfartikel produziert.
  - Weder körperliche noch psychische Gesundheit der Eltern und Welpen werden berücksichtigt.
  - Wenn es schon ein Hund einer aktuell beliebten Rasse sein muss, dann muss auf die Auswahl des Züchters und des individuellen Welpen doppelt geachtet werden. Welpen vom Züchter, der auf die körperliche und psychische Gesundheit, auf die genetischen Grundlagen und eine optimale Sozialisation und Frühförderung achtet, sind ganz sicher **nicht** um 300 Euro zu haben!
- Überdurchschnittlich oft werden aus **Mitleid** übernommene Hunde in der Verhaltenskonsultation vorgestellt. *Ganz arm* bedeutet in der Regel, dass dieser Hund körperlich und/oder psychisch krank ist. Es spricht nichts dagegen, einen solchen Hund aufzunehmen, unter der Voraussetzung, dass man
  - Geld,
  - Zeit und
  - Kompetenz

  dafür hat. Fehlt es an einem der genannten Faktoren, gibt es am Ende nicht nur den immer noch *armen* Hund, sondern auch einen leidenden, überforderten Besitzer und nicht zu selten eine beeinträchtigte soziale Umwelt durch Aggressivität, übermäßiges Bellen oder Jagdverhalten.
- Mitleid führt in den allermeisten Fällen zu unreflektiertem Handeln, weil es letztlich darum geht, das eigene ungute Gefühl zu beseitigen und nicht um überlegtes sinnvolles Handeln.
- **Rassetypisches Aussehen** ist Geschmacksache, unterliegt der Mode, kann der Einrichtung oder Kleidung angepasst werden und hat mitunter einen nachteiligen Einfluss auf die Gesundheit des Hundes. Hunde werden heute mit ganz wenigen Ausnahmen nur nach optischen Merkmalen züchterisch bearbeitet.
- **Rassetypisches Verhalten** beruht auf einer ursprünglichen Selektion auf bestimmte Verhaltensmerkmale und einen bestimmten Verwendungszweck. Züchterisch bearbeitet wurden in erster Linie die Jagdsequenz und das defensive Verhalten.

- Die Jagdsequenz besteht aus vielen Einzelelementen, die beim Wolf als Allrounder noch in gleichmäßiger Intensität und Abfolge vorhanden sind. Bei Hunden wurden einzelne Elemente intensiviert (hypertrophiert), während andere extrem reduziert sind.
- Beim defensiven Verhalten wurden die Distanzierungsaggression und die territoriale Aggression züchterisch selektiv bearbeitet.
- Obwohl es diese typischen Eigenschaften bestimmter Rassen gibt, können die individuellen Unterschiede zwischen zwei Hunden derselben Rasse dennoch größer sein als die Unterschiede zwischen zwei Hunden unterschiedlicher Rassen.

## 11.4 Sauberkeitserziehung

Sauberkeitserziehung beim Welpen und Junghund ist eine der Standardfragen in der Erstkonsultation. Die grundlegenden Erklärungen und Anleitung für den Besitzer zum Training sind im Kapitel über die Welpenkonsultation (S. 27) beschrieben.

# 12 Wesenstest

Kerstin Röhrs

## 12.1 Allgemeines

Die Durchführung von Wesenstests kann Teilgebiet des verhaltensmedizinisch tätigen Tierarztes sein. Es gibt unterschiedliche Anlässe für die Durchführung eines Wesenstests und so unterschiedlich sind auch das Prozedere und die Anforderungen an denjenigen, der den Wesenstest durchführt.

Nachfolgend werden verschiedene Punkte angesprochen, die bei der korrekten Durchführung eines Wesenstests, der Beurteilung eines Hundes und Erstellung eines schriftlichen Gutachtens von Relevanz sind (z. B. notwendige personelle und technische Ressourcen). Es muss allerdings darauf hingewiesen werden, dass der Rahmen dieses Kapitels begrenzt ist, der Inhalt entsprechend dem Medium „Buch" und trotz Bemühungen um möglichst großen Praxisbezug eher theoretisch. Zum Erlangen einer guten fachlichen Kompetenz zum Thema „Wesenstest" werden Fort- bzw. Weiterbildungen insbesondere in der praktischen Beurteilung von Hunden und deren Ausdrucksverhalten empfohlen.

## 12.2 Unterschiedliche Wesenstests aus unterschiedlichen Anlässen

Wesenstests werden aus unterschiedlichen Gründen/Anlässen durchgeführt:

- Wesenstest für Schulhunde, Besuchshunde in verschiedenen Einrichtungen (Krankenhaus, Altersheim etc.)
- Wesenstest für Hunde, die in einem Bereich der tiergestützten Therapie eingesetzt werden sollen
- Wesenstest im Rahmen einer Zuchtzulassung oder als Teil einer Prüfung (im Hundesport, bei der Rettungshunde- und Jagdhundeausbildung)
- Wesenstest aufgrund einer Rassezugehörigkeit – zum Erlangen der Haltungserlaubnis, Befreiung von Maulkorb- und/oder Leinenzwang (gesetzliche Vorgaben)
- Wesenstest aufgrund behördlicher Auflagen nach einem Vorfall

Einige Wesenstests werden regelmäßig von geschulten Laien und/oder nicht verhaltensmedizinisch tätigen Tierärzten durchgeführt.

Nachfolgend werden besonders die Wesenstests behandelt, die fachlich begründet – und oft auch durch gesetzliche Vorgaben geregelt – in die Hand eines in diesem Fachgebiet spezialisierten Tierarztes gehören. Oft werden Ethologie und Verhaltensmedizin während des tiermedizinischen Studiums nur gestreift und es sind Fort- und Weiterbildung nach dem Studium erforderlich, um ausreichende Qualifikation in diesen Bereichen zu erreichen. Da die Stellungnahme gegenüber einer Behörde oder die Aussage als Sachverständiger vor Gericht eine mögliche Folge der Beurteilung eines Hundes nach einem Wesenstest ist, sollte man auch im eigenen Interesse entsprechende Fortbildungen vorweisen können.

## 12.3 Wesenstests aufgrund gesetzlicher Vorgaben und/oder behördlicher Auflagen

Die Notwendigkeit für die Durchführung von Wesenstests aufgrund einer Rassezugehörigkeit oder nach einem Vorfall (Beiß- oder anderem Vorfall) ergibt sich aus der jeweils geltenden Gesetzeslage (Hundegesetze, Gefahrhunde-Verordnung, Polizeihundegesetz etc.): Ein Hund kann aufgrund seiner Rasse oder nach einem Vorfall als „gefährlich" eingestuft werden und ein bestandener Wesenstest kann z. B. die Voraussetzung für die weitere Haltungserlaubnis sein.

Die Zielsetzung eines Wesenstests aufgrund gesetzlicher Vorgaben und/oder behördlicher Auflagen ist in der Regel die Beantwortung der Frage nach der vorhandenen „Gefährlichkeit" (= Gefahr verursachend) oder „Aggressivität" (= Maß für die Angriffsbereitschaft) eines bestimmten Hundes. Je nach Gesetzeslage findet man unterschiedliche Formulierungen, aufgrund welchen Verhaltens ein Hund als „gefährlich" oder „gesteigert aggressiv" eingestuft wird. Um zu gewährleisten, dass ein durchgeführter Wesenstest behördlicherseits anerkannt wird, ist die genaue Kenntnis der jeweils geltenden Gesetzeslage eine Grundvoraussetzung.

**Hintergrundinfo**

Inwieweit sich rechtliche Vorgaben zur Haltung gefährlicher Hunde durch den Gesetzgeber als Maßnahmen zur Bissprävention eignen, sei dahingestellt. In den letzten Jahren hat es einige wissenschaftliche Veröffentlichungen gegeben, die belegen, dass die Anzahl von gehaltenen „Listenhunden" zwar gesunken ist, die absolute Zahl von Beißvorfällen jedoch nicht.

## 12.4 Grundsätzliche Überlegungen

Wenn man plant, einen Wesenstest durchzuführen, ist es sinnvoll, sich vorab einige grundsätzliche Gedanken zu machen. Auf diese Weise ist man beim Erstkontakt und zur Terminabsprache vorbereitet und in der Lage, bestimmte Fragen zu stellen/Inhalte abzuklären:

- Welche Gründe gibt es für die Vorstellung? Welche Zielsetzungen kann es geben?
- Art und Umfang des Wesenstests bestimmen, z. B. welche technischen oder personellen Ressourcen für die Durchführung notwendig sind.
- Ist der Ablauf z. B. durch gesetzliche Vorgaben geregelt?
- Zu manchen Hundegesetzen gibt es Durchführungsverordnungen, welche die Rahmenbedingungen bestimmen.
- Sollte der Wesenstest durchgeführt werden, damit ein Hundebesitzer die Genehmigung zur Haltung eines per Gesetz „gefährlichen Hundes" erhält, könnte z. B. das Al-

ter des vorgestellten Hundes hinsichtlich Art und Umfang der zu testenden Situationen zu berücksichtigen sein (z. B. Unterschied zwischen Wesenstest bei Hunden < 15 Monaten/ > 15 Monaten).

- Will man einen Wesenstest nach einem vorgegebenen Standard oder nach eigenem Ermessen durchführen?
- Grundsätzlich ist es empfehlenswert, sich an einem Standard zu orientieren. Allerdings können besondere Anforderungen aufgrund des individuellen Anlasses zusätzliche oder leicht veränderte Situationen erforderlich machen. Z.B. könnte das Vorliegen einer klinischen Erkrankung insbesondere des Bewegungs- oder Herz-Kreislauf-Apparates (per tierärztlichem Attest belegt oder während des Tests offensichtlich) einen veränderten Ablauf rechtfertigen. Sollte der Hund aufgrund eines Beiß- oder anderen Vorfalls vorgestellt werden, kann es sinnvoll sein, zusätzliche oder modifizierte Situationen durchzuführen. Da eine Aussage als Sachverständiger vor Gericht der Gutachtenstellung folgen kann, sollte man sich absichern, dass man während der praktischen Durchführung des Wesenstests alle relevanten Informationen zur Beurteilung des Hundes erhält. Allerdings sollten im Sinne des zu testenden Hundes auch keine „überflüssigen" Situationen durchgeführt werden (Tierschutzgesetz!).
- Wenn die Zielsetzung die Beurteilung der Sachkunde des Besitzers beinhaltet: Ist ein Fragebogen als Hilfsmittel vorhanden/nötig, um die Sachkunde des Besitzers zu beurteilen?
- Es kann Teil der Zielsetzung sein, die Sachkunde des Besitzers zu beurteilen. Dazu dienen zum einen Informationen, die während der Durchführung des Wesenstests gewonnen werden (Umgang mit dem Hund in den verschiedenen Situationen, Verhältnis zwischen Hund und Besitzer etc.). Zum anderen kann das Ausfüllen eines Fragebogens mit verschiedenen Fragen zum alltäglichen Umgang Informationen liefern. Wird der Fragebogen bereits **vor** dem Test ausgefüllt, kann außerdem der Vergleich mit dem Verhalten/Umgang während des Tests helfen, die Fähigkeit des Besitzers zur korrekten Einschätzung seines Hundes zu beurteilen.
- Wie sollen persönliche Daten eines Besitzers aufgenommen/gespeichert werden?
- Es ist sinnvoll, sich vor der Durchführung eines Wesenstests die Daten des Besitzers, des Hundes sowie eine Einverständniserklärung hinsichtlich der Aufzeichnung von Filmaufnahmen schriftlich bestätigen zu lassen.

## 12.5 Erstkontakt und Terminabsprache

Häufig fragt ein Hundebesitzer telefonisch oder per E-Mail nach einem Termin zum Wesenstest, ohne dabei zunächst konkrete Angaben zu machen, hat aber gleichzeitig viele Fragen, z. B. zum Ablauf. Gegenseitiger Informationsaustausch zur Klärung bestehender Fragen ist für beide Seiten sehr wichtig. Folgende Punkte sind daher mindestens anzusprechen/abzuklären:

- Grund/Anlass für die Notwendigkeit des Wesenstests?
- Gibt es Unterlagen zu eventuellen Vorfällen?
  Der Besitzer sollte spätestens zum vereinbarten Termin sämtliche Unterlagen im Original mitbringen.

- Ist der Anlass ein konkreter Vorfall, ist es sinnvoll, im Vorfeld einige Informationen zu erfragen:
  - Inwieweit war ein anderer Hund/Tier/Mensch beteiligt?
  - Wenn es mehrere Hundebesitzer/-halter gibt oder z. B. einen Zweithund: Wer war bei dem Vorfall anwesend?
    Es kann sinnvoll sein, dass bei der Durchführung des Wesenstests alle beteiligten Personen oder Hunde anwesend sind.
  - Wenn es zu Verletzungen einer oder mehrerer Beteiligten gekommen ist, wie schwer sind diese?
  - Welche behördlichen Auflagen/Maßnahmen gibt es (Maulkorbzwang, Hund eingezogen ...)?
- Besitzerfragen beantworten:
  - Wie läuft der Wesenstest ab? Wie lange dauert es?
  - Oft hat der Besitzer keine oder falsche Vorstellungen über die Durchführung eines Wesenstests und sollte über den grundsätzlichen Ablauf informiert werden. Auf *Was passiert, wenn der Hund ...*-Fragen sollte man sachlich und ohne sich festzulegen antworten.
  - Was ist mitzubringen? Z.B. schriftliche Unterlagen im Original, eine verstellbare Leine (ca. 2 m), ein gut sitzendes Halsband oder Geschirr.
  - Was kostet der Wesenstest? Nennung der anfallenden Kosten, gegebenenfalls der Hinweis auf die tierärztliche Gebührenordnung, eventuell Hinweis auf eine Anzahlung und wann der Restbetrag fällig wird (Gutachten erst nach vollständiger Bezahlung).

Wenn es zur Terminabsprache kommt, sollten die vollständigen Daten des Hundebesitzers und Daten zum Hund (Rasse, Alter, Geschlecht) notiert werden.

Es hat sich bewährt, dem Besitzer eine Terminbestätigung mit den wichtigsten Eckdaten (Datum Uhrzeit, Ort, Bankverbindung) zu schicken, ebenso ein vorab auszufüllendes Anmeldeformular und gegebenenfalls einen Fragebogen.

## 12.6 Notwendige Voraussetzungen für die praktische Durchführung

Vor der praktischen Abnahme eines Wesenstest sollte man sich Gedanken über die dazu benötigten Ressourcen machen. Das betrifft technische Hilfsmittel, Orte und weitere, z. B. personelle Anforderungen (Menschen und Hunde).

Eine sehr gute Vorbereitung ist die Voraussetzung, um sich gegen eventuell auftretende unerwartete Ereignisse zu wappnen.

 **Praxis**

Ganz grundsätzlich gilt: Sicherheit für alle beteiligten Menschen und Tiere steht an erster Stelle – und ein im Vorfeld gut geplanter/organisierter Ablauf ist dazu unbedingt notwendig.

▶ **Abb. 12.1** Einige der Hilfsmittel für den Wesenstest.

Folgende Hilfsmittel/Gegebenheiten (▶ Abb. 12.1) sollten vorhanden sein (Beispiele):

- technische Hilfsmittel
  - Videokamera (Ladezustand beachten, Ersatz-Akku)
  - Chip-Lesegerät zur eindeutigen Identifizierung (Ersatzbatterien bereithalten)
- Örtlichkeit
  - eingezäuntes Gelände
  - Möglichkeit zum Anbinden (muss auch für sehr schwere Hunde geeignet sein)
- verschiedene Hilfsmittel für die einzelnen Testsituationen, z. B.
  - Klicker und Leckerli für den Lern- und Frustrationstest
  - Hut und Mantel
  - Regenschirm, Krücke oder andere Gehhilfe
  - Fahrrad, Kinderwagen
  - Ball, Hundespielzeug (Knotentau o. Ä.)
- weitere Hilfsmittel
  - Leine, Halsband, Maulkorb, Beißarm
  - Erste-Hilfe-Kasten
- Hilfspersonen
  - Neben der eigenen Person sollten mindestens 2–3 weitere Personen anwesend sein.

  - Die Hilfspersonen sollten in die Bedienung der Kamera und die Durchführung der Testsituationen eingewiesen sein.
- andere Hunde
  - Es werden mindestens ein für den zu testenden Hund fremder Rüde und fremde Hündin benötigt.

## 12.7 Praktische Durchführung

### 12.7.1 Allgemeines

Die praktische Durchführung eines Wesenstest ist im Grunde die Befunderhebung zu einer bestimmten Fragestellung. Ähnlich der verhaltensmedizinischen Konsultation sollte das Vorgehen dabei nach einem festen Schema ablaufen, bestimmte Testsituationen sollten möglichst standardisiert sein. Abweichungen vom Schema/Standard müssen im Einzelfall begründet und nachvollziehbar sein. Anders als bei der verhaltensmedizinischen Konsultation ist es nicht notwendig, dass sich eine therapeutische Beziehung zwischen Tester, Besitzer und Hund entwickelt.

Der Hund wird während des Wesenstests mit einer Vielzahl von Stimuli konfrontiert. Dabei werden zum einen Stimuli verwendet, denen der Hund im alltäglichen Leben mit dem Menschen regelmäßig begegnet; zum anderen werden Stimuli eingesetzt, die Aggressionsverhalten beim Hund auslösen können. Dazu kommt, dass der Hund im Laufe der Tests unter Stress gesetzt wird, sodass sich die Wahrscheinlichkeit von aggressiven Reaktionen des Hundes gegenüber individuellen Stimuli erhöht.

Die Hunde werden zum einen in sozialen Interaktionen mit Menschen getestet, außerdem in „Alltagssituationen" auf der Straße (Jogger, Radfahrer etc.).

Die Hunde tragen während des Tests üblicherweise keinen Maulkorb, sind aber an der Leine des Hundehalters.

Die gesamte Befunderhebung sollte per Filmaufnahmen dokumentiert werden. Dabei sollten folgende Punkte berücksichtigt werden:

- Datum und Uhrzeit sollten dokumentiert sein.
- Situationen komplett mit allen Beteiligten ins Bild nehmen. In prolongierten Situationen kann ohne Weiteres auch auf ein bestimmtes Körperteil des Hundes fokussiert werden – wichtig ist aber zunächst der gesamte Überblick über die Situation.
- Die Kamera sollte nicht allein auf einem Stativ stehen, da dann nicht garantiert wird, dass alle relevanten Aspekte der jeweiligen Situation gefilmt werden.
- Der Gutachter darf nicht gleichzeitig Kameramann sein. Er muss die Übersicht und Kontrolle über das Geschehen haben – auch unter Sicherheitsaspekten. Aus diesem Grund sollte der Gutachter auch nur in speziellen Testsituationen die Testperson darstellen. Solche „speziellen" Testsituationen können z. B. diejenigen sein, in denen der Hund deutlich bedroht wird.
- Die einzelnen Testsituationen sollten gegeneinander abgegrenzt sein

In Situationen, in denen Besitzer aktiv Einfluss auf das Hundeverhalten nehmen (bewusst oder unbewusst), sollte mit „neutralem" Besitzer bzw. ohne Besitzer nachgetestet werden.

### 12.7.2 Ablauf eines Tests

Vor dem eigentlichen Test werden die Formalitäten erledigt (Übergabe der angeforderten Unterlagen, auf Vollständigkeit und Unterschrift achten). Außerdem sollten Halsband bzw. Geschirr, Leine und ein eventuell getragener Maulkorb auf Eignung (auch Tierschutzrelevanz) kontrolliert und gegebenenfalls ersetzt werden. Dann sollten die Besitzer kurz über den allgemeinen Ablauf informiert werden. Dazu gehört z. B. auch die Festlegung, wie die Leine gehalten werden soll (Länge) und der Hinweis, dass der Hund während des Test grundsätzlich nicht unter Kommandokontrolle stehen soll – der Hund soll sich frei innerhalb des Leinenradius bewegen können – ein Kommando wird nur nach Aufforderung des Gutachters gegeben.

Der Ablauf des Tests wird durch eventuelle gesetzliche Vorgaben, vorhandene Standards, an denen sich der Gutachter orientiert, und letztlich auch von individuellen Umständen (z. B. Grund der Vorstellung) bestimmt. Daher werden an dieser Stelle mögliche Punkte nur beispielhaft aufgeführt:

- Allgemeinuntersuchung (Gesundheitszustand, Ausschluss von möglicher Gabe psychoaktiver Substanzen) und Tests zur Evaluierung des Lern- und Frustrationsverhaltens
- Kontrolle des Grundgehorsams (Leinenführigkeit, Sitz, Platz, Rückruf, Ausgeben etc.)
- Einzelsituationen (Beispiele):
  - verschiedene alltägliche Situationen
    - Ball rollt auf den Hund zu
    - Mensch mit Kinderkarre oder Fahrrad passiert
    - Menschen umringen Hund, Menschengruppe bleibt eng stehen
  - verschiedene alltägliche Situationen mit möglicherweise bedrohlicher Komponente
    - Mensch macht im Vorbeigehen einen Regenschirm auf
    - wallender Mantel im Vorbeigehen
    - Mensch humpelt oder stolpert
    - Blinder mit Stock geht vorbei, Stock berührt den Hund
    - Mensch torkelt lallend an Hund vorbei
  - Interaktionen Hund – Mensch
    - Mensch macht kniend freundliche Kontaktaufnahme, spricht Hund an
    - Mensch stehend spricht Hund an
    - Spielaufforderung durch eine Testperson
    - Mensch streift Hund im Vorbeigehen – Begrüßung des Besitzers
  - Mensch bedroht Hund
    - Mensch greift Hund mit Stock an
    - Mensch schreit Hund frontal an (Besitzer dabei oder in Isolation)
    - Mensch mit Hut starrt Hund an
  - Situationen mit anderen Hunden
    - Hund in der Nähe bellt oder knurrt
    - unbekannte Hunde an Leine passieren
    - Begegnung mit gleichgeschlechtlichem Hund durch einen Zaun
    - Isolation plus anderer Hund

▶ **Abb. 12.2** Bedrohungen sollten beendet werden, wenn der Hund dezente Signale zeigt.

**Praxis**

Situationen, bei denen der Hund bedroht wird, sollten sofort beendet werden, wenn der Hund deeskaliert (▶ **Abb. 12.2**). Dabei sollte man schon auf dezente Signale achten (Blick abwenden, Kopf abwenden). Nach einer für den Hund als bedrohlich empfundenen Situation sollte der Tester eine freundliche Kontaktaufnahme (deutlich veränderte Körperhaltung, Hut abnehmen, Leckerli anbieten) machen, um die Lernerfahrung (Beispiel) „Menschen mit Hut, die mich frontal anstarren, stellen eine Bedrohung dar" aufzufangen.

## 12.8 Bewertung der erhobenen Befunde und Beurteilung des Hundes

### 12.8.1 Qualität der Befunderhebung kontrollieren

Da die erhobenen Befunde die Grundlage für die Beurteilung darstellen, sollte vor der eigentlichen Bewertung die Qualität der Befunderhebung kontrolliert werden.

- Video
  - Komplett? Wenn etwas fehlt: Relevanz?
  - Qualität des Videos ermöglicht die Beurteilung?

  - Darstellung des Hundes (Fokus, Größe im Bild) im Hinblick auf forensischen Nutzen des Videos: Brauchbar/nicht brauchbar?
- Bewertungsbogen und Durchführung
  - Welche Einzelsituationen wurden durchgeführt? Gab es Vorgaben dazu und wurden diese eingehalten?
  - Waren die Einzelsituationen abgegrenzt und klar erkennbar?
  - Ist die Bewertung anhand des Videos nachvollziehbar?
  - Durchführung unter Beachtung von Sicherheitsaspekten?
  - Wiederholung kritischer oder unsicherer Situationen?



### 12.8.2 Bewertung der Einzelsituationen

Beispiel für eine mögliche Skalierung (gemäß Wesenstest nach dem Niedersächsischen Hundegesetz, „Niedersächsischer Wesenstest"):

**Skalierung**

1. Meideverhalten oder Rückzug (ohne aggressive Signale)
2. Akustische und/oder optische Signale der Drohung: Knurren, Bellen, Knurrbellen, Zähneblecken, Nasenrückenrunzeln, Drohfixieren; restliche Körpersprache antagonistisch oder ängstlich-unsicher. Der Hund bleibt dabei stationär oder weicht zurück.
3. Schnappen auf Distanz mit Drohsignalen oder Vorspringen mit Drohsignalen
4. Schnappen mit unvollständiger Annäherung
5. Beißen, Beißversuch, Angriff mit Zustoßen ohne Beißen, Drohsignale vorhanden
6. wie 5., aber ohne Drohsignale
7. Beruhigung nach Eskalation erst nach über 10 Minuten zu beobachten

Die Punktevergabe dient nicht dazu, feste Zahlen für „Test bestanden" oder „Test nicht bestanden" zu erhalten, sondern soll ein übersichtliches und nachvollziehbares Bewertungsschema für die Einzelsituationen erleichtern. In diesem Sinne sind die unten genannten Zahlen nur Richtwerte, zu denen dann immer noch eine Beurteilung und Beschreibung im Einzelnen gehört.

### 12.8.3 Gesamtbeurteilung des Hundes anhand der erhobenen Befunde

Bei der Beurteilung wird berücksichtigt, dass das Zeigen aggressiven Verhaltens (S. 54) sehr viele Ursachen haben kann: Innere und äußere Faktoren (Lernerfahrungen, Schmerz, gezieltes Training etc.) spielen individuell eine unterschiedliche Rolle, oft ist aggressives Verhalten multifaktoriell bedingt.

**Merke**

**Aggressives Verhalten kann unter Umständen zwar nachvollziehbar sein – aber nichtsdestotrotz eine Gefahr für Menschen und Tiere darstellen und aus diesem Grund kann Handlungsbedarf im Sinne eines Gesetzes bestehen.**

Es geht darum, abzuwägen, inwieweit die dem Hund eigene individuelle Qualität und Quantität aggressiver Reaktionen auf entsprechende Stimuli eine Gefahr für die Umwelt darstellen oder nicht. Es muss in diesem Zusammenhang auch erwähnt werden, dass auch bestimmtes nicht-aggressives Verhalten eine Gefahr darstellen und zu einem entsprechenden Handlungsbedarf führen kann (z. B. temporärer Leinenzwang bei „wilden" Hunden mit schlechtem Rückruf).

Bei der Beurteilung spielt auch die Kontrolle des Hundes durch den Besitzer eine Rolle. Eine gute Kontrolle bedeutet, dass der Besitzer psychisch und körperlich in der Lage ist, den Hund zu kontrollieren und ihn vorausschauend und mit Rücksicht auf die aktuellen Gegebenheiten führt.

## 12.9 Erstellen eines Gutachtens

Die Durchführung eines Wesenstests hat in der Regel das Ziel, ein Gutachten zu erstellen, das die Grundlage zur Beurteilung eines individuellen Hundes nach einer vorgegebenen Aufgabenstellung (Zielsetzung) darstellt.

### 12.9.1 Gutachten/Sachverständiger

Ein Gutachten wird von einer sachverständigen Person nach der Anforderung durch einen Auftraggeber (Gericht, Behörde, Privatperson oder juristische Person) erstellt.

#### Gutachten

- vor Gutachtenerstellung prüfen, ob vorhandene Unterlagen vollständig sind
- wird grundsätzlich schriftlich verfasst, muss aber gegebenenfalls auch mündlich vorgetragen werden (z. B. bei Gerichtsverfahren)
- sollte strukturiert sein und folgende Punkte enthalten:
  - Name, Adresse und Angaben zur Fachkunde/Sachkunde (Briefkopf)
  - Datum
  - Überschrift: soll deutlich machen, worum es geht
  - Signalement (inkl. Besitzeradresse), Identitätsprüfung Hund
  - Grund für die Gutachtenerstellung: Fragestellung soll klar hervorgehen, damit entschieden werden kann, ob das Ergebnis des Gutachtens für die Entscheidung der Sache erheblich ist.
  - grundlegende Sachinformationen für den nichtwissenden Leser/Auftraggeber: immer davon ausgehen, dass ein Dritter (z. B. Richter/Auftraggeber) nicht in der Materie bewandert ist; dabei zu viel Fachjargon vermeiden oder explizit erklären
  - Vorgehensweise zur Befunderhebung darlegen (z. B. Hilfsmittel, Hilfspersonen, Ort, Zeitpunkt); Verweis auf Standards, begründen, wenn Änderungen vorgenommen wurden
  - Bewertungen/Beurteilungen sollen für den Adressaten nachvollziehbar sein; dazu sind mindestens die folgenden Punkte zu beachten:
    - Die Darstellung der Befunderhebung soll die Nachvollziehbarkeit der Schlussfolgerungen ermöglichen und verständlich machen.

    - Die zugrunde gelegten Beurteilungsmaßstäbe müssen im Gutachten angegeben werden, ebenso verwendete Hilfsmittel.
    - Das Ergebnis muss klar dargelegt werden und unter Berücksichtigung der Rahmenbedingungen bewertet werden.
  - Abschlussbeurteilung/Zusammenfassung

### Sachverständiger bzw. Gutachter

- Die Bezeichnung „Sachverständiger" ist in Deutschland, Liechtenstein und Österreich nicht geschützt. Jeder darf sich Sachverständiger nennen.
- Analysiert den Sachverhalt fachkundig; stellt ihn in einer für den Auftraggeber verständlichen Form dar (nimmt aber nicht die Entscheidung ab oder vor!).
- Hat grundsätzlich nur eine beratende Stellung; ein möglicher Entscheidungshinweis ist nicht bindend.
- Muss eine neutrale Begutachtung, objektive Darstellung vornehmen.
- Voraussetzungen für die Tätigkeit als Sachverständiger ist fachliche Kompetenz, man spricht von der „besonderen Sachkunde". In der Regel ist diese Sachkunde erworben durch ein für das Fachgebiet geeignetes Hochschulstudium mit Abschluss sowie mehrjährige Berufserfahrung bzw. Weiterqualifizierung auf dem entsprechenden Gebiet.
- Die Schlussfolgerungen müssen überprüfbar sein.
- Es besteht die Verpflichtung, auf dem neuesten Stand der Wissenschaft zu sein und die neuesten anerkannten Regeln der Technik zu verwenden.
- Schweigepflicht und Datenschutzbelange sind zu beachten: Akten sind sorgfältig aufzubewahren (mindestens sieben Jahre) und vor unbefugten Zugriffen zu schützen.

## 12.9.2 Beispiel für ein Gutachten „Gefährlicher Hund"

- Briefkopf mit Name (inklusive Titel, z. B. Fachtierarzt für Verhaltenskunde), Adresse, Datum
- Überschrift, z. B. Gutachten nach § ... des ... Gesetzes vom ... (Datum) über die Gefährlichkeit des unten genannten Hundes
- Hund: Name, Rasse, Geschlecht, Alter, ID (Chip-Nummer)
- Besitzer: Name, Adresse
- Grund der Vorführung, z. B.: Der Hund wird aufgrund der Rasse zum Test vorgestellt.
- Grundlagen des Gutachtens
  - gesetzliche Grundlagen
  - Definitionen und biologische Grundlagen nach dem aktuellen Wissensstand, z. B. Definition von Aggressionsverhalten (Teil des Normalverhaltens von Hunden, Beispiele für Verhaltensweisen), Aggressivität, Gefährlichkeit/Gefahr; möglichst mit Quellenangaben/Literaturverweis
- Ziel des Gutachtens, z. B. Fragestellung, die sich aus dem geltenden Hundegesetz ergibt: „es soll beurteilt werden, ob der vorgestellte Hund als gefährlich im Sinne des Gesetzes angesehen werden kann" (Bezug zu den entsprechenden Paragrafen herstellen)

- Erstellung des Gutachtens: Beschreibung der Vorgehensweise der Befunderhebung, Begründung für das Vorgehen, Beschreibung der Bewertung (Grundlagen für die Bewertung, eventuelle Skalierung beschreiben)
- Aussagekraft: nach „bestem Wissen und Gewissen auf der Basis des momentan aktuellen Wissensstands über Hundeverhalten angefertigt", Prozedere nach einem bestimmten Testverfahren (Quelle/Literaturverweis), auch begründen, warum Aussagekraft eingeschränkt (z. B. Test kann nur eine Annäherung an das Wesen eines Hundes darstellen, da jede Verhaltensäußerung von einer Vielzahl an internen und externen Faktoren verursacht wird, **abgegebene Beurteilung bezieht sich auf die aktuell zum Zeitpunkt der Beurteilung** bestehende Hund-Halter-Konstellation)
- Dokumentation der praktischen Durchführung des Wesenstests
  - Datum, Ort, anwesende Personen/Tiere
  - Allgemeinuntersuchung, Frustrations- und Lerntest
  - verschiedene Testsituationen (Einzeltests)
- Beurteilung
  - Beobachtung/Bewertung der Einzeltests
  - Besitzerverhalten
  - Das Verhalten des Besitzers ist ein Kriterium für die Abschlussbeurteilung: Die Bindung zwischen Hund und Halter muss berücksichtigt werden, ebenso der Grundgehorsam.
  - Abschließende Beurteilung, z. B.: Der getestete Hund besitzt auf der Grundlage der Befunderhebung zum momentanen Zeitpunkt kein gesteigertes Aggressionsverhalten und keine gestörte aggressive Kommunikation im Sinne des Gesetzes. Im Test gezeigte Verhaltensmuster waren in Qualität und Quantität im Normalbereich für hundliches Verhalten.

## 12.10 Punkte mit besonderer Relevanz

- Flexileine/Stachelhalsband
  - Das Testen mit Flexileine und/oder Stachelhalsband stellt ein großes Sicherheitsrisiko dar.
  - erschweren die Beurteilung:
    - Kann der Halter seinen Hund tatsächlich kontrollieren oder wird der Hund durch den ausgelösten Schmerz durch das abrupte Erreichen des Leinenendes (besonders beim Stachelhalsband) in einer eventuellen Vorwärtsintention gestoppt?
    - Schmerzen erzeugen Stress und Stress wirkt sich auf die Aggressionsbereitschaft aus. Da es im Test darum geht, kontrolliert bestimmte Stressoren einzusetzen, ist es nicht sinnvoll, einen in seinen Auswirkungen nicht kalkulierbaren Stressor permanent am Hund wirksam zu haben.
- Maulkorb
  - Die eben genannte Problematik (unkontrollierbarer Stressor) kann auch für das komplette Testen mit Maulkorb gelten, wenn dieser nicht bereits positiv konditioniert und gewohnt ist.

  - Die Hunde sollen zunächst ohne Maulkorb getestet werden (wo nötig, auf größere Distanz). Über Distanzveränderungen und Maulkorb, wo dann tatsächlich nötig, soll sich der Überblick über die tatsächliche Aggressionsbereitschaft verschafft werden. Ein Hund mit Maulkorb kann sich durchaus anders in individuellen Situationen verhalten als ohne Maulkorb.
  - Der Maulkorb erschwert zudem die Beobachtung der aggressiven Mimik bzw. behindert den Ausdruck.
- Hat der Hund den Fokus in der Situation auf dem entsprechenden Stimulus?
  - Die Hunde sollen den Stimuli in den einzelnen Testsituationen tatsächlich ausgesetzt werden. Wo keinerlei Reaktion des Hundes erfolgt, muss kritisch hinterfragt werden, ob der Hund den Stimulus überhaupt wahrgenommen hat.
  - Unter Umständen muss mit veränderten Aspekten in der jeweiligen Situation das Bild abgerundet werden: Prolongation; Intensitätswechsel; Richtungswechsel; Personenwechsel etc.
- Bei der Durchführung darf kein Helfer (Mensch, Hund) zu Schaden kommen (▶ **Abb. 12.3**).
  - Neue nachteilige Lernerfahrungen müssen vermieden werden.
  - Vorsicht bei eventueller umgerichteter Aggression!
- Dem Tierschutzgesetz muss bei der Durchführung eines Wesenstests Rechnung getragen werden.
- Gutachten wird nicht anerkannt, weil

▶ **Abb. 12.3** Sicherheit für alle Beteiligten – auch den Hund – steht immer an erster Stelle.

  - geltendes Hundegesetz/-verordnung nicht ausreichend berücksichtigt wird.
  - die Durchführung ohne erforderliche tierärztliche Sorgfalt erfolgt. Ein Halter, der ein Gutachten in Auftrag gibt, hat Anspruch auf sorgfältige Durchführung und differenzierte Bewertung des Hundeverhaltens aufgrund ethologischer Kenntnisse nach aktuellem wissenschaftlichem Stand. Die tierärztliche Sorgfalt dokumentiert sich anhand des erstellten Gutachtens.
- Schweigepflicht
  - Der Auftraggeber hat Anspruch auf Aushändigung des Gutachtens. Nur mit seiner ausdrücklichen Zustimmung darf ein Gutachten an Dritte weitergegeben werden.
- Haftung des Sachverständigen
  - Zu den haftungsbegründenden Pflichten des Sachverständigen zählen Unparteilichkeit, Unabhängigkeit, Objektivität, die Pflicht zur Gutachtenerstattung sowie die Gewissenhaftigkeit und Sorgfalt.
  - Es gelten die Bundestierärzteordnung sowie Maßgaben der Heilberufsgesetze und Berufsordnungen der Länder/Kammern über die Pflichten zur Berufsausübung lege artis.
  - Berufshaftpflicht: Es ist empfehlenswert, abzuklären, ob eine Gutachtertätigkeit abgedeckt ist.

### 12.10.1 Weiterführende Literatur

[1] Mittmann A. Untersuchung des Verhaltens von 5 Hunderassen und einem Hundetypus im Wesenstest nach den Richtlinien der Niedersächsischen Gefahrtierverordnung vom 05.07.2000 [Dissertation]. Hannover: Tierärztliche Hochschule; 2002

[2] Netto WJ, Planta DJU. Behavioural testing for aggression in the domestic dog. Appl Anim Behav Sci 1997; 52: 243–265

[3] Schöning B. Evaluation and prediction of agonistic behaviour in the domestic dog. Bristol: University; 2006

[4] Schöning B. Tests zum Lernverhalten und Frustrationsverhalten. Wesenstest für Hunde. Hannover: Niedersächsisches Ministerium für Ernährung, Landwirtschaft und Forsten; 2000

[5] Wilson E, Sundgren PE. The use of a behaviour test for the selection of dogs for service and breeding. I: Method of testing and evaluation test results in the adult dog, demands on different kinds of service dog, sex and breed differences. Appl Anim Behav Sci 1997; 53: 279–295

# 13 Lexikon



*Aggression:*
Aggression ist ein Verhalten, das zu einer Beeinträchtigung der physischen und/oder psychischen Integrität oder der Freiheit eines anderen führt.

*Agonistisches Verhalten:*
Alle Verhaltensweisen die zur Lösung eines Konflikts beitragen.

*Aktivität, substitutive:*
Wenn sich ein Individuum in einer physischen oder psychischen Konfliktsituation befindet, in der es nicht in seiner gewohnten Art reagieren kann, zeigt es Aktivitäten, die mit dem Kontext in keinem direkten Zusammenhang stehen.

*Allomarkieren:*
Markieren eines Sozialpartners mit Pheromonen durch Reiben des Kopfes oder Körpers, Belecken.

*Angst:*
Angst ist eine heftige Verhaltensreaktion eines Individuums auf einen unbekannten oder bekannten Reiz, den es für sehr gefährlich hält in einem Milieu, das keine Flucht oder Exploration erlaubt. Das Angstverhalten wird von neurovegetativen Reaktionen wie Transpiration, Tachykardie, Tachypnoe, Salivation oder emotional bedingtem Harn- und Kotabsatz oder Entleeren der Analbeutel begleitet. Siehe auch Furcht.

*Antizipation:*
Antizipation ist ein Prozess der Assoziation zeitlich zusammenhängender Reize mit einem Ereignis. Das Verhalten wird durch Antizipation bereits von einem Reiz ausgelöst, der noch vor dem eigentlichen auslösenden Reiz auftaucht. Pathologische Antizipation führt zu Hypervigilanz und zunehmender Beeinträchtigung. Siehe auch Hypervigilanz, Generalisierung und Sensibilisierung.

*Bindung (Attachment):*
Bindung ist ein besonderer Lernprozess, der die Identifikation eines privilegierten Individuums oder Objekts, das Sicherheit und Beruhigung bietet, ermöglicht. Die primäre Bindung entsteht durch Vermittlung von Pheromonen zwischen Mutter und Neugeborenen. Bindung ist lebenswichtig und unerlässlich für die Prägung und eine gute psychomotorische, kognitive und soziale Entwicklung. Eine über die Pubertät hinaus persistierende übermäßige Bindung ist ein Hyperattachment, das zur Abhängigkeit und trennungsbedingten Störungen führt.

*Desensibilisierung:*
Die Habituation des Individuums in einem entspannten Zustand durch schrittweise Exposition gegenüber einem Reiz mit steigender Intensität.

*Desinhibition:*
Ist ein Prozess, durch den Reaktionen bei einem inhibierten Individuum aktiviert werden. Desinhibition ist physiologisch, wenn ein Verhalten nach einer refraktären Periode wieder aktiviert wird. Pathologische Desinhibition führt zu einem erregten Zustand.

*Enkopresis:*
Emotional bedingte Defäkation am Liegeplatz während des Schlafs oder in Ruhe.

*Enuresis:*

Emotional bedingte Miktion am Liegeplatz während des Schlafs oder in Ruhe.

*Extinktion:*

Begriff aus der Lerntheorie und effektive erzieherische Technik, die darin besteht, mit einer Bestärkung (Belohnung) aufzuhören, um ein zuvor belohntes Verhalten zu löschen.

*Furcht:*

Furcht ist die mäßige Verhaltensreaktion eines Individuums auf einen unbekannten oder bekannten Reiz, den es als wenig gefährlich ansieht in einem Milieu, das Flucht oder Exploration erlaubt.

*Gegenkonditionierung:*

Technik der Verhaltensmodifikation, bei der ein unerwünschtes Verhalten durch ein mit demselben auslösenden Reiz assoziiertes neues (mit dem unerwünschten inkompatiblen) Verhalten konditioniert wird.

*Generalisierung:*

Ist ein Prozess, der die Assoziation mehrerer ähnlicher Reize mit der gleichen Verhaltensreaktion (oder autonomen Reaktion) ermöglicht. Pathologische Generalisierung führt zu einem erregten Zustand und Reaktionen auf immer mehr Reize, die dem ursprünglichen auslösenden Reiz immer unähnlicher werden. Siehe auch Antizipation, Sensibilisierung, Hypervigilanz.

*Habituation:*

Habituation ist die Fähigkeit zu lernen, auf bestimmte Reize nicht mehr zu reagieren. Dadurch kommt es zur Verringerung oder dem Verschwinden der Reaktion auf einen wiederholt präsentierten Reiz.

*Hyperattachment:*

Übermäßige Bindung über die Pubertät hinaus und damit Abhängigkeit von einer Bezugsperson oder einem Bezugswesen. Siehe auch Bindung.

*Hyperphagie:*

Übermäßige Futteraufnahme als substitutive Aktivität.

*Hypervigilanz:*

Zustand der übersteigerten Wachheit (Vigilanz) oder Wachsamkeit gegenüber der geringsten sensorischen Information.

*Inhibition:*

Inhibition ist der Prozess, der eine Verhaltensreaktion stoppt. Physiologische Inhibition beendet die Verhaltenssequenz nach der Aktivitätsphase.

*Instrumentelle Konditionierung:*

Die instrumentelle oder operante Konditionierung ist die Verknüpfung bestimmter *bewusster* Handlungen mit einer bestimmten Wirkung auf die Umgebung. Die Art dieses Effekts hat einen Einfluss auf die Wahrscheinlichkeit des Wiederauftretens dieses Verhaltens.

*Klassische Konditionierung:*

Die klassische Konditionierung ist die Verknüpfung eines primär neutralen Stimulus mit einem *unbewussten* biologischen (vegetativen) Vorgang wie z. B. Speichelfluss, Tachykardie, Transpiration etc.

*Kompulsion:*
Kompulsionen sind übertriebene und zwanghafte komplexe Handlungen, um Stress oder Anspannung zu reduzieren.

*Obsession:*
Obsessionen sind persistierende oder wiederkehrende Gedanken, Bilder oder Impulse. Diese sind beim Tier (und Kind) nicht direkt zugänglich, jedoch zweifelsohne vorhanden. Obsession entspricht der kognitiven Ebene bei der OCSD; es muss beim Tier und beim Kind keine Einsicht in die Unsinnigkeit dieser Gedanken oder Bilder bestehen.

*Obsessiv-kompulsives Störungsspektrum (OCSD):*
Komplexe repetitive Handlungsmuster aufgrund von Obsession *oder* Kompulsion, die normale Aktivitäten deutlich beeinträchtigen. Die Themen von OCSD stehen beim Tier häufig mit überlebenswichtigem Verhalten oder jagdlichen Verhaltensweisen im Zusammenhang. Der Übergang vom komplexen Muster einer OCSD zur einfachen stereotypen Bewegungsstörung ist kontinuierlich.

*Onychophagie:*
Nägel beißen.

*Sensibilisierung:*
Sensibilisierung ist der gegenteilige Prozess der Habituation. Die Reaktion eines Tieres auf den gleichen Reiz wird immer intensiver.

*Stereotypie:*
Auch stereotype Bewegungsstörung. Repetitive, scheinbar getriebene und einfache nichtfunktionale Bewegungs- oder Vokalisationsmuster, die normale Aktivitäten deutlich beeinträchtigen oder zur Selbstverletzung führen. Siehe auch obsessiv-kompulsives Störungsspektrum.

*Trichotillomanie:*
Zwang, sich Haare auszureißen.

*Verhaltensmedizin:*
Fachgebiet der Veterinärmedizin, das sich mit der Pathogenese, Diagnostik und Therapie von psychischen Störungen bei Tieren befasst. Synonyme Begriffe sind Veterinärpsychiatrie oder Zoopsychiatrie.

*Verhaltenstherapie:*
Verhaltenstherapien sind Interventionen, die den auslösenden Stimulus und/oder die Konsequenzen eines Verhaltens beeinflussen. Eine von vielen therapeutischen Möglichkeiten im Rahmen der Verhaltensmedizin. Der Begriff wird fälschlicherweise auch als *pars pro toto* anstelle von Verhaltensmedizin verwendet.

# 14 Referenzen und weiterführende Literatur


[1] American Psychiatric Association. Diagnostisches und Statistisches Manual Psychischer Störungen DSM-IV. Göttingen: Hogrefe; 2001

[2] Coppinger R, Coppinger L. Dogs. A startling new understanding of canine origin, behavior and evolution. New York: Scribner; 2001

[3] Dehasse J. Ist mein Hund wirklich dominant? Norderstedt: Books on Demand; 2002

[4] Dehasse J. Aggressiver Hund. Norderstedt: Books on Demand; 2002

[5] Dehasse J. Mon animal a-t-il besoin d'un psy? Paris: Odile Jacob; 2006

[6] Dodman L, Aronson L, Cottam N et al. The effect of thyroid replacement in dogs with suboptimal thyroid function on owner-directed aggression: A randomized, double-blind, placebo-controlled clinical trial. J Vet Behav 2013; 8: 225–230

[7] Donas S. Troubles du comportement amelioré par la levothyroxine chez le chien: une etude experimentale [Dissertation]. Lyon: Ecole Nationale Veterinaire; 2009

[8] Dramard V. Vade-Mecum de pathologie du comportement chez les carnivores domestiques. Paris: Editions Med'Com; 2003

[9] Dramard V. Troubles du comportement chez le chien: Et si c'etait la thyroide? Paris: Les Editions du Point Veterinaire; 2010

[10] Feddersen-Petersen DU. Ausdrucksverhalten beim Hund. Stuttgart: Kosmos; 2008

[11] Feddersen-Petersen UD. Hundepsychologie. Stuttgart: Kosmos; 2004

[12] Frank D. Recognizing Behavioral Signs of Pain and Disease: A Guide for Practitioners. Vet Clin Small Anim 2014; 44: 507–524

[13] Hetts S. Pet Behavior Protocols. Lakewood: AAHA; 1999

[14] Horwitz D, Mills D, Heath S, eds. BSAVA Manual of Canine and Feline Behavioural Medicine. Gloucester: British Small Animal Association; 2002

[15] Hoover LD. The Family in Dog Behavior Consulting. Legand Publishing; 2006

[16] Lindsay SR. Applied Dog Behavior and Training. Band 1–3. Iowa: Blackwell; 2005

[17] Massal N. Proxémie et communication posturale: jouons des épaules! In: Béata C, ed. La communication. Collection Zoopsychiatrie. Marseille: Solal; 2005: 237–243

[18] Mège C, Beaumont-Graff È, Béata C et al. Pathologie comportementale du chien. Paris: Masson; 2003

[19] Miller WR, Rollnick S. Motivational Interviewing. New York: Guilford; 1991

[20] Moles AA. Les sciences de l'imprécis. Paris: Edition du Seuil; 1995

[21] Mücke K. Probleme sind Lösungen. Systemische Beratung und Psychotherapie – ein pragmatischer Ansatz. Potsdam: Klaus Mücke Ökosysteme; 2001

[22] Overall KL. Clinical Behavioral Medicine for small animals. St. Louis: Mosby; 1997

[23] Pageat P. Pathologie du comportement du chien. Maison-Alfort: Edition du Point Veterinaire; 1998

[24] von Schlippe A, Schweitzer J. Lehrbuch der systemischen Therapie und Beratung. Göttingen: Vandehoek & Ruprecht; 1999

[25] Serpell J, Hrsg. The domestic dog. Cambridge: Cambridge University Press; 1995

[26] Simpson BS, Papich MG. Pharmacologic management in veterinary behavioral medicine. Vet Clin North Small Anim Pract 2003; 33: 365–404

[27] Yin S. Low Stress Handling, Restraint and Behavior Modificationof Dogs and Cats. Davis: Cattel-Dog; 2009



## Empfehlenswerte Literatur für Hundebesitzer:

[1] Dehasse J. Ist mein Hund wirklich dominant? Norderstedt: Books on Demand; 2002

[2] Del Amo C. Spielschule für Hunde. Stuttgart: Ulmer; 1998

[3] Del Amo C. Trainingskarten für Welpen. Stuttgart: Ulmer; 2006

[4] Kvam AL. Spurensuche. Nasenarbeit Schritt für Schritt. Bernau: Animal Learn; 2005

[5] Lind E. Richtig spielen mit Hunden. München: Augustus; 1999

[6] Nijboer J. Hunde erziehen mit Natural Dogmanship. Stuttgart: Kosmos; 2002

[7] Nijboer J. Hunde beschäftigen mit Jan Nijboer. Stuttgart: Kosmos; 2006

[8] Parsons E. Click to Calm. Waltham: Sunshine Books; 2005

[9] Pietralla M. Clickertraining für Hunde. Stuttgart: Kosmos; 2000

[10] Rehage F. Lassie, Rex und Co. Mürlenbach/Eifel: Kynos; 1999

# Sachverzeichnis

## E



## F



## G



## H